Premiere CC 2018
影视剪辑基础与实例教程

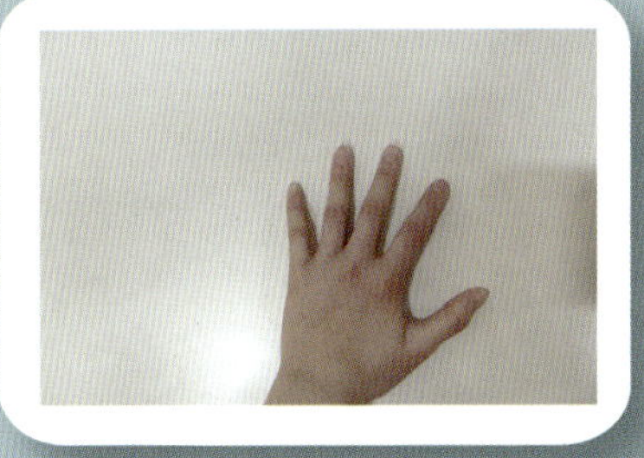
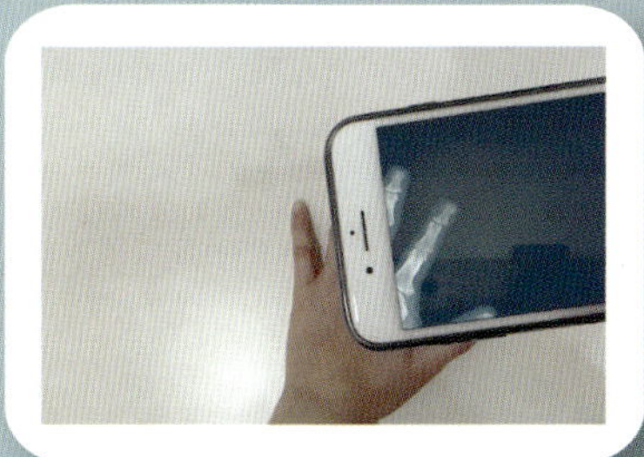
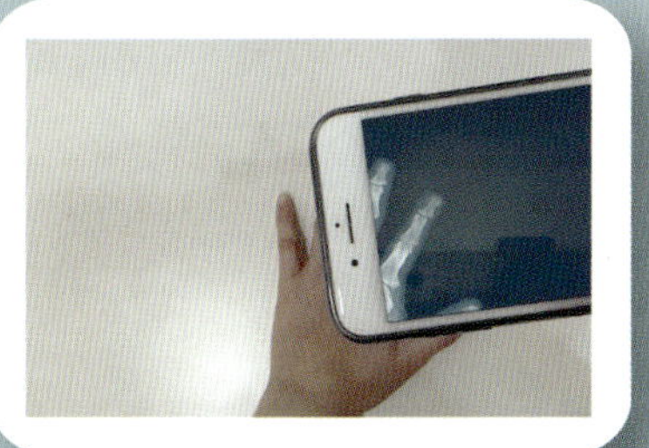
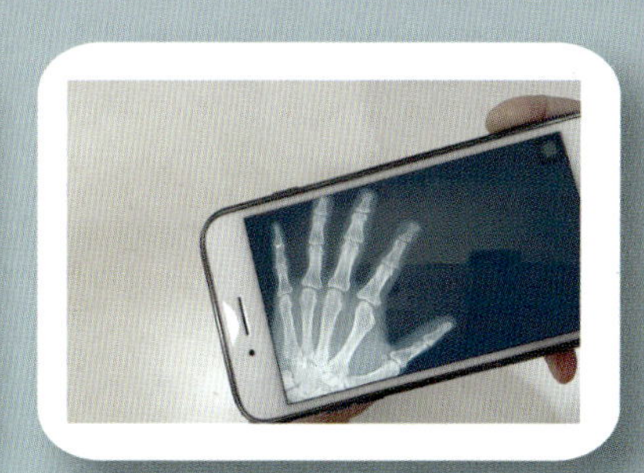

制作手掌X光的扫描效果

制作多画面展示效果

制作时间穿梭效果

的文字效果

制作渐变字幕效果

制作水波纹转场效果

制作视频基本校色2

制作梦幻光效效果

制作风景图片展示效果2

制作水墨卡点视频效果

制作人物分身效果

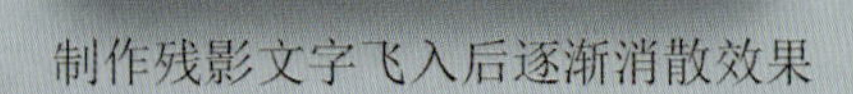

制作残影文字飞入后逐渐消散效果

制作放大镜的放大效果

制作弹幕文字效果

制作变色的汽车效果

制作电影黑屏开场效果

制作电子相册效果

制作分屏效果

制作雾化字幕效果

制作动态彩虹文字效果

制作文字飘散效果

制作黑白视频逐渐过渡到彩色视频效果

制作撕纸效果

制作虚化背景效果2

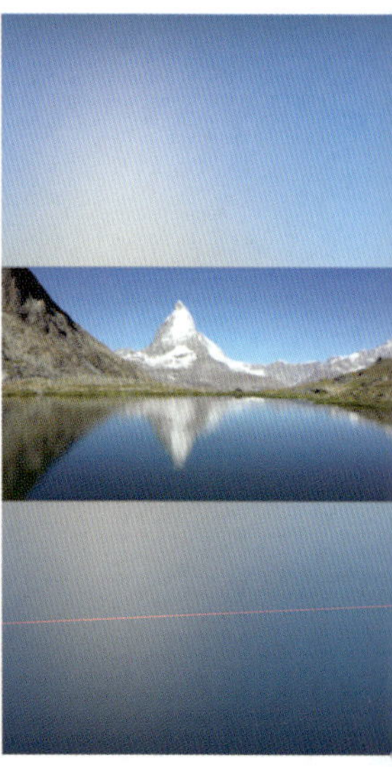

制作竖向视频卡点效果

电脑艺术设计系列教材

Premiere CC 2018 影视剪辑基础与实例教程

张　凡　编著

设计软件教师协会　审

机 械 工 业 出 版 社

本书属于实例教程类图书。全书分为3个部分，共9章。第1部分为基础入门，主要介绍了影视剪辑基础理论和Premiere CC 2018的基础知识；第2部分为基础实例演练，通过大量典型及具有代表性的实例讲解了关键帧动画和时间线嵌套、视频过渡、视频特效、音频特效、字幕，以及蒙版、校色和光效的具体应用；第3部分为综合实例演练，综合运用前面各章的知识讲解了5个实例的具体制作方法，并且对部分实例采用了多种制作方法，旨在拓宽读者的思路，做到举一反三。本书内容全面、由浅入深，对于初学者可从基础入门部分开始学习；对于有一定基础的读者，可从基础实例演练部分开始学习。读者通过本书可以全面、系统地掌握Premiere CC 2018的使用技巧。

本书通过网盘（获取方式见封底）提供大量的高清晰度教学视频文件，以及所有实例的素材和源文件，供读者学习时参考。

本书内容丰富、实例典型、讲解详尽，可作为本、专科院校艺术类、数字媒体类专业师生和社会培训班学员的教材，也可作为视频制作爱好者的自学和参考用书。

本书配有授课电子课件，需要的教师可登录www.cmpedu.com免费注册，审核通过后下载，或联系编辑索取（微信：13146070618，电话：010-88379739）。

图书在版编目（CIP）数据

Premiere CC 2018影视剪辑基础与实例教程 / 张凡编著. —北京：机械工业出版社，2023.8

电脑艺术设计系列教材

ISBN 978-7-111-73281-5

Ⅰ.①P… Ⅱ.①张… Ⅲ.①视频编辑软件－教材 Ⅳ.①TN94

中国国家版本馆CIP数据核字（2023）第102611号

机械工业出版社（北京市百万庄大街22号 邮政编码100037）

策划编辑：郝建伟　　责任编辑：郝建伟

责任校对：韩佳欣　梁　静　　责任印制：刘　媛

北京中科印刷有限公司印刷

2023年8月第1版第1次印刷

184mm×260mm · 20.5印张 · 2插页 · 496千字

标准书号：ISBN 978-7-111-73281-5

定价：79.90元

电话服务　　网络服务

客服电话：010-88361066　　机　工　官　网：www.cmpbook.com

010-88379833　　机　工　官　博：weibo.com/cmp1952

010-68326294　　金　　书　　网：www.golden-book.com

封底无防伪标均为盗版　　机工教育服务网：www.cmpedu.com

前　言

Premiere CC 2018 是由 Adobe 公司开发的视频编辑软件，使用它可以编辑和制作电影、DV、栏目包装、字幕、网络视频、演示、电子相册等，另外还可以编辑音频内容。目前随着计算机硬件的不断升级以及 Premiere 强大的功能和易用性，Premiere 在全球备受青睐。

本书是由设计软件教师协会组织编写的。全书通过大量的精彩实例将艺术灵感和计算机技术结合在一起，全面阐述了 Premiere CC 2018 的使用方法和技巧。

本书属于实例教程类图书，基础知识部分和案例教学紧密衔接。对于初学者，可以从基础知识开始学习，然后对照基础知识进行相应案例学习。本书案例由浅入深、由静入动，旨在帮助读者用较短的时间掌握 Premiere CC 2018 软件的使用。本书分为 3 个部分，共 9 章，每章均有“课后练习”，以便读者学习该章内容，并进行相应的操作和练习。每个实例都包括要点和操作步骤两部分，以便于读者理清思路。

本书最大的亮点是书中所有实战案例和课后练习中的案例均配有多媒体教学视频。另外，为了便于高校教学，本书配有电子课件。

本书内容丰富，结构清晰，实例典型，讲解详尽，富有启发性。书中的实例是由多所高校（北京电影学院、北京师范大学、中央美术学院、中国传媒大学、北京工商大学传播与艺术学院、首都师范大学、首都经济贸易大学、天津美术学院、天津师范大学艺术学院等）具有丰富教学经验的优秀教师和有着丰富实践经验的一线制作人员从多年的教学和实际工作中总结出来的。

为了便于读者学习，本书通过网盘（获取方式见封底）提供大量的高清晰度教学视频文件，以及所有实例的素材和源文件，供读者练习时参考。

本书可作为本、专科院校艺术类、数字媒体类、计算机类专业师生和社会培训班学员的教材，也可作为视频编辑爱好者的自学和参考用书。

由于编者水平有限，书中难免有不妥之处，敬请读者批评指正。

编　者

目　录

第2部分 基础实例演练

第3部分 综合实例演练

第 1 部分　基础入门

■ 第 1 章　影视剪辑基础理论

■ 第 2 章　Premiere CC 2018 的基础知识

第 1 章　影视剪辑基础理论

随着数字技术的兴起，影视剪辑早已由直接剪接胶片演变为借助计算机进行数字化编辑的阶段。然而，无论是通过怎样的方法来编辑视频，其实质都是组接视频片段的过程。不过，要怎样组接这些片段才能符合人们的逻辑思维，并使其具有艺术性和欣赏性，就需要视频编辑人员掌握相应的理论和视频编辑知识。通过本章学习，读者应掌握景别、运动镜头技巧、镜头剪辑的一般规律和数字视频编辑的相关知识，为后面的学习打下良好的基础。

1.1　景别

景别又称镜头范围，它是镜头设计中的一个重要概念，是指角色对象和画面在屏幕框架结构中所呈现的大小和范围。不同景别可以引起观众不同的心理反应。景别一般分为远景、全景、中景、近景和特写 5 种，接下来进行具体讲解。

1.1.1　远景

远景是视距最远的景别。它视野广阔、景深悠远，主要表现远距离的人物和周围广阔的自然环境与气氛，内容的中心往往不明显。远景以环境为主，可以没有人物，或者有人物也仅占很小的部分。它的作用是展示巨大的空间，介绍环境，展现事物的规模和气势，拍摄者也可以用它来抒发自己的情感。使用远景的持续时间应在 10s 以上。图 1-1 为远景画面效果。

图 1-1　远景画面效果

1.1.2　全景

全景包括被拍摄对象的全貌和它周围的环境。与远景相比，全景有明显的作为内容中心、结构中心的主体。在全景画面中，无论人还是物体，其外部轮廓线条以及相互间的关系，都能得到充分的展现，环境与人的关系更为密切。

全景的作用是确定事物、人物的空间关系，展示环境特征，表现节目的某一段的发生地点，为后续情节定向。同时，全景有利于表现人和物的动势。使用全景时，持续时间应在 8s 以上。图 1-2 为全景画面效果。

图 1-2　全景画面效果

1.1.3　中景

中景包括对象的主要部分和事物的主要情节。在中景画面中，主要的人和物的形象及形状特征占主要成分。使用中景画面，可以清楚地看到人与人之间的关系和感情交流，也能看清人与物、物与物的相对位置关系。因此，中景是拍摄中较常用的景别。

用中景拍摄人物时，多以人物的动作、手势等富有表现力的局部为主，环境则降到次要地位，这样更有利于展现事物的特殊性。使用中景时，持续时间应在 5s 以上。图 1-3 为中景画面效果。

图 1-3　中景画面效果

1.1.4　近景

近景包括拍摄对象更为主要的部分（如人物上半身以上的部分），用以细致地表现人物的精神和物体的主要特征。使用近景，可以清楚地表现人物心理活动的面部表情和细微动作，容易产生交流。使用近景时，持续时间应在 3s 以上。图 1-4 为近景画面效果。

图 1-4　近景画面效果

1.1.5 特写

特写是表现拍摄主体对象某一局部（如人肩部以上及头部、手或脚等）的画面，它可以进行更细致的展示，揭示特定的含义。特写反映的内容比较单一，起到形象放大、内容深化、强化本质的作用。在具体运用时主要用于表达、刻画人物的心理活动和情绪特点，起到震撼人心、引起注意的作用。

特写空间感不强，常常被用于转场时的过渡画面。特写能给人以强烈的印象，因此在使用时要有明确的针对性和目的性，不可滥用。特写持续时间应在 1s 以上。图 1-5 为特写画面效果。

图 1-5　特写画面效果

1.2 运动镜头技巧

运动镜头技巧，就是利用摄像机在推、拉、摇、移、跟、升 / 降等形式的运动中进行拍摄的方式，是突破画框边缘的局限、扩展画面视野的一种方法。

运动镜头技巧必须符合人们观察事物的习惯，在表现固定景物较多的内容时运用运动镜头，可以变固定景物为活动画面，从而增强画面的活力。利用 Premiere CC 2018 可以模拟出各种运动镜头效果，接下来具体讲解运动镜头的种类。

1.2.1 推镜头

推镜头又称伸镜头，是指摄像机朝视觉目标纵向推近来拍摄动作，随着镜头的推近，被拍摄的范围会逐渐缩小。推镜头能使观众压力感增强，镜头从远处往近处推的过程是一个力量积蓄的过程，随着镜头的不断推近，这种力量感会越来越强，视觉冲击也越来越强。图 1-6 为推镜头的画面效果。

图 1-6　推镜头的画面效果

推镜头分为快推和慢推两种。慢推可以配合剧情需要，产生舒畅自然、逐渐将观众引入戏中的效果；快推可以产生紧张、急促、慌乱的效果。

1.2.2　拉镜头

拉镜头又称缩镜头，是指摄像机从近到远纵向拉动，视觉效果是从近到远，画面范围也是从小到大不断扩大。

拉镜头通常用来表现主角正在离开当前场景。拉镜头与人步行后退的感觉很相似，因此，不断拉镜头带有强烈的离开意识。图 1-7 为拉镜头的画面效果。

图 1-7　拉镜头的画面效果

1.2.3　摇镜头

摇镜头是指摄像机的位置不动，只做角度的变化，其方向可以左右摇或上下摇，也可以是斜摇或旋转摇。其目的是对被拍摄主体的各部位逐一展示，或展示规模，或巡视环境等。其中最常见的摇镜头是左右摇，在电视节目中经常使用。图 1-8 为摇镜头的画面效果。

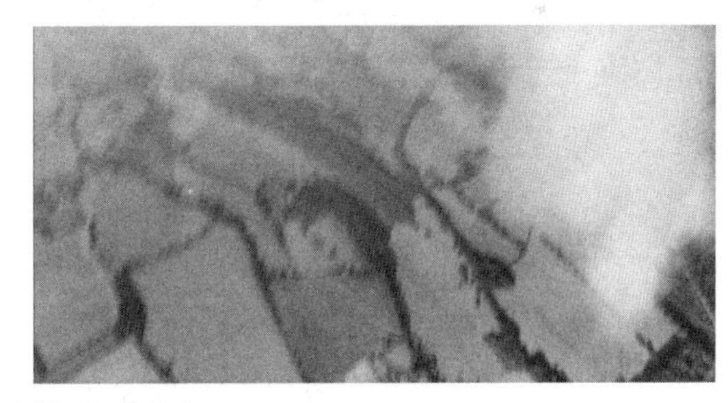

图 1-8　摇镜头的画面效果

1.2.4　移镜头

移镜头是指摄像机沿水平方向移动并同时进行拍摄。这种镜头的作用是为了表现场景中的人与物、人与人、物与物之间的空间关系，或者将一些事物连贯起来加以表现。它与摇镜头有相似之处，都是为了表现场景中的主体与陪体之间的关系，但是在画面上给人的视觉效果却是完全不同的。摇镜头是摄像机的位置不动，拍摄角度和被拍摄物体的角度在变化，适合拍摄远距离的物体。而移镜头则不同，它是拍摄角度不变，摄像机本身位置移动，与被拍摄物体的角度无变化，适合拍摄距离较近的物体和主体。图 1-9 为移镜头的画面效果。

图 1-9　移镜头的画面效果

1.2.5　跟镜头

跟镜头是指摄像机始终跟随拍摄一个在行动中的表现对象，以便连续而详尽地表现它的活动情形，或在行动中的动作以及表情等。跟镜头又分为跟拉、跟摇、跟升、跟降等。图 1-10 为影片中的主人公帮助好友寻找丢失的小玩具的跟镜头画面效果。

图 1-10　跟镜头的画面效果

1.2.6　升/降镜头

升 / 降镜头是指在镜头固定的情况下，摄像机本身垂直位移。这种镜头大多用于场面的拍摄，它不仅能改变镜头视觉和画面空间，而且有助于表现戏剧效果和气氛渲染。图 1-11 为降镜头的画面效果。

图 1-11　降镜头的画面效果

1.3　镜头组接的基础知识

所有影视作品在结构上都是将一系列镜头按一定次序组接后所形成的。然而，这些镜头之所以能够延续下来，并使观众将它们接受为一个完整融合的统一体，是因为这些镜头间的发展和变化秉承了一定的规律。接下来讲解一些镜头组接时的规律与技巧。

1.3.1　镜头组接的规律

为了清楚地向观众传达某种思想或信息，组接镜头时必须遵循一定的规律，归纳为以下几点。

1. 符合观众的思维方式与影片表现规律

镜头的组接必须要符合生活与思维的逻辑关系。如果影片没有按照上述原则进行编排，必然会由于逻辑关系的颠倒而使观众难以理解。

2. 景别的变化要采用“循序渐进”的方法

通常来说，一个场景内“景”的发展不宜过分剧烈，否则不易于与其他镜头进行组接。相反，如果“景”的变化不大，同时拍摄角度的变换也不大，也不利于同其他镜头的组接。

例如，在编排同机位、同景别，恰巧又是同一主体的两个镜头时，由于画面内景物的变化较小，因此将两个镜头简单组接后会给人一种镜头不停重复的感觉。在这种情况下，除了重新进行拍摄外，还可采用过渡镜头，使表演者的位置、动作发生变化后再进行组接。

3. 镜头组接中的拍摄方向与轴线规律

所谓“轴线规律”，是指在多个镜头中，摄像机的位置应始终位于主体运动轴线的同一条线上，以保证不同镜头内的主体在运动时能够保持一致的运动方向。否则，在组接镜头时，便会出现主体“撞车”的现象，此时的两组镜头便互为跳轴画面。在视频的后期编辑过程中，除了特殊需要外，跳轴画面基本无法与其他镜头相组接。

4. 遵循“动接动”“静接静”的原则

当两个镜头内的主体始终处于运动状态，且动作较为连贯时，可以将动作与动作组接在一起，从而达到顺畅过渡、简洁过渡的目的，该组接方法称为“动接动”。

与之相应的是，如果两个镜头的主体运动不连贯，或者它们的画面之间有停顿时，则必须在前一个镜头内的主体完成一套动作后，才能与第二个镜头相组接。并且，第二个镜头必须是从静止的镜头开始，该组接方法便称为“静接静”。在“静接静”的组接过程中，前一个镜头结尾时停止的片刻叫“落幅”，后一个镜头开始时静止的片刻叫“起幅”，起幅与落幅的时间间隔为 1 ~ 2s。此外，在将运动镜头和固定镜头相互组接时，同样需要遵循这个规律。例如，一个固定镜头需要与一个摇镜头相组接时，摇镜头开始要有起幅；当摇镜头要与固定镜头组接时，摇镜头结束时必须要有落幅，否则组接后的画面便会给人一种跳动的视觉感。

提示：摇镜头是指在拍摄时，摄像机的机位不动，只有机身做上、下、左、右的旋转等运动。在影视创作中，摇镜头可用于介绍环境、从一个被拍摄主体向另一个被拍摄主体、表现人物运动、表现剧中人物的主观视线、表现剧中人物的内心感受等。

1.3.2 镜头组接的节奏

在一部影视作品中，作品的题材、样式、风格，以及情节的环境气氛、人物的情绪、情节的起伏跌宕等元素都是确定影片节奏的依据。然而，要想让观众能够很直观地感觉到这一节奏，不仅需要通过演员的表演、镜头的转换和运动，以及场景的时空变化等前期制作因素，还需要运用组接的手段，严格掌握镜头的尺寸、数量与顺序，并在删除多余枝节后才能完成。也就是说，镜头组接是控制影片节奏的最后一个环节。

1.3.3 镜头组接的时间长度

在剪辑、组接镜头时，每个镜头停留时间的长短，不仅要根据内容难易程度和观众的接受能力来决定，还要考虑到画面构图及画面内容等因素。例如，在处理远景、中景等包含内容较多的镜头时，便需要安排相对较长的时间，以便观众看清这些画面上的内容；对于近景、特写等空间较小的画面，由于画面内容较少，因此可适当减少镜头的停留时间。

此外，画面内的一些其他因素也会对镜头停留时间的长短起到制约作用。例如，画面内较亮的部分往往比较暗的部分更能引起人们的注意，因此在表现较亮的部分时可适当减少停留时间；如果要表现较暗的部分，则应适当延长镜头的停留时间。

1.4 数字视频基础

本节将对数字视频相关的基础知识做一个总体讲解。

1.4.1 像素

像素（Pixel）是指形成图像的最小单位。像素是一个个有色方块，如果把数码图像不断放大，就会看到，它是由许多像素以行和列的方式排列而成。

像素具有颜色信息，可以用 bit（比特）来度量。像素分辨率是由像素含有几比特的颜色属性来决定的，例如，1 比特可以表现白色和黑色两种颜色；2 比特则可以表示 2^2（即 4）种颜色。通常所说的 24 位视频，是指具有 2^{24}（即 16777216）种颜色信息的视频。

图像文件包含的像素越多，其所包含的信息也就越多，文件也就越大，图像品质也就越好。

1.4.2 帧频与分辨率

帧频指每秒显示的图像数（帧数）。如果想让动作比较自然，每秒大约需要显示 10 帧。如果帧数小于 10，画面就会突起；如果帧数大于 10，播放的动作会更加自然。制作电影通常采用 24f/s（帧 / 秒），制作电视节目通常采用 25f/s。根据使用制式的不同，各国之间也略有差异。

分辨率是通过普通屏幕上的像素数来显示的，显示的形态是“水平像素数 × 垂直像素数”（例如，640 × 480 像素，800 × 600 像素）。在其他条件相同的情况下，分辨率越高，图像的画质就越好。当然，这也需要硬件条件的支持。

1.4.3 场

视频素材分为交错式和非交错式。当前大部分广播电视信号是交错式的，而计算机图形软件（包括 Premiere、After Effects）是以非交错式显示视频的。交错视频的每一帧由两个场（Field）构成，称为“上”扫描场和“下”扫描场，或奇场（Odd Field）和偶场（Even Field）。这些场依顺序显示在 NTSC 制式或 PAL 制式的监视器上，能产生高质量的平滑图像。

场以水平分隔线的方式保存帧的内容，在显示时先显示第一个场的交错间隔内容，然后再显示第二个场来填充第一个场留下的缝隙。每一个 NTSC 制式视频的帧大约显示 1/30s，每一个场大约显示 1/60s，而 PAL 制式视频一帧的显示时间为 1/25s，每一个场为 1/50s。

在非交错视频中，扫描线是按从上到下的顺序全部显示的，计算机视频一般是非交错式的，电影胶片类似于非交错视频，它们是每次显示整个帧的。

1.4.4　电视制式

在电视中播放的电视节目都是经过视频编辑处理得到的。由于世界上各个国家或地区对电视影像制定的标准不同，其制式也有一定的区别。电视制式的出现，保证了电视机、视频及视频播放设备之间所用标准的统一或兼容，为电视行业的发展做出了巨大的贡献。目前世界上的电视制式分为 NTSC 制式、PAL 制式和 SECAM 制式 3 种。在 Premiere CC 2018 中新建视频项目时，也需要对视频制式进行具体设置。

1. NTSC制式

NTSC 制式是由美国国家电视标准委员会(National Television System Committee)制定的，主要应用于美国、加拿大、日本、韩国、菲律宾等国家或地区。该制式采用了正交平衡调幅的技术方式，因此 NTSC 制式也称为正交平衡调幅制电视信号标准。该制式的优点是视频播出端的接收电路较为简单。不过，由于 NTSC 制式存在相位容易失真、色彩不太稳定（易偏色）等缺点，因而此类电视都会提供一个手动控制的色调电路供用户选择使用。

符合 NTSC 制式的视频播放设备至少拥有 525 行扫描线，分辨率为 720 × 480 电视线，工作时采用隔行扫描方式进行播放，帧速率为 29.97f/s，因此每秒播放 60 场画面。

2. PAL制式

PAL 制式是在 NTSC 制式基础上的一种改进方案，其目的主要是克服 NTSC 制式对相位失真的敏感性。PAL 制式的原理是将电视信号内的两个色差信号分别采用逐行倒相和正交调制的方法进行传送。这样一来，当信号在传输过程中出现相位失真时，便会由于相邻两行信号的相位相反而起到互相补偿的作用，从而有效地克服了因相位失真而引起的色彩变化。此外，PAL 制式在传输时受多径接收而出现彩色重影的影响也较小。不过，PAL 制式的编 / 解码器较 NTSC 制式的相应设备要复杂许多，信号处理也较麻烦，接收设备的造价也较高。

PAL 制式也采用了隔行扫描的方式进行播放，共有 625 行扫描线，分辨率为 720 × 576 电视线，帧速率为 25f/s。目前，PAL 彩色电视制式广泛应用于德国、中国、英国、意大利等国家或地区。然而即便采用的都是 PAL 制式，不同国家或地区的 PAL 制式电视信号也有一定的差别。例如，我国采用的是 PAL-D 制式，英国采用的是 PAL-I 制式，新加坡采用的是 PAL-B/G 或 PAL-D/K 制式等。

3. SECAM制式

SECAM 制式意为“顺序传送彩色信号与存储恢复彩色信号制式”，是由法国在 1966 年制定的一种彩色电视制式。与 PAL 制式相同的是，该制式也克服了 NTSC 制式相位易失真的缺点，但在色度信号的传输与调制方式上却与前两者有着较大差别。总体来说，SECAM 制式的特点是彩色效果好、抗干扰能力强，但兼容性相对较差。

在使用中，SECAM 制式同样采用了隔行扫描的方式进行播放，共有 625 行扫描线，分辨率为 720 × 576 电视线，帧速率与 PAL 制式相同。目前，该制式主要应用于俄罗斯、法国、埃及、罗马尼亚等国家或地区。

1.4.5 隔行扫描与逐行扫描

如果想把视频制作成可以在普通电视机中播放的格式，还需要对视频的帧频有所了解。非数字的标准电视机显示的都是逐行扫描的视频，在电子束接触到荧光屏的同时，会被投射到屏幕的内部，这些荧光成分会发出人类所能看到的光。在最初发明电视机的时候，荧光成分只能持续极短时间，最后，在电子束投射到画面的底部时，最上面的荧光成分已经开始变暗。为了解决这个问题，初期的电视机制造者设计了隔行扫描的系统。

也就是说，电子束最初是逐行隔开进行投射，然后再次返回，对中间忽略的光束进行投射。轮流投射的这两条线在电视信号中称为“上”扫描场（奇场）和“下”扫描场（偶场）。因此，每秒显示 30 帧的电视实际上显示的是每秒 60 个扫描场。

在使用计算机制作动画时，为了制作出更自然的动作，必须使用逐行扫描的图像。Adobe Premiere 和 Adobe After Effects 可以准确地完成这项工作。通常，只有在电视机上显示的视频中才会出现帧或者场的问题。如果在计算机上播放视频，因为显示器使用的是隔行扫描的视频信号，所以不会发生这种问题。

1.4.6 画幅尺寸

数字视频作品的画幅大小决定了 Premiere CC 2018 项目的宽度和高度。在 Premiere CC 2018 中，画幅大小是以像素为单位进行衡量的。像素是计算机监视器上能显示的最小元素，如果正在工作的项目使用的是 DV 影片，那么通常使用 DV 标准画幅的大小是 720 × 480 像素，HDV 视频摄像机（索尼和 JVC）可以录制 1280 × 720 像素和 1400 × 1080 像素的大小。更昂贵的高清（HD）设备能以 1920 × 1080 像素进行拍摄 4K 显示屏能以 3840 × 2160 像素进行显示。

1.4.7 非正方形像素与像素纵横比

在 DV 出现之前，多数台式机视频系统使用的标准画幅大小是 640 × 480 像素。计算机图像是由正方形像素组成的，因此 640 × 480 像素和 320 × 240 像素（用于多媒体）的画幅大小非常符合电视的纵横比（宽度与高度之比），即 4:3（每 4 个正方形横向像素对应有 3 个正方形纵向像素）。

但是在使用 720 × 480 像素或 720 × 486 像素的 DV 画幅大小进行工作时，计算不是很清晰。这是因为如果创建的是 720 × 480 像素的画幅大小，那么纵横比就是 3 : 2，而不是 4 : 3 的电视标准。如果要将 720 × 480 像素压缩为 4 : 3 的纵横比，就要使用比宽度更高的非正方形像素（矩形像素）。

如果对正方形与非正方形像素的概念感到迷惑，那么只需记住 640 × 480 像素能提供 4 : 3 的纵横比。对于 720 × 480 像素画幅大小所带来的问题就是如何将 720 像素的宽度转换为 640 像素。这里要用到一点数学的知识：720 乘以多少等于 640？ 答案是 0.9，即 640 约等于 720 的 9/10。因此，如果每个正方形像素都能削减到原来自身宽度的 9/10，那么就可以将 720×480 像素转换为 4∶3 的纵横比。如果正在使用 DV 进行工作，可能会频繁地看到数值 0.9（即 0.9∶1 的缩写）。这称作纵横比。

1.4.8　SMPTE时间码

在视频编辑中，通常用时间码来识别和记录视频数据流中的每一帧。从一段视频的起始帧到终止帧，其间的每一帧都有一个唯一的时间码地址。根据动画和电视工程师协会 SMPTE（Society of Motion Picture and Television Engineers）使用的时间码标准，其格式是：小时∶分钟∶秒∶帧，或 hours∶minutes∶seconds∶frames。一段长度为 00:05:15:15 的视频片段的播放时间为 5 分钟 15 秒 15 帧，如果以每秒 30 帧的速率播放，则播放时间为 5 分钟 15.5 秒。

根据电影、录像和电视工业中使用的不同帧速率，各有其对应的 SMPTE 标准。由于技术的原因，NTSC 制式实际使用的速率是 29.97f/s 而不是 30f/s，因此在时间码与实际播放时间之间有 0.2% 的误差。为了解决误差问题，设计出丢帧（Drop-frame）格式，即在播放时每分钟要丢 2 帧（实际上是有两帧不显示，而不是从文件中删除），这样可以保证时间码与实际播放时间一致。与丢帧格式对应的是不丢帧（Nondrop-frame）格式，它忽略时间码与实际播放帧之间的误差。

1.4.9　数据压缩

数据压缩也称编码技术，准确地说应该称为数字编码、解码技术，是将图像或者声音的模拟信号转换为数字信号，并可将数字信号重新转换为声音或图像的解码器综合体。

随着科技的不断发展，原始信息往往很大，不利于存储、处理和传输。而使用压缩技术可以有效节省存储空间，缩短处理时间，节约传送通道。一般数据压缩有两种方法：一种是无损压缩，是将相同或相似的数据根据特征归类，用较少的数据量描述原始数据，达到减少数据量的目的；另一种是有损压缩，是有针对性地简化不重要的数据，减少总的数据量。

目前常用的影像压缩格式有 MOV、MPG、QuickTime 等。

1.5　常见数字视频和音频格式

非线性编辑的出现，使得视频影像的处理方式进入了数字时代。与之相对应的是，影像的数字化记录方法也更加多样化，接下来介绍一些目前常见的视频和音频格式。

1.5.1　常用视频格式

随着视频编码技术的不断发展，视频文件的格式种类也不断增多。为了更好地编辑影片，必须熟悉各种常见的视频格式，以便在编辑影片时能够灵活使用不同格式的视频素材，或者根据需要将制作好的影视作品输出为最适合的视频格式。接下来介绍一些目前常见的视频格式。

1. MPEG/MPG/DAT

MPEG/MPG/DAT 类型的视频文件都是由 MPEG 编码技术压缩而成的视频文件，被广泛应用于 VCD/DVD 和 HDTV 的视频编辑与处理等方面。其中，VCD 内的视频文件由

MPEG-1 编码技术压缩而成（刻录软件会自动将 MPEG-1 编码的视频文件转换为 DAT 格式），DVD 内的视频文件则由 MPEG-2 压缩而成。

2. MP4

MP4 格式就是 MPEG-4，文件扩展名为 .mp4。它包含了 MPEG-1 及 MPEG-2 的绝大部分功能及其他格式的长处，并加入和扩充了对虚拟现实模型语言（VRML，Virtual Reality Modeling Language）的支持、面向对象的合成档案（包括音效、视讯及 VRML 对象）、数字版权管理（DRM）以及其他互动功能。MPEG-4 比 MPEG-2 更先进之处就是不再使用宏区做影像分析，而是以影像上的个体为变化记录，因此在影像变化速度很快、码率不足时，也不会出现马赛克画面。

3. AVI

AVI 是由微软公司所研发的视频格式，其优点是允许影像的视频部分和音频部分交错在一起同步播放，调用方便、图像质量好，缺点是文件大小过于庞大。

4. MOV

MOV 是由 Apple 公司所研发的一种视频格式，是 QuickTime 音 / 视频软件的配套格式。在 MOV 格式刚刚出现时，该格式的视频文件仅能够在 Apple 公司所生产的 Mac 机上进行播放。此后，Apple 公司推出了基于 Windows 操作系统的 QuickTime 软件，MOV 格式也逐渐成为使用较为广泛的视频文件格式。

5. RM/RMVB

RM/RMVB 是按照 Real Networks 公司所制定的音频 / 视频压缩规范而创建的视频文件格式。其中，RM 格式的视频文件较小，适合本地播放，而 RMVB 除了适合进行本地播放外，也适合通过互联网进行流式播放，从而使用户只需进行极短时间的缓冲，便可不间断地长时间欣赏影视节目。

6. WMV

WMV 是一种可在互联网上实时传播的视频文件类型，其主要优点在于：可扩充的媒体类型、本地或网络回放、可伸缩的媒体类型、流的优先级化、多语言支持、扩展性等。

7. ASF

ASF（Advanced Streaming Format，高级流格式）是微软公司为了和 Real Networks 公司竞争而发展出来的一种可直接在网上观看视频节目的文件压缩格式。ASF 使用了 MPEG-4 压缩算法，其压缩率和图像的质量都很不错。

1.5.2 常用音频格式

在影视作品中，除了使用影视素材外，还需要为其添加相应的音频文件。接下来介绍一些目前常见的音频格式。

1. WAV

WAV 音频文件也称为波形文件，是 Windows 本身存放数字声音的标准格式。WAV 音频文件是目前最具通用性的一种数字声音文件格式，几乎所有的音频处理软件都支持 WAV

格式。由于该格式文件存放的是没有经过压缩处理，而直接对声音信号进行采样得到的音频数据，所以 WAV 音频文件的音质在各种音频文件中是最好的，但它的文件大小也是最大的，1min CD 音质的 WAV 音频文件大约有 10MB。由于 WAV 音频文件大小过于庞大，所以不适合在网络上进行传播。

2. MP3

MP3（MPEG-Audio Layer3）是一种采用了有损压缩算法的音频文件格式。由于 MP3 在采用心理声学编码技术的同时结合了人们的听觉原理，因此剔除了某些人耳分辨不出的音频信号，从而实现了高达 1∶12 或 1∶14 的压缩比。

此外，MP3 还可以根据不同需要采用不同的采样率进行编码，如 96kbit/s、112kbit/s、128kbit/s 等。其中，使用 128kbit/s 采样率获得 MP3 的音质非常接近于 CD 音质，但其文件大小仅为 CD 音乐的 1/10，因此成为目前最为流行的一种音乐文件。

3. WMA

WMA 是微软公司为了与 Real Networks 公司的 RA 以及 MP3 竞争而研发的新一代数字音频压缩技术，其全称为 Windows Media Audio，特点是同时兼顾了高保真度和网络传输需求。从压缩比来看，WMA 比 MP3 更优秀，同样音质的 WMA 文件的大小是 MP3 格式的一半或更少，而相同大小的 WMA 文件又比 RA 的音质要好。总体来说，WMA 音频文件既适合在网络上用于数字音频的实时播放，同时也适合在本地计算机上进行音乐回放。

4. MIDI

严格来说，MIDI 并不是一种数字音频文件格式，而是电子乐器与计算机之间进行通信的一种标准。在 MIDI 文件中，不同乐器的音色都被事先采集下来，每种音色都有一个唯一的编号，当所有参数都编码完毕后，就得到了 MIDI 音色表。在播放时，计算机软件即可通过参照 MIDI 音色表的方式将 MIDI 文件数据还原为电子音乐。

1.6　数字视频编辑基础

现阶段，人们在使用影像设备获取视频后，通常还要对其进行剪切、重新编排等一系列处理，然后才会将其用于播出。在上述过程中，对源视频进行的剪切、编排及其他操作统称为视频编辑操作，而用户以数字方式来完成这一任务时，整个过程便称为数字视频编辑。

1.6.1　线性编辑与非线性编辑

在电影电视的发展过程中，视频节目的制作先后经历了“物理剪辑”“电子编辑”“数字编辑”3 个不同发展阶段，其编辑方式也先后出现了线性编辑和非线性编辑。接下来将分别介绍这两种不同的视频编辑方式。

1. 线性编辑

线性编辑又称为在线编辑，是指直接通过放像机和录像机的母带对模拟影像进行连接、编辑的方式。传统的电视编辑就属于此类编辑。采用这种方式，如果要在编辑好的录像带上插入或删除视频片断，则插入点或删除点以后的所有视频片断都要重新移动一次，在操作上很不方便。

2. 非线性编辑

非线性编辑是指在计算机中利用数字信息进行的视频 / 音频编辑。选取数字视频素材的方法主要有两种：一种是先将录像带上的片断采集下来，即把模拟信号转换为数字信号，然后存储到计算机中进行特效处理，最后再输出为影片；另一种是利用数码摄像机（即 DV 摄像机）直接拍摄得到数字视频，此时拍摄的内容会直接转换为数字信号，然后只需在拍摄完成后，将需要的片断输入到计算机中即可。

1.6.2 非线性编辑系统的构成

非线性编辑的实现，要靠软件与硬件两方面的共同支持，而两者间的组合便称为非线性编辑系统。目前，一套完整的非线性编辑系统，其硬件部分至少应包括一台多媒体计算机，此外还需要视频卡、声卡以及其他专用板卡（如特技卡）和外围设备。

其中，视频卡用于采集和输出模拟视频，也就是担负着模拟视频与数字视频之间相互转换的功能。

从软件上看，非线性编辑系统主要由非线性编辑软件、二维动画软件、三维动画软件、图像处理软件和音频处理软件等外围软件构成。Premiere 属于非线性编辑软件。

提示：当今，随着计算机硬件性能的提高，编辑处理视频对专用硬件设备的依赖越来越小，而软件在非线性编辑过程中的作用则日益突出。因此熟练掌握一款像Premiere CC 2018这样的非线性编辑软件便显得尤为重要。

1.7 课后练习

1. 填空题

1）景别又称 _______，它是镜头设计中一个重要概念，是指角色对象和画面在屏幕框架结构中所呈现的大小和范围。不同景别可以引起观众不同的心理反应。景别一般分为 _____、_____、_____、_____ 和 _____5 种。

2）目前世界上的电视制式分为 _____、_____ 和 _____3 种。

2. 选择题

1）下列哪些属于运动镜头的技巧？（　　）

A. 推　　B. 拉　　C. 摇　　D. 移

2）PAL 制式的帧速率是 _____f/s。

A. 30　　B. 25　　C. 20　　D. 12

3）下列属于音频格式的是（　　）。

A. MP3　　B. AVI　　C. MOV　　D. WAV

3. 问答题

1）简述镜头组接的规律。

2）简述线性编辑与非线性编辑的特点。

第 2 章　Premiere CC 2018的基础知识

Premiere CC 2018 是一款优秀的非线性视频编辑处理软件，具有强大的视频和音频内容实时编辑合成功能。它的操作界面简便直观，同时功能全面，因此被广泛应用于家庭视频内容处理、电视广告制作和片头动画编辑等方面。通过本章学习，读者应掌握 Premiere CC 2018 的启动与项目创建、操作界面、素材的导入、素材的编辑、视频与音频效果、调整与校正画面效果和影片的预演与输出方面的相关知识。

2.1　Premiere CC 2018的启动以及创建项目和序列

启动 Premiere CC 2018 以及创建项目和序列的具体操作步骤如下。

1）选择“开始 | 所有程序 | Adobe Premiere CC 2018”命令（或者用鼠标双击桌面上的 Premiere CC 2018 的快捷图标），弹出如图 2-1 所示的界面。在该界面中可以执行新建项目、打开项目和开启帮助等操作。

● 新建项目：单击该按钮，可以创建一个新的项目文件进行视频编辑。

● 打开项目：单击该按钮，可以打开一个在计算机中已有的项目文件。

2）单击“新建项目”按钮，会弹出如图 2-2 所示的对话框。在该对话框中可以设置“新建项目”的参数。

● 名称：用于为项目文件命名。

● 位置：用于为项目文件指定存储路径。单击右侧的“浏览”按钮，可以在弹出的对话框中指定相应的存储路径（此时选择的路径最好不要设在系统分区 C 盘，建议在系统以外的分区中创建一个专门的文件夹来存放项目文件和其他素材文件）。

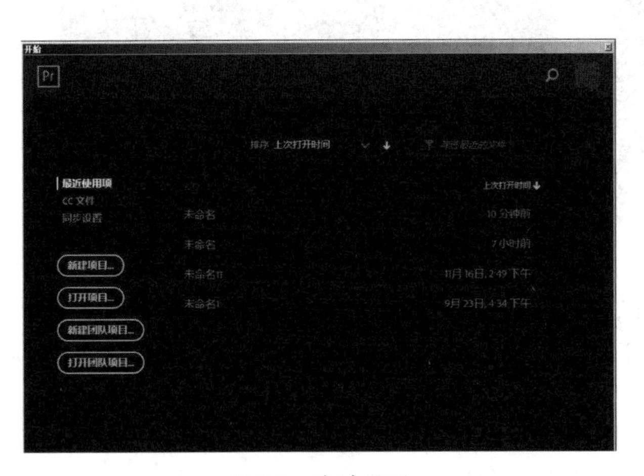

图 2-1　启动界面

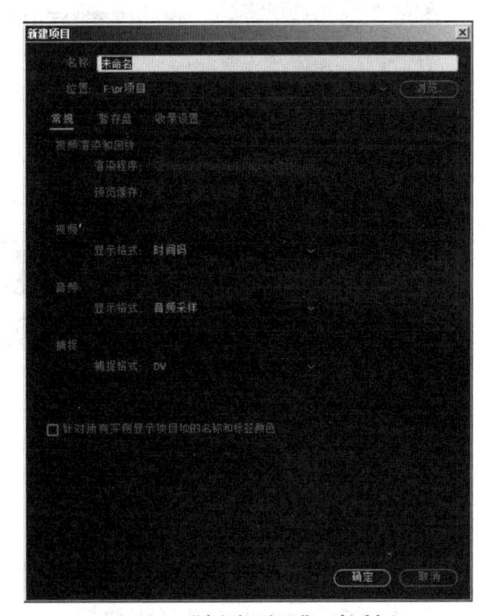

图 2-2　“新建项目”对话框

● 视频和音频显示格式：用于设置视频和音频在项目内的显示方式。

● 捕捉格式：用于设置从摄像机等设备内获取素材时的格式。

3）单击“确定”按钮，即可新建一个项目文件。

提示：如果此时设置的项目名称已经存在，会弹出图2-3所示的“另存为”对话框。单击“是”，则会覆盖原来的文件；单击“否”，则会回到“新建项目”对话框，此时可以重新输入项目名称。

4）单击“项目”面板下方的（新建项）按钮（快捷键〈Ctrl+N〉），从弹出的下拉菜单中选择“序列”命令，如图 2-4 所示。然后在弹出的“新建序列”对话框中单击“序列预设”选项卡，如图 2-5 所示。此时在左侧文件夹中根据不同的摄像机设置了相应的序列尺寸，我们通常选择的是 ARRI（阿莱）摄像机中的 APPI 1080p 25，这是国内视频通用的序列尺寸（对应的序列尺寸是 1920×1080），它的帧速率是 25 帧 /s，单击“确定”按钮，即可根据设置新建一个序列文件，如图 2-6 所示。

图 2-3 “另存为”对话框

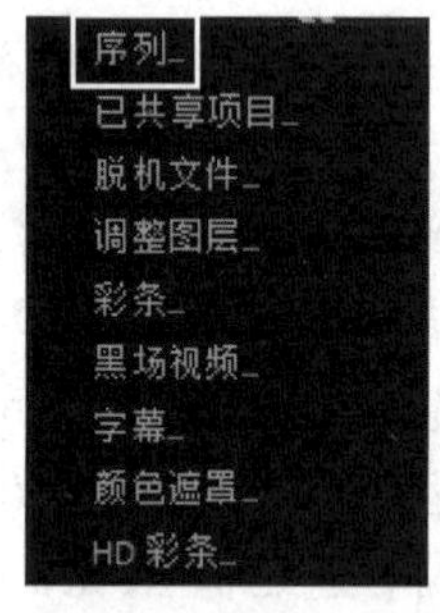

图 2-4 选择“序列”命令

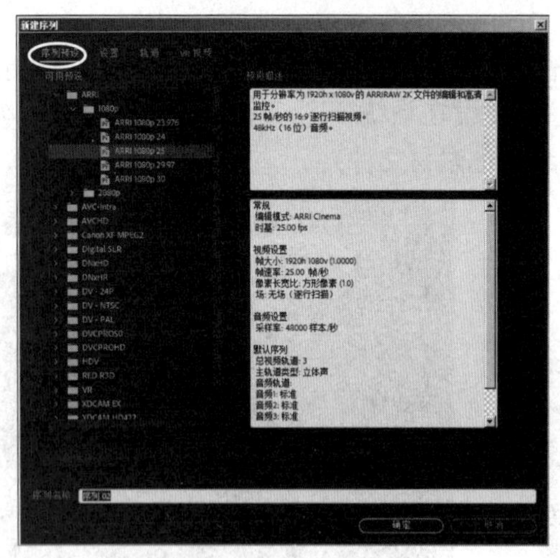

图 2-5 “新建序列”对话框

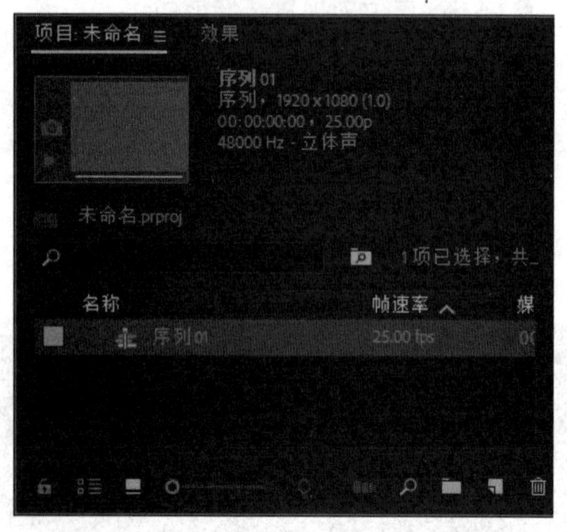

图 2-6 “项目”面板中新建的序列

5）如果要自定义一个序列尺寸，可以在“新建序列”对话框中单击“设置”选项卡，如图 2-7 所示，然后在“编辑模式”下拉列表框中选择“自定义”，再根据需要重新设置“帧大小”，比如 800×800，如图 2-8 所示。设置完成后，可以单击左下方的 保存预设... 按钮，接着在弹出的“保存设置”对话框中输入相应名称（此时输入“张凡”），如图 2-9 所示，再单击“确定”按钮，即可将自定义的设置方案进行存储。

图 2-7　“设置”选项卡

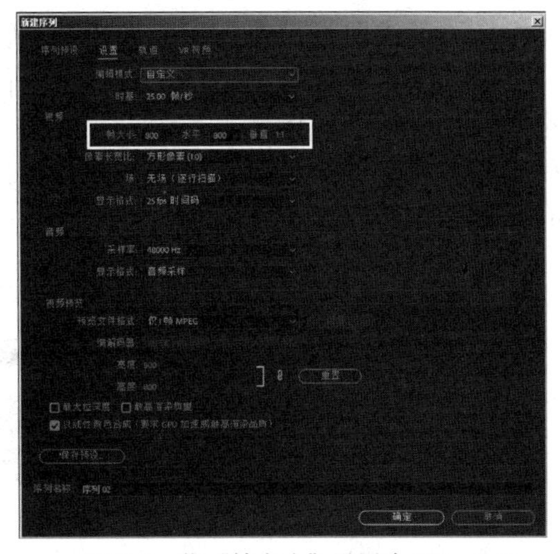
图 2-8　将“帧大小”设置为 800 × 800

提示：如果要调用保存的预置，可以在“序列预置”选项卡的左侧“自定义”文件夹中找到保存的预置文件，如图2-10所示，单击“确定”按钮即可。

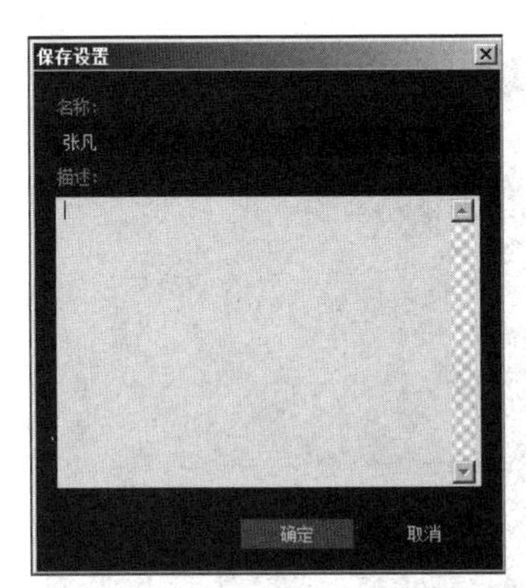

图 2-9　“保存设置”对话框

图 2-10　找到保存的预置文件

6）设置完毕后，单击“确定”按钮，即可根据自定义的尺寸新建一个序列文件。

2.2　Premiere CC 2018的操作界面

在创建或打开一个项目文件后，即可进入 Premiere CC 2018 的操作界面。

Premiere CC 2018 默认提供了 11 种模式的界面，它们分别是“学习”“组件”“编辑”“颜色”“效果”“音频”“图形”“库”“所有面板”“元数据记录”和“编辑（CS5.5）”。

单击相应的模式即可切换到相应的模式界面。此外如果要保存更改后的 Premiere CC 2018 界面布局，可以执行菜单中的“窗口 | 工作区 | 另存为新工作区”命令，然后在弹出的“新建工作区”对话框的“名称”右侧输入一个名称（此时输入的是“张”），如图 2-11 所示，单击“确定”按钮，此时在编辑模式界面中就可以看到保存的“张”模式，如图 2-12 所示。

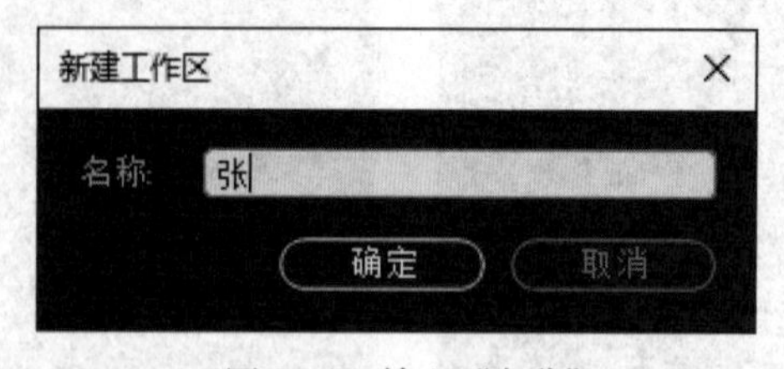

图 2-11　输入“名称”

图 2-12　添加“张”模式后的界面

如果要删除某个模式界面（比如“张”），可以单击“张”右侧的按钮，从弹出的快捷菜单中选择“编辑工作区”命令，如图 2-13 所示。然后在弹出的“编辑工作区”对话框中选择“张”，如图 2-14 所示，单击按钮，再单击按钮，即可将其从模式界面中删除，如图 2-15 所示。

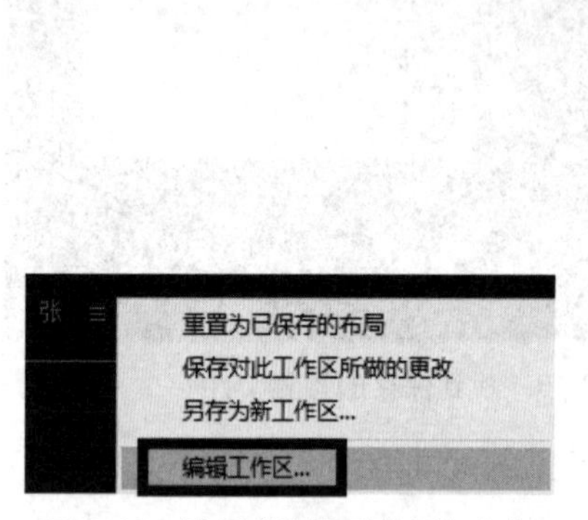

图 2-13　选择“编辑工作区”命令

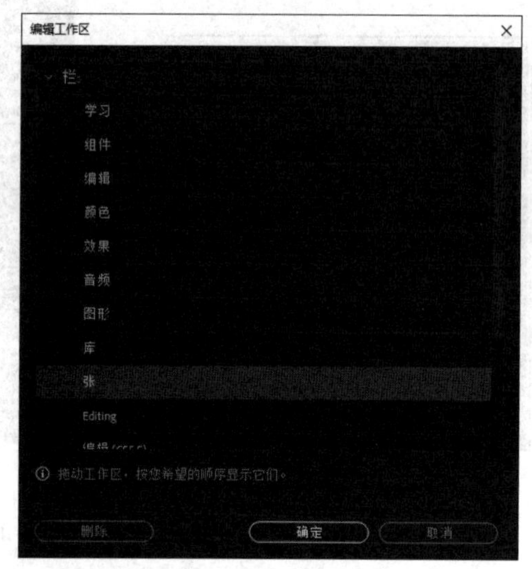

图 2-14　选择“张”

图 2-15　将“张”从模式界面中删除

接下来以 Premiere CC 2018 默认的“编辑”模式界面为例来说明一下界面构成。“编辑”模式界面大致可以分为“菜单栏”和“工作窗口区域”两部分，如图 2-16 所示。

图 2-16 默认的“编辑”模式界面

1. 菜单栏

Premiere CC 2018 的菜单栏中包括“文件”“编辑”“剪辑”“序列”“标记”“图形”“窗口”和“帮助”8 个菜单。其中“文件”菜单中的命令用于创建、打开和存储文件或项目等操作；“编辑”菜单中的命令用于常用的编辑操作，例如恢复、重做、复制文件等；“剪辑”菜单中的命令用于对素材进行常用的编辑操作，包括重命名、插入、覆盖、编组等命令；“序列”菜单中的命令用于在“时间线”面板中对项目片段进行编辑、管理、设置轨道属性等常用操作；“标记”菜单中的命令用于设置素材标记、设置片段标记、移动到入点/出点、删除入点/出点等操作；“图形”菜单中的命令用于设置字幕字体、大小、位置等属性；“窗口”菜单中的命令用于控制编辑界面中各个窗口或面板的显示与关闭；“帮助”菜单中的命令可以打开 Premiere CC 2018 的使用帮助供用户阅读，还可以连接 Adobe 官方网站，寻求在线帮助等。

2. 工作窗口区域

Premiere CC 2018 的工作窗口区域由多个面板组成，这些面板中包含了用户在执行节目编辑任务时所要用到的各种工具和参数。接下来介绍一些常用的面板。

(1)“项目”面板

“项目”面板的主要作用是管理当前编辑项目内的各种素材资源。“项目”面板分为素材属性区、素材列表和工具按钮 3 个部分，如图 2-17 所示。其中，素材属性区用于查看素材属性并以缩略图的方式快速预览部分素材的内容；素材列表用于罗列导入的相关素材；工具按钮用于对相关素材进行管理操作。

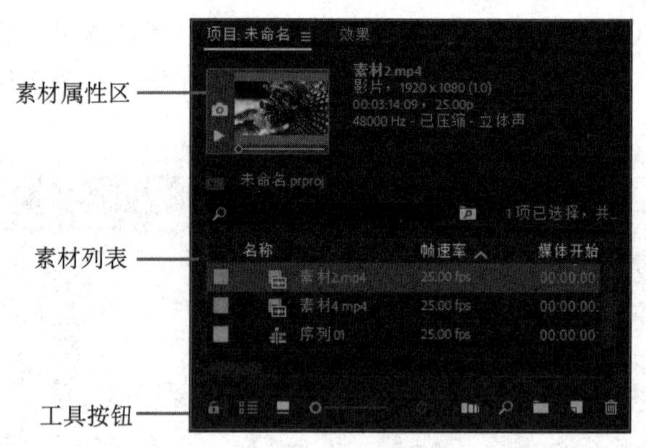

图 2-17 “项目”面板

其中工具按钮中各按钮的含义如下。

● (列表视图)：为 Premiere CC 2018 默认显示方式，用于在素材列表中以列表方式显示素材。

● (图标视图)：单击该按钮，将在素材列表中以缩略图的方式显示素材。具体讲解请参见“2.3.3 素材的显示”。

● (自动匹配到序列)：单击该按钮，可将选中素材添加到“时间线”面板的编辑片段中。

● (查找)：单击该按钮，将弹出如图 2-18 所示的对话框，从中可以查找指定的素材。

图 2-18 “查找”对话框

● (新建素材箱)：单击该按钮，可以新建文件夹，便于素材管理。

● (新建项)：单击该按钮，将弹出如图 2-19 所示的快捷菜单，从中可以选择新建的类型。

● (清除)：单击该按钮，可以将选中的素材或文件夹删除。

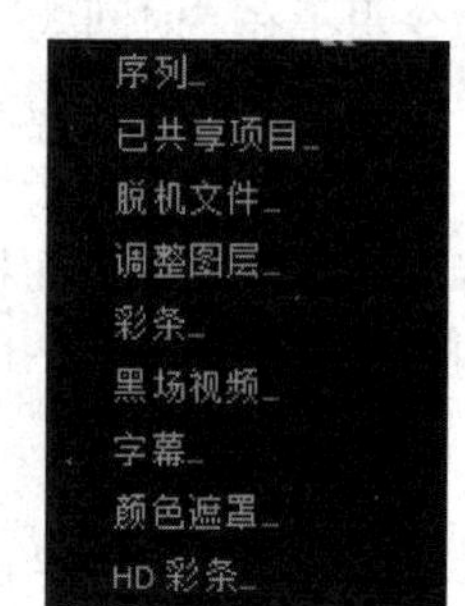

图 2-19 “新建项”快捷菜单

(2)“时间线”面板

“时间线”面板用于组合项目窗口中的各种片段，是按时间排列片段、制作影视节目的编辑窗口。绝大部分的素材编辑操作都要在“时间线”面板中完成。例如，调整素材在影片中的位置、长度、播放速度，或解除有声视频素材中音频与视频部分的链接等。此外用户还可以在“时间线”面板中为素材应用各种特技处理效果，甚至还可直接对特效中的部分属性进行调整。

该面板由节目标签、时间标尺、轨道及其控制面板、缩放时间线区域 4 部分组成，如图 2-20 所示。

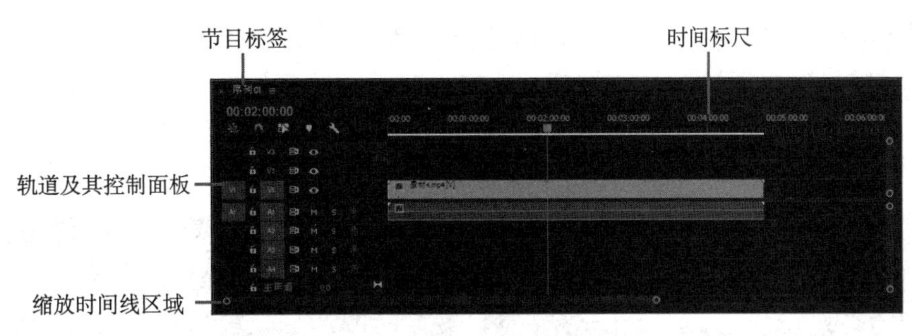

图 2-20　“时间线”面板

1）节目标签。

节目标签标识了主时间轴上的所有节目。单击它就可以激活节目并使其成为当前编辑状态。也可以拖动节目标签，使其成为一个独立的窗口。

2）时间标尺。

时间标尺由时间显示、时间滑块和时间线工具组成，如图 2-21 所示。

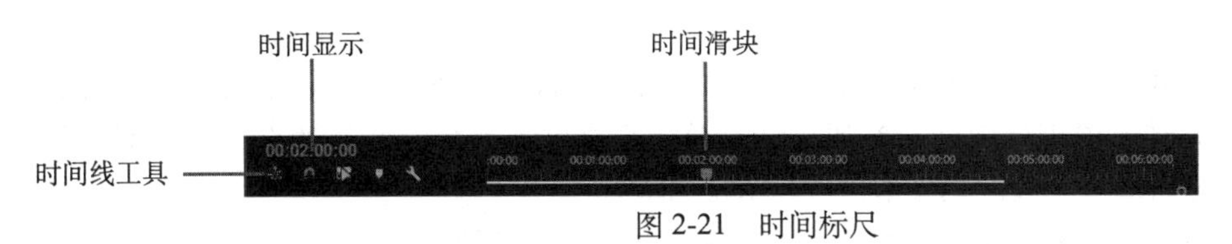

图 2-21　时间标尺

● 时间显示：用于显示视频和音频轨道上的剪辑时间的位置，显示格式为“小时 : 分钟 : 秒 : 帧”。可以利用标尺缩放条提高显示精度，实现编辑时间位置的精确定位。

● 时间滑块 ：显示当前编辑的时间位置。

● 时间线工具：包括（将序列作为嵌套或个别剪辑插入和覆盖）、（对齐）、（链接选择项）、（添加标记）和（时间轴显示设置）5 个工具。

◆（将序列作为嵌套或个别剪辑插入和覆盖）：图 2-22 为“序列 01”，图 2-23 为“序列 02”。如果激活按钮，将“序列 01”拖入“序列 02”，则“序列 01”会作为一个整体嵌套导入，效果如图 2-24 所示 ；如果未激活该按钮，则导入“序列 02”的“序列 01”将作为个别剪辑导入，也就是“序列 01”中的两个素材会分别导入当前序列，如图 2-25 所示。

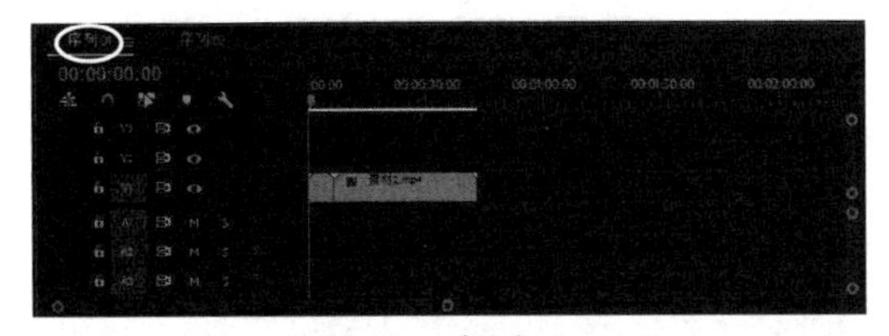

图 2-22　序列 01

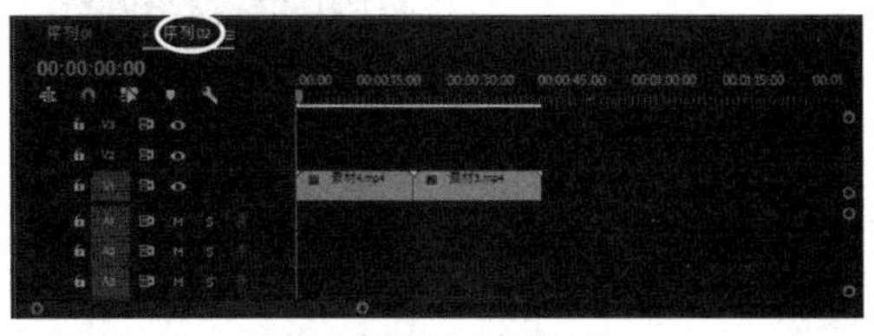

图 2-23　序列 02

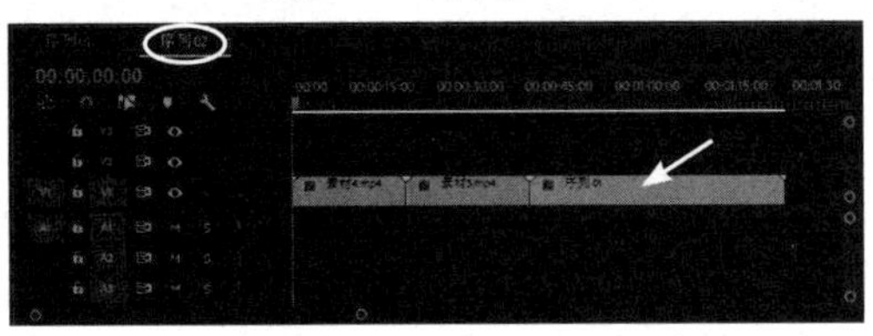

图 2-24　激活按钮

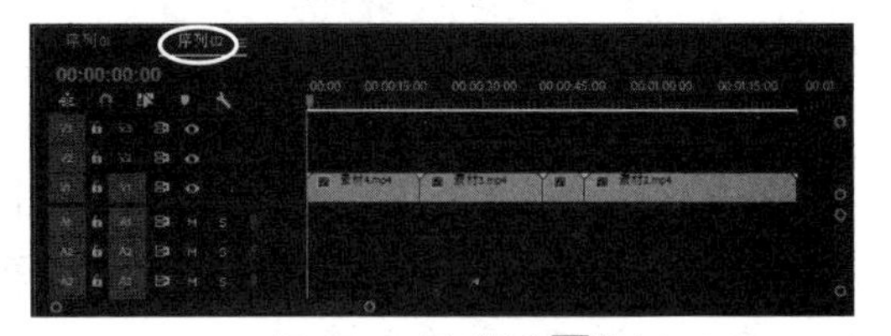

图 2-25　未激活按钮

◆（对齐）：会将拖入的素材自动吸附到前面的素材边缘。默认为激活状态。

◆（链接选择项）：激活该按钮，则拖入时间线的素材的视音频将保持链接状态，此时移动视频，则音频也会随之移动，如图 2-26 所示；未激活该按钮，则拖入时间线的素材的视音频彼此是独立的，此时移动视频，则音频不会随之移动，如图 2-27 所示。

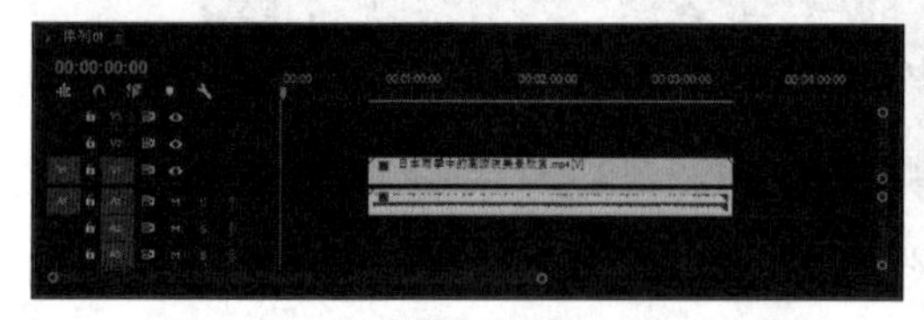

图 2-26　激活（链接选择项）按钮

图 2-27　未激活（链接选择项）按钮

◆（添加标记）：用于在素材上添加标记。

◆（时间轴显示设置）：单击该按钮，会弹出图 2-28 所示的快捷菜单，从中可以选择要在时间线中显示的项。这里特别要注意的是一定要勾选“显示视频关键帧”，否则无法在时间线视频轨道上利用（钢笔工具）添加视频关键帧。

3）轨道及其控制面板。

在时间标尺下方是视频、音频轨道及其控制面板。左边的部分是轨道控制面板，可以根据需要对轨道进行展开、添加、删除及调整高度等操作，右边的部分是视频和音频轨道。该部分默认有 3 个视频轨道和 4 个立体声音频轨道。

轨道控制面板分为视频控制面板和音频控制面板两部分。

视频控制面板，如图 2-29 所示。视频控制面板各按钮的功能如下。

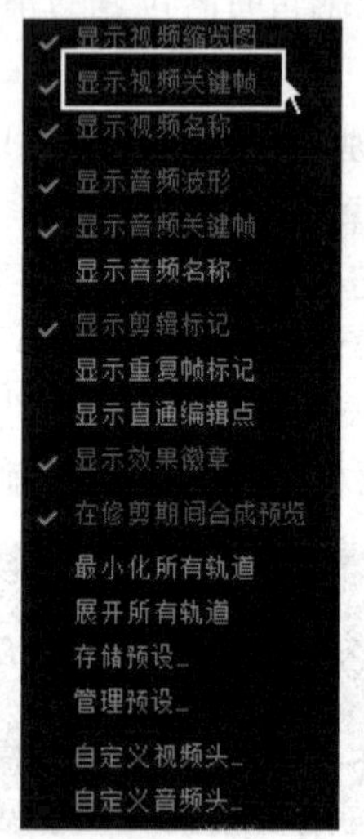

图 2-28　时间轴显示设置快捷菜单

图 2-29　视频控制面板

●（切换轨道输出）：当该按钮呈现状态时，可以对该轨道上的素材进行编辑、播放等操作；当该按钮呈现状态时，此时导出影片将不会导出该轨道上的剪辑。

●（切换同步锁定）：为了避免编辑其他轨道时，对已编辑好的轨道产生误操作，可以将轨道锁定。如果要再次编辑，可以单击按钮，对其进行解锁。

●（添加 - 移除关键帧）：在未插入关键帧的情况下，单击该按钮，可以在当前时间滑块定位的位置插入一个关键帧；在已经插入关键帧的情况下，单击该按钮，则可以移除关键帧。

音频控制面板，如图 2-30 所示。音频控制面板各按钮的功能如下。

●M（静音轨道）：激活该按钮，表示禁止播放声音。如果在编辑视频时只想看到视频效果而不需要声音播放时，可以激活该按钮。

●S（独奏轨道）：激活该按钮，表示启用轨道独奏。

●◆（显示关键帧）：单击该按钮，会弹出图 2-31 所示的下拉菜单，从中可以选择相应的音频关键帧命令。

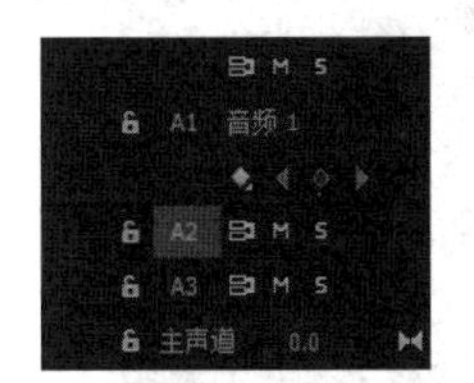

图 2-30　音频控制面板

图 2-31　选择相应的音频关键帧命令

4）缩放时间线区域。

使用“时间线”面板左下角的时间缩放级别滑块可以放大缩小时间线的显示，从而方便对素材的编辑。将◙（时间缩放级别滑块）往右移动可以缩小时间线的显示，如图 2-32 所示，往左移动可以放大时间线的显示，如图 2-33 所示。

提示：除了利用◙（时间缩放级别滑块）来放大、缩小时间线显示外，还可以按键盘上的〈+〉键放大时间线显示，按键盘上的〈-〉键缩小时间线显示。此外，对于超过时间线显示范围的素材，可以通过单击键盘上的〈\〉键，使其完全显示在时间线中。

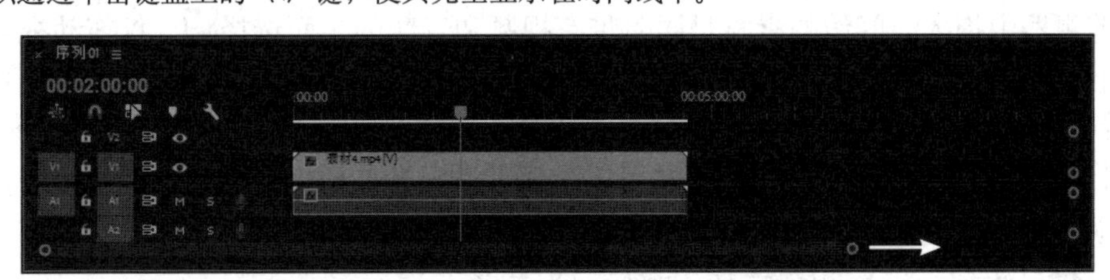

图 2-32　将◙（时间缩放级别滑块）往右移动

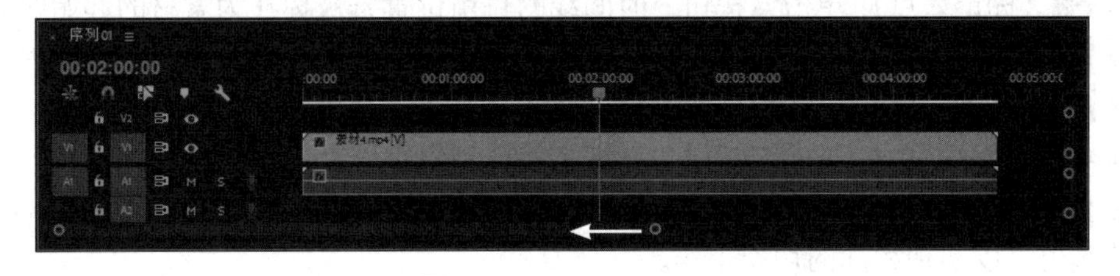

图 2-33　将◙（时间缩放级别滑块）往左移动

（3）监视器

监视器主要用于在创建作品时对其进行预览。Premiere CC 2018 提供了“源”监视器、“节目”监视器和“参考”监视器 3 种不同的监视器。接下来具体介绍这 3 种监视器。

1）“源”监视器。

“源”监视器，如图 2-34 所示，用于观察素材原始效果。“源”监视器在初始状态下是不显示画面的，如果想在该窗口中显示画面，可以直接拖动“项目”面板中的素材到“源”

监视器中，也可以双击“项目”面板中的素材或已加入到“时间线”面板中的素材，将该素材在“源”监视器中进行显示。

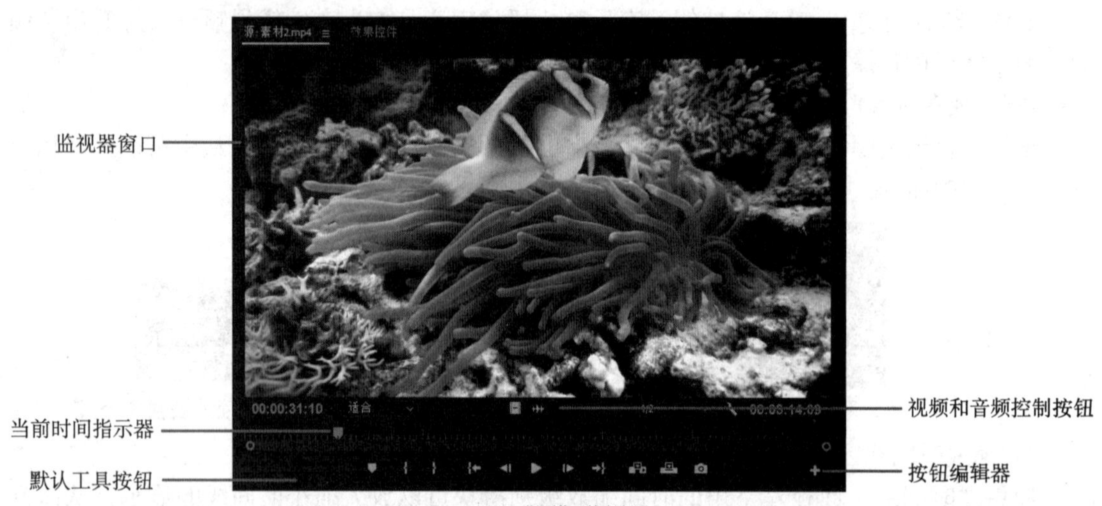

图 2-34 “源”监视器

该监视器包括监视器窗口、当前时间指示器、视频和音频控制按钮、默认工具按钮和按钮编辑器 5 个部分，如图 2-34 所示。其中监视器窗口用于实时预览素材；当前时间指示器用于控制素材播放的时间，在其上方的时间码用于确定每一帧的位置，显示格式为“小时 : 分钟 : 秒 : 帧”；视频和音频控制按钮包含（仅拖动视频）和（仅拖动音频）两个按钮，默认从“源”监视器中拖入时间线的素材是同时带有视频和音频的，而选择（仅拖动视频）按钮后往时间线中拖入素材时，则拖入的素材只有视频没有音频，选择（仅拖动音频）按钮后往时间线中拖入素材时，则拖入的素材只有音频没有视频；默认工具按钮位于监视器窗口的下方，主要用于修整和播放素材；按钮编辑器用于添加默认工具按钮以外的其余工具按钮。

“源”监视器的默认 11 个工具按钮的含义如下。

- （添加标记）：用于在特定帧标记为参考点。
- （标记入点）：单击该按钮，时间线的目前位置将被标注为素材的起始时间。
- （标记出点）：单击该按钮，时间线的目前位置将被标注为素材的结束时间。
- （转到入点）：单击该按钮，素材将跳转到入点处。
- （转到出点）：单击该按钮，素材将跳转到出点处。
- （播放）：用于从目前帧开始播放影片。单击该按钮，将切换到（停止）按钮。按空格键也可以实现相同的切换工作。
- （前进一帧）：单击该按钮，素材将前进一帧。
- （后退一帧）：单击该按钮，素材将后退一帧。
- （插入）：单击该按钮，将在插入的时间位置插入新素材。此时处于插入时间位置后的素材都会向后推移。如果要插入的新素材的位置位于一段素材之中，则插入的新素材会将原素材分为两段，原素材的后半部分会向后推移，接在新素材之后。
- （覆盖）：单击该按钮，将在插入的时间位置插入新素材。与单击（插入）按钮不同的是，此时凡是处于要插入的时间位置之后的素材将被新插入的素材所覆盖。

● （导出帧）：单击该按钮，将弹出如图 2-35 所示的“导出帧”对话框，此时在“名称”右侧输入要导出的帧的名称，然后在“格式”右侧下拉列表中选择一种输出的图片格式，接着单击 浏览... 按钮，从弹出的对话框中设置图片输出的位置，最后单击“确定”按钮，即可将当前时间指示器指示的帧图片进行输出。

图 2-35 “导出帧”对话框

提示：在“导出帧”对话框中勾选“导入到项目中”复选框，可以将导出的帧图片直接导入到当前“项目”面板中。

单击 （按钮编辑器）按钮，将弹出“按钮编辑器”面板，如图 2-36 所示。在该面板中包含了“源”监视器中所有的编辑按钮。用户可以通过拖动的方式将“按钮编辑器”面板中相应的按钮添加到“源”监视器的工具按钮中，如图 2-37 所示。如果在“按钮编辑器”面板中单击 重置布局 按钮，可以恢复“源”监视器中工具按钮的默认布局。

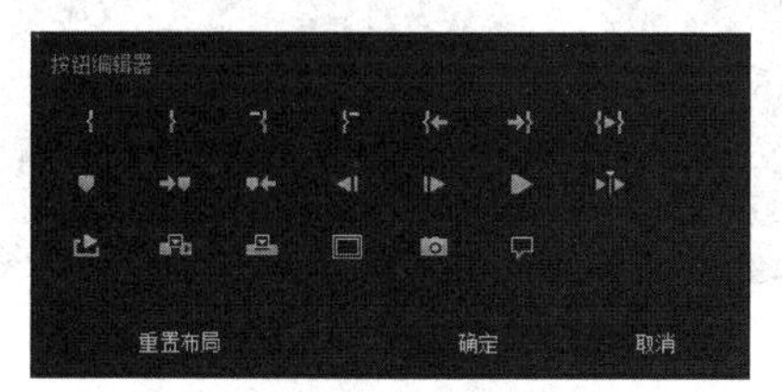

图 2-36 “按钮编辑器”面板

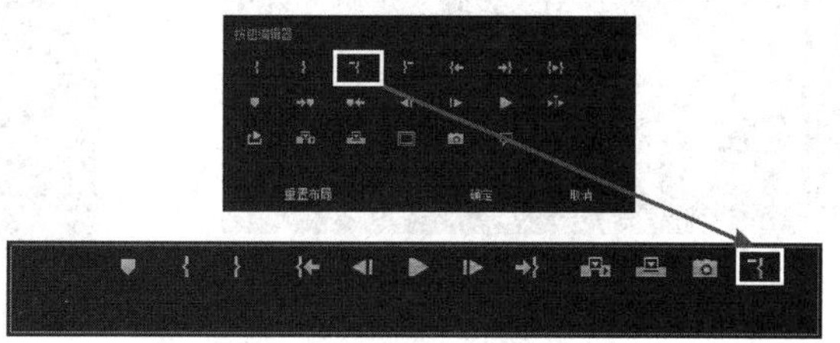

图 2-37 添加工具按钮

在“按钮编辑器”面板中可以添加到“源”监视器默认工具以外的按钮的含义如下。

● （清除入点）：单击该按钮，将清除已经设置的入点。

● （清除出点）：单击该按钮，将清除已经设置的出点。

● （从入点到出点播放视频）：单击该按钮，将只播放入点和出点之间的内容。

● （转到下一标记）：单击该按钮，将前进到下一个编辑点。

● （转到上一标记）：单击该按钮，将后退到下一个编辑点。

● （播放邻近区域）：单击该按钮，将从当前时间指示位置前两帧开始播放到当前时间指示位置后两帧。例如当前时间指示位置是 00:00:46:00，单击 （播放邻近区域）后，将从 00:00:44:00 播放到 00:00:48:00。

● （循环）：单击该按钮，将循环播放素材。

● （安全边距）：单击该按钮，将显示屏幕的安全区域，如图 2-38 所示。如果制作的视频要放在电视里播放，那么视频不应超过外面的视频安全框。如果视频尺寸超过视频安全框，则会被裁切。

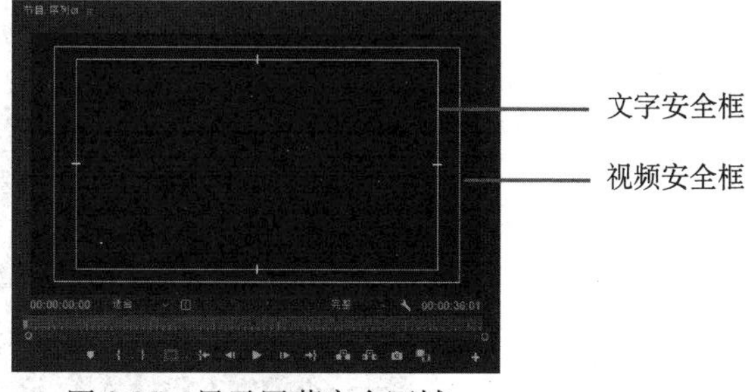

图 2-38 显示屏幕安全区域

“源”监视器除了可查看视频画面或静态图像外，还可以以波形的方式来显示音频素材，如图 2-39 所示。这样，编辑人员便可以在聆听素材的同时查看音频素材的内容。

2）“节目”监视器。

“节目”监视器，与“源”监视器界面基本相同，如图 2-40 所示。只不过“源”监视器用于对源素材进行编辑预览，而“节目”监视器用于对导入到时间线中的素材进行编辑和预览。

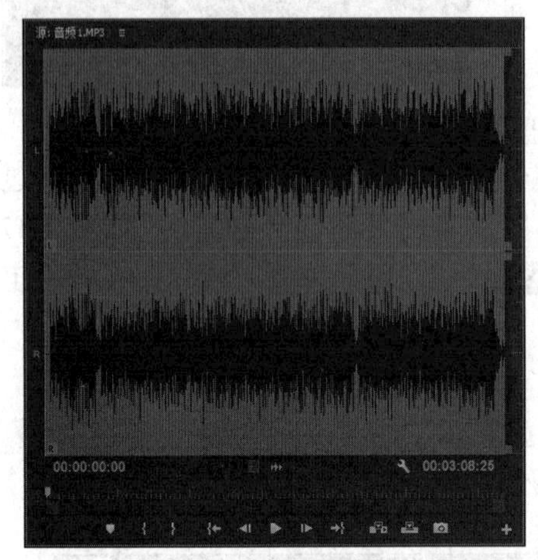

图 2-39　利用“源”监视器查看音频

图 2-40　“节目”监视器

3）“参考”监视器。

在许多情况下，“参考”监视器是另一个“节目”监视器。在 Premiere CC 2018 中可以使用它进行颜色和音调调整，因为在“参考”监视器中查看视频示波器（它可以显示色调与饱和度级别）的同时，可以在“节目”监视器中查看实际的影片。执行菜单中的“窗口 | 参考监视器”命令，即可调出“参考”监视器，如图 2-41 所示。“参考”监视器可以设置为与“节目”监视器同步播放或统调，也可以设置为不统调。

图 2-41　“参考”监视器

（4）“音轨混合器”面板

“音轨混合器”面板，如图 2-42 所示，该面板主要用于对音频素材的播放效果进行编辑和实时控制。该面板的具体介绍请详见“2.5.4　添加和编辑音频”。

（5）“效果”面板

“效果”面板中列出了能够应用于素材的各种 Premiere CC 2018 的特效，其中包括预设、音频效果、音频过渡、视频效果和视频过渡 5 大类，如图 2-43 所示。使用“效果”面板可以快速应用多种音频特效、视频特效和切换效果。单击“效果”面板下方的■（新建自定义文件夹）按钮，还可以新建文件夹，将自己常用的各种特效放在里面，此时自定义文件夹中的特效在默认的文件夹中依然存在。单击“效果”面板下方的■（删除自定义分项）按钮，可以删除自建的文件夹，但不能删除软件自带的文件夹。

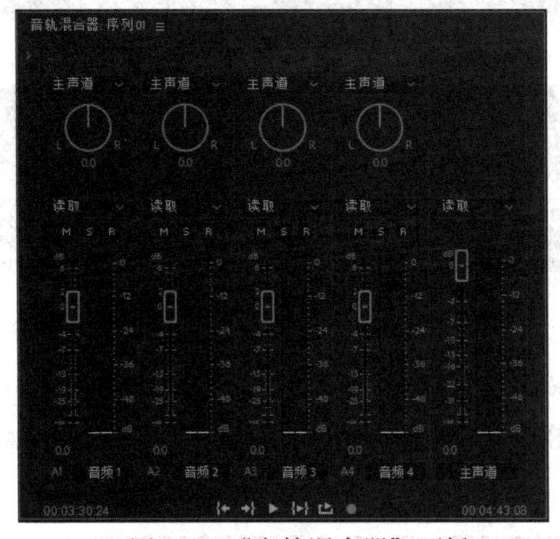

图 2-42　“音轨混合器”面板

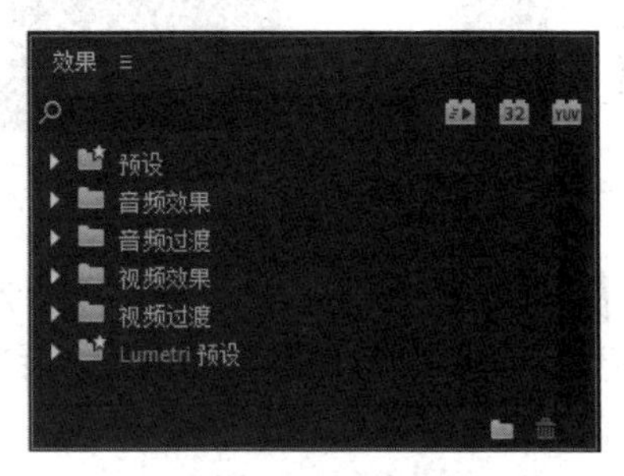

图 2-43　“效果”面板

（6）“效果控件”面板

“效果控件”面板，如图 2-44 所示。该面板用于调整素材的运动、透明度和时间重置，并具备为其设置关键帧的功能。

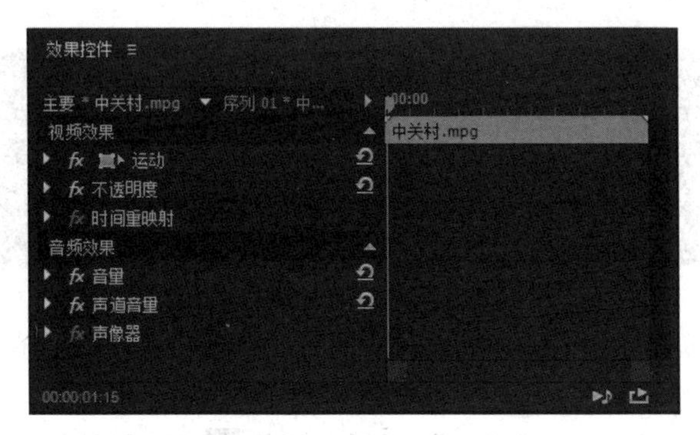

图 2-44　“效果控件”面板

（7）“工具”面板

“工具”面板，如图 2-45 所示。该面板主要用于对时间线上的素材进行编辑、添加或移除关键帧等操作。

“工具”面板中各按钮的含义如下。

● （选择工具）：用于对素材进行选择、移动，并可以调节素材关键帧，为素材设置入点和出点。

● （向前选择轨道工具）：用于选择当前以及前面的所有素材，如图 2-46 所示。

● （向后选择轨道工具）：用于选择当前以及后面的所有素材，如图 2-47 所示。

图 2-46　使用（向前选择轨道工具）选择素材

图 2-45　“工具”面板

图 2-47　使用（向后选择轨道工具）选择素材

● （波形编辑工具）：用于拖动素材的入点或出点，以改变素材的长度，相邻素材的长度不变，项目片段的总长度改变。图 2-48 为使用“波形编辑工具”处理“中关村 .mpg”出点的前后比较。

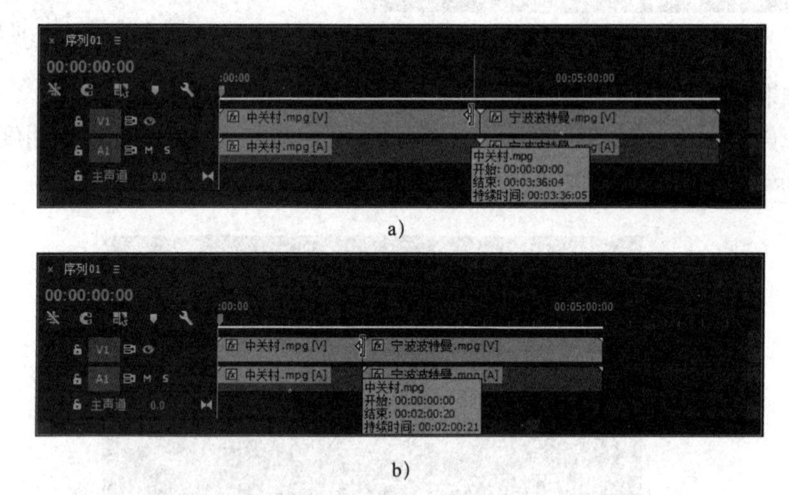

a)

b)

图 2-48　使用“波形编辑工具”处理“中关村 .mpg”出点的前后比较

a) 处理前　b) 处理后

● （滚动编辑工具）：在“工具”面板中按住（波形编辑工具）工具不放，从隐藏的工具中选择（滚动编辑工具），如图 2-49 所示。然后在需要剪辑的素材边缘拖动，可以将增加到该素材的帧数从相邻的素材中减去，也就是说项目片段的总长度不发生改变。图 2-50 为使用“滚动编辑工具”处理“中关村 .mpg”的前后比较。

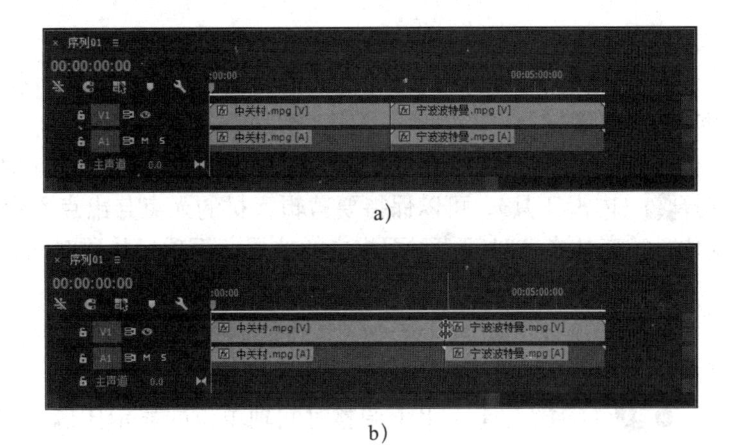

图 2-49　选择（滚动编辑工具）

图 2-50　使用“滚动编辑工具”处理“中关村 .mpg”的前后比较
a) 处理前　b) 处理后

●（比率拉伸工具）：在“工具”面板中按住（波形编辑工具）工具不放，从隐藏的工具中选择（比率拉伸工具），可以对素材进行速度调整，从而达到改变素材长度的目的。

●（剃刀工具）：用于分割素材。选择该工具后单击素材，可将素材分为两段，从而产生新的入点和出点。图 2-51 为使用“剃刀工具”处理“中关村 .mpg”的前后比较。

提示：利用（剃刀工具）分割素材时，按住键盘上的〈Shift〉键，可以将素材的视音频同时进行分割。

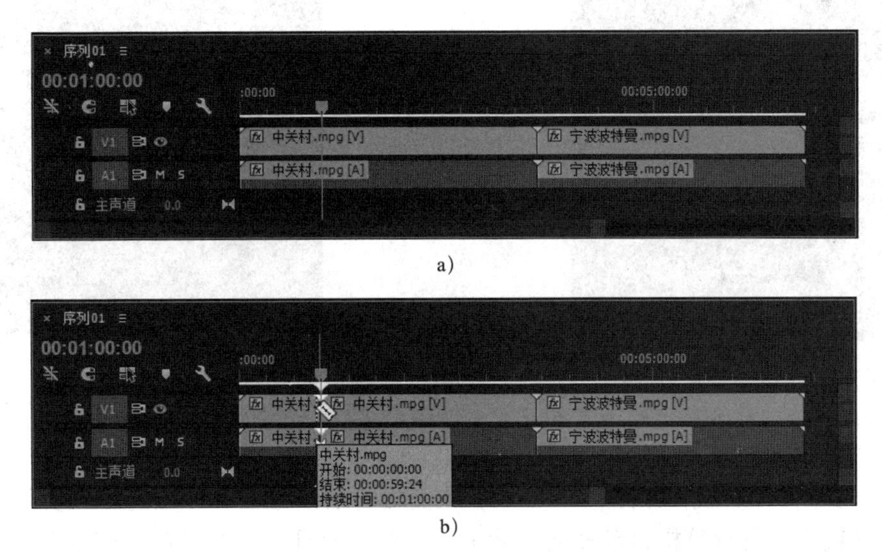

图 2-51　使用“剃刀工具”处理“中关村 .mpg”的前后比较
a) 处理前　b) 处理后

● （外滑工具）：用于改变一段素材的入点和出点，保持其总长度不变，并且不影响相邻的其他素材。

● （内滑工具）：在“工具”面板中按住（外滑工具）工具不放，从隐藏的工具中选择（内滑工具），可以保持要剪辑素材的入点与出点不变，通过相邻素材入点和出点的变化，改变其在“时间线”面板中的位置，而项目片段时间长度不变。

● （钢笔工具）：用于设置素材的关键帧。

● （手形工具）：用于改变“时间线”面板的可视区域，有助于编辑一些较长的素材。

● （缩放工具）：用于调整时间轴单位的显示比例。按下〈Alt〉键，可以在放大和缩小模式间进行切换。

（8）“历史记录”面板

“历史记录”面板，如图 2-52 所示。该面板用于记录用户在进行影片编辑操作时执行的每一个 Premiere 命令。通过删除“历史记录”面板中的指定命令，还可实现按步骤还原编辑操作的目的。

（9）“信息”面板

“信息”面板，如图 2-53 所示。该面板用于显示所选素材以及该素材在当前序列中的信息，包括素材本身的帧速率、分辨率、素材长度和该素材在当前序列中的位置等。

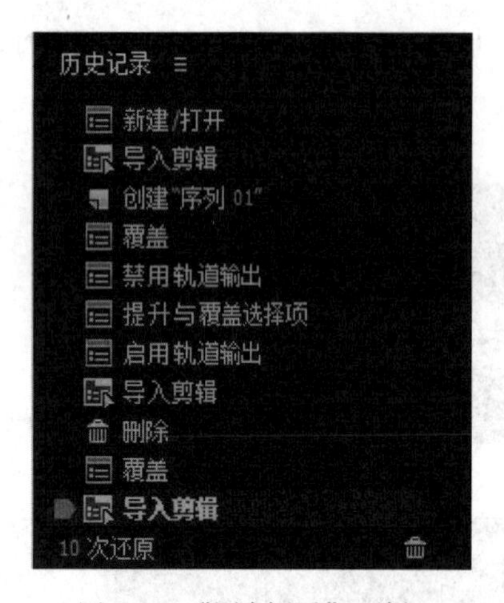

图 2-52 “历史记录”面板

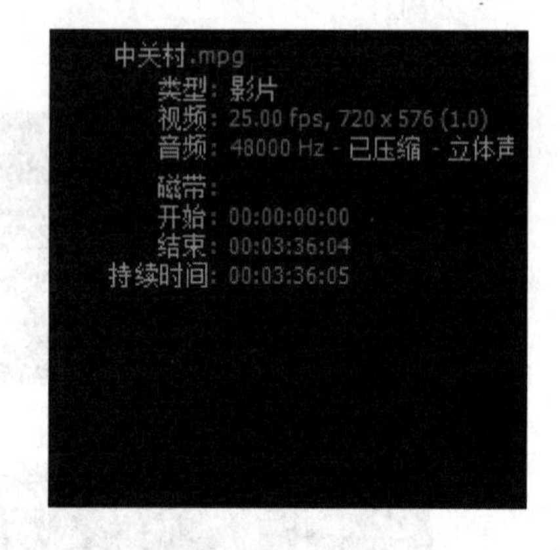

图 2-53 “信息”面板

（10）“媒体浏览器”面板

“媒体浏览器”面板，如图 2-54 所示。该面板的功能与 Windows 管理器类似，能够让用户在该面板内查看计算机磁盘任何位置上的文件。而且，通过设置筛选条件，用户还可在“媒体浏览器”面板内单独查看特定类型的文件。

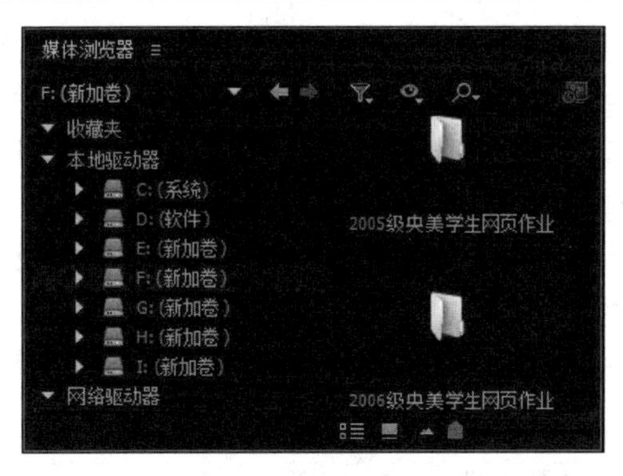

图 2-54　“媒体浏览器”面板

2.3　素材的导入、显示和删除

使用 Premiere CC 2018 进行的视频编辑，主要是对已有的素材文件进行重新编辑，所以在进行视频编辑之前，首先要将所需的素材导入到 Premiere CC 2018 的“项目”面板中。

2.3.1　可导入的素材类型

Premiere CC 2018 可以支持多种格式的素材。

可导入的视频格式的素材包括：MPEG4（MP4）、QuickTime（MOV）、DV、AVI、WMV、SWF、FLV 等。

可导入的音频格式的素材包括：WAV、WMA、MP3 等。

可导入的图像格式的素材包括：AI、PSD、JPEG、PNG、TGA、TIFF、BMP、PCX 等。

2.3.2　导入素材

1）启动 Premiere CC 2018 程序后，创建一个新的项目文件或打开一个已有的项目文件。

2）选择“文件 | 导入”（快捷键为〈Ctrl+I〉）命令，打开“导入”对话框，如图 2-55 所示。

图 2-55　“导入”对话框

3）导入静止序列图像文件。方法：选择网盘中的“素材及结果\第2章 Premiere CC 2018 的基础知识\P0000.tga”文件（静止序列文件的第一幅图片），并勾选“图像序列”复选框，如图 2-56 所示，单击“打开”按钮，即可导入静止序列文件。此时在“项目”面板中会发现该序列文件将作为一个单独的剪辑被导入，如图 2-57 所示。

4）导入不含图层的单幅图像。方法：选择网盘中的“素材及结果\第2章 Premiere CC 2018 的基础知识\P0000.tga”文件，不勾选“图像序列”复选框，单击“打开”按钮，此时在“项目”面板中该文件将作为一幅单独的图片被导入，如图 2-58 所示。

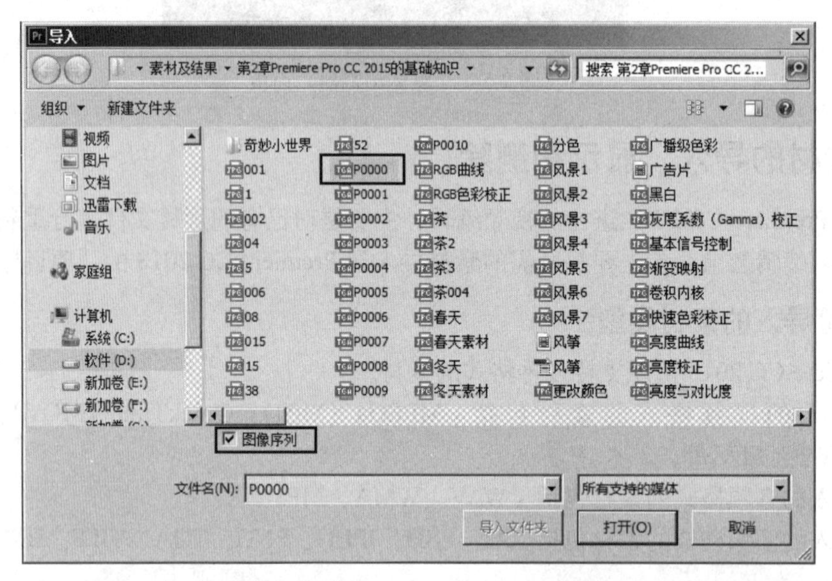

图 2-56　选择“P0000.tga”图片，并勾选“图像序列”复选框

图 2-57　导入静止序列文件

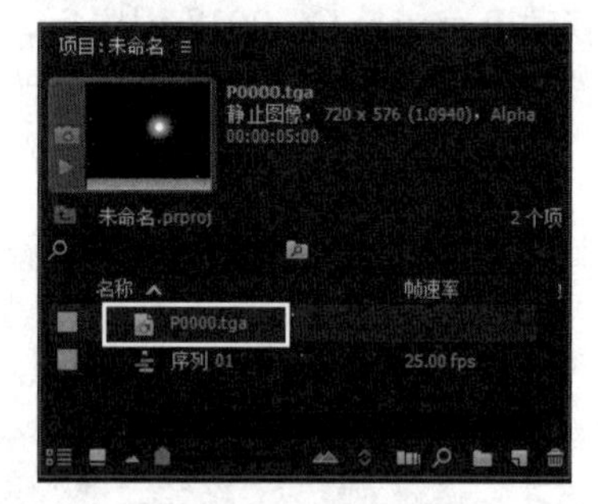

图 2-58　导入不含图层单幅图片

5）导入含图层的 .psd 图像文件。方法：选择网盘中的“素材及结果\第2章 Premiere CC 2018 的基础知识\文字 .psd”文件，弹出如图 2-59 所示的对话框。如果选择“合并所有图层”选项，单击“确定”按钮，此时图像会合并图层后作为一个整体导入；如果选择“各个图层”选项，然后在其接下来选择相应的图层，如图 2-60 所示，单击“确定”按钮，此时图像只导入选择的图层。图 2-61 为导入“文字 .psd”中“图层 1”和“图层 2”后的“项目”面板显示。

图 2-59　“导入分层文件：文字”对话框

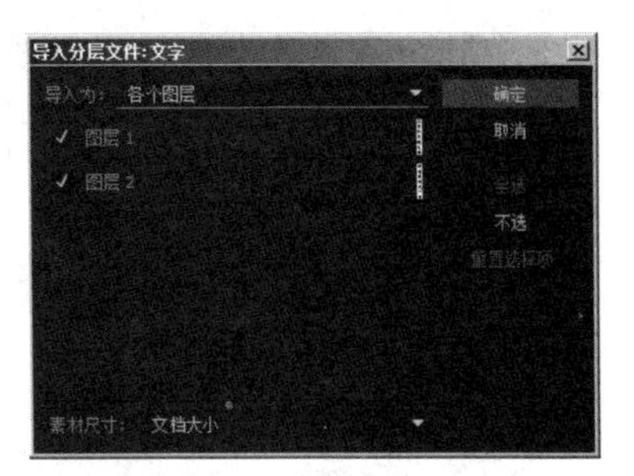

图 2-60　选择相应的图层

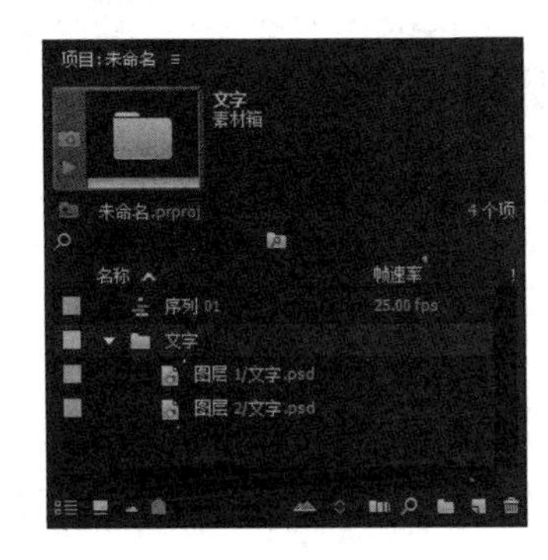

图 2-61　导入“文字 .psd”中“图层 1”和“图层 2”后的“项目”面板显示

6）导入动画文件。方法：选择网盘中的“素材及结果 \ 第 2 章 Premiere CC 2018 的基础知识 \ 风筝 .avi”文件，单击“打开”按钮，即可将其导入“项目”面板。

7）导入文件夹。方法：选择网盘中的“素材及结果 \ 第 2 章 Premiere CC 2018 的基础知识 \ 奇妙小世界”文件夹，单击 导入文件夹 按钮，如图 2-62 所示，即可将该文件夹导入“项目”面板，如图 2-63 所示。

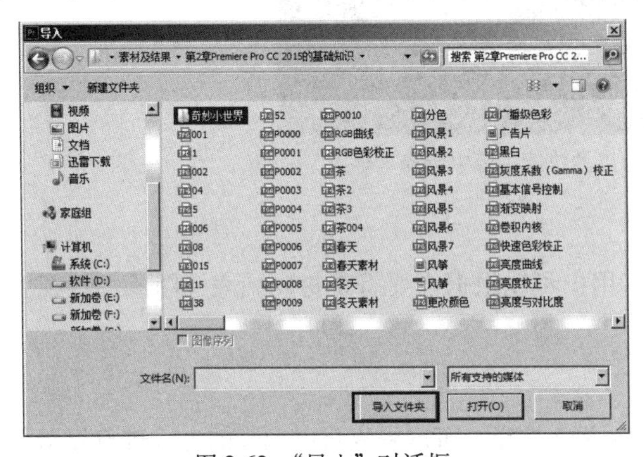

图 2-62　“导入”对话框

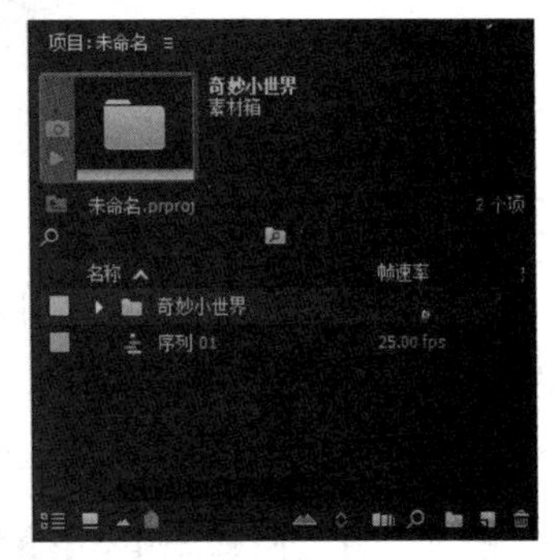

图 2-63　导入文件夹

提示：要导入素材，也可以执行以下操作。

- 在“项目”面板素材列表的空白处双击，然后在弹出的“导入”对话框中选择要导入的素材，单击“打开”按钮。
- 在资源管理器中选择要导入的文件，如图2-64所示，然后直接拖入“项目”面板。

- 在“项目”面板素材列表的空白处右键单击，从弹出的对话框中选择“导入”命令，如图2-65所示，然后在弹出的“导入”对话框中选择要导入的素材，单击“打开”按钮。
- 在“媒体浏览器”面板中选择要导入的素材，然后单击右键，从弹出的快捷菜单中选择“导入”命令，如图2-66所示。
- 如果剪辑最近被使用过，可以选择“文件 | 导入新近文件”命令，在弹出的子菜单中选择要导入的剪辑。

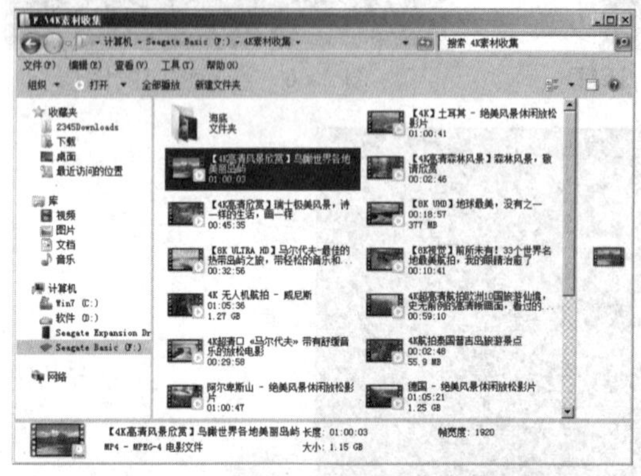

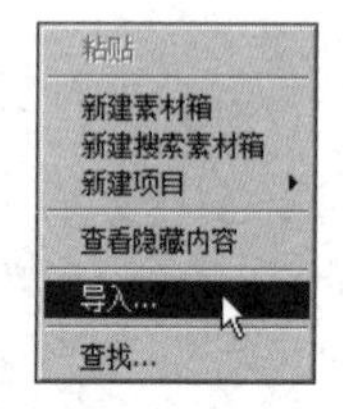

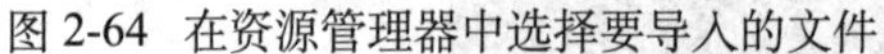

图 2-64　在资源管理器中选择要导入的文件　　　图 2-65　选择“导入”命令

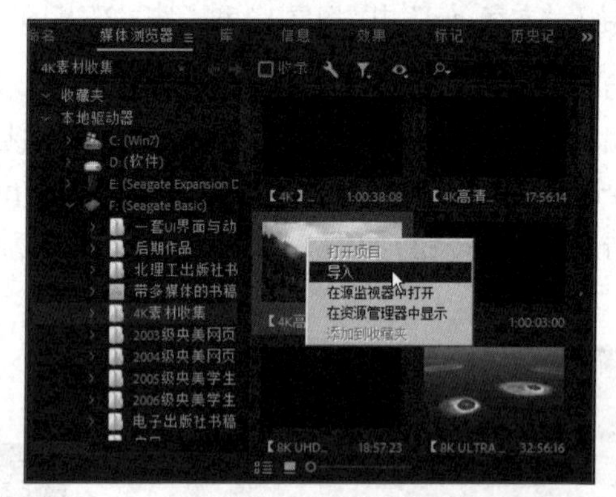

图 2-66　从弹出的快捷菜单中选择“导入”命令

2.3.3　素材的显示

将素材导入到“项目”面板后，用户可以根据需要将素材以列表视图或图标视图的方式进行显示。

1. 以列表视图的方式显示素材

在“项目”面板中单击▤(列表视图)按钮，可以将素材以列表的方式进行显示。这种方式也是 Premiere CC 2018 默认导入素材的方式。此时用户可以在左上方的素材属性区预览视图中对选中的素材进行预览。对于导入的视频素材，还可以通过拖动滑块来进行动态预览，如图 2-67 所示。

2. 以图标视图的方式显示素材

在“项目”面板中单击■(图标视图)按钮，可以将素材以图标视图的方式进行显示，如图 2-68 所示，此时可以清楚地看到素材的内容。另外，用户还可以通过拖动下方的滑块来控制图标的显示大小，如图 2-69 所示。

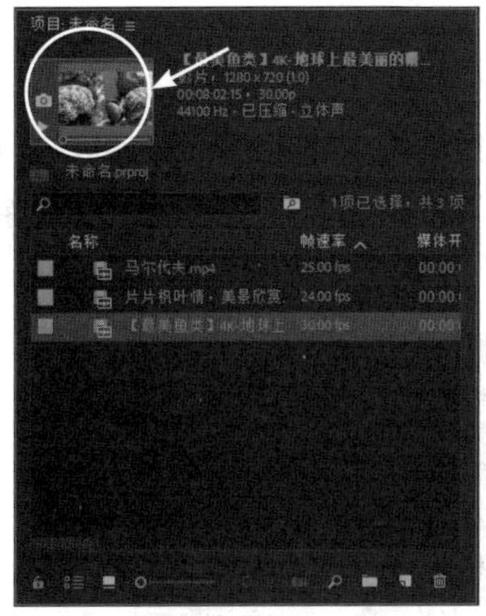

图 2-67　以列表视图的方式显示素材

图 2-68　以图标视图的方式显示素材

图 2-69　控制图标的显示大小

2.3.4　设置图像素材的时间长度

在 Premiere CC 2018 中导入图像素材，需要自定义图像素材的时间长度，这样可以保证项目文件导入的图像素材保持相同的播放长度。默认情况下，图像素材的时间长度为 5s，如果要修改默认的时间长度，可以执行以下操作。

1）选择“编辑 | 首选项 | 常规”命令，弹出“首选项”对话框，如图 2-70 所示。

2）在“静帧图像默认持续时间”右侧输入要改变的图像素材的时间长度（此时设置的是 125 帧，即 DV-PAL 制 5s 的时间），单击“确定”按钮即可。

提示：如果要保证导入的图像默认时间均为DV-PAL制5s，还要在“首选项”对话框左侧选择“媒体”选项，然后在右侧将“不确定的媒体时基”设置为“25.00fps”。

3）对于已经导入到“项目”面板的图像文件来说，如果要修改其播放长度，可以先选中该图像，然后右键单击，从弹出的快捷菜单中选择“速度 / 持续时间”命令，接着在弹出的“剪辑速度 / 持续时间”对话框中进行设置，如图 2-71 所示，单击“确定”按钮。

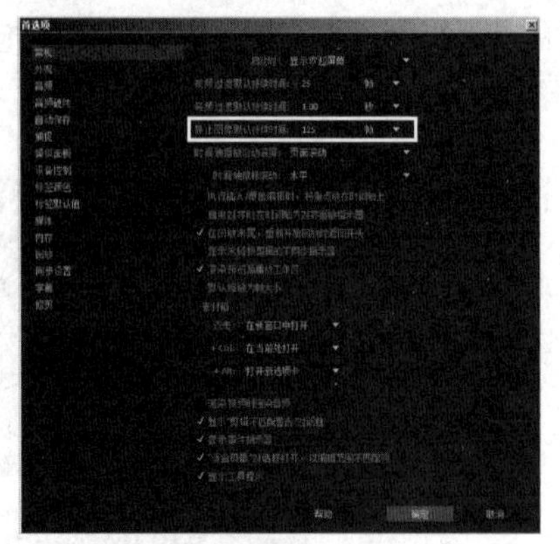

图 2-70 “首选项”对话框

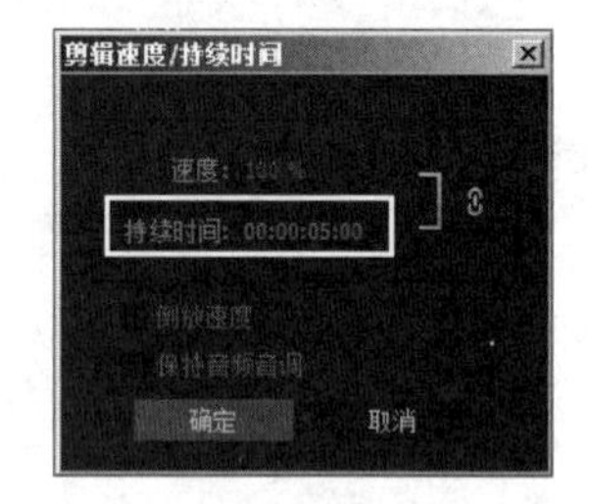

图 2-71 重新设置持续时间

2.3.5 删除素材

在“项目”面板中选择要删除的素材，如图 2-72 所示，然后按〈Delete〉键，可以将其进行删除，如图 2-73 所示。另外选择要删除的素材，在“项目”面板中单击下方的 （清除）按钮，也可以删除素材。

图 2-72 选择要删除的素材

图 2-73 删除素材后的效果

2.4 素材的编辑

将素材导入“项目”面板后，接下来的工作就是对素材进行编辑。接下来介绍对素材进行编辑处理的相关操作。

2.4.1 将素材添加到“时间线”面板中

在对素材进行编辑操作之前，首先需要将素材添加到“时间线”面板中。将素材添加到“时间线”面板有以下两种方式。

1. 将整个素材添加到“时间线”面板

将整个素材添加到“时间线”面板的具体操作步骤如下。

1）在“项目”面板中选择要导入的素材，然后按住鼠标左键，将该文件拖动到“时间线”面板 V1 轨道的 00:00:00:00 处，如图 2-74 所示。此时，“节目”监视器中将显示相关素材在时间滑块指示处的画面（此时时间滑块定位在 00:00:00:00 处，因此显示素材第 1 帧的画面），如图 2-75 所示。

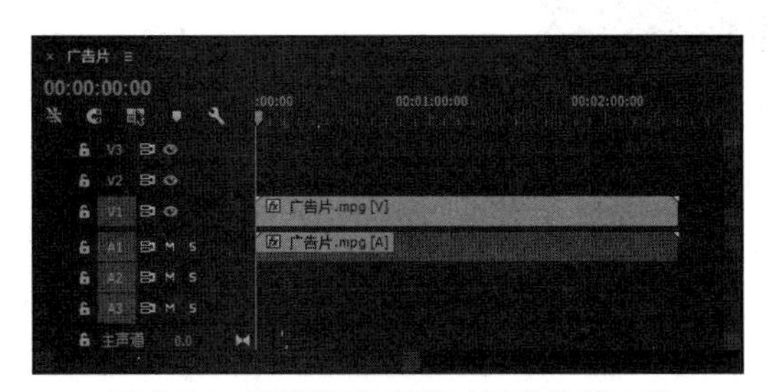

图 2-74　将素材拖动到时间线的第 0 秒　　图 2-75　在“节目”监视器中显示相关素材的画面

提示：用户可以通过按键盘上的〈+〉或〈-〉键来放大或缩小时间线的显示。此外，对于超过时间线显示范围的素材，可以通过单击键盘上的〈\〉键，使其与时间线进行匹配，从而完全显示到时间线中，如图2-76所示。

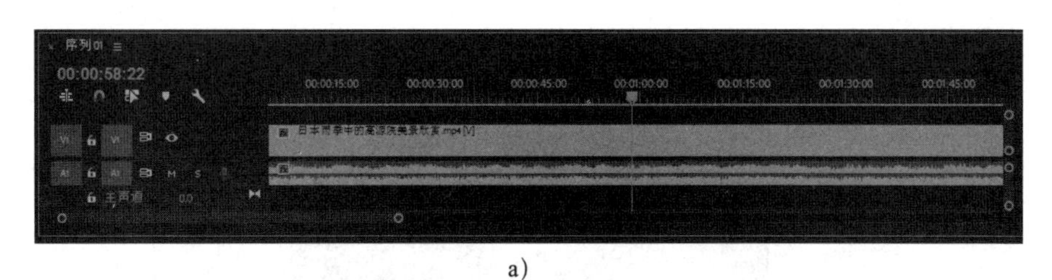

a)

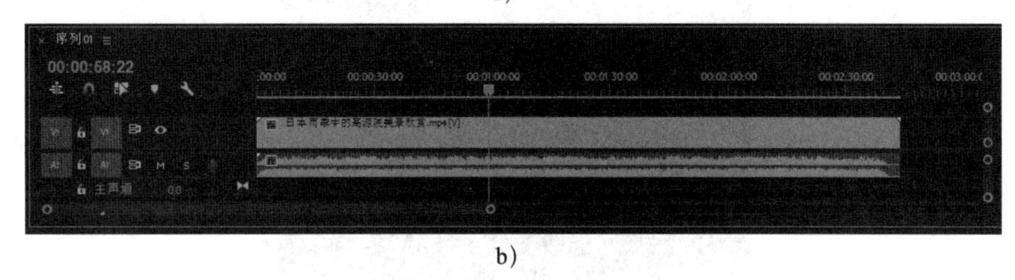

b)

图 2-76　素材匹配到时间线前后的效果比较

a) 匹配前　b) 匹配后

2）同理，可将其他素材添加到“时间线”面板的其他视频轨道上。

3）如果目前视频轨道不够用，可以选择“序列 | 添加轨道”命令，或者在“时间线”面板左侧轨道名称处右键单击，在弹出的“添加轨道”对话框中设置要添加的轨道数量，如图 2-77 所示，然后单击“确定”按钮。接着将素材拖到新添加的轨道上即可。

2. 将素材片段添加到“时间线”面板

将素材片段添加到“时间线”面板的具体操作步骤如下。

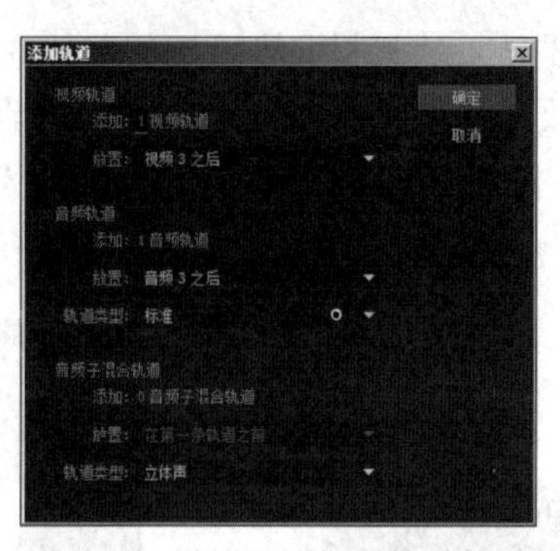

图 2-77　设置要添加的轨道数量

1）在“项目”面板中双击视频素材，此时在“源”监视器中会显示该素材。

2）在“源”监视器中设置好入点和出点，然后拖动到“时间线”面板。

2.4.2　设置素材的入点和出点

在制作影片时并不一定要完整地使用导入到项目中的视频或者音频素材，往往只需要用到其中的部分片段，这时就需要对素材进行剪辑。通过为素材设置入点与出点，可以从素材中截取到需要的片段，然后在放入时间线进行编辑。

1. 在“源”监视器中设置素材的入点和出点

在“源”监视器中设置入点和出点的具体操作步骤如下。

1）在“项目”面板中双击一个视频素材，此时在“源”监视器中会显示该素材，如图 2-78 所示。

图 2-78　在“源”监视器中显示素材

2）拖动时间滑块到需要截取素材的开始位置，然后单击 {（标记入点）按钮（快捷键为〈I〉），即可确定素材的入点，如图 2-79 所示。

3）拖动时间滑块到需要截取素材的结束位置，单击 }（标记出点）按钮（快捷键为〈O〉），即可确定素材的出点，如图 2-80 所示。

提示：如果要删除设置好的入点和出点，可以在“源”监视器窗口中单击右键，从弹出的快捷菜单中根据需要选择“清除入点”“清除出点”或“清除入点和出点”命令，删除已经设置好的入点和出点。

图 2-79　确定素材的入点

图 2-80　确定素材的出点

2. 在“时间线”面板中设置素材的入点和出点

1）在“时间线”面板中将时间滑块移动到需要设置素材入点的位置，如图 2-81 所示。然后将鼠标指针移动到素材的开头，当鼠标指针变为形状时，按下鼠标左键向右拖动素材到时间滑块设置入点的位置，即可完成素材入点的设置，如图 2-82 所示。

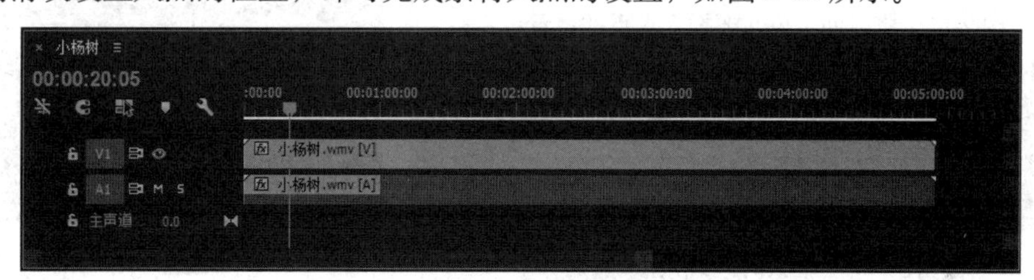

图 2-81　将时间滑块移动到需要设置素材入点的位置

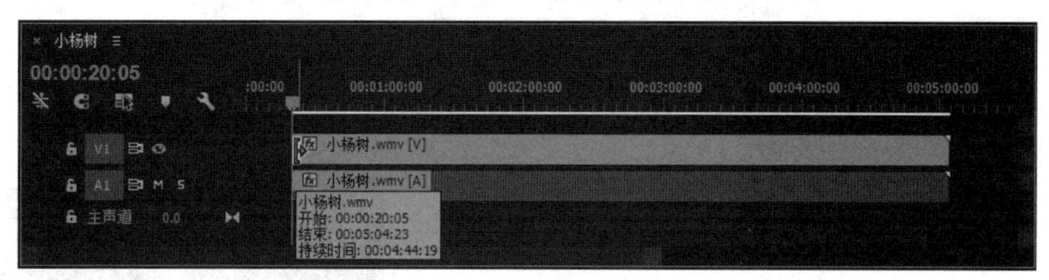

图 2-82　完成素材入点的设置

2）同理，将时间滑块移动到需要设置素材出点的位置，如图 2-83 所示。再将鼠标放置到素材结束处，当鼠标指针变为形状时，按下鼠标左键向左拖动素材到时间滑块设置出点的位置，即可完成素材出点的设置，如图 2-84 所示。

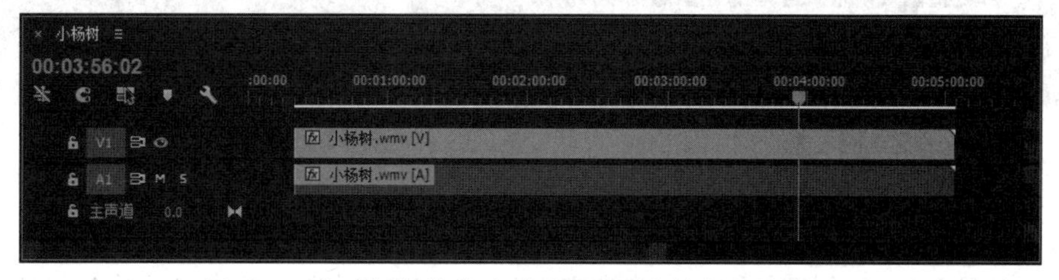

图 2-83　将时间滑块移动到需要设置素材出点的位置

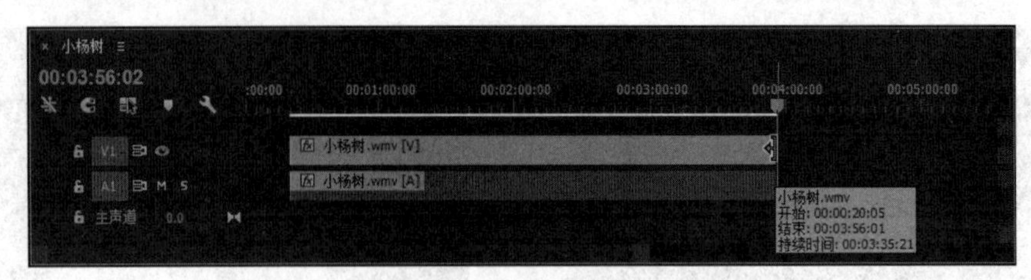

图 2-84　完成素材出点的设置

2.4.3　设置整个时间线的入点和出点

对视频素材进行预览和输出前首先要设置好时间线的入点和出点，具体操作步骤如下。

1）在“时间线”面板中将时间定位在要插入入点的位置，如图 2-85 所示。然后按快捷键〈I〉,即可插入时间线入点,如图 2-86 所示。或者在“节目”监视器中单击 (标记入点）按钮，如图 2-87 所示，也可以设置时间线入点。

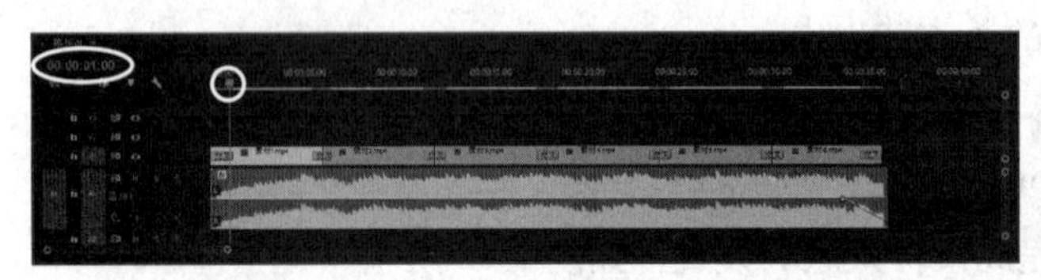

图 2-85　将时间定位在要插入入点的位置

图 2-86　插入时间线入点

图 2-87　单击 (标记入点）按钮插入时间线入点

2）在“时间线”面板中将时间定位在要插入出点的位置，然后按快捷键〈O〉，即可插入时间线出点,如图 2-88 所示。或者在“节目”监视器中单击 (标记出点)按钮,如图 2-89 所示，也可以设置时间线出点。

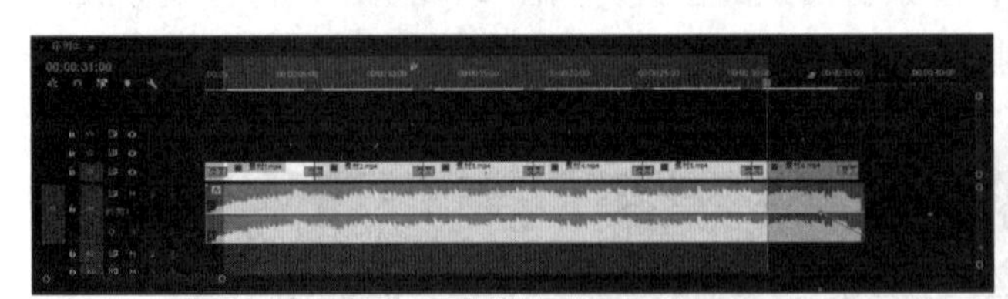

图 2-88　插入时间线出点

图 2-89　单击 (标记出点）按钮插入时间线出点

3）执行菜单中的“序列 | 渲染入点到出点”命令，即可对时间线入点到出点进行渲染，此时会弹出图 2-90 所示的对话框,当渲染完成后会在“节目”监视器中自动播放渲染后的结果。

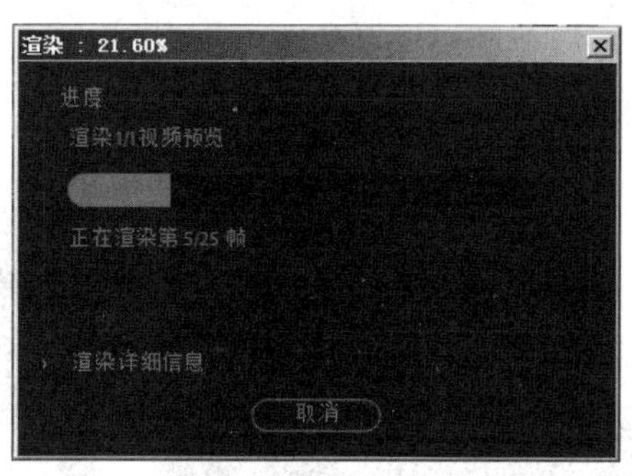

图 2-90　渲染进度对话框

提示1：进行渲染入点到出点后，时间线上方的时间显示条会显示绿色，如图2-91所示，此时可以实时流畅地观看视频效果。而在渲染入点到出点之前，时间线上方显示条显示为黄色，局部为红色，如图2-92所示。其中黄色表示能播放，但不是实时预览（可能有点卡顿）；而红色表示播放会出现卡顿。

图 2-91　时间线上方的时间显示条会显示绿色

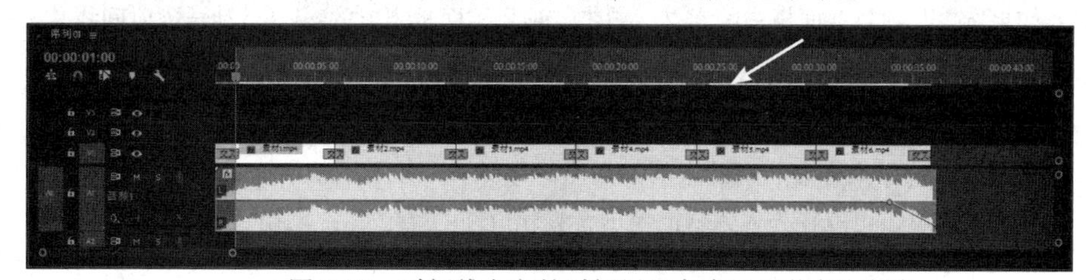

图 2-92　时间线上方的时间显示条会显示黄色和红色

提示2：如果要删除时间线上设置好的入点和出点，可以在时间线上方的时间指示中单击右键，从弹出的快捷菜单中选择“清除入点和出点”命令，即可删除设置好的入点和出点。

2.4.4　插入和覆盖素材

使用“源”监视器中的（插入）和（覆盖）工具，可以将“源”监视器中的素材直接置入“时间线”面板中的指定位置。

1. 插入素材

使用（插入）工具插入新素材时，凡是处于要插入的时间位置后的素材都会向后推移。如果要插入的新素材的位置位于一段素材之中，则插入的新素材会将原素材分为两段，原素材的后半部分会向后推移，接在新素材之后。插入素材的具体操作步骤如下。

1）在“时间线”面板中定位需要插入素材的位置，如图 2-93 所示。

2）在“项目”面板中双击要插入的素材，使之在“源”监视器中显示出来，然后确定素材的入点和出点，如图 2-94 所示。

3）单击“源”监视器下方的 （插入）按钮，即可将素材插入到时间线面板中要插入素材的位置，如图 2-95 所示。

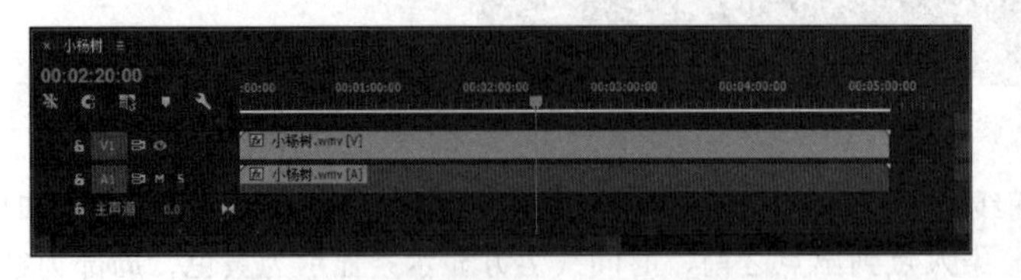
图 2-93　定位需要插入素材的位置

图 2-94　确定要插入素材的入点和出点

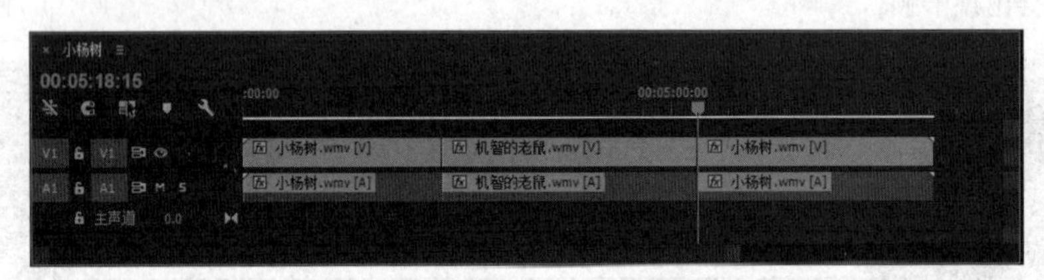
图 2-95　将素材插入到时间线面板中要插入素材的位置

提示1：如果选中“项目”面板中的素材，单击“项目”面板下方的 （自动适配时间线）按钮，也可将素材插入到时间线目前的位置上。

提示2：如果原来的音频轨道有音频，此时单击“源”监视器下方的 （插入）按钮，插入的素材的音频会影响原来音频轨道的音频，如图2-96所示。如果不希望插入的素材的音频影响原来音频轨道素材，可以在插入素材前单击音频轨道前的 按钮，切换到 状态，从而将当前音频轨道进行锁定，此时再插入的素材就没有音频，从而不影响原来音频轨道的素材了，如图2-97所示。

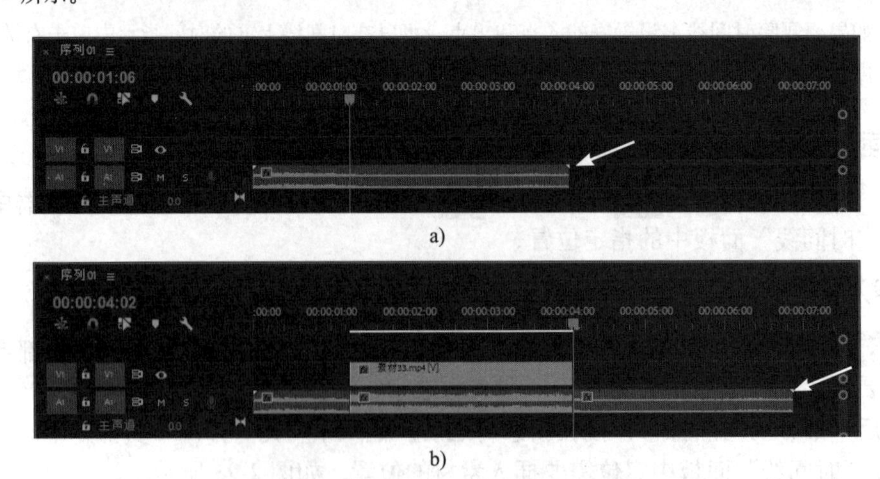
a)

b)

图 2-96　插入素材前后的音频轨道对比

a) 插入素材前的音频轨道　b) 插入素材后的音频轨道

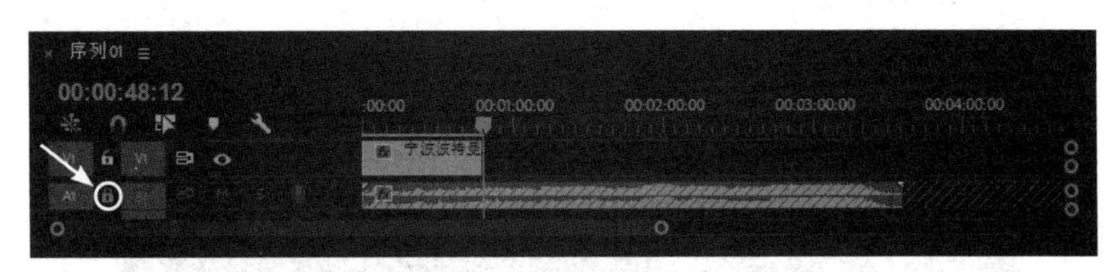

图 2-97　锁定音频轨道后再插入素材的效果

2. 覆盖素材

使用 （覆盖）工具插入新素材时，凡是处于要插入的时间位置后的素材将被新插入的素材所覆盖。覆盖素材的具体操作步骤如下。

1）在“时间线”面板中定位需要插入素材的位置，如图 2-98 所示。

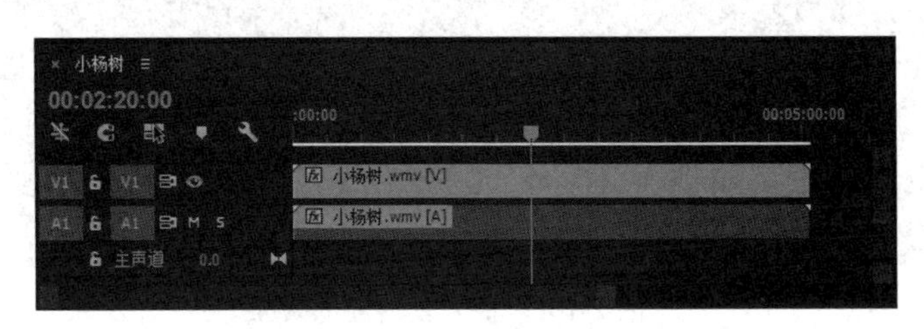

图 2-98　定位需要插入素材的位置

2）在“项目”面板中双击要插入的素材，使之在“源”监视器中显示出来，然后确定素材的入点和出点。

3）单击“源”监视器下方的 （覆盖）工具按钮，即可将素材插入到“时间线”面板中要覆盖素材的位置，如图 2-99 所示。

图 2-99　将素材插入到“时间线”面板中要覆盖素材的位置

2.4.5　提升和提取素材

使用 （提升）和 （提取）工具可以在“时间线”面板中的指定轨道上删除指定的一段素材。

1. 提升素材

使用 （提升）工具对影片素材进行删除修改时，只会删除目标轨道中选定范围内的素材片断，对其前、后的素材以及其他轨道上的素材的位置不会产生影响。提升素材的具体操作步骤如下。

1）在“节目”监视器中为素材设置入点和出点，此时设置的入点和出点会显示在时间标尺上，如图 2-100 所示。

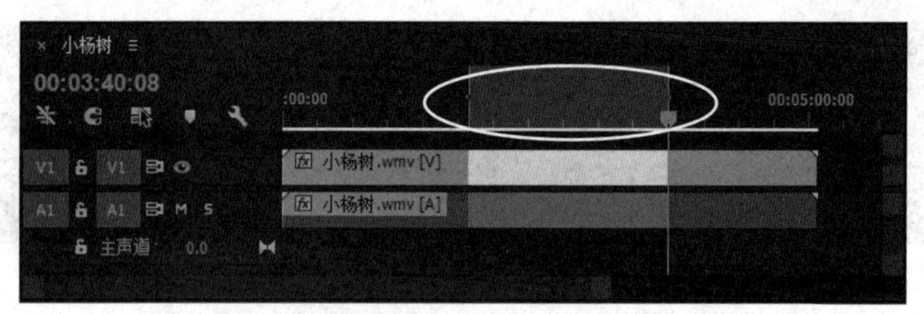

图 2-100　设置的入点和出点会显示在时间标尺上

2）在“时间线”面板上选中提升素材的目标轨道。

3）在“节目”监视器中单击 （提升）工具按钮，即可将入点和出点之间的素材删除，删除后的区域显示为空白，如图 2-101 所示。

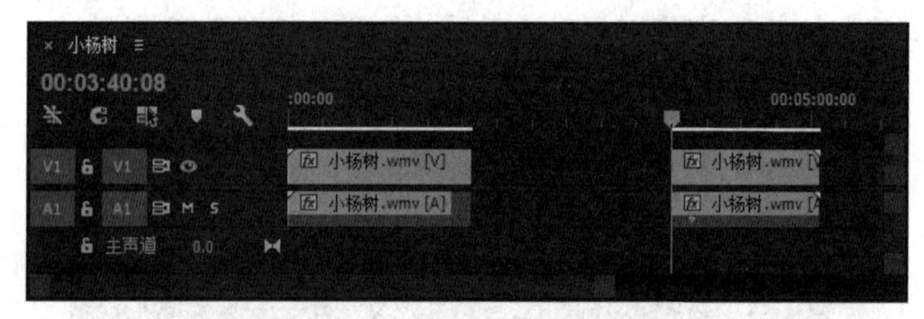

图 2-101　提升素材后的效果

2. 提取素材

使用 （提取）工具对影片进行删除修改，不但会删除目标轨道中指定的片段，还会将其后的素材前移，填补空缺。提取素材的具体操作步骤如下。

1）在“节目”监视器中为素材设置入点和出点，此时设置的入点和出点会显示在时间标尺上，如图 2-100 所示。

2）在“时间线”面板上选中提取素材的目标轨道。

3）在“节目”监视器中单击 （提取）工具按钮，即可将入点和出点之间的素材删除，其后的素材将自动前移，填补空缺，如图 2-102 所示。

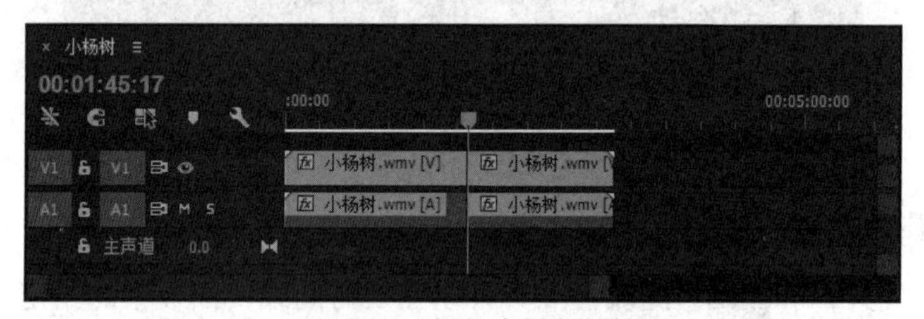

图 2-102　提取素材后的效果

2.4.6　分离和链接素材

在编辑工作中，经常需要将“时间线”面板中素材的视、音频进行分离，或者将各自独立的视、音频链接在一起，作为一个整体进行调整。

1. 分离素材的视、音频

分离素材的视、音频的具体步骤如下。

1）在“时间线”面板中选择要进行视、音频分离的素材。

2）单击右键，从弹出的快捷菜单中选择“取消链接”命令，即可分离素材的视频和音频部分。

提示：在“时间线”面板右上方取消激活（链接选择项）按钮，也可以使素材的视频和音频部分不链接。

2. 链接素材的视、音频

链接素材的视、音频的具体步骤如下。

1）在“时间线”面板中选择要进行视频、音频链接的素材。

2）单击右键，从弹出的快捷菜单中选择“链接”命令，即可链接素材的视频和音频部分。

提示：在“时间线”面板右上方激活（链接选择项）按钮，也可以使素材的视频和音频部分链接在一起。

2.4.7　修改素材的播放速率

对视频或音频素材的播放速率进行修改，可以使素材产生快速或慢速播放的效果。修改素材的播放速率的具体操作步骤如下。

1）在“时间线”面板中选择需要修改播放速率的素材，如图 2-103 所示。

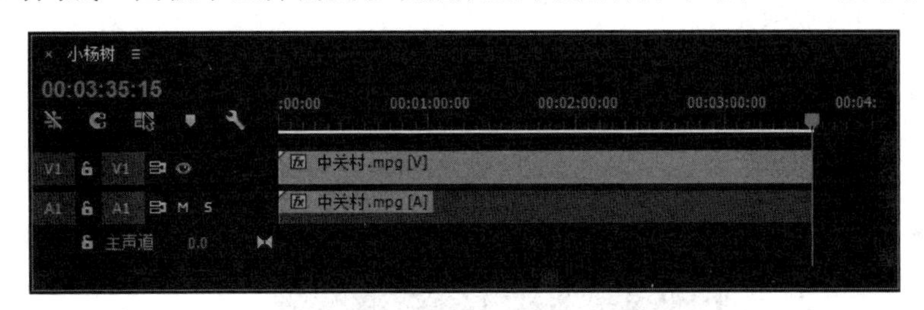

图 2-103　选择需要修改播放速率的素材

2）选择“工具”面板中的（比率拉伸工具），然后将指针移动到素材的开头或末尾，接着按住鼠标左键向左或向右拖动，即可在不改变素材内容长度的状态下，改变素材播放的时间长度，以达到改变片段播放速率的效果（即俗称的快放和慢放），如图 2-104 所示。

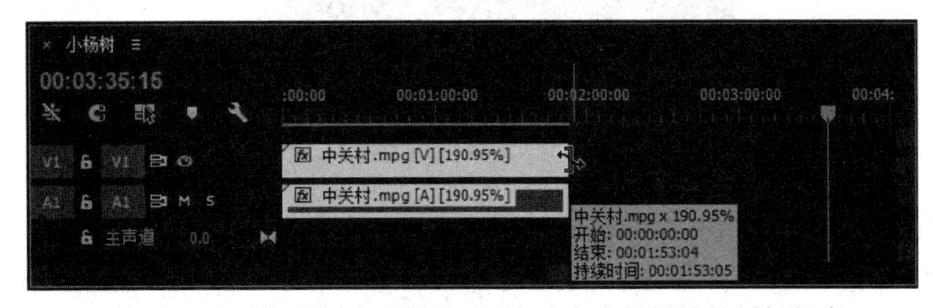

图 2-104　利用（比率拉伸工具）改变素材播放的时间长度

3）如果要精确设置素材的播放速率，可以在时间线中选中素材，然后右键单击，从弹出的快捷菜单中选择“速度 / 持续时间”命令，接着在弹出的“剪辑速度 / 持续时间”对话框中进行设置，如图 2-105 所示，单击“确定”按钮。

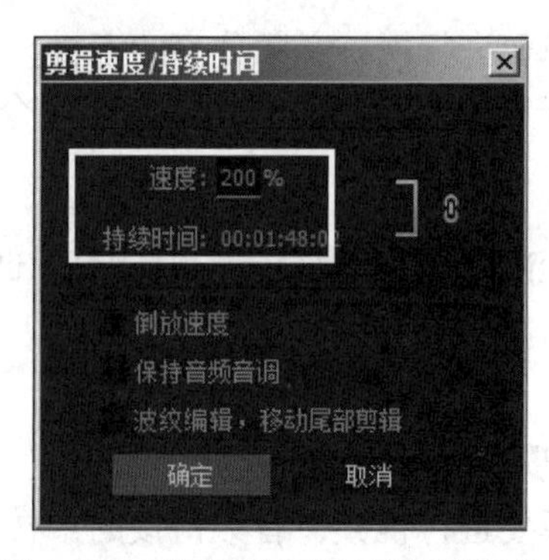

图 2-105　精确设置素材的播放速率

2.4.8　视频素材倒放

对于视频素材除了可以制作快速或慢速播放效果外，还可以制作倒放效果。制作视频倒放效果的具体操作步骤如下。

1）在“时间线”面板中选择需制作的倒放效果。

2）单击右键，从弹出的快捷菜单中选择“速度 / 持续时间”命令，接着在弹出的“剪辑速度 / 持续时间”对话框中勾选“倒放速度”复选框，如图 2-106 所示，单击“确定”按钮，即可实现视频的倒放效果。

提示：视频素材倒放效果的具体应用，请参见本书“8.6 制作黑白视频逐渐过渡到彩色视频效果”。

图 2-106　勾选“倒放速度”复选框

2.4.9　波纹删除

利用“波纹删除”命令，可以在删除当前素材的同时，将后面的素材前移来填补删除素材的位置。利用“波纹删除”命令删除素材的具体操作步骤如下 ：

1）在“时间线”面板中选择要进行波纹删除的素材，如图 2-107 所示。

2）单击右键，从弹出的快捷菜单中选择“波纹删除”命令，即可删除当前素材，并将后面的素材前移来填补删除素材的位置，如图 2-108 所示。

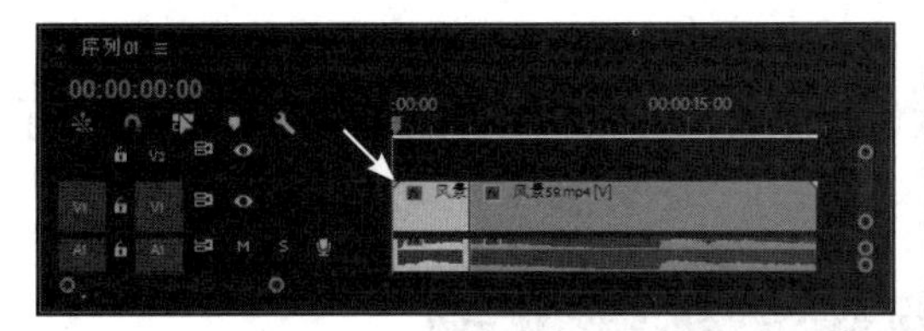

图 2-107　选择要进行波纹删除的素材

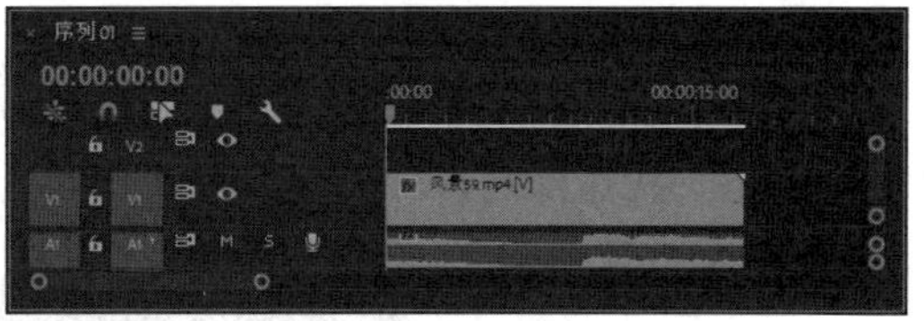

图 2-108　波纹删除后的效果

提示：对于图2-109所示的存在多个空隙的素材，可以同时选择这些素材，然后执行菜单中的“序列|封闭间隙”命令，即可删除这些空隙，效果如图2-110所示。

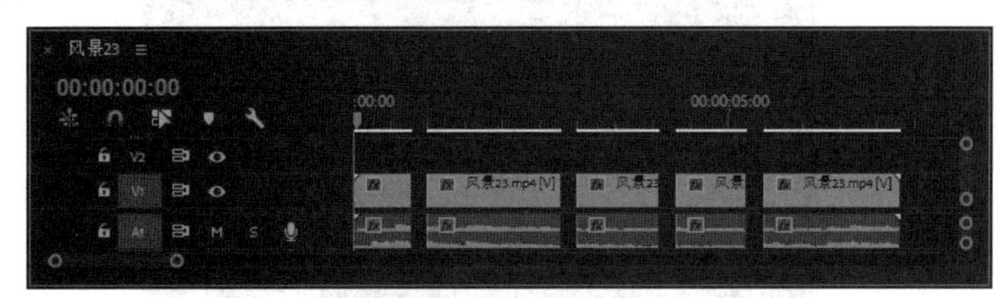

图 2-109　存在多个空隙的素材

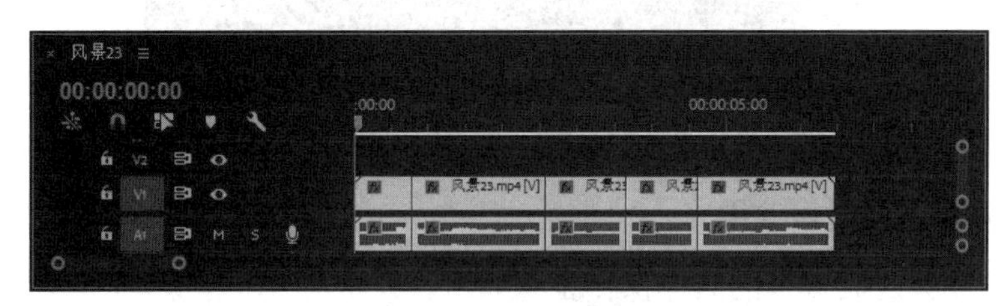

图 2-110　删除这些空隙

2.5　视频与音频效果

对素材进行简单编辑后，接下来就要给素材添加各种视频和音频效果，从而使素材间的连接更加和谐。Premiere CC 2018 的视频和音频效果位于“效果”面板中。选择“窗口 | 效果”命令，可以调出“效果”面板，其中包括预设、音频特效、音频过渡、视频特效、视频过渡和 Lumetri 预设 6 大类效果，如图 2-111 所示。

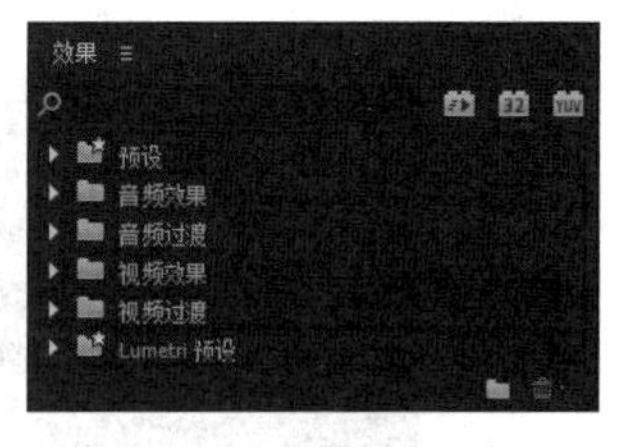

图 2-111　“效果”面板

2.5.1　添加视频过渡效果

影视镜头是组成电影以及其他影视节目的基本单位，一部电影或者一个电视节目是由很多镜头组接而成的，镜头与镜头之间组接时的显示变化被称为“过渡”或“转场”。

控制画面之间的过渡效果的方式很多，最常见的是两个素材之间的直接过渡，即从一个素材到另一个素材的直接过渡，在 Premiere CC 2018 中只要将两个素材前后相接即可实现直接过渡。但是，如果要使两个素材的过渡更加自然，变化更丰富，就需要加入各种过渡效果，从而达到丰富画面的目的。

1. 设置默认切换时间长度

设置默认切换时间长度的具体操作步骤如下。

1）选择“编辑 | 首选项 | 常规”命令。

2）在弹出的对话框中设置“视频过渡默认持续时间”的时间长度，如图 2-112 所示，单击“确定”按钮即可。

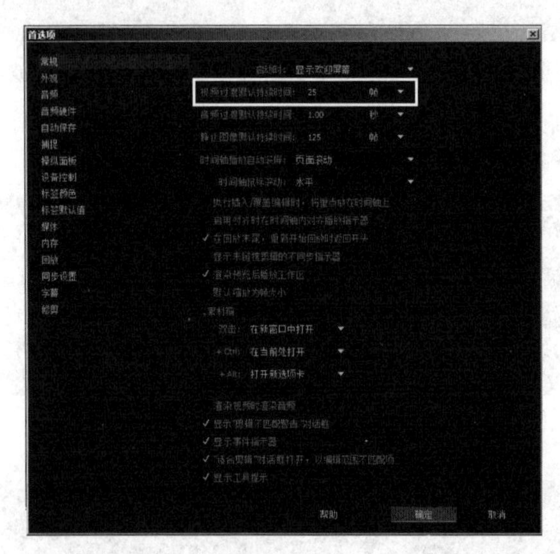

图 2-112　设置“视频过渡默认持续时间”的时间长度

2. 给素材添加视频过渡效果

给素材添加视频过渡效果的具体操作步骤如下。

1）选择“文件 | 导入”命令，导入网盘中的“素材及结果 \ 第 2 章 Premiere CC 2018 的基础知识 \ 风景 1.jpg”和“风景 2.jpg”图片，然后将它们依次拖入时间线中首尾相接，如图 2-113 所示。

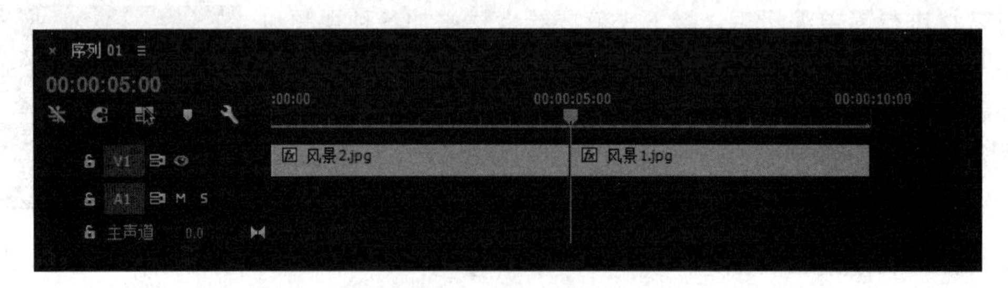

图 2-113　将素材拖入“时间线”面板，并首尾相接

2）选择“窗口 | 效果”命令，调出“效果”面板，然后展开“视频过渡”文件夹，从中选择所需的视频过渡（此时选择的是“3D 运动”中的“翻转”），如图 2-114 所示。接着将该切换效果拖到时间线“风景 1”素材的尾部，当出现■标记后松开鼠标，即可完成过渡效果的添加，此时“时间线”面板如图 2-115 所示。

提示1：当出现■标记时，表示将在后面素材的起始处添加过渡效果；当出现■标记时，表示将在两个素材之间添加过渡效果；当出现■标记时，表示将在前面素材的结束处添加过渡效果。

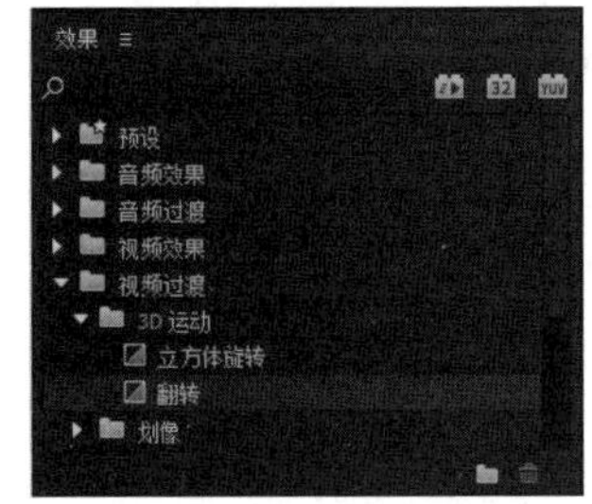

图 2-114　选择“翻转”

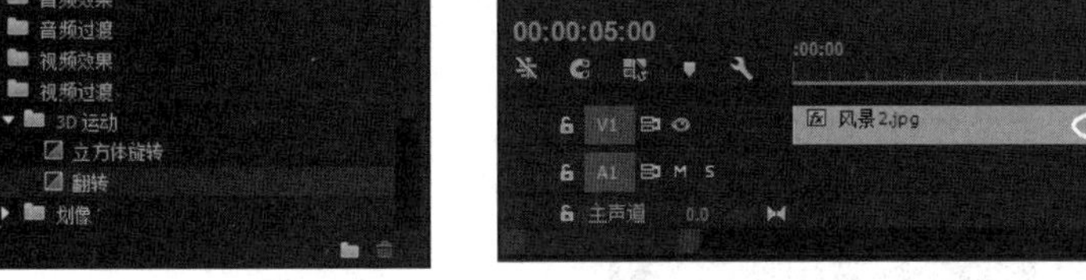

图 2-115　添加“翻转”视频过渡后的效果

提示2：选中起始素材，按快捷键〈Ctrl+D〉，可以在素材的开始处添加一个默认的“交叉溶解”的视频过渡；选中结束素材，按快捷键〈Ctrl+D〉，也可以在素材的结束处添加一个默认的“交叉溶解”的视频过渡。

3）如果要替换过渡效果，只需将新的过渡拖到原切换位置即可，此时程序会自动替换原来的过渡，且位置和长度保持不变。

3. 改变视频过渡的设置

在 Premiere CC 2018 中，可以对添加到剪辑上的过渡效果进行设置，以满足不同特效的需要。在“时间线”面板中选择添加到素材的过渡（此时选择的是▆翻转▆），此时在“效果控件”面板中便会显示出该视频过渡的各项参数，如图 2-116 所示。

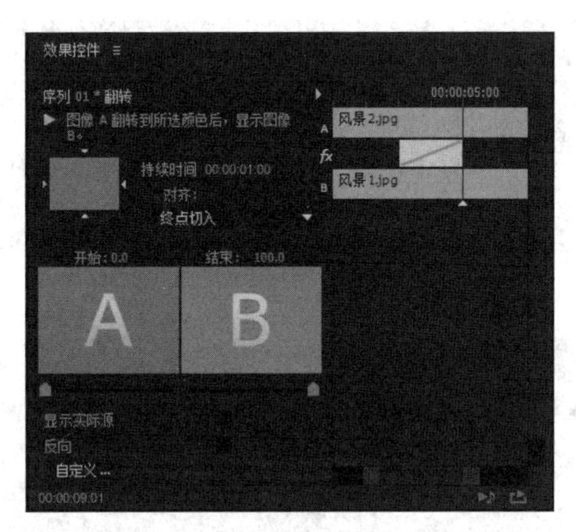

图 2-116　“效果控件”面板

● ▶（播放过渡）：单击该按钮，可以在接下来的预览窗口中对效果进行预览。

● ▶（显示 / 隐藏时间线视图）：如果要增大过渡控制面板空间，可以单击此按钮，将“效果控件”右侧进行隐藏，效果如图 2-117 所示；如果要取消隐藏，可以单击▆按钮，即可恢复时间线显示。

● 持续时间：用于设定切换的持续时间。

● 对齐：用于设置切换的添加位置。其下拉列表如图 2-118 所示。选择“中心切入”，则会在两段影片之间加入切换效果，如图 2-119 所示；选择“起点切入”，则会以片段 B 的入点为准建立切点，如图 2-120 所示；选择“终点切入”，则会以片段 A 的出点位置为准建立切点，如图 2-121 所示。

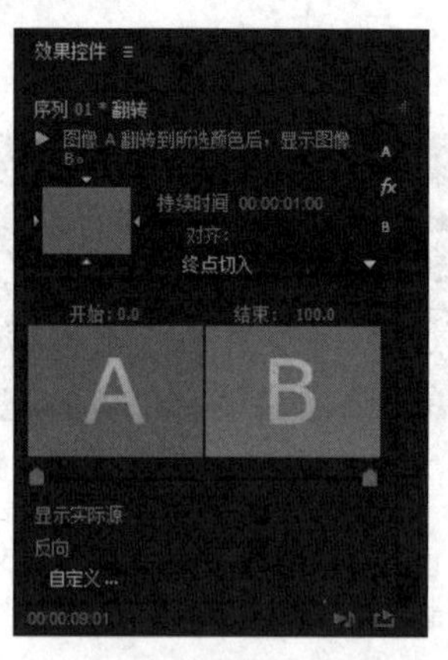

图 2-117　隐藏面板右侧的效果

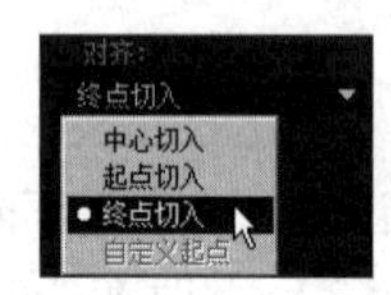

图 2-118　“对齐”下拉列表

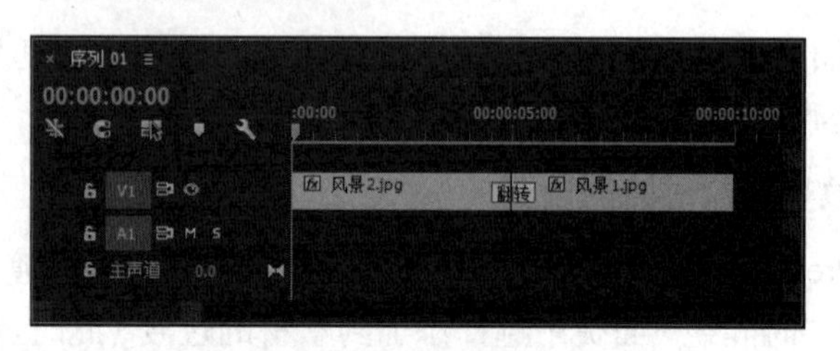

图 2-119　选择“中心切入”的效果

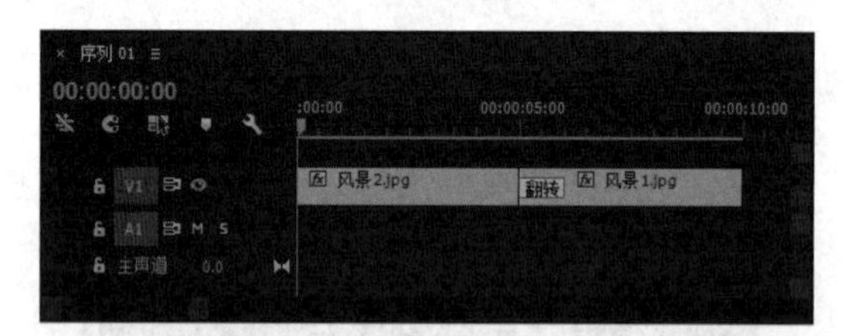

图 2-120　选择“起点切入”的效果

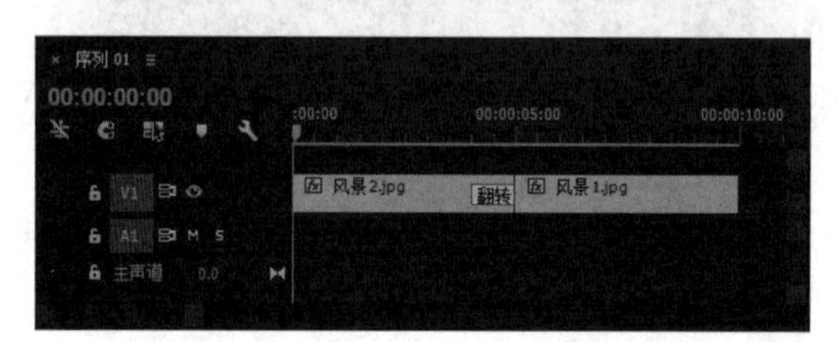

图 2-121　选择“终点切入”的效果

● 开始：用于调整转场的开始效果。

● 结束：用于调整转场的结束效果。

● A 和 B：表示剪辑的切换画面，通常第一个剪辑的切换画面用 A 表示，第二个剪辑的切换画面用 B 表示。

● 显示实际源：选中该复选框，将以实际的画面替代 A 和 B，如图 2-122 所示。

● 反向：勾选该项后，将反向播放切换效果。图 2-123 为勾选“反转”复选框的效果。

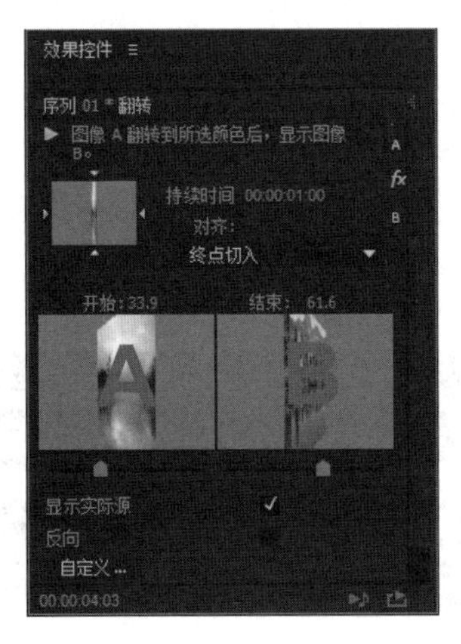

图 2-122　显示实际源的效果

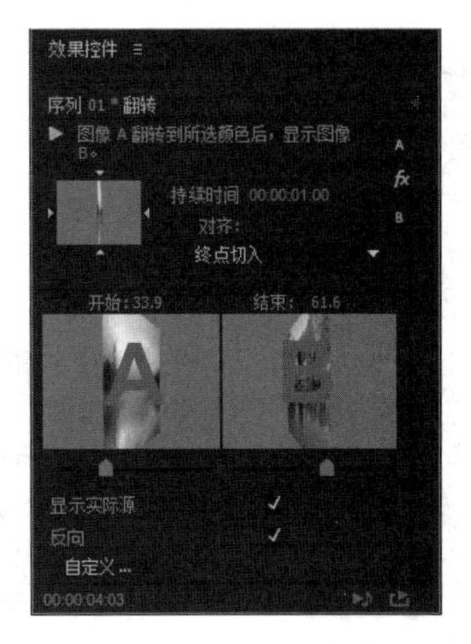

图 2-123　勾选“反转”复选框的效果

2.5.2　添加视频特效

相信使用过 Photoshop 的用户不会对滤镜感到陌生，通过各种滤镜，可以对图像进行加工，为原始图像添加各种特效。在 Premiere CC 2018 中也能使用各种视频特效，比如扭曲、模糊、风吹及幻影等特效，这些特效增强了影片的表现力。

1. 给素材添加视频特效

给素材添加视频特效的具体操作步骤如下。

1）选择“文件 | 导入”命令，导入网盘中的“素材及结果 \ 第 2 章 Premiere CC 2018 的基础知识 \ 风景 1.jpg”图片，然后将其拖入“时间线”面板，如图 2-124 所示。

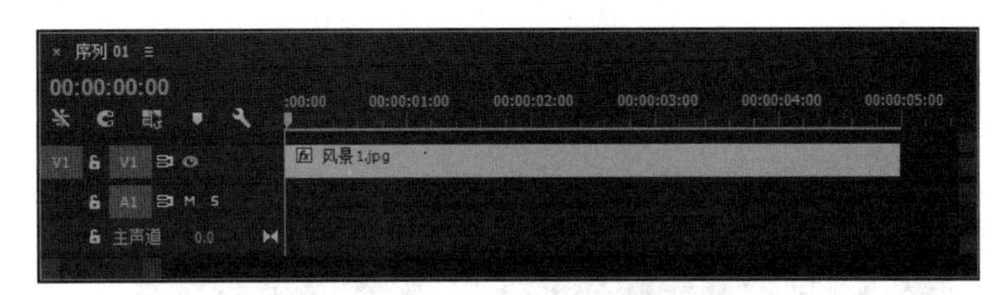

图 2-124　将“风景 1.jpg”拖入“时间线”面板

2）选择“窗口 | 效果”命令，调出“效果”面板，然后展开“视频特效”文件夹，从中选择所需的视频特效（此时选择的是“扭曲”中的“波形变形”），如图 2-125 所示。接着将该视频特效拖到时间线“风景 1”素材上，此时时间线“风景 1”素材左上方的灰色标记会变为浅紫色标记，表示已添加了视频特效，如图 2-126 所示。

2. 改变视频特效的设置

改变视频特效设置的具体操作步骤如下。

1）在“时间线”面板中选择要调整视频特效参数的素材（此时选择的是“风景 1”）。

2）在“效果控件”面板中选择要调整参数的特效（此时选择的是前面添加的“波形变形”特效），将其展开，如图 2-127 所示。

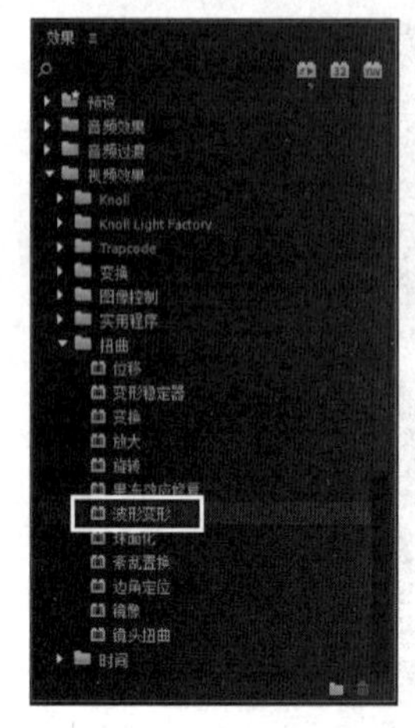

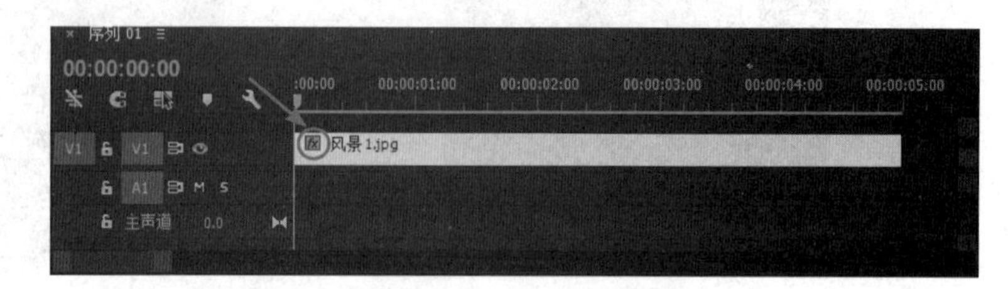

图 2-125　选择“波形变形”　　图 2-126　将“波形变形”特效添加到“风景 1.jpg”

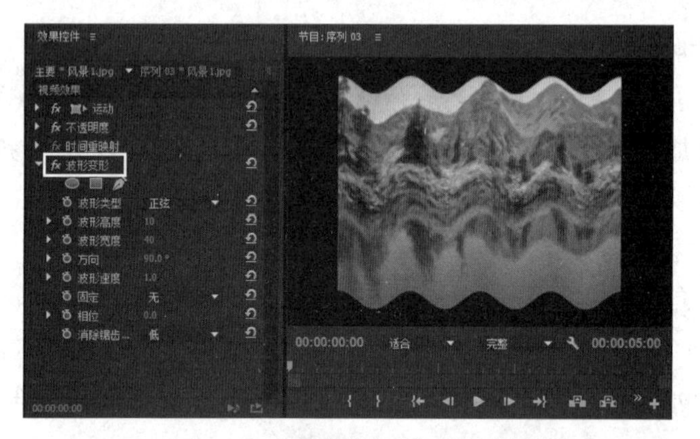

图 2-127　选择“波形变形”特效

3）对特效参数进行设置后，即可看到效果，如图 2-128 所示。

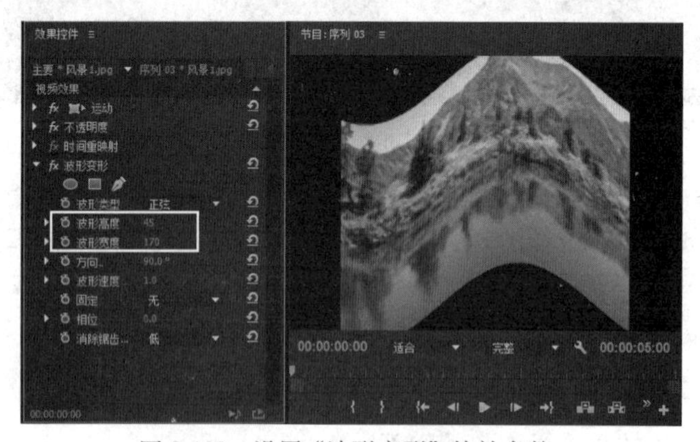

图 2-128　设置“波形变形”特效参数

提示：如果要恢复默认的视频特效的设置，只要在“效果控件”面板中单击要恢复默认设置的视频特效后面的 （重置效果）按钮即可。

4）在编辑过程中有时需要取消某个视频特效的显示，此时单击要取消的视频特效前面的fx按钮，即可取消该视频特效的显示，如图 2-129 所示。

图 2-129　取消"波形变形"特效的显示

3. 删除视频特效

当某段素材不再需要视频特效时，可以将其进行删除。删除视频特效的具体操作步骤如下。

1）在"效果控件"面板中选择要删除的视频特效。

2）按〈Delete〉键，即可将该视频特效进行删除。

4. 复制/粘贴视频特效

当多个素材要使用相同的视频特效时，复制、粘贴视频特效可以减少操作步骤，加快影片剪辑的速度。复制 / 粘贴视频特效的具体操作步骤如下。

1）选择要复制视频特效的素材。然后在"效果控件"面板中右键单击视频效果，从弹出的快捷菜单中选择"复制"命令，如图 2-130 所示。

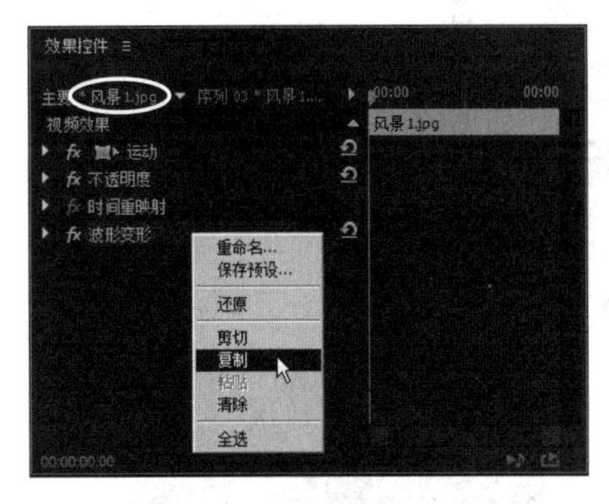

图 2-130　选择"复制"命令

2）选择要粘贴视频特效的素材，然后右键单击"效果控件"面板的空白区域，从弹出的快捷菜单中选择"粘贴"命令，如图 2-131 所示，即可将复制的视频效果粘贴到新的素材上，效果如图 2-132 所示。

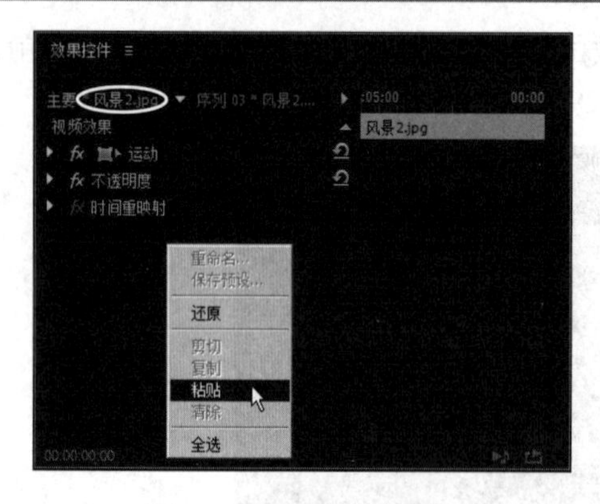

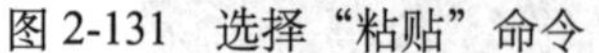

图 2-131　选择“粘贴”命令

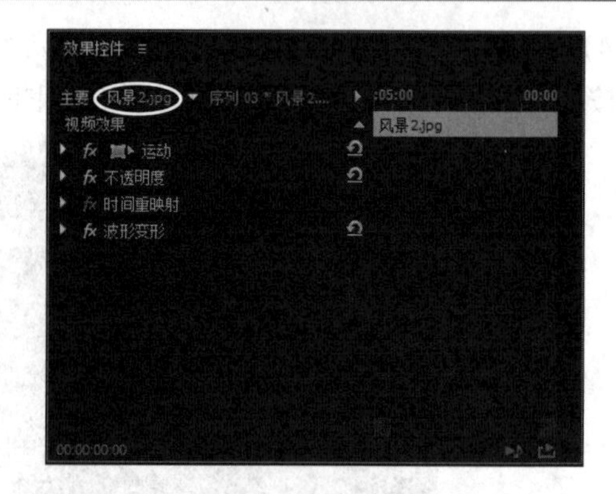

图 2-132　在新的素材上“粘贴”视频特效的效果

2.5.3　导入和导出视频预设

在 Premiere CC 2018 中除了可以使用自带的视频特效外，还可以导入扩展名为 .prfpset 的外部视频预设，此外还可以将已有视频预设进行导出。

1. 导入外部视频预设

导入外部视频预设的具体操作步骤如下。

1）在“效果”面板中单击右键，从弹出的快捷菜单中选择“导入预设”命令，如图 2-133 所示。

2）在弹出的“导入预设”对话框中选择网上资源“插件 \ 预设 \ 常用预设 1”，如图 2-134 所示，单击“打开”按钮，即可将其导入到“效果”面板中，如图 2-135 所示。

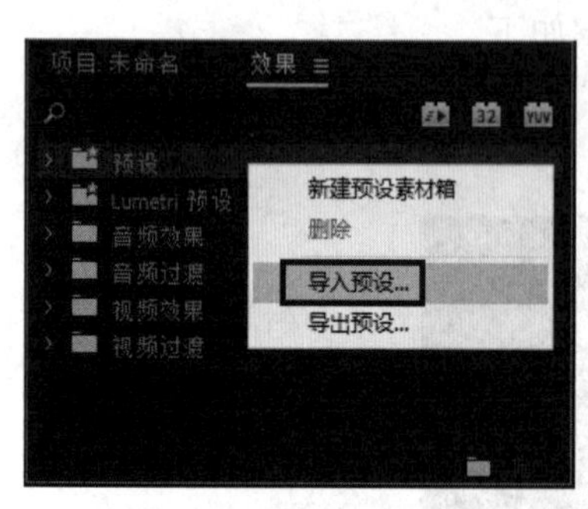

图 2-133　选择“导入预设”命令

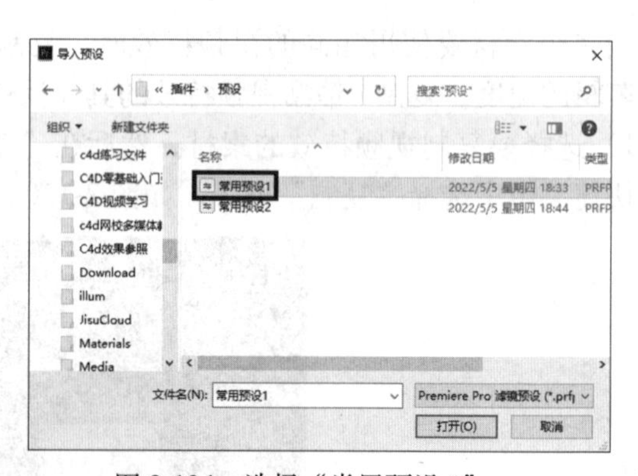

图 2-134　选择“常用预设 1”

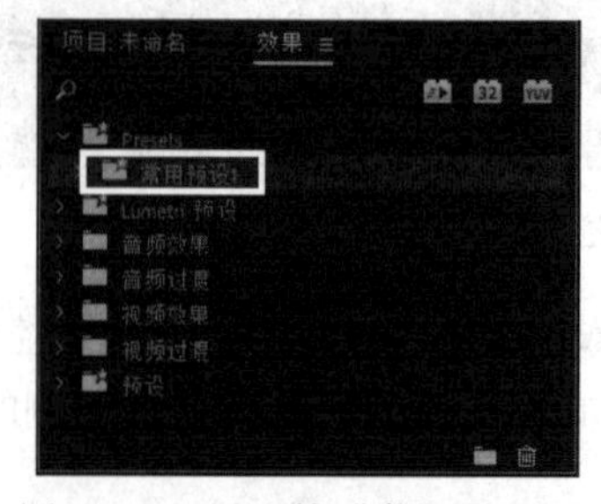

图 2-135　导入的“常用预设 1”

2. 导出视频预设

将“效果”面板中的视频效果导出为预设的具体操作步骤如下。

1）在“效果”面板中单击右键要导出的视频效果，从弹出的快捷菜单中选择“导出预设”命令，如图 2-136 所示。

2）在弹出的“导出预设”对话框中设置导出预设要保存的位置和名称，如图 2-137 所示，单击“保存”按钮，即可将其导出为扩展名为 .prfpset 的视频预设。

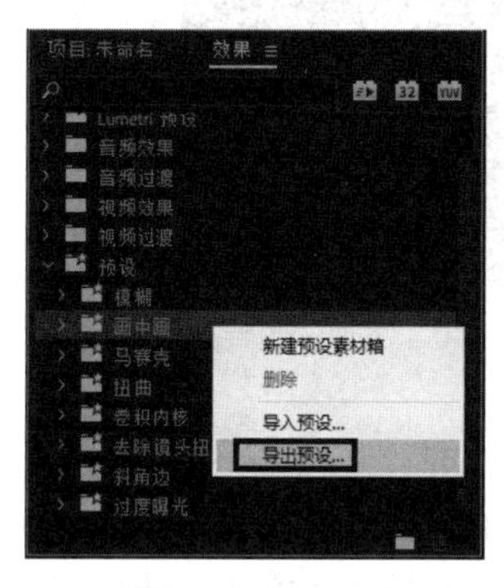

图 2-136　选择“导出预设”命令

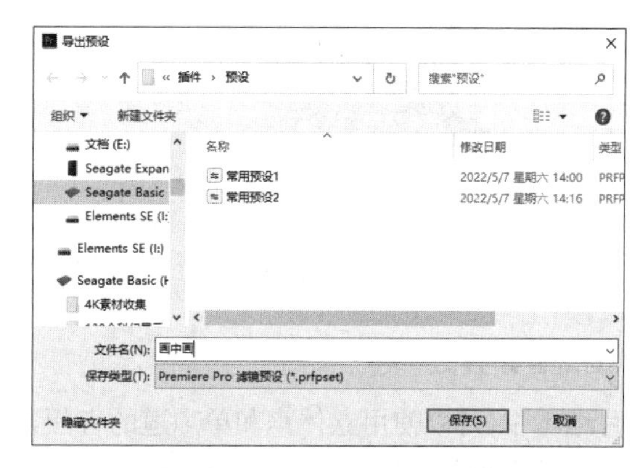

图 2-137　设置导出预设要保存的位置和名称

2.5.4　添加和编辑音频

一般的节目都是由视频和音频两部分组成的。利用 Premiere CC 2018 不仅可以对视频进行编辑，还可以对音频进行编辑。

1. Premiere CC 2018对音频的处理方式

在 Premiere CC 2018 中对音频进行处理有以下 3 种方法。

● 在“时间线”面板的音频轨道上通过修改关键帧的方式对音频素材进行操作，如图 2-138 所示。

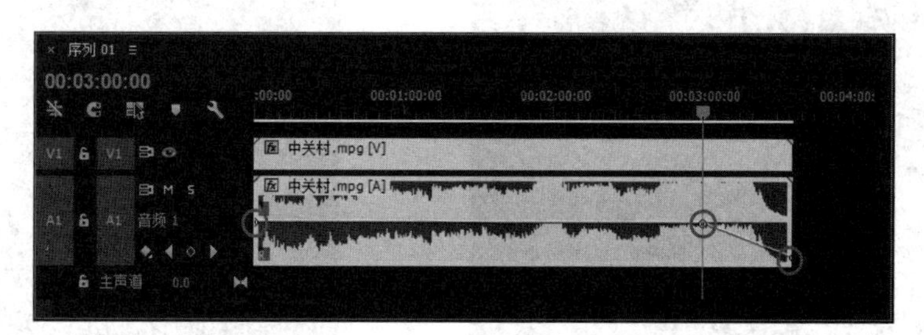

图 2-138　通过修改关键帧的方式对音频素材进行操作

● 使用右键菜单中的相关命令来编辑所选的音频素材，如图 2-139 所示。

● 在图 2-140 所示的“效果”面板中的“音频特效”文件夹中为音频素材添加音频特效，以改变音频素材的效果。

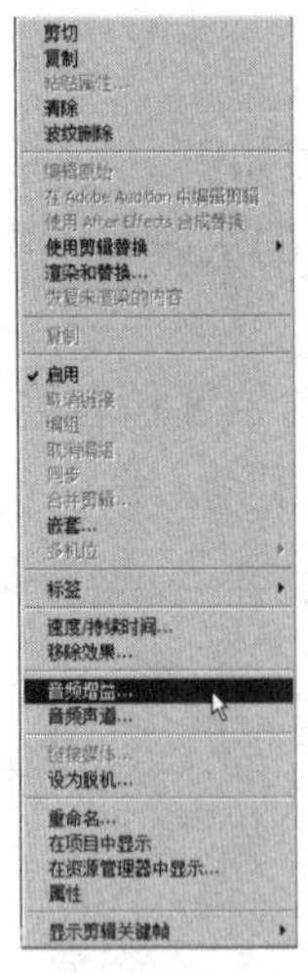

图 2-139　音频的相关命令

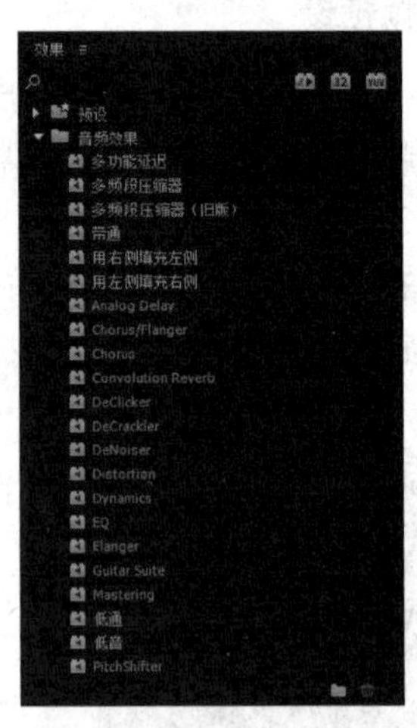

图 2-140　添加音频特效

2. 设置音频参数

影片编辑中，可以使用立体声和单声道的音频素材。在确定了影片输出后的声道属性后，就需要在音频编辑前，先将项目文件的音频格式设置为相应的模式。方法：选择“文件 | 新建 | 序列”（快捷键是〈Ctrl+N〉）命令，在弹出的“新建序列”对话框的“轨道”选项卡中选择需要的声道模式即可，如图 2-141 所示。

选择“文件 | 项目设置 | 常规”命令，在弹出的“项目设置”对话框中对音频的采样频率及显示格式进行设置，如图 2-142 所示。

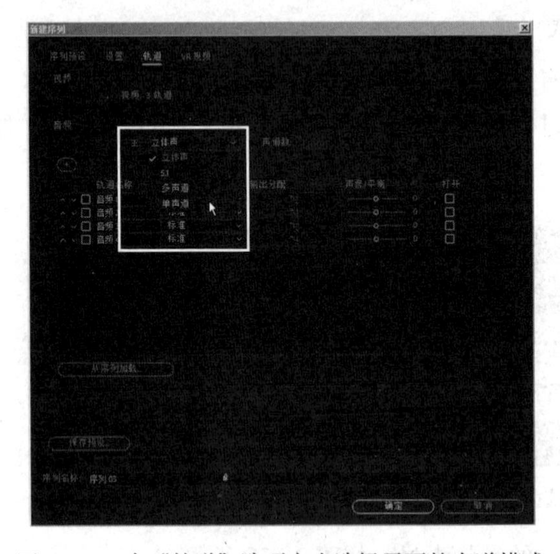

图 2-141　在“轨道”选项卡中选择需要的声道模式

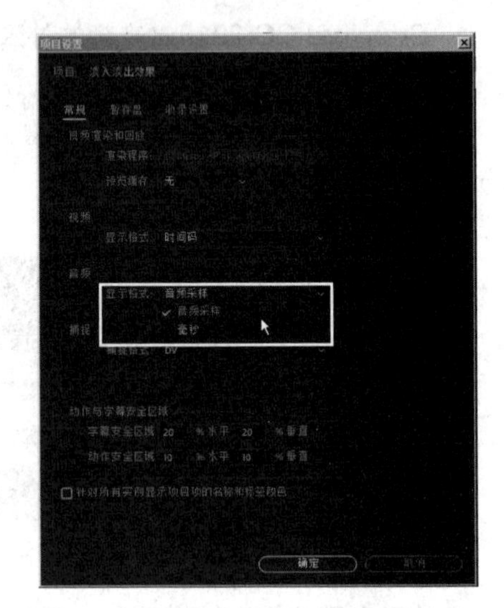

图 2-142　设置音频的采样频率及显示格式

选择“编辑 | 首选项 | 音频”命令，在弹出的“首选项”对话框中，通过设置“音频”的参数来完成对音频素材属性的一些初始设置，如图 2-143 所示。

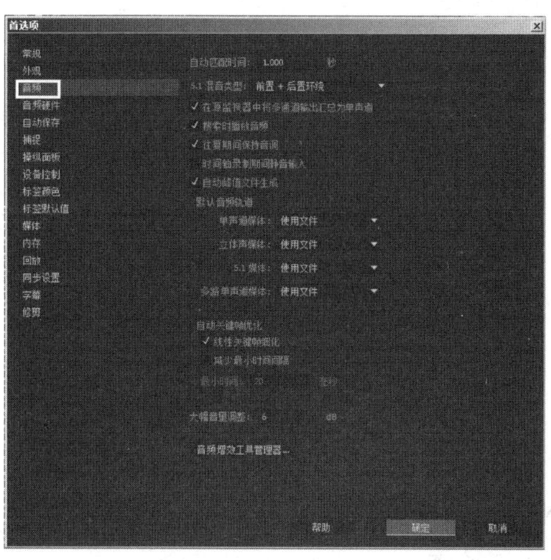

图 2-143　设置“音频”的参数

3. 添加音频素材

添加音频素材的具体操作步骤如下。

1）选择“文件 | 导入”命令，在弹出的“导入”对话框中选择网盘中的“素材及结果 \ 第 2 章 Premiere CC 2018 的基础知识 \ 音频 1.MP3”音频文件，如图 2-144 所示，单击“打开”按钮，将其导入“项目”面板中。

2）在“项目”面板中选择刚才导入的“音频 1.MP3”音频文件，然后按住鼠标将其拖入“时间线”面板的音频轨道上，此时音频轨道上会出现一个矩形块，接着拖动矩形块，即可将音频素材放到需要的位置，如图 2-145 所示。

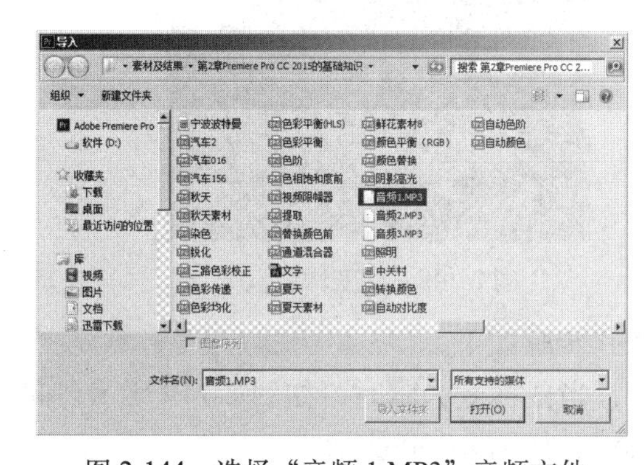

图 2-144　选择“音频 1.MP3”音频文件

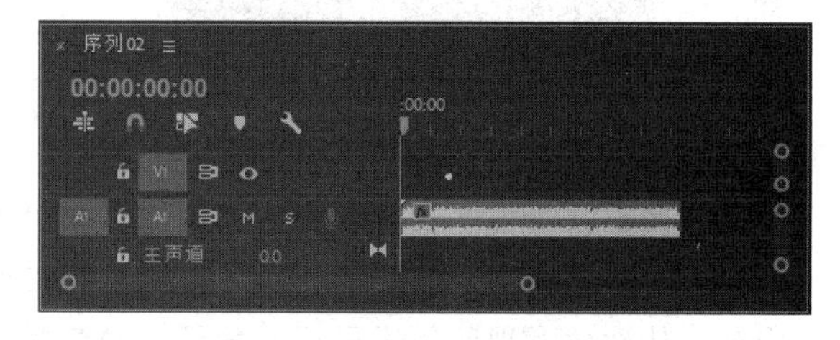

图 2-145　将音频素材放到需要的位置

4. 编辑音频素材

（1）调整音频持续时间和播放速度

与视频素材的编辑处理一样，在应用音频素材时，也可以对其播放速度和时间长度进行修改，具体操作步骤如下。

1）选择要调整的音频素材，选择“剪辑 | 速度 / 持续时间”命令，在弹出的对话框中对音频的持续时间进行调整，如图 2-146 所示。

提示：利用工具箱中的（比例拉伸工具）拖动音频素材也可以改变音频长度。

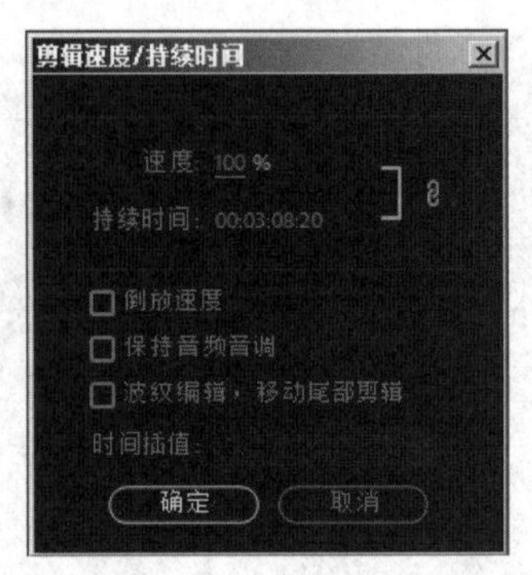

图 2-146 调整音频的持续时间

2）另外，也可以在“时间线”面板中直接拖动音频的边缘，以改变音频轨道上音频素材的长度。还可以利用（剃刀工具）将音频多余的部分去除。这种方法可以在不改变音频播放速度的情况下改变音频长度。

（2）整体调节音量

整体调节音量有以下两种方法。

通过调整音频增益来整体调节音量的具体操作步骤如下。

1）选择“时间线”面板中需要调整的音频素材，此时素材会以深色显示。然后单击右键，从弹出的快捷菜单中选择“音频增益”命令，此时会弹出如图 2-147 所示的“音频增益”对话框。

2）在弹出的“音频增益”对话框中，将鼠标指针移动到对话框的数值上，当指针变为手形标记时，按下鼠标左键并左右拖动鼠标光标，即可改变增益值，如图 2-148 所示，设置完毕后，单击“确定”按钮即可。

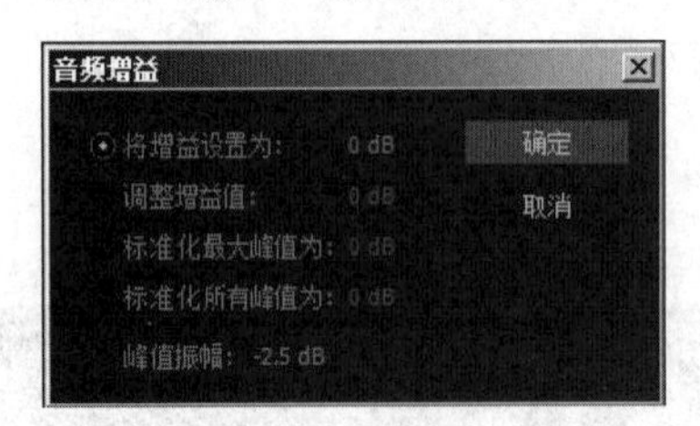

图 2-147 “音频增益”对话框

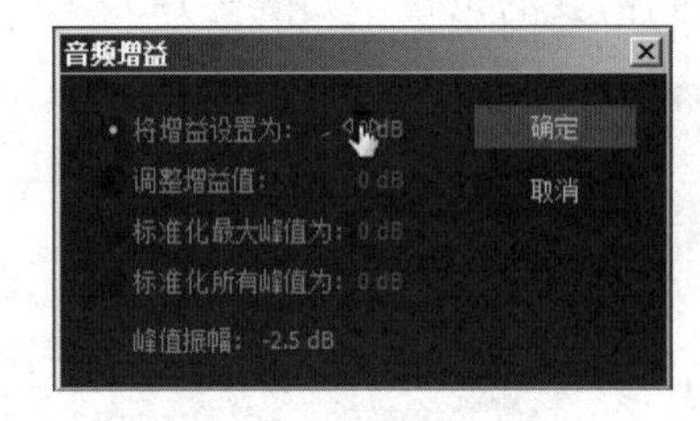

图 2-148 改变增益值

通过调整音量控制线来整体调节音量的具体操作步骤如下。

1）将鼠标放在时间线中左侧音频轨道边缘处，当鼠标变为时，如图 2-149 所示，向下拖动，从而放大视频轨道显示，显示出音量控制线，如图 2-150 所示。

提示：按住〈Alt〉+〈+〉键也可以放大音频轨道的显示，从而显示出音量控制线。

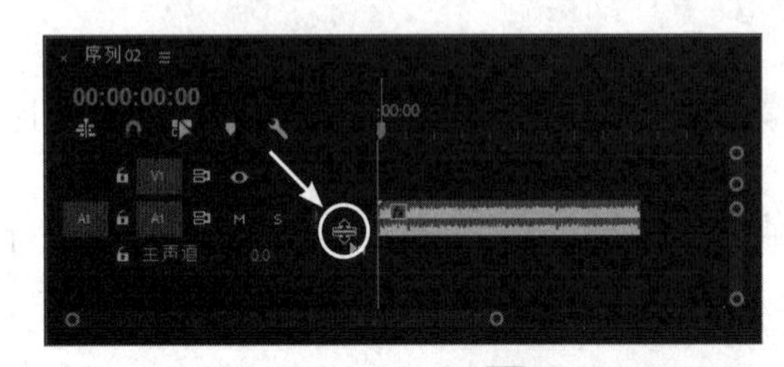

图 2-149 当鼠标变为时

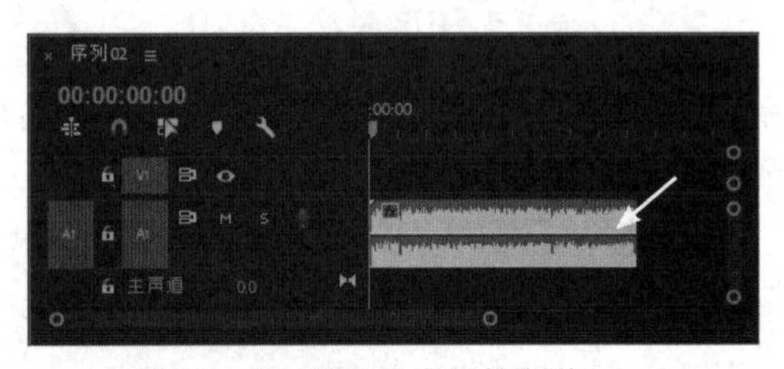

图 2-150 显示出音量控制线

2）将鼠标放置在音量控制线上，然后向上或向下拖动，即可整体增加或减小音量，如图 2-151 所示。

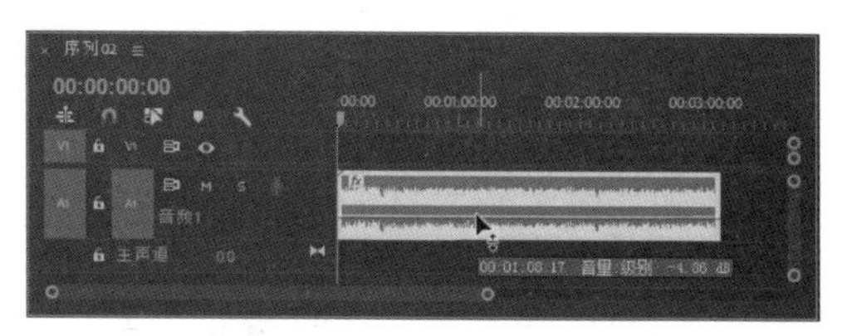

图 2-151　拖动控制线

（3）声音的淡入和淡出

在许多影片中的开始和结束处都使用了声音的淡入和淡出变化，这样可以使场景内容的出现和消失更加和谐自然。在 Premiere CC 2018 中制作声音淡入淡出效果有两种方法。一种是通过在音频起始和结束处添加“恒定功率”视频过渡，具体方法参见“2.5.5 添加音频过渡和音频特效”；另一种是通过使用关键帧。

使用关键帧制作音频的淡入和淡出效果的具体操作步骤如下。

1）在时间线中按住〈Alt〉+〈+〉键放大视频轨道显示，显示出音量控制线。

2）利用工具箱中的（钢笔工具）分别在“时间线”面板“音频 1”轨道的（00:00:00:00），（00:00:20:00），（00:02:50:20）和（00:03:08:20）单击鼠标，为音频素材添加关键帧，如图 2-152 所示。然后分别将音频起始点（00:00:00:00）和结束点（00:03:08:20）的关键帧向下拖动，如图 2-153 所示，即可制作出淡入和淡出效果。

图 2-152　为音频素材添加关键帧

图 2-153　将音频起始点（00:00:00:00）和结束点（00:03:08:20）的关键帧向下拖动

提示：在时间线中选中音频素材，然后在“效果控件”面板中通过添加“级别”关键帧并设置数值，如图2-154所示，也可以设置声音的淡入淡出效果。

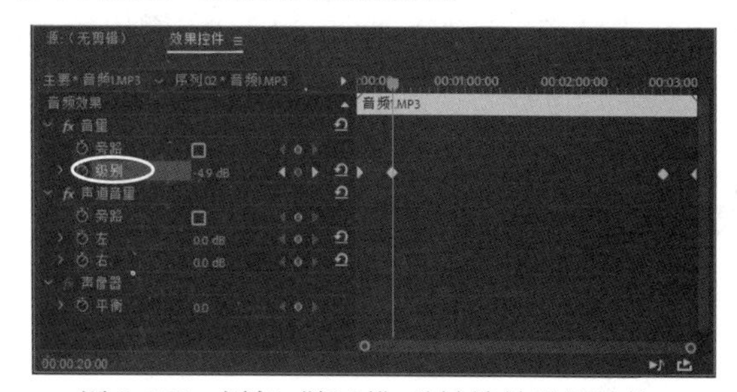

图 2-154　添加“级别”关键帧并设置数值

5. 使用“音轨混合器”面板

在前面已经简单介绍过，“音轨混合器”面板主要用于对音频素材的播放效果进行编辑和实时控制。接下来介绍该面板的使用方法。“音轨混合器”面板，如图 2-155 所示，该面板为每一条音轨都提供了一套控制方法，每条音轨也根据“时间线”面板中的相应音频轨道进行编号，使用该面板可以设置每条轨道的音量大小、静音等。

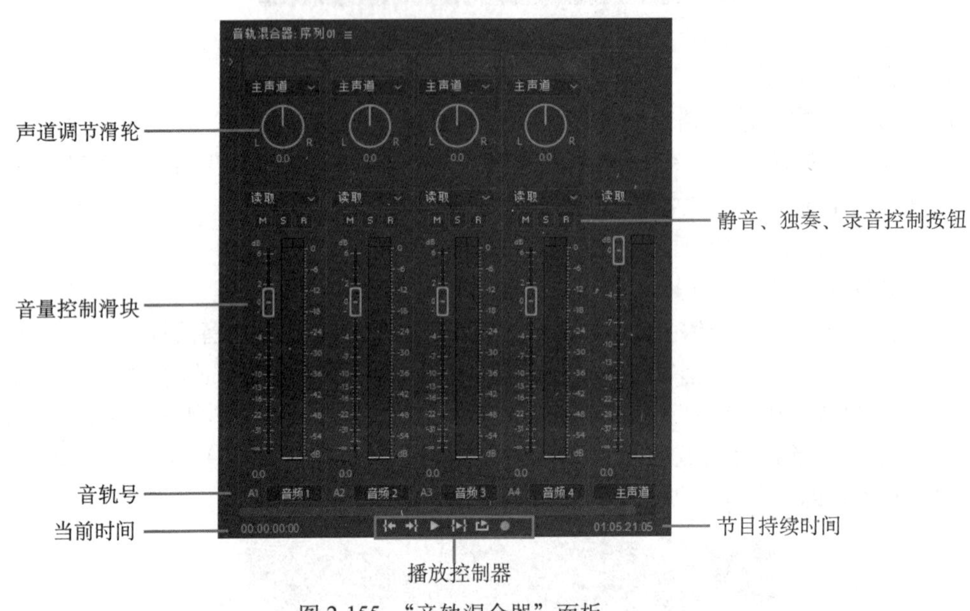

图 2-155 “音轨混合器”面板

（1）声道调节滑轮

声道调节滑轮，如图 2-156 所示。如果对象为双声道音频，可以使用声道调节滑轮调节播放声道。向左拖动滑轮，则输出到左声道（L）的声音会增大；向右拖动滑轮，则输出到右声道（R）的声音会增大，也可以在按钮接下来的数值栏中直接输入数值来控制左右声道，如图 2-156 所示。

图 2-156 声道调节滑轮

（2）静音、独奏、录音控制按钮

静音、独奏、录音控制按钮，如图 2-157 所示。单击 M（静音轨道）按钮，则该轨道会设置为静音状态；单击 S（独奏轨道）按钮，则其他未选中独奏按钮的音频轨道会自动设置为静音状态；单击 R（启用轨道以进行录制）按钮，则可以利用输入设备将声音录制到目标轨道上。

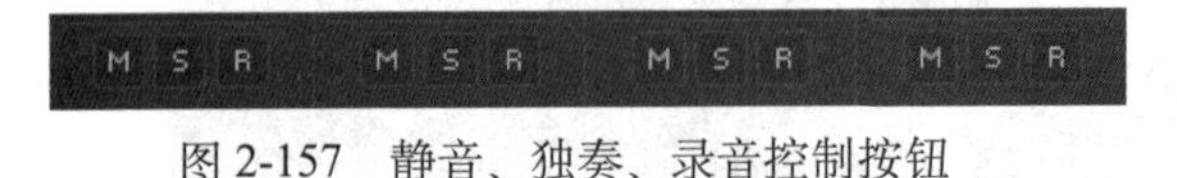

图 2-157 静音、独奏、录音控制按钮

（3）音量控制滑块

音量控制滑块，如图 2-158 所示。通过音量控制滑块可以控制当前轨道对象的音量，Premiere CC 2018 以分贝数（dB）来显示音量。向上拖动滑块，可以增加音量；向下拖动滑块，可以减小音量。下方数值栏中显示的是当前音量，用户也可以直接在数值栏中输入声音分贝数。播放音频时，面板左侧为音量表，显示为红色时，表示该音频音量超过极限，音量过大。

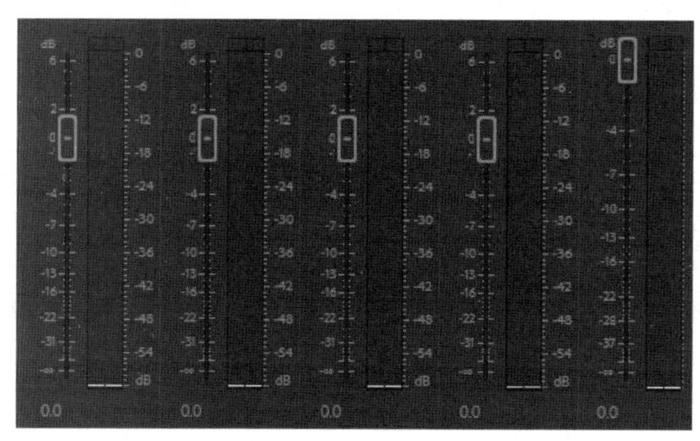

图 2-158　音量控制滑块

（4）音轨号

音轨号对应着“时间线”面板中的各个音频轨道，如图 2-159 所示。如果在“时间线”面板中增加了一个音频轨道，在“音轨混合器”面板中也会显示出相应的音轨号。

（5）播放控制器

播放控制器，如图 2-160 所示，包括跳转入点、跳转出点、播放 - 停止切换、播放入点到出点、循环和录制 6 个按钮，用于播放和录制音频。

图 2-159　音轨号

图 2-160　播放控制器

6. 录制音频素材

音频素材可以使用现有文件，也可以通过录制获得。录制音频的设备相当简单，只需要一台个人计算机、一款不错的声卡以及一个麦克风即可。

使用 Windows 录音机录制声音是所有录制方法中最简单和最常见的，具体操作步骤如下。

1）执行菜单“开始 | 所有程序 | 附件 | 录音机”命令，打开“声音 - 录音机”面板，如图 2-161 所示。

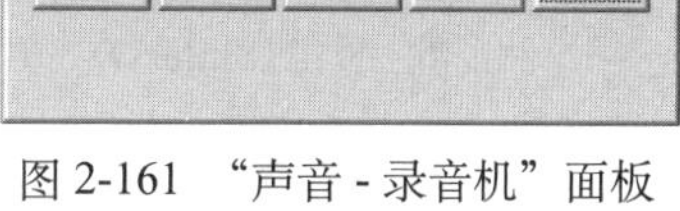

图 2-161 “声音 - 录音机”面板

2）将麦克风插入声卡的 Line in 插口，然后单击按钮开始录制声音。

3）Windows 录音机会在录制长度达到 60s 后自动停止录音，此时再次单击按钮即可继续进行录制，也可以随时单击按钮停止录音。

4）录制完毕后，单击按钮，即可预听录制的声音。

2.5.5 添加音频过渡和音频特效

本节将讲解给时间线中的音频添加音频过渡和音频特效的方法。

1. 添加音频过渡

Premiere CC 2018 包含 3 种音频过渡，如图 2-162 所示。在“效果”面板的“音频过渡”文件夹中选择相应的音频过渡效果，然后将其拖到“时间线”面板的相应音频素材的起点或终点，释放鼠标，即可为音频素材添加音频过渡，如图 2-163 所示。

图 2-162　3 种音频过渡

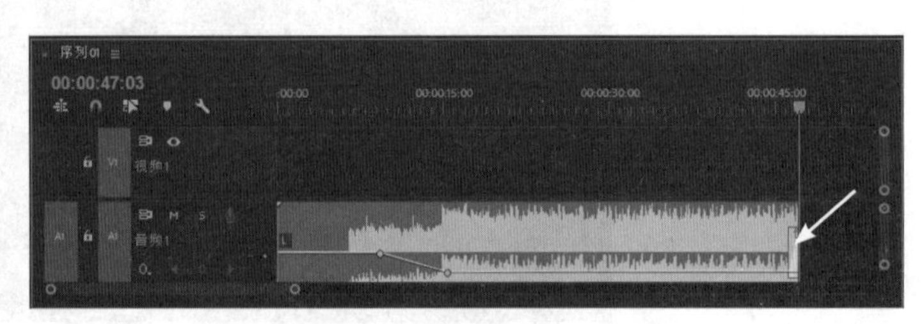

图 2-163　在素材终点添加音频过渡

音频过渡默认持续时间为 1s，如果要调整音频过渡的持续时间，可以在时间线中双击音频过渡，然后在弹出的“设置过渡持续时间”对话框中进行设置，如图 2-164 所示，单击“确定”按钮，此时时间线如图 2-165 所示。

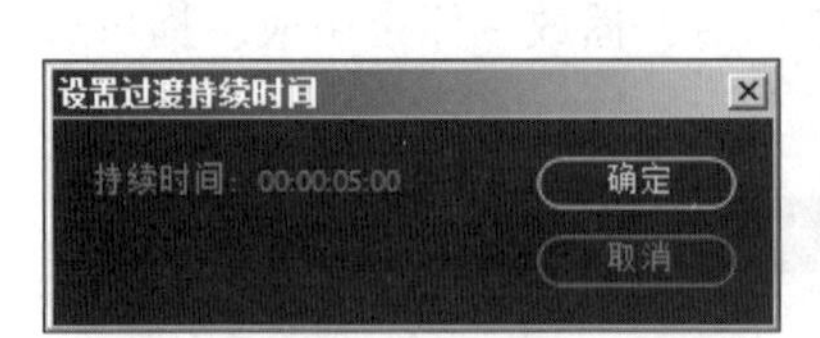

图 2-164　设置音频过渡持续时间

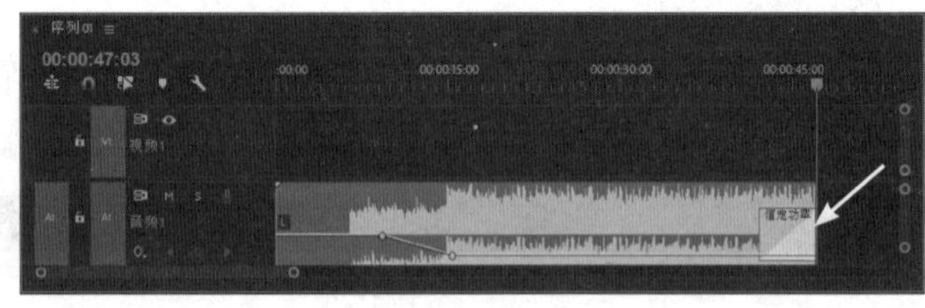

图 2-165　设置音频过渡持续时间后的时间线

提示1：将鼠标定位在音频结束位置，当鼠标变为形状时，单击右键，从弹出的快捷菜单中选择“应用默认过渡”命令，可以在音频结束位置添加一个默认的“恒定功率”淡出音频过渡。

提示2：选中音频轨道上的音频，然后按快捷键〈Ctrl+Shift+D〉，可以在音频起始和结束位置同时添加默认的“恒定功率”音频过渡。如果未选中音频轨道上的音频，而是将时间定位在音频起始位置，按快捷键〈Ctrl+Shift+D〉，则可以在音频起始位置添加一个默认的“恒定功率”音频过渡。同理，如果未选中音频轨道上的音频，而是将时间定位在音频结束位置，按快捷键〈Ctrl+Shift+D〉，则可以在音频结束位置添加一个默认的“恒定功率”音频过渡。

2. 添加音频特效

Premiere CC 2018 包含 51 种音频特效，它们位于“效果”面板的“音频效果”文件夹中，如图 2-166 所示。用户可以通过“效果控件”面板中的控件来调整它们。在“效果”面板的“音频效果”文件夹中选择相应的音频效果，然后将其拖到“时间线”面板的相应音频素材上，释放鼠标，即可为音频素材添加音频效果，此时音频上灰色fx标记会变为浅紫色fx标记，如图 2-167 所示，表示该素材已经应用了音频效果。关于音频特效的使用，参见本书“第 6 章 音频特效的应用”的 4 个实例。

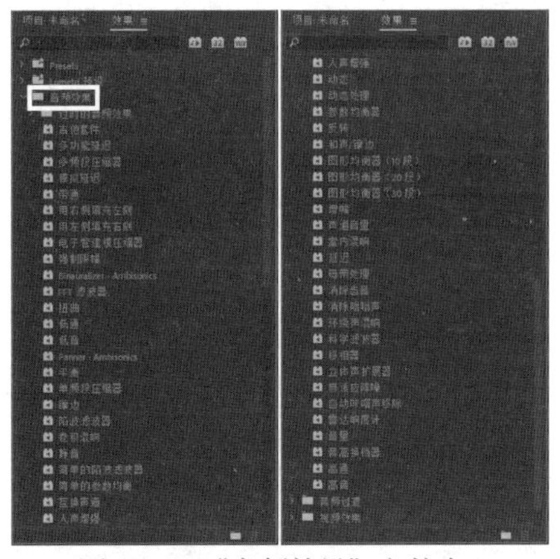

图 2-166 “音频效果”文件夹

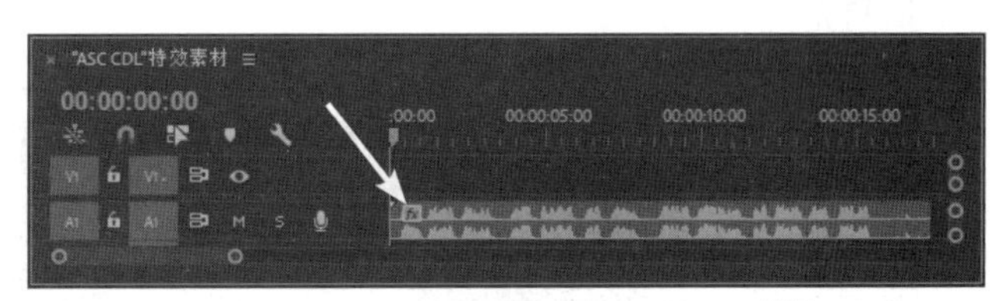

图 2-167　应用音频效果后，音频上灰色fx标记会变为浅紫色fx标记

2.5.6　添加字幕

字幕是影视制作中常用的信息表现元素，纯画面信息不可能完全取代文字信息的功能。很多影视的片头都会用到精彩的标题字幕，以使影片更为完整。在 Premiere CC 2018 的字幕设计窗口中，提供了文字字幕的编辑和图形绘制两种功能，从而方便了用户在文字方面的编辑工作。

1. 创建字幕

在Premiere CC 2018中可以创建旧版和新版两种字幕。

（1）创建旧版字幕

创建旧版字幕的具体操作步骤如下。

1）启动 Premiere CC 2018，然后选择“文件 | 新建 | 旧版标题”命令。

2）在弹出的如图 2-168 所示的“新建字幕”窗口中设置参数，单击“确定”按钮，弹出图 2-169 所示的“字幕”面板，此时“项目”面板中会显示出新建的字幕，如图 2-170 所示。

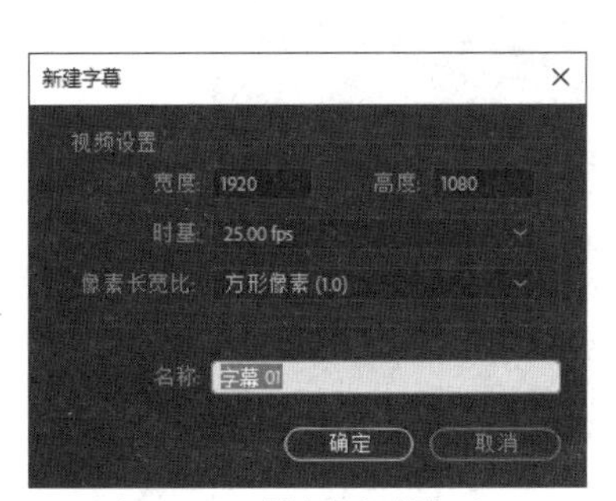

图 2-168 “新建字幕”窗口

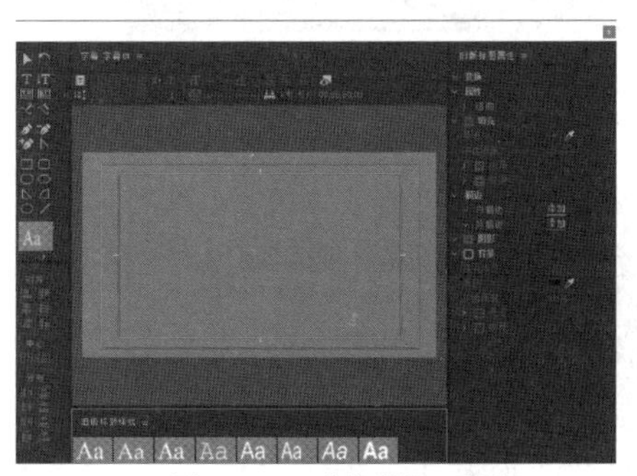

图 2-169 “字幕”面板

图 2-170　新建的字幕

（2）创建新版字幕

创建新版字幕的具体操作步骤如下。

1）在工具面板中选择T（文字工具），如图 2-171 所示。

2）在“节目”监视器中单击鼠标，即可在时间线中创建一个字幕层，如图 2-172 所示。然后在“节目”监视器输入相应文字即可，如图 2-173 所示。

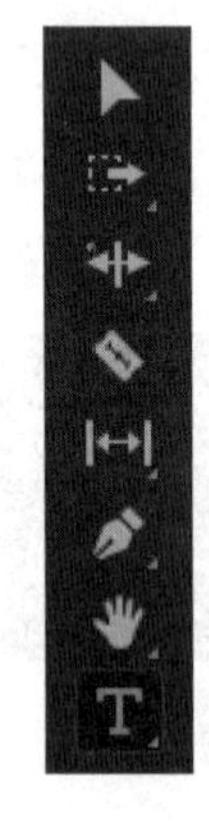

图 2-171　选择T（文字工具）

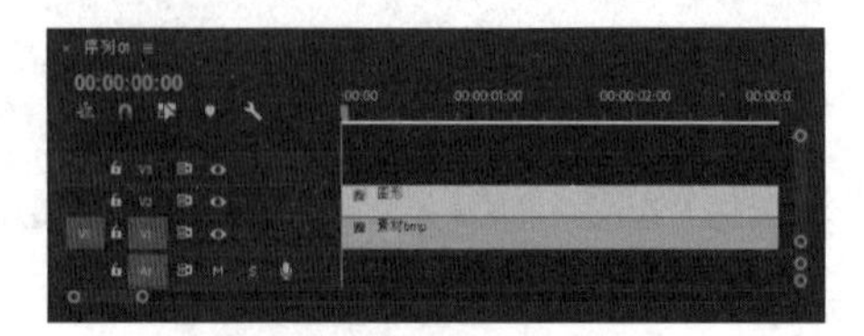

图 2-172　创建一个字幕层

图 2-173　在“节目”监视器输入相应文字

3）在“效果控件”面板中可以对字幕中文字的字体、字号、填充、描边和阴影等参数进行调整，如图 2-174 所示。

4）在“基本图形”面板中还可以调整字幕与画面的对齐方式，如图 2-175 所示。

图 2-174　在“效果控件”面板中调整字幕参数

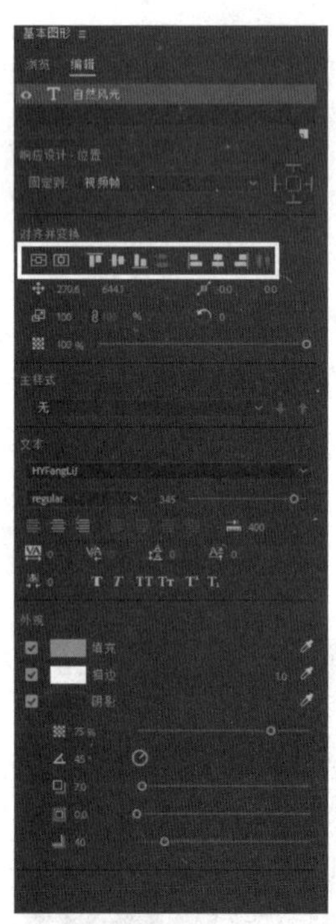

图 2-175　在“基本图形”面板调整字幕与画面对齐方式

2. 字幕设计窗口

在创建了旧版字幕后，还需要进行很多细致的设置操作，才能制作出用户所需的高质量的字幕。接下来就对创建旧版字幕的字幕设计窗口进行具体讲解，从而为用户制作高质量字幕打下坚实的基础。字幕设计窗口包括“字幕”“字幕工具”“字幕动作”“字幕样式”和“旧版标题属性”5 个面板，如图 2-176 所示。

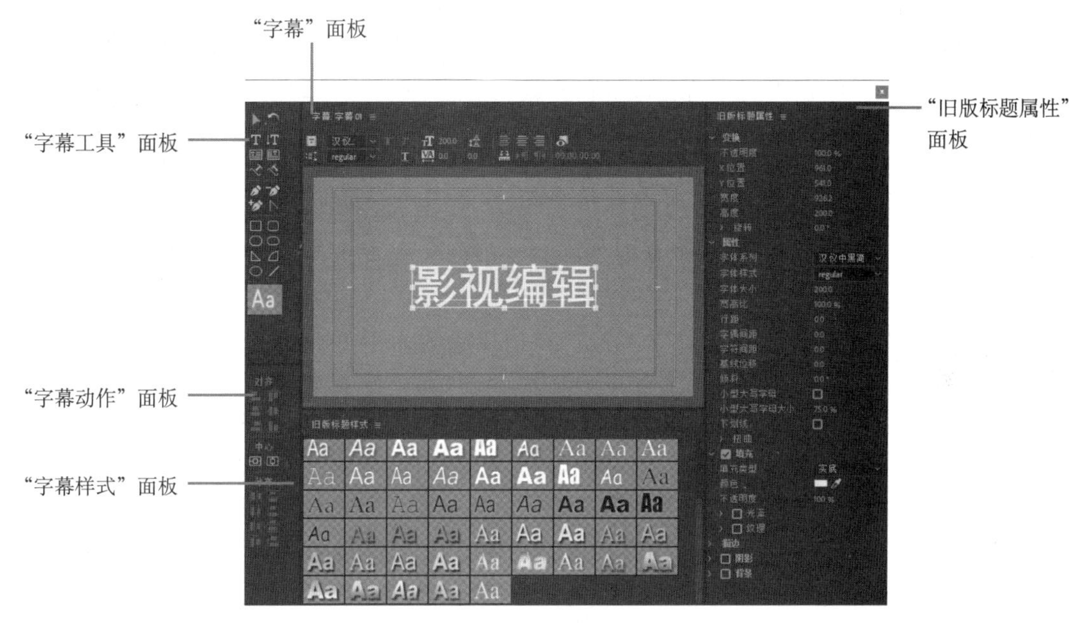

图 2-176　字幕设计窗口

(1)“字幕”面板

“字幕”面板位于字幕设计窗口的中央，是创建、编辑字幕的主要区域，用户不仅可以在该面板中直观地了解字幕应用于影片后的效果，还可直接对其进行修改。

“字幕”面板分为属性栏和编辑窗口两部分，如图 2-177 所示。其中编辑窗口用于创建和编辑字幕；属性栏包含了字体、字体样式等字幕对象常见的属性设置项，可以利用属性栏快速调整字幕对象，从而提高创建及修改字幕时的工作效率。

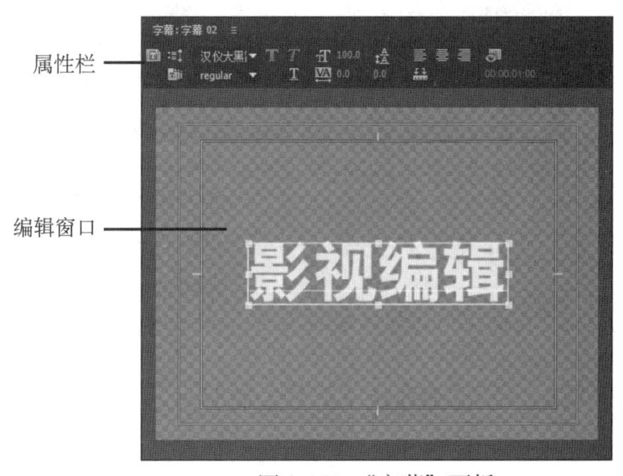

图 2-177　“字幕”面板

(2)“字幕工具”面板

“字幕工具”面板位于字幕设计窗口的左上方，如图 2-178 所示，包含了制作和编辑字幕时所要用到的工具。利用这些工具，用户不仅可以在字幕内加入文本，还可绘制简单的几何图形。

图 2-178 “字幕工具”面板

“字幕工具”面板中各按钮的含义如下。

● (选择工具)：用于选定窗口中的文字或图像，配合〈Shift〉键，可以同时选择多个对象。选中的对象四周将会出现控制点。

● (旋转工具)：用于对字幕文本进行旋转。

● (文字工具)：用于在字幕设计窗口中输入水平方向的文字。选择该工具，然后将鼠标移动到字幕设计窗口的安全区中，单击即可在出现的矩形框中输入文本。

● (垂直文字工具)：用于在字幕设计窗口中输入垂直方向的文字。

● (区域文字工具)：用于在字幕设计窗口中输入水平方向的多行文本。选择该工具，然后将鼠标移动到字幕设计窗口的安全区中，按住鼠标左键并拖动出矩形区域，接着即可在出现的矩形框中输入文字。

● (垂直区域文字工具)：用于在字幕设计窗口中输入垂直方向的多行文本。

● (路径文字工具)：用于在字幕设计窗口中输入沿路径弯曲且平行于路径的文本。选择该工具，然后将鼠标移动到字幕设计窗口的安全区中，单击指定路径，接着即可在路径上输入文字。图 2-179 为使用路径文字工具输入文本的效果。

图 2-179 使用路径文字工具输入文本的效果

● (垂直路径文字工具)：用于在字幕设计窗口中输入沿路径弯曲且垂直于路径的文本。

● (钢笔工具)：用于绘制使用 (路径文字工具) 和 (垂直路径文字工具) 输入的文本路径。

● (添加锚点工具)：用于添加在文本路径上的锚点。

● (删除锚点工具)：用于删除在文本路径上的锚点。

● (转换锚点工具)：用于调整文本路径的平滑度。

● (矩形工具)：用于绘制带有填充色和线框色的矩形。配合〈Shift〉键，可绘制出正方形。

● (圆角矩形工具)：用于绘制带有圆角的矩形，如图 2-180 所示。

● (切角矩形工具)：用于绘制带有切角的矩形，如图 2-181 所示。

● (圆矩形工具)：用于绘制左右两端是圆弧形的矩形，如图 2-182 所示。

图 2-180　圆角矩形

图 2-181　切角矩形

图 2-182　圆矩形

● (楔形工具)：用于绘制三角形，配合〈Shift〉键，可绘制出直角三角形。

● (弧形工具)：用于绘制弧形。

● (椭圆工具)：用于绘制椭圆形，配合〈Shift〉键，可绘制出正圆。

● (直线工具)：用于在字幕设计窗口中绘制线段。

(3)“字幕动作”面板

“字幕动作”面板位于字幕设计窗口的左下方，用于在“字幕”面板的编辑窗口对齐或排列所选对象。“字幕动作”面板中的工具按钮分为“对齐”“中心”和“分布”3 个选项组，如图 2-183 所示。其中“对齐”选项组中按钮的含义如下。

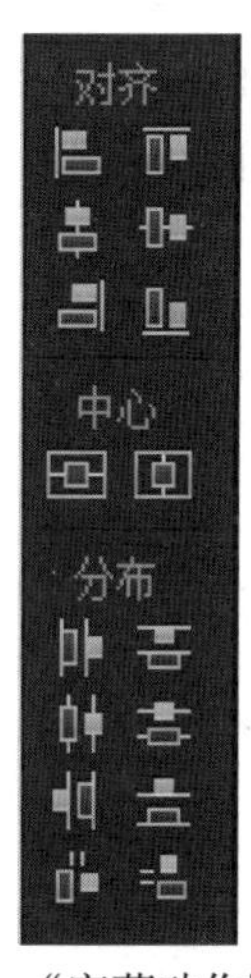

图 2-183　“字幕动作”面板

● (水平靠左)：用于将所选对象以最左侧对象的左边线为基准进行对齐。

● (垂直靠上)：用于将所选对象以最上方对象的顶边线为基准进行对齐。

● (水平居中)：用于在竖排时，以上面第 1 个对象中心位置对齐；横排时，以选择的对象横向的中间位置集中对齐。

● (垂直居中)：用于在横排时，以左侧第 1 个对象中心位置对齐；竖排时，以选择的对象横向的中间位置集中对齐。

● (水平靠右)：用于将所选对象以最右侧对象的右边线为基准进行对齐。

● (垂直靠下)：用于将所选对象以最下方对象的底边线为基准进行对齐。

其中“中心”选项组中的按钮只有在选择两个对象之后才能被激活，它们的含义如下。

● (垂直居中)：用于在水平方向上，与视频画面的垂直中心保持一致。

● (水平居中)：用于在垂直方向上，与视频画面的水平中心保持一致。

其中“分布”选项组中的按钮只有在选择至少 3 个对象后才能被激活，它们的含义如下。

● (水平靠左)：用于以左右两侧对象的左边线为界，使相邻对象左边线的间距保持一致。

● (垂直靠上)：用于以上下两侧对象的顶边线为界，使相邻对象顶边线的间距保持一致。

● (水平居中)：用于以左右两侧对象的垂直中心线为界，使相邻对象中心线的间距保持一致。

● (垂直居中)：用于以上下两侧对象的水平中心线为界，使相邻对象中心线的间距保持一致。

● (水平靠右)：用于以左右两侧对象的右边线为界，使相邻对象右边线的间距保持一致。

● (垂直靠下)：用于以上下两侧对象的底边线为界，使相邻对象底边线的间距保持一致。

● (水平等距间隔)：用于以左右两侧对象为界，使相邻对象的垂直间距保持一致。

● (垂直等距间隔)：用于以上下两侧对象为界，使相邻对象的水平间距保持一致。

(4)“字幕样式”面板

“字幕样式”面板位于字幕设计窗口的中下方，如图 2-184 所示。其中存放着 Premiere CC 2018 中 77 种预置字幕样式。利用这些样式，用户可以在创建字幕后，快速获得各种精美的字幕效果。

提示：字幕样式可应用于所有的字幕对象，包括文本和图形。

(5)“旧版标题属性”面板

“旧版标题属性”面板位于字幕设计窗口的右侧，如图 2-185 所示，包括“变换”“属性”“填充”“描边”“阴影”和“背景”6 个参数区域。利用这些参数选项，用户不仅可以对字幕中文字和图形的位置、大小、颜色等基本属性进行调整，还可以为其定制描边与阴影效果。接下来介绍“旧版标题属性”面板中的相关参数。

图 2-184 “字幕样式”面板

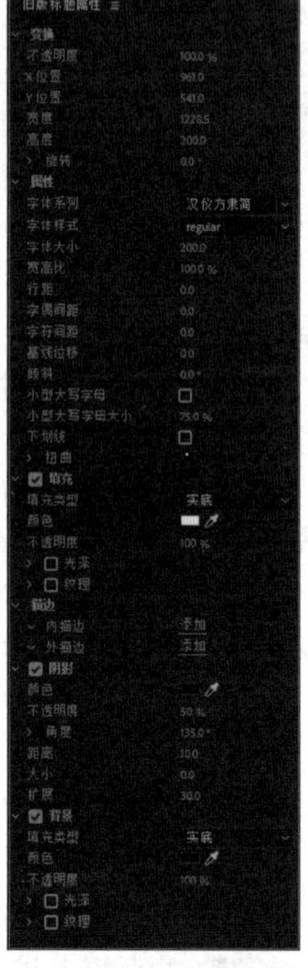

图 2-185 “旧版标题属性”面板

1）变换。

“变换”区域的参数用于设置选定对象的“不透明度”“位置”“宽度”“高度”和“旋转”属性。

● 不透明度：用于设置对象的透明度。
● X 位置：用于设置对象在 X 轴的坐标。
● Y 位置：用于设置对象在 Y 轴的坐标。
● 宽度：用于设置对象的宽度。
● 高度：用于设置对象的高度。
● 旋转：用于设置对象的旋转角度。

2）属性。

“属性”区域的参数用于设置字体、字体大小、字偶间距等属性。

● 字体系列：在该下拉列表中包含了系统中安装的所有字体。
● 字体样式：在该下拉列表中包含了字体一般加粗、倾斜等样式。
● 字体大小：用于设置字体的大小。
● 宽高比：用于设置字体的长宽比。图 2-186 为设置不同“宽高比”数值的效果比较。

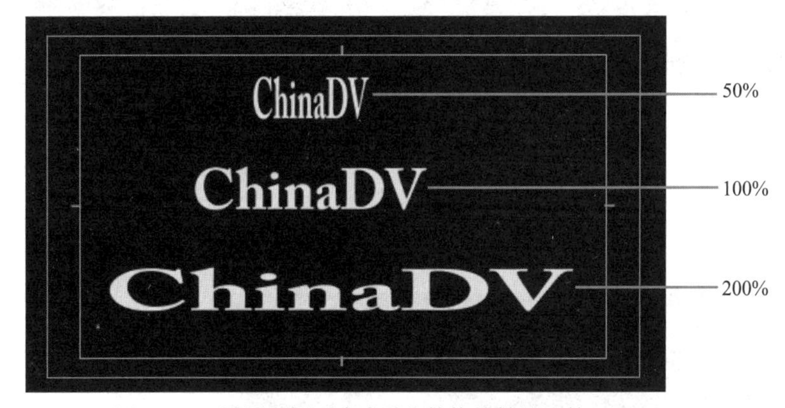

图 2-186 设置不同“宽高比”数值的效果比较

● 行距：用于设置行与行之间的距离。图 2-187 为设置不同“行距”数值的效果比较。

图 2-187 设置不同“行距”数值的效果比较
a）“行距”为 100 b）“行距”为 200

● 字偶间距：用于设置光标位置处前后字符之间的距离，可在光标位置处形成两段有一定距离的字符。图 2-188 为设置不同“字偶间距”数值的效果比较。

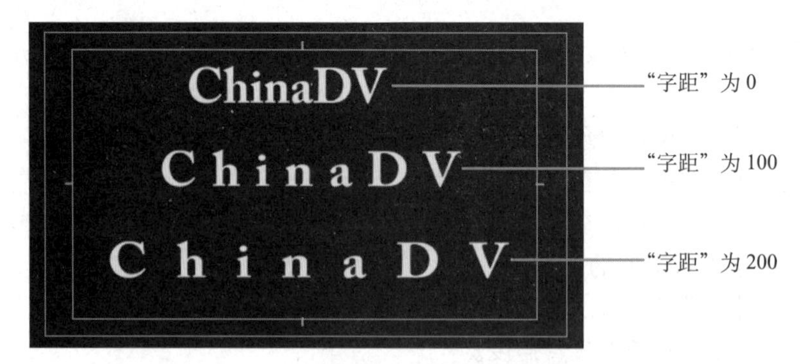

图 2-188　设置不同“字偶间距”数值的效果比较

● 字符间距：用于设置文字 X 坐标的基准，可以与字偶间距配合使用，输入从左往右排列的文字。

● 基线位移：用于设置输入文字的基线位置，通过改变该项的数值，可以方便地设置上标和下标。图 2-189 为设置不同“基线位移”数值的效果比较。

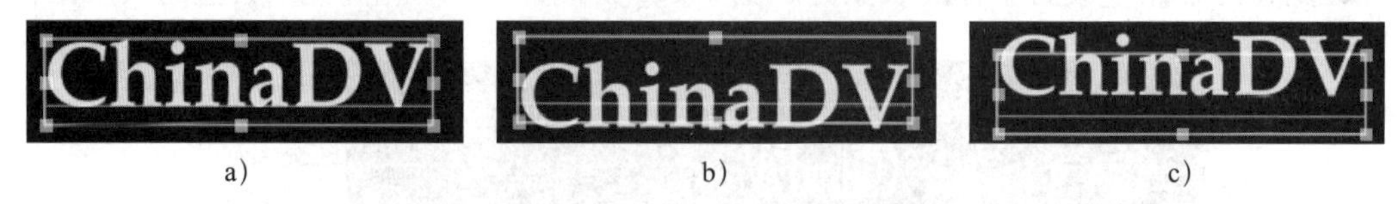

图 2-189　设置不同“基线位移 ”数值的效果比较

a)“基线位移”为 0　b)“基线位移”为 -50　c)“基线位移”为 50

● 倾斜：用于设置字符是否倾斜。图 2-190 为设置不同“倾斜”数值的效果比较。

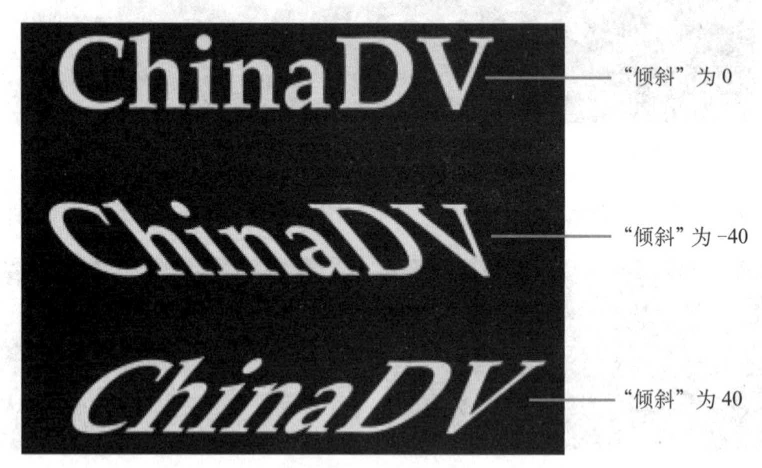

图 2-190　设置不同“倾斜 ”数值的效果比较

● 小型大写字母：勾选该复选框后，可以输入大写字母，或者将已有的小写字母改为大写字母。图 2-191 为勾选“小型大写字母”复选框前后的效果比较。

● 小型大写字母大小 ：小写字母改为大写字母后，可以利用该项来调整字母的大小。

ChinaDV —— 取消勾选“小型大写字母”复选框

CHINADV —— 勾选“小型大写字母”复选框

图 2-191　勾选“小型大写字母 ”复选框前后的效果比较

● 下划线：勾选该复选框后，可以在文本下方添加下划线。图 2-192 为勾选“下划线”复选框前后的效果比较。

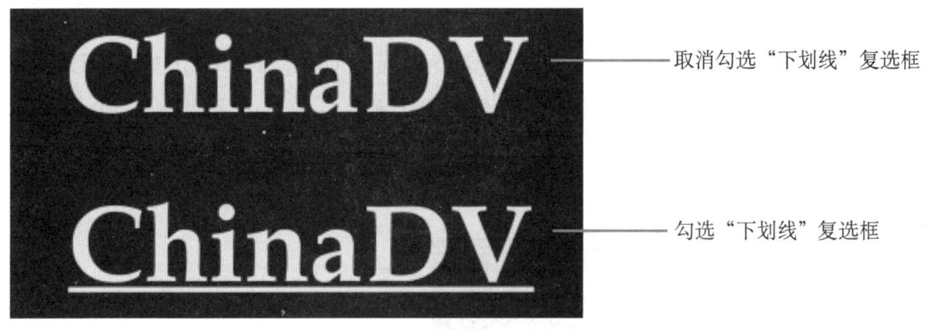

图 2-192　勾选“下划线”复选框前后的效果比较

● 扭曲：用于对文本进行扭曲设置。通过调节 X 轴向和 Y 轴向的扭曲度，可以产生变化多端的文本形状。图 2-193 为设置不同“扭曲”数值的效果比较。

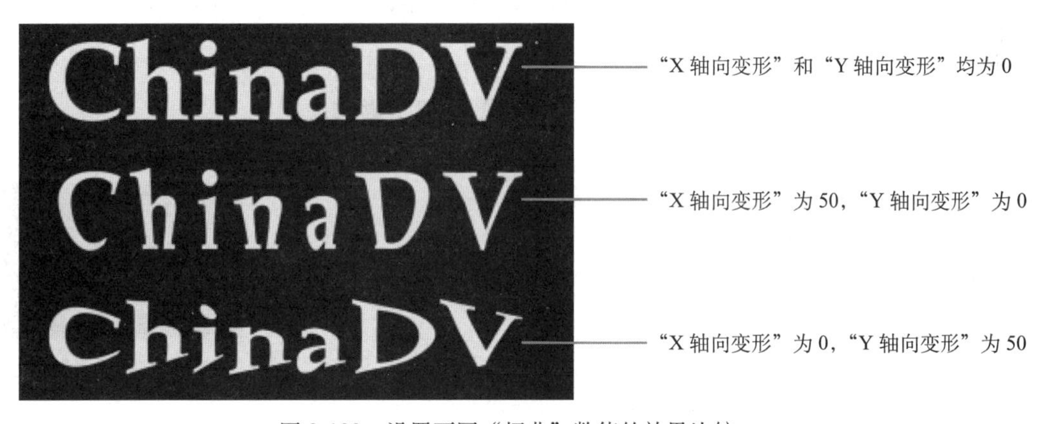

图 2-193　设置不同“扭曲”数值的效果比较

3）填充。

“填充”区域，如图 2-194 所示，用于为指定的文本或图形设置填充色。

● 填充类型：在右侧的下拉列表中提供了实底、线性渐变、径向渐变、四色渐变、斜面、消除和重影 7 种填充类型可供选择，如图 2-195 所示。

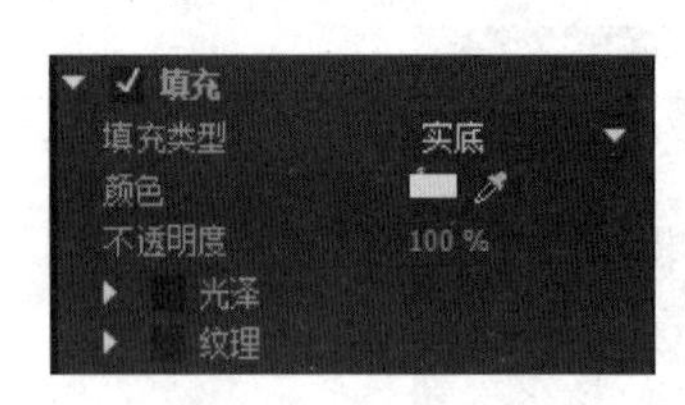

图 2-194 “填充”区域

图 2-195 填充类型

● 颜色 ：用于设置填充颜色。

● 不透明度 ：用于设置填充色的透明度。

● 光泽：勾选该复选框后，可为对象添加一条辉光线。

● 纹理 ：勾选该复选框后，可为字幕设置纹理效果。

4）描边 。

“描边”区域，如图 2-196 所示，用于为对象设置描边效果。Premiere CC 2018 提供了“内描边”和“外描边”两种描边效果。要应用描边效果首先要单击右侧的“添加”按钮，此时会显示出相关参数，如图 2-197 所示，然后通过设置相关参数选项完成描边设置。图 2-198 为文字设置“外描边”的描边效果。

图 2-196 “描边”区域

图 2-197 单击右侧的“添加”按钮

图 2-198 设置“外描边”的描边效果

5）阴影。

“阴影”区域，如图 2-199 所示，用于为字幕添加阴影效果。

● 颜色 ：用于设置阴影的颜色。

● 不透明度 ：用于设置阴影颜色的透明度。

● 角度：用于设置阴影的角度。

● 距离：用于设置阴影的距离。

● 大小：用于设置阴影的大小。

● 扩展 ：用于设置阴影的模糊程度。

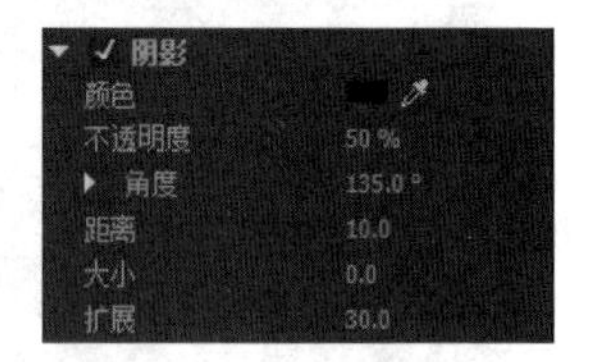

图 2-199 “阴影”区域

图 2-200 为文字设置“阴影”参数后的效果。

6）背景。

该区域参数与“填充”区域相同，这里就不赘述了。

(6) 安全区

在字幕设计窗口中显示了两个实线框，如图 2-201 所示。其中内部实线框是字幕标题安全区，外部实线框是字幕动作安全区。如果文字或图形在动作安全区外，那么它们将不会在某些 NTSC 制式的显示器或电视中显示出来。即使能在 NTSC 显示器上显示出来，也会出现模糊或变形，这是编辑字幕时需要注意的地方。

图 2-200　为文字设置“阴影”参数后的效果

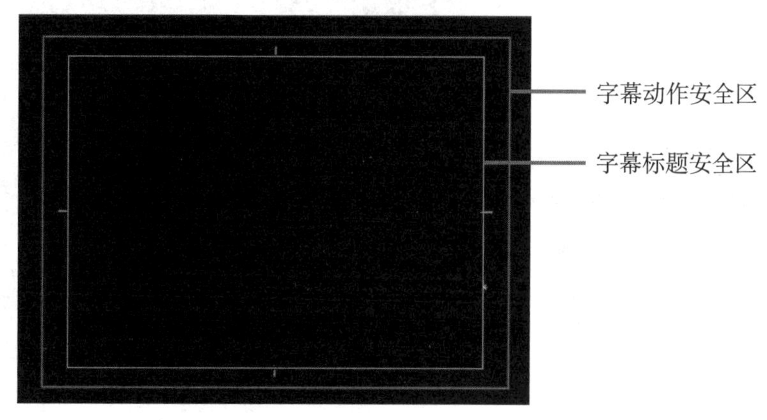

图 2-201　安全区

3. 字幕的添加

单击字幕设计窗口中“字幕”面板属性栏中的（滚动 / 游动选项）按钮，在弹出的如图 2-202 所示的“滚动 / 游动选项”对话框中可以看到 Premiere CC 2018 中可以创建“静止图像”“滚动”“向左游动”和“向右游动”4 种字幕类型。

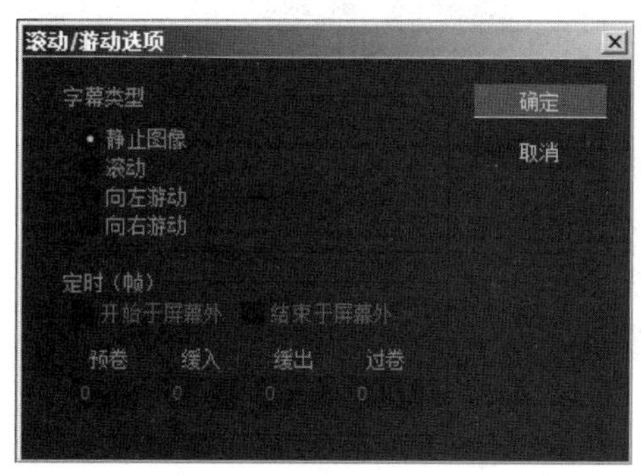

图 2-202　“滚动 / 游动选项”对话框

其中静态字幕是静止的，通常用于制作画面中的标题文字或一般的介绍信息。静态字幕本身不会运动，要使其运动，可以在“效果控件”面板中对建立好的字幕进行运动选项的设置。而滚动和游动字幕则是本身可以产生运动的字幕。接下来讲解滚动和游动字幕的具体制作方法。

（1）滚动字幕

滚动字幕的效果是从屏幕下方逐渐向上运动，在影视节目制作中多用于节目末尾演职员表的制作。制作滚动字幕的具体操作步骤如下。

1）执行菜单中的“文件 | 新建 | 旧版标题”命令，然后在弹出的如图 2-203 所示的“新建字幕”对话框中设置字幕素材的属性后，单击“确定”按钮，新建一个字幕文件。

2）在新建的字幕文件中输入要进行滚动的字幕内容（此时输入的是“影视剪辑”4 个字），如图 2-204 所示。

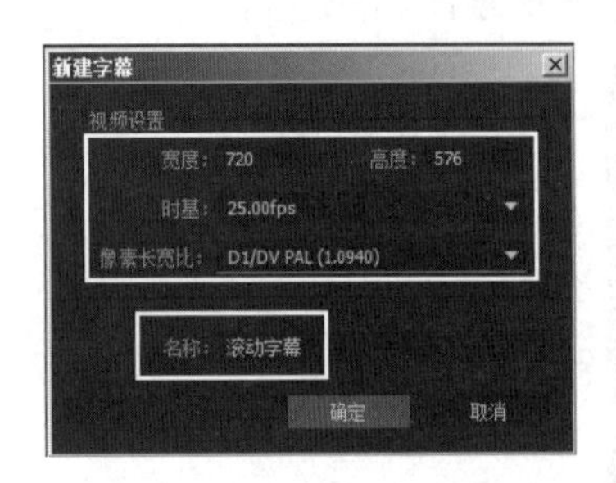

图 2-203　“新建字幕”对话框

图 2-204　输入要进行滚动的字幕内容

3）单击字幕设计窗口中“字幕”面板属性栏中的■（滚动 / 游动选项）按钮，然后在弹出的“滚动 / 游动选项”对话框中勾选“开始于屏幕外”和“结束于屏幕外”复选框，如图 2-205 所示，单击“确定”按钮。

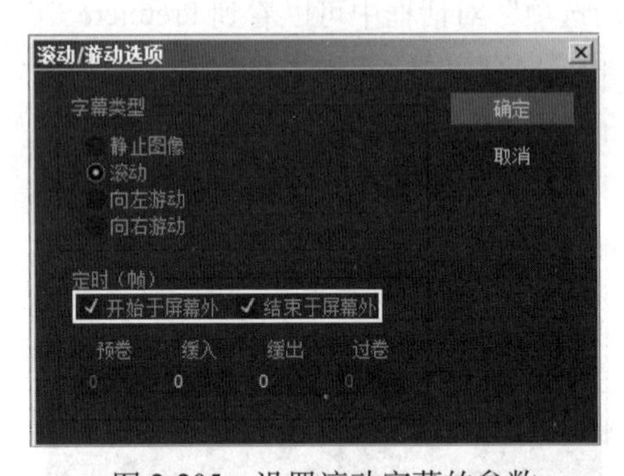

图 2-205　设置滚动字幕的参数

4）从“项目”面板中将制作好的滚动字幕拖入“时间线”面板中，然后单击“节目”监视器中的■按钮，即可看到从下往上滚动的字幕效果，如图 2-206 所示。

（2）游动字幕

游动字幕是指在屏幕上进行水平运动的动态字幕类型，分为从左到右游动和从右往左游动两种方式。其中，从右往左游动是游动字幕的默认设置。接下来制作一个从左往右游动的字幕效果，具体操作步骤如下。

图 2-206　滚动字幕的效果

1）选择“文件 | 新建 | 旧版标题”命令，然后在弹出的如图 2-207 所示的“新建字幕”对话框中设置字幕素材的属性后，单击“确定”按钮，新建一个字幕文件。

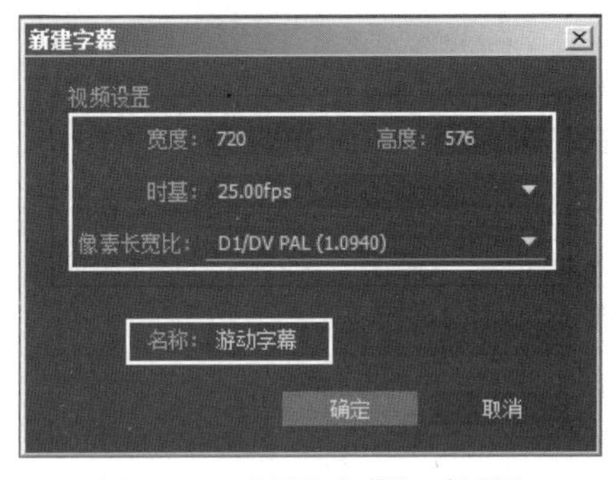

图 2-207　“新建字幕”对话框

2）在新建的字幕文件中输入要进行游动的字幕内容（此时输入的是“2018 年贺岁大片”），如图 2-208 所示。

3）单击字幕设计窗口中“字幕”面板属性栏中的（滚动 / 游动选项）按钮，然后在弹出的“滚动 / 游动选项”对话框中勾选“开始于屏幕外”和“结束于屏幕外”复选框，如图 2-209 所示，单击“确定”按钮。

图 2-208　输入要进行游动字幕的内容

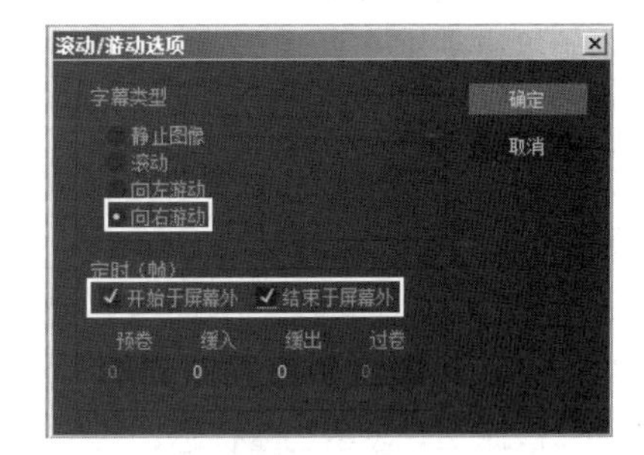

图 2-209　设置游动字幕的参数

4）从“项目”面板中将制作好的游动字幕拖入“时间线”面板中，然后单击“节目”监视器中的▶按钮，即可看到从左往右游动的字幕效果，如图 2-210 所示。

图 2-210　从左往右游动的字幕效果

2.5.7　添加运动效果

运动是多媒体设计的灵魂，灵活运用动画效果，可以使得视频作品更加丰富多彩。利用 Premiere CC 2018 可以轻松地制作出位移、缩放、旋转等各种运动效果。将素材拖入“时间线”面板中，然后在“效果控件”面板中展开“运动”选项，此时可以看到“运动”选项中的相关参数，如图 2-211 所示。

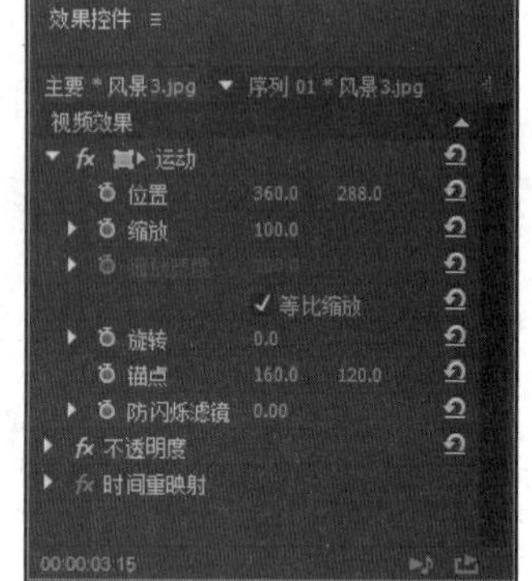

图 2-211　“效果控件”面板

- 位置：用于设置对象在屏幕中的位置坐标。
- 缩放：当勾选“等比缩放”复选框时，显示为此选项。用于调节对象的缩放度。
- 缩放宽度：在取消勾选“等比缩放”复选框的情况下可以设置对象的宽度。
- 旋转：用于设置对象在屏幕中的旋转角度。
- 锚点：用于设置对象的旋转或移动控制点。
- 抗闪烁滤镜：用于消除视频中闪烁的对象。

1. 使用关键帧

运动效果的实现离不开关键帧的设置。所谓关键帧是指在时间上的一个特定点，在该点上可以运用不同的效果。当在关键帧上运用不同特效时，Premiere CC 2018 会自动对关键帧之间的部分进行插补运算，使其平滑过渡。接下来讲解关键帧的相关操作。

（1）添加关键帧

如果要为影片剪辑的素材创建运动特效，便需要为其添加多个关键帧。添加关键帧的具体操作步骤如下。

1）在“时间线”面板中选择要编辑的素材（此时选择的是“风景 3.jpg”），如图 2-212 所示。

2）进入“效果控件”面板，然后展开“运动”选项，再将时间滑块移动到要添加关键帧的位置，单击相关特性左侧的■按钮（这里选择的是“缩放”特性），此时相应的特性关键帧会被激活，显示为■状态，且在当前时间编辑线处将添加一个关键帧，如图 2-213 所示。

3）移动当前时间滑块到下一个要添加关键帧的位置，然后调整参数，此时软件会在当前时间滑块处自动添加一个关键帧，如图 2-214 所示。

图 2-212　选择要编辑的素材

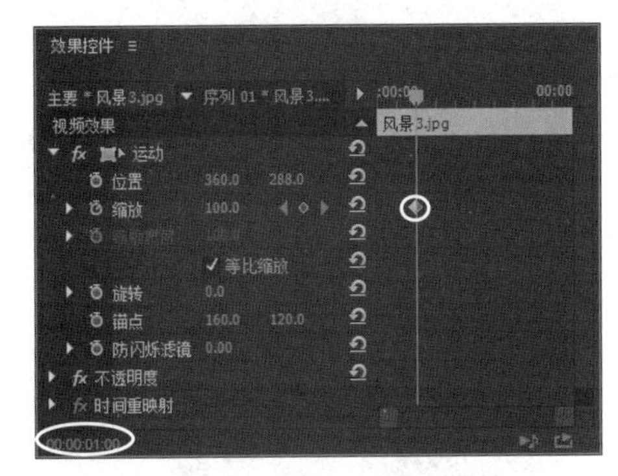

图 2-213　添加一个关键帧

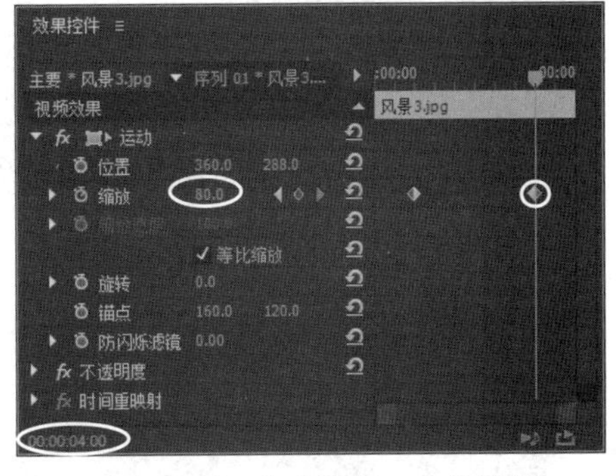

图 2-214　自动添加一个关键帧

提示：在“效果控件”面板中单击◆（添加/移除关键帧）按钮，也可以手动添加一个关键帧。

（2）删除关键帧

删除关键帧的具体操作步骤如下。

1）选择要删除的关键帧，按〈Delete〉键。

2）如果要删除某一特性所有的关键帧，可以单击相关特性左侧的 按钮，此时会弹出如图 2-215 所示的警告对话框，单击“确定”按钮，则该属性上的所有关键帧将被删除。

图 2-215　警告对话框

（3）移动关键帧

移动关键帧的具体操作步骤如下。

1）单击要选择的关键帧。

2）按住鼠标将关键帧拖动到适当位置即可。

（4）剪切与粘贴关键帧

剪切关键帧的具体操作步骤如下。

1）选择要剪切的关键帧，单击右键，从弹出的快捷菜单中选择“剪切”命令，如图 2-216 所示。

2）移动时间滑块到要粘贴关键帧的位置，如图 2-217 所示。然后单击右键，从弹出的快捷菜单中选择“粘贴”命令，如图 2-218 所示，则剪切的关键帧将被粘贴到指定位置，如图 2-219 所示。

（5）复制与粘贴关键帧

在创建运动特效的过程中，如果多个素材中的关键帧具有相同的参数，则可利用复制和粘贴关键帧的方法来提高操作效率。复制与粘贴关键帧的具体操作步骤如下。

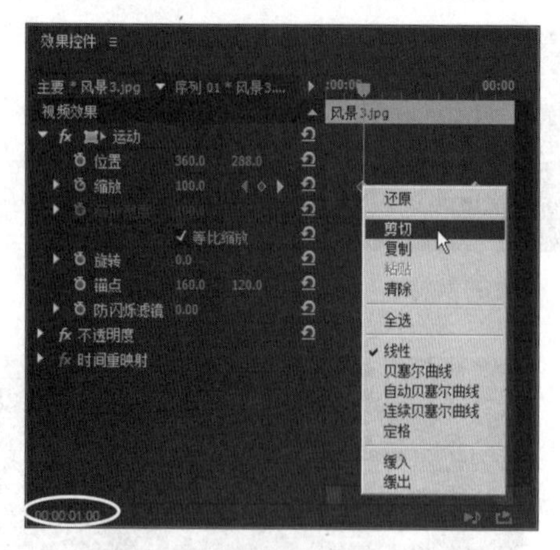

图 2-216　选择“剪切”命令

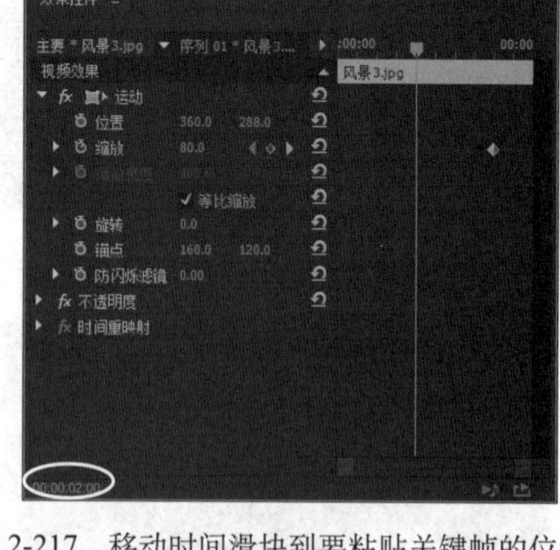

图 2-217　移动时间滑块到要粘贴关键帧的位置

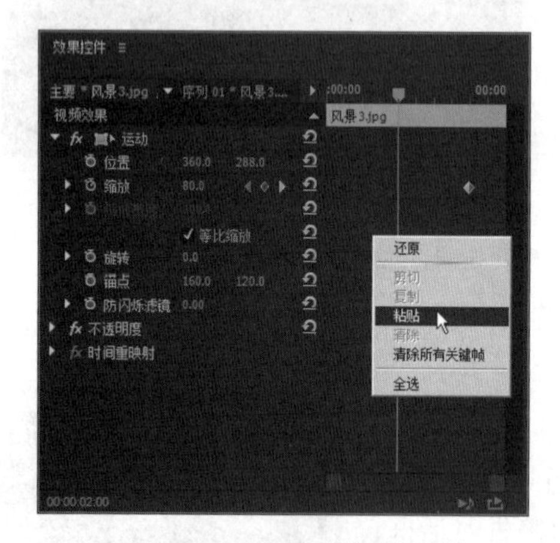

图 2-218　选择“粘贴”命令

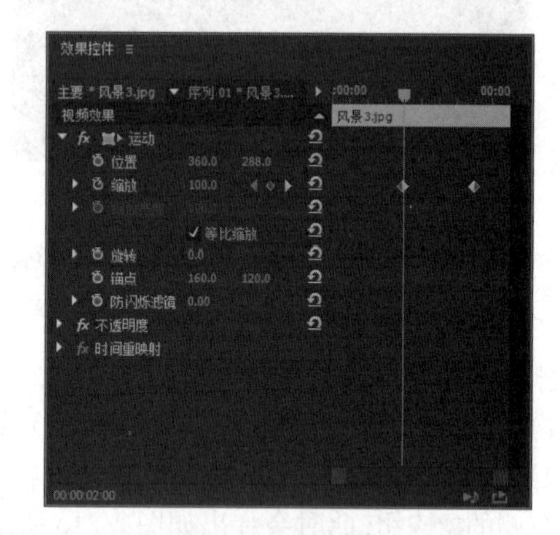

图 2-219　粘贴关键帧的效果

1）在“时间线”面板中选择要复制关键帧的素材（此时选择的是“风景 3.jpg”），然后在“效果控件”面板中选择要复制的关键帧（此时选择的是两个关键帧），接着单击右键，从弹出的快捷菜单中选择“复制”命令，如图 2-220 所示。

2）在“时间线”面板中选择要粘贴关键帧的素材（此时选择的是“风景 1.jpg”），如图 2-221 所示。然后在“效果控件”面板中将时间滑块移动到要粘贴关键帧的位置，接着单击右键，从弹出的快捷菜单中选择“粘贴”命令，如图 2-222 所示。则复制的关键帧将被粘贴到指定位置，如图 2-223 所示。

2. 运动效果的添加

运动是剪辑千变万化的灵魂所在。它可以实现多种特效，特别是对于静态图片，利用运动效果是其增色的有效途径。在 Premiere CC 2018 中的运动效果可分为“位置”运动、“缩放”运动、“旋转”运动和“锚点”运动 4 种，接下来具体说明。

（1）“位置”运动效果

添加“位置”运动效果的具体操作步骤如下。

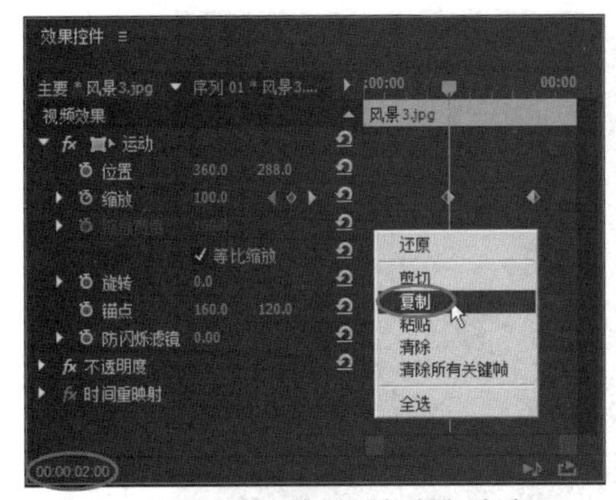

图 2-220 选择“复制”命令

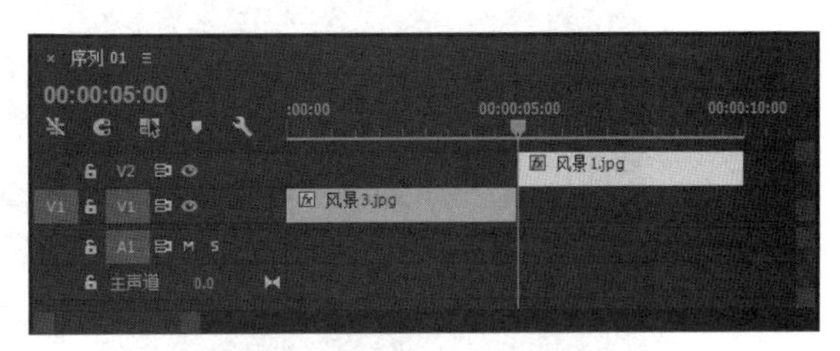

图 2-221 选择要粘贴关键帧的素材

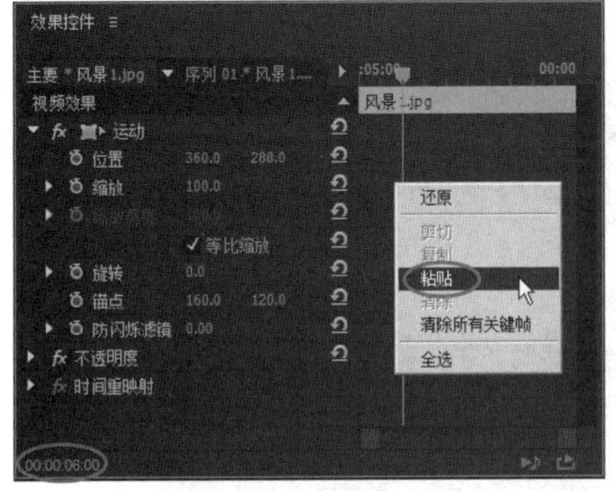

图 2-222 选择“粘贴”命令

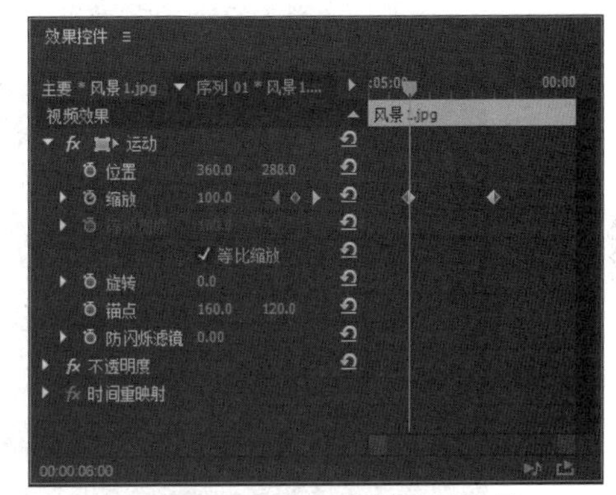

图 2-223 粘贴关键帧的效果

1）在“时间线”面板中选择要添加“位置”运动效果的素材（此时选择的是“风景 3.jpg”），如图 2-224 所示。

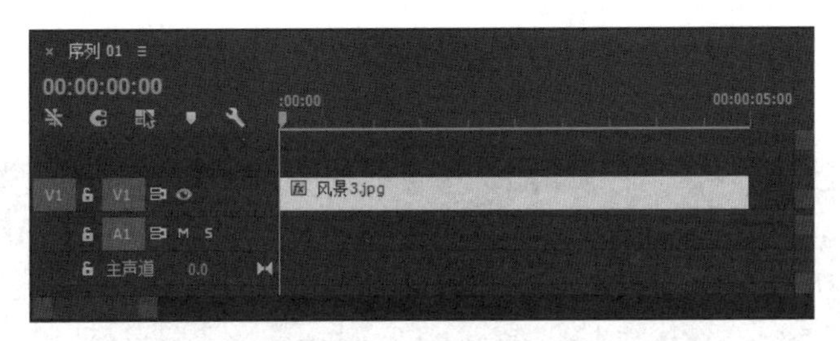

图 2-224 选择要添加“位置”运动效果的素材

2）在“效果控件”面板中展开“运动”选项，如图 2-225 所示。

提示：如果“效果控件”面板隐藏，可以选择“窗口 | 效果控件”命令，调出该面板。

3）将时间滑块移动到素材运动开始的位置 (此时移动到的位置为 00:00:00:00)，然后单击“位置”特性左侧的按钮，此时“位置”特性的关键帧会被激活，显示为状态，且在当前时间位置处添加一个关键帧。接着在“位置”右侧输入 X 和 Y 坐标数值，如图 2-226 所示。

图 2-225　在“效果控件”面板中展开“运动”选项

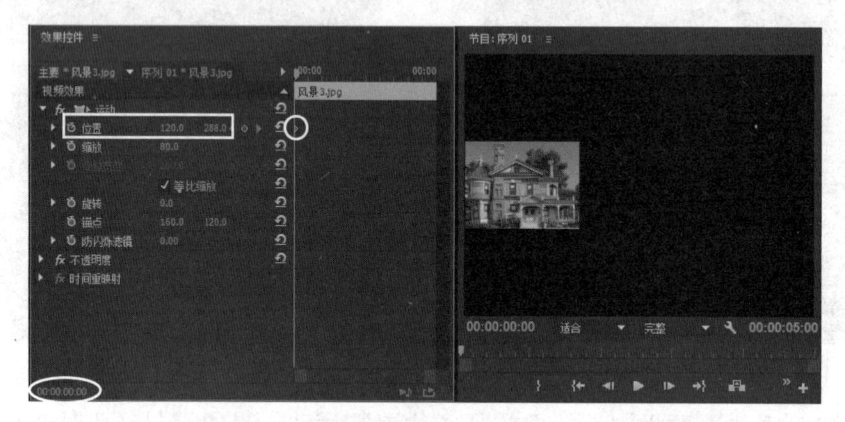

图 2-226　在 00:00:00:00 处调整“位置”参数

4）将时间滑块移动到下一个要添加“位置”关键帧的位置（此时移动到的位置为 00:00:03:00），然后对位置再次进行调整，此时软件会自动添加一个关键帧，如图 2-227 所示。

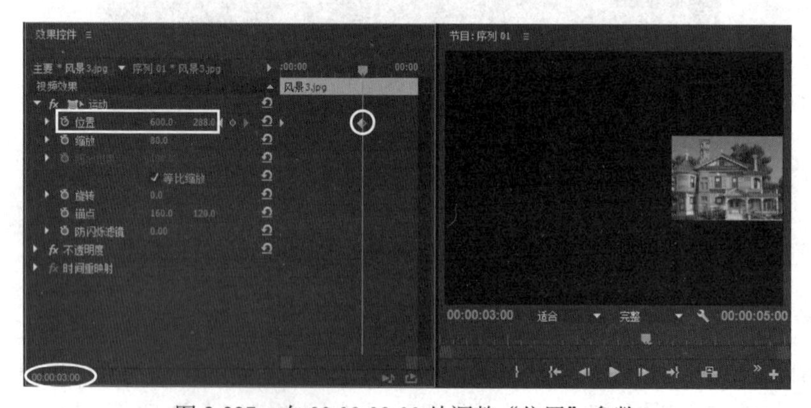

图 2-227　在 00:00:03:00 处调整“位置”参数

5）单击“节目”监视器中的▶按钮，即可看到素材从左往右运动的效果，如图 2-228 所示。

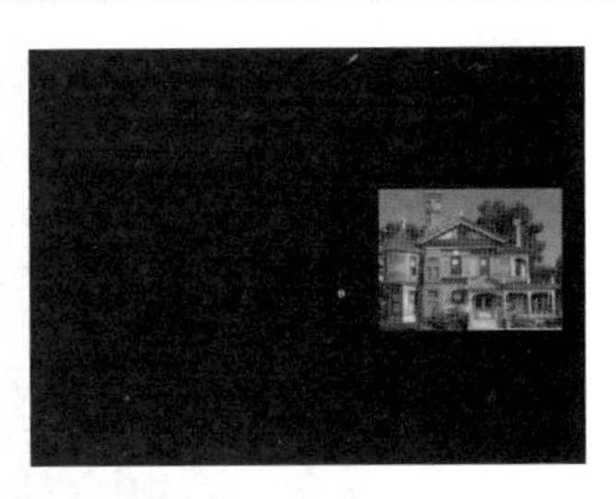

图 2-228 素材从左往右运动的效果

(2)“缩放”运动效果

利用“缩放”运动效果，可以制作出镜头推拉的效果。添加“缩放”运动效果的具体操作步骤如下。

1）在“时间线”面板中选择要添加“缩放”运动效果的素材（此时选择的是“风景 4.jpg”），如图 2-229 所示。

图 2-229 选择要添加“缩放”运动效果的素材

2）在“效果控件”面板中展开“运动”选项，如图 2-230 所示。

图 2-230 在“效果控件”面板中展开“运动”选项

3) 将时间滑块移动到素材要设置第 1 个“缩放”关键帧的位置，然后单击“缩放”特性左侧的■按钮，添加一个关键帧。接着在“缩放”右侧输入数值，如图 2-231 所示。

4) 将时间滑块移动到素材要设置第 2 个“缩放”关键帧的位置，然后在“缩放”右侧重新输入数值，此时软件会自动添加一个关键帧，如图 2-232 所示。

5）单击“节目”监视器中的■按钮，即可看到素材从大变小的效果，如图 2-233 所示。

图 2-231　设置第 1 个“缩放”关键帧的位置

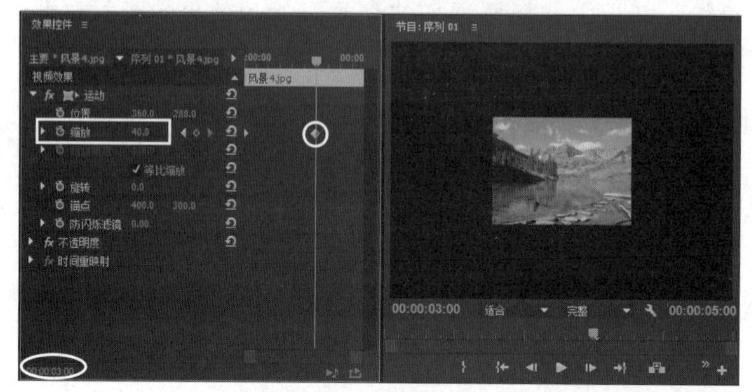

图 2-232　设置第 2 个“缩放”关键帧的位置

图 2-233　素材从大变小的效果

（3）“旋转”运动效果

利用“旋转”运动效果，可以制作出摇镜头的效果。添加“旋转”运动效果的具体操作步骤如下。

1）在“时间线”面板中选择要添加“旋转”运动效果的素材（此时选择的是“风景 5.jpg”），如图 2-234 所示。

2）在“效果控件”面板中展开“运动”选项，如图 2-235 所示。

3）将时间滑块移动到素材要设置第 1 个“旋转”关键帧的位置，然后单击“旋转”特性左侧的按钮，添加一个关键帧。接着在“旋转”右侧输入数值，如图 2-236 所示。

4）将时间滑块移动到要设置第 2 个“旋转”关键帧的位置，然后在“旋转”右侧重新输入数值，此时会自动添加一个关键帧，如图 2-237 所示。

图 2-234　选择要添加“旋转”运动效果的素材

图 2-235　在“效果控件”面板中展开“运动”选项

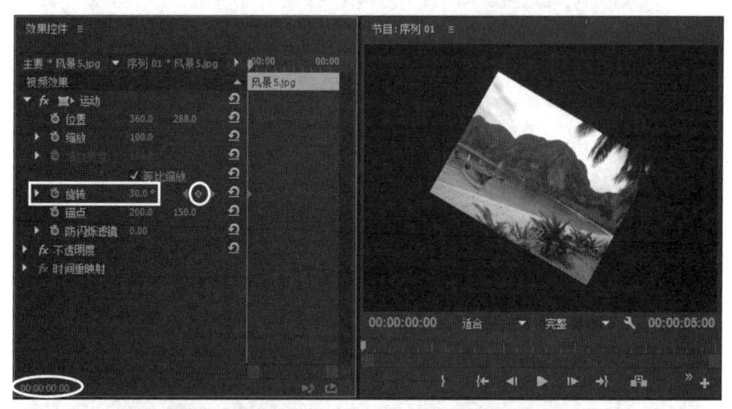

图 2-236　设置第 1 个“旋转”关键帧的位置

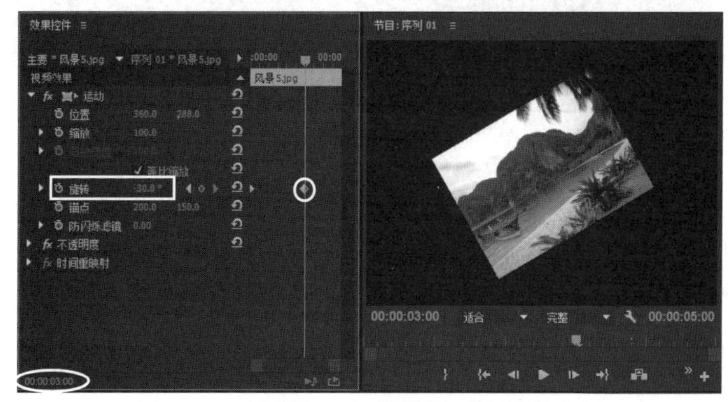

图 2-237　设置第 2 个“旋转”关键帧的位置

5）单击“节目”监视器中的▶按钮，即可看到素材的旋转动画效果，如图 2-238 所示。

图 2-238　素材的旋转动画效果

（4）“锚点”运动效果

“锚点”就是对象的中心点，“锚点”的位置不同，旋转等效果也就不同。添加“锚点”运动效果的具体操作步骤如下。

1）在“时间线”面板中选择要添加“锚点”运动效果的素材（此时选择的是“风景 6.jpg”），如图 2-239 所示。

图 2-239　选择要添加“锚点”运动效果的素材

2）在“效果控件”面板中展开“运动”选项，如图 2-240 所示。

图 2-240　在“效果控件”面板中展开“运动”选项

3）将时间滑块移动到素材要设置第 1 个“锚点”关键帧的位置，然后单击“锚点 ”特性左侧的⏱按钮，添加一个关键帧。然后在“锚点”右侧输入数值，如图 2-241 所示。

4）将时间滑块移动到要设置第 2 个“锚点”关键帧的位置，然后在“定位点”右侧重新输入数值，此时软件会自动添加一个关键帧，如图 2-242 所示。

5）单击“节目”监视器中的▶按钮，即可看到素材由于定位点的变化而产生的动画效果，如图 2-243 所示。

图 2-241　设置第 1 个“锚点”关键帧的位置

图 2-242　设置第 2 个“锚点”关键帧的位置

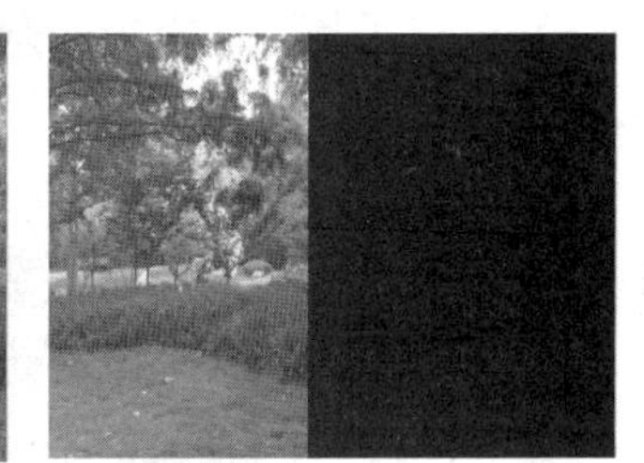

图 2-243　素材的动画效果

2.5.8　添加透明效果

制作影片时，降低素材的不透明度可以使素材画面呈现透明或半透明效果，从而利于各素材之间的混合处理。例如，在武侠影片中，大侠快速如飞的场面。实际上，演员只是在单色背景前做出类似动作，然后在实际的剪辑制作时将背景设置为透明，接着将这个片段叠加到天空背景片段上，以此来实现效果。此外还可以使用添加关键帧的方法，使素材产生淡入或淡出的效果。

在 Premiere CC 2018 中可以通过“时间线”面板或者“效果控件”面板来实现透明效果，接下来进行具体讲解。

1. 使用“时间线”面板实现透明效果

使用“时间线”面板实现透明效果的具体操作步骤如下。

1）在“时间线”面板选择并展开要设置透明效果的素材，如图 2-244 所示。

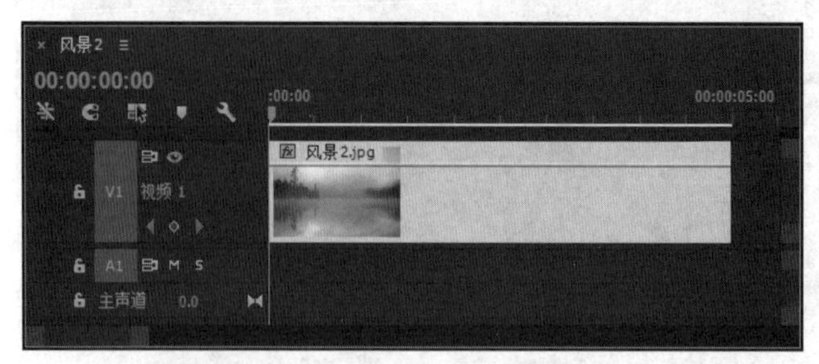

图 2-244　选择并展开要设置透明效果的素材

2）分别在“时间线”面板该素材的起点、终点和中间位置处单击◆（添加 - 移除关键帧）按钮，各添加一个不透明度关键帧，如图 2-245 所示。

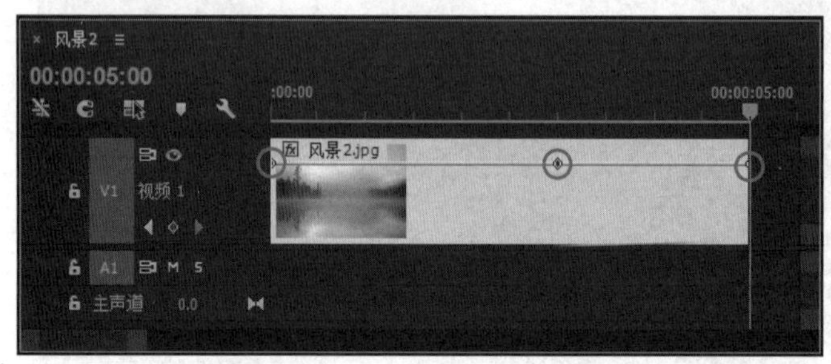

图 2-245　添加一个不透明度关键帧

3）利用“工具”面板中的▶（选择工具）向下移动起点和终点的不透明度关键帧，如图 2-246 所示。

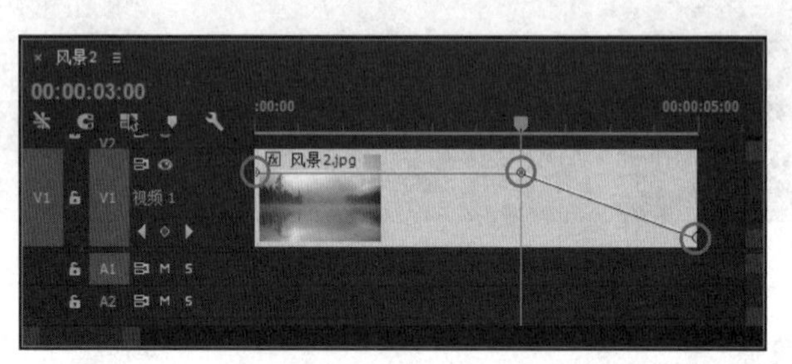

图 2-246　向下移动起点和终点的不透明度关键帧

4）单击“节目”监视器中的▶按钮，即可看到素材的淡入淡出效果，如图 2-247 所示。

图 2-247　素材的淡入淡出效果

2. 使用“效果控件”面板实现透明效果

使用“效果控件”面板来实现透明效果的具体操作步骤如下。

1）在“时间线”面板选择要设置透明效果的素材。

2）在“效果控件”面板中展开“不透明度”选项，然后将时间滑块移动到素材的起点位置00:00:00:00，单击按钮，添加一个不透明度关键帧，然后设置输入数值，如图2-248所示。接着将时间滑块线移动到素材的终点位置 00:00:04:24，单击按钮，添加一个与起点透明度相同的不透明度关键帧，如图 2-249 所示。

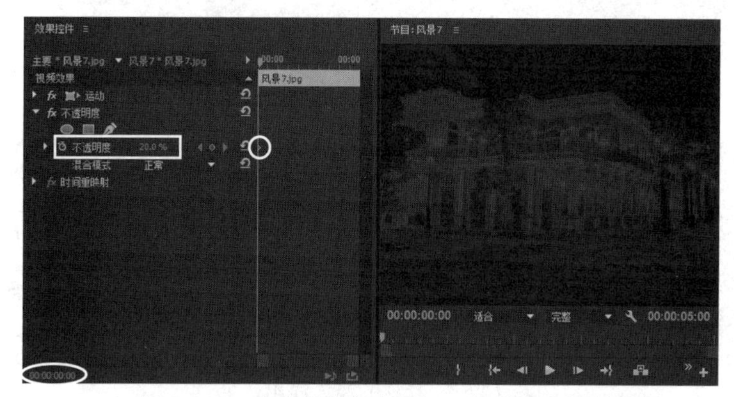

图 2-248　在素材的起点添加一个不透明度关键帧

图 2-249　在素材的终点添加一个不透明度关键帧

3）将时间滑块移动到 00:00:02:10 的位置，然后调整不透明度的参数为 100%，此时软件会在该处自动添加一个不透明度关键帧，如图 2-250 所示。

4）单击“节目”监视器中的按钮，即可看到素材的淡入淡出效果，如图 2-251 所示。

5）如果要取消透明效果，可以单击“不透明度”前的按钮，此时会弹出如图 2-252 所示的“警告”对话框，单击“确定”按钮，即可将不透明度关键帧删除。

6）如果要重置参数，可以单击“不透明度”后面的（重置）按钮，即可将当前关键帧的参数修改为默认参数。

提示：利用“效果控件”面板中的（创建椭圆形蒙版）、（创建4点多边形蒙版）和（自由绘制贝塞尔曲线）还可以控制图像或视频局部的显现和隐藏效果。具体操作请参见“9.2 制作人物分身效果”。

图 2-250　设置 00:00:02:10 处的不透明度的参数为 100%

图 2-251　素材的淡入淡出效果

图 2-252　“警告”对话框

2.5.9　改变素材的混合模式

在 Premiere CC 2018 中可以通过调整混合模式来改变不同视频轨道上素材的融合效果。改变素材混合模式的具体操作步骤如下。

1）在时间线的两个视频轨道上分别导入素材，如图 2-253 所示。默认情况下，V2 轨道上的光效素材会遮挡 V1 轨道上的素材。

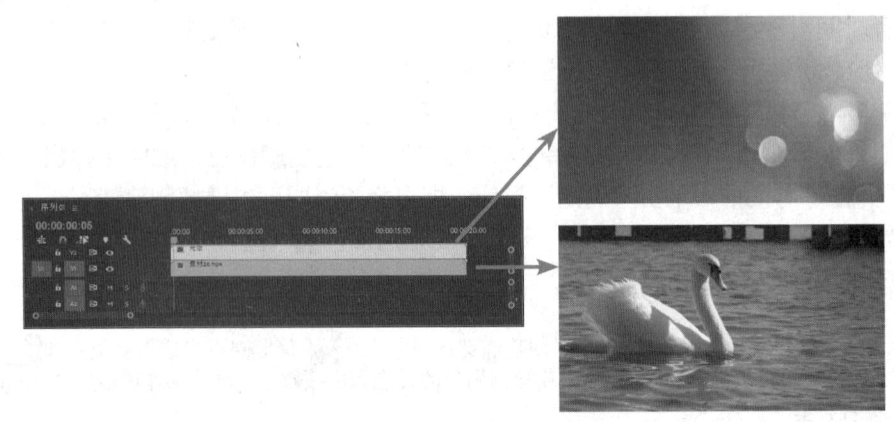

图 2-253　时间线显示

2）选择 V2 轨道上的光效素材，然后在“效果控件”面板中将“混合模式”改为“滤色”，如图 2-254 所示，效果如图 2-255 所示。

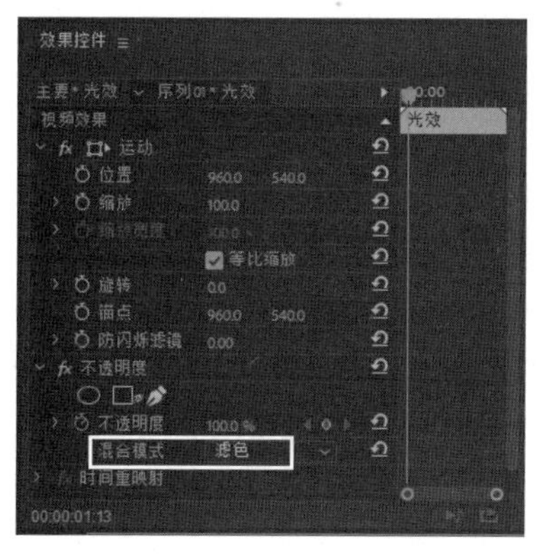

图 2-254　将“混合模式”改为“滤色”

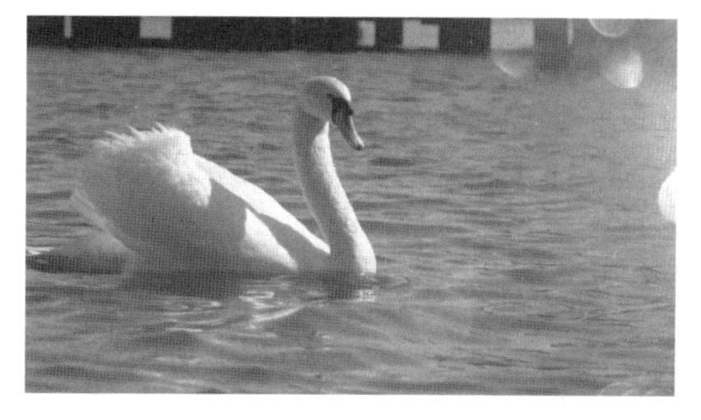

图 2-255　将混合模式改为“滤色”的效果

3）此时混合后的效果过亮，接下来在“效果控件”面板中将“不透明度”改为 50.0%，如图 2-256 所示，效果如图 2-257 所示。

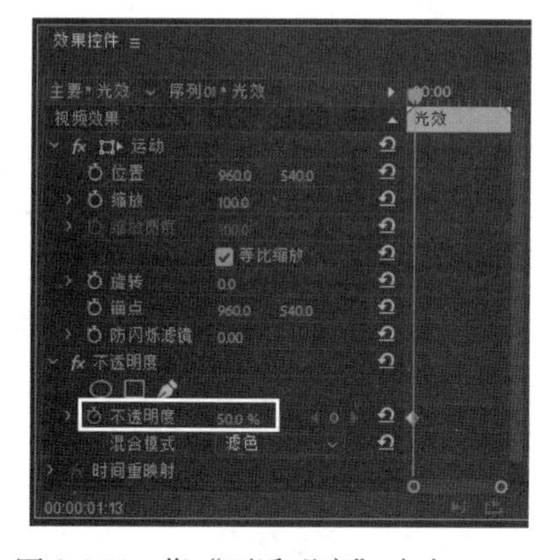

图 2-256　将“不透明度”改为 50.0%

图 2-257　将“不透明度”改为 50.0% 的效果

2.6　调整与校正画面色彩

在素材拍摄阶段由于很难控制视频拍摄环境内的光照条件和景物对画面的影响，常常会遇到视频画面出现或暗淡、或明亮、或颜色投影等问题。为了解决这个问题，Premiere CC 2018 为用户提供了一系列专门用于调整图像亮度、对比度和颜色的特效滤镜。虽然这些滤镜无法取代良好光照条件下拍摄出的高品质素材，但能尽量校正素材对最终影片所造成的影响。接下来具体介绍这些滤镜的使用方法。

2.6.1　颜色模式

目前，大多数影视节目的最终播放平台仍以电视、电影等传统视频平台为主，但制作这些节目的编辑平台却大多以计算机为基础。这就使得以计算机为运行平台的非线性编辑软件在处理和调整图像时往往不会基于电视工程学技术，而是采用了计算机创建颜色的基本原理。因此在学习 Premiere CC 2018 调整视频素材色彩之前，需要首先了解有关色彩及计算机颜色理论的相关知识。

1. 色彩与视觉原理

对人们来说，色彩是由于光线刺激眼睛而产生的一种视觉效应。也就是说，光色并存，人们的色彩感觉离不开光，只有在含有光线的场景内人们才能够看到色彩。

2. 色彩三要素

在色彩学中，颜色通常被定义为一种通过传导的感觉印象，即视觉效应。同触觉、嗅觉和痛觉一样，视觉的起因是刺激，而该刺激便是来源于光线的辐射。

在日常生活中，人们在观察物体色彩的同时，也会注意到物体的形状、面积、材质、机理，以及该物体的功能及其所处的环境。通常来说，这些因素也会影响人们对色彩的感觉。为了寻找规律性，人们对感性的色彩认知进行分析，并最终得出了色相、饱和度与亮度这 3 种构成色彩的基本要素。

（1）色相

色相也称为色泽。简单地说，当人们在生活中称呼某一颜色的名称时，脑海内所浮现出的色彩便是色相。也正是由于色彩具有这种具体的特征，人们才能感受到一个五彩缤纷的世界。

（2）饱和度

饱和度指的是色彩的纯净程度，即纯度。在所有的可见光中，有波长较为单一的，也有波长较为混杂的，还有处于两者之间的。其中，黑、白、灰等无彩色的光线即为波长最为混杂的色彩，这是由于饱和度、色相感的逐渐消失而造成的。

从色彩纯度的方面来看，红、橙、黄、绿、青、蓝、紫这几种颜色是纯度最高的颜色，因此又被称为纯色。

从色彩的成分来看，饱和度取决于该色彩中的含色成分与消色成分（黑、白、灰）之间的比例。简单地说，含色成分越多，饱和度越高；消色成分越多，饱和度越低。例如，当在红色中混入白色时，虽然仍旧具有红色色相的特征，但其鲜艳程度会逐渐降低，成为淡红色；当混入黑色时，则会逐渐成为暗红色；当混入亮度相同的中性灰时，色彩会逐渐成为灰红色。

（3）亮度

亮度是所有色彩都具有的属性，指的是色彩的明暗程度。在色彩搭配中，亮度关系是颜色搭配的基础。一般来说，通过不同亮度的对比，能够突出表现物体的立体感与空间感。

就色彩在不同亮度下所显现的效果来看，色彩的亮度越高，颜色就越淡，并最终表现为白色；反之，色彩的亮度越低，颜色就越重，并最终表现为黑色。

3. RGB颜色原理

RGB 色彩模式是工业界的一种颜色标准。这种模式包括三原色——红（R），绿（G），蓝（B），每种色彩都有 256 种颜色，每种色彩的取值范围是 0~255，这 3 种颜色混合可产生 16,777,216 种颜色。RGB 模式几乎包括了人类视力所能感知的所有颜色，是目前运用最为广泛的颜色系统之一。这种模式是一种加色模式（理论上），因为当 R、G、B 均为 255 时，为白色；R、G、B 均为 0 时，为黑色；R、G、B 均为相等数值时，为灰色。换句话说，可把 R、G、B 理解成 3 盏灯光，当这 3 盏灯都打开，且为最大数值 255 时，即可产生白色；当这 3 盏灯全部关闭，即为黑色。

4. HLS颜色模式

HLS 是 Hue（色相）、Luminance（亮度）和 Saturation（饱和度）的缩写。该颜色模式是通过指定色彩的色相、亮度与饱和度来获取颜色的，因此许多人认为 HLS 颜色模式较 RGB 颜色模式更为直观。按照 HLS 颜色来指定颜色时，可以在彩虹光谱上选取色调、选择饱和度（颜色的纯度），并设置亮度（由明到暗）。以橘黄色为例，这是一种饱和度高并且明亮的颜色，因此在选择“黄”色相后，应该将饱和度（S）设置为 100%，亮度（L）则以 50% 左右为宜，如图 2-258 所示。

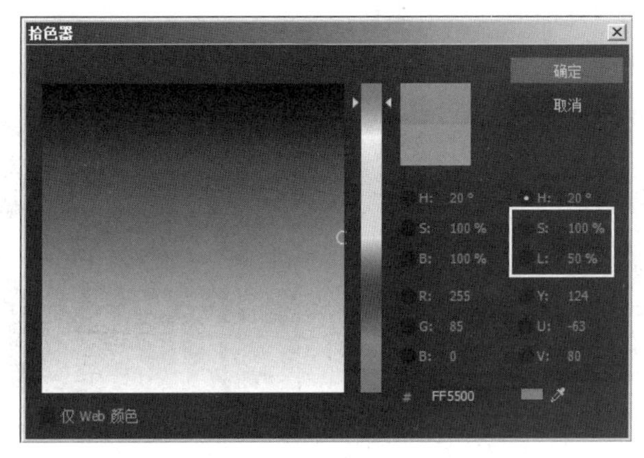

图 2-258　使用 HLS 模式选择色彩

5. YUV颜色系统

在现代彩色电视系统中，节目拍摄时采用的通常是三管彩色摄像机或彩色 CCD（点耦合器件）摄像机。此类摄像机会将拍摄好的彩色图像信号经过分色、分别放大校正后得到 RGB 颜色，再经过矩阵变换电路得到亮度信号 Y 和两个色差信号 R-Y（即 U）、B-Y（即 V），最后发送端将亮度和色差 3 个信号分别进行编码，用同一信道发送出去。

YUV 颜色系统的重要性在于它的亮度信号 Y 和色差信号 U、V 是相互分离的。此时，如果只有 Y 信号分量而没有 U、V 分量，则表示图像为黑白灰度图。这样一来，便解决了彩色电视机与黑白电视机的兼容问题。

2.6.2　调整类特效

Premiere CC 2018 中的调整类特效主要是通过调整图像的色阶、阴影或高光，以及亮度、对比度等方式，以达到优化影像质量或实现某种特殊画面效果的目的。调整类特效包括“ProcAmp”“光照效果”“卷积内核”“提取”和“色阶”5 种特效，如图 2-259 所示。

图 2-259　调整类特效

1. “ProcAmp” 特效

“ProcAmp”特效可以分别调整影片的亮度、对比度、色相与饱和度。其参数面板如图 2-260 所示。该面板中的主要参数的含义如下。

- 亮度：用于控制当前素材的亮度。
- 对比度：用于控制当前素材的对比度。
- 色相：用于控制当前素材的色调。
- 饱和度：用于控制当前素材的色彩饱和度。
- 拆分屏幕：勾选该复选框后，可以将屏幕划分为两个部分，以便对比调节参数前后的效果。图 2-261 为勾选该复选框后的效果。图 2-262 为取消勾选“拆分屏幕”复选框后，调整“ProcAmp”特效参数前后的效果比较。

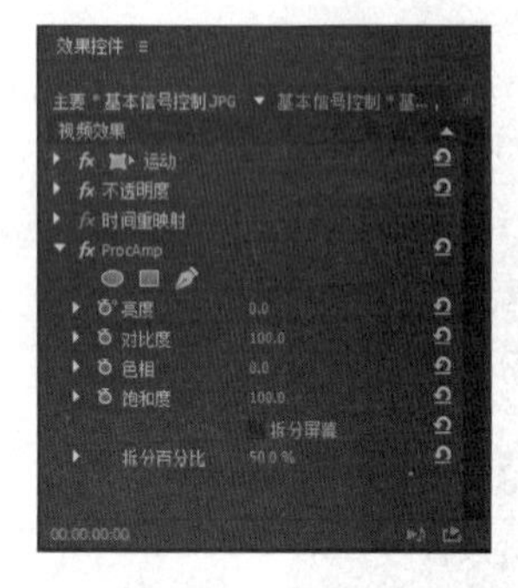

图 2-260 “ProcAmp”特效的参数

图 2-261 勾选“拆分屏幕”复选框后的效果

a)

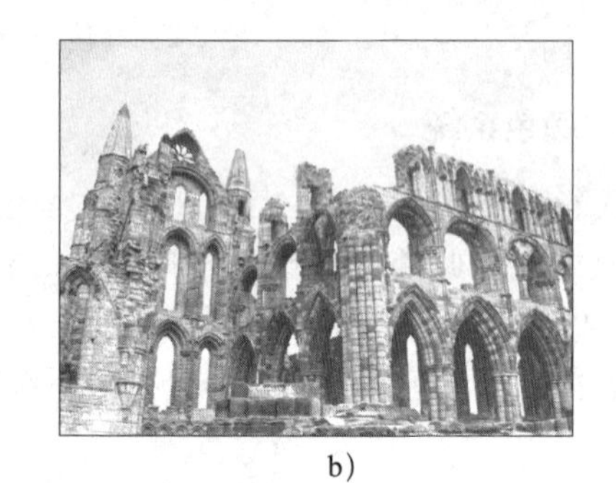

b)

图 2-262 为素材添加“ProcAmp”特效前后的效果比较

a) 原图 b) 结果图

- 拆分百分比：用于控制调整参数前后的画面在屏幕中所占的比例。

2. “光照效果” 特效

“光照效果”特效可以在一个素材上同时添加 5 个光照，并可以调节光照类型、光照颜色、中心、主要半径、次要半径、角度、强度、聚焦等属性。其参数面板如图 2-263 所示。图 2-264 为素材添加“光照效果”特效前后的效果比较。

3. “卷积内核” 特效

“卷积内核”特效是根据数学卷积积分的运算来改变素材中每个像素的值。将“效果”

面板中“视频特效”文件夹中的“卷积内核”特效拖到“时间线”面板中的相关素材上，此时在“效果控件”面板中会显示出该特效的相关参数，如图 2-265 所示。其中 M11～M33 这 9 项参数全部用于控制像素亮度，单独调整这些选项只能调整画面亮度的效果，如果组合使用这些选项则可以让模糊的图像变得清晰起来。图 2-266 为素材添加“卷积内核”特效前后的效果比较。

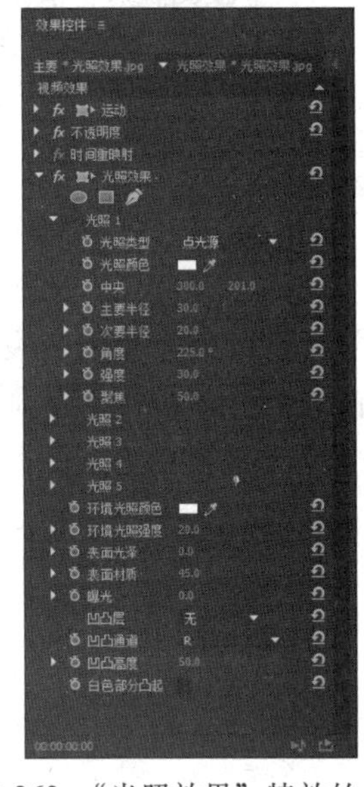

图 2-263 “光照效果”特效的参数

a)

b)

图 2-264 为素材添加“光照效果”特效前后的效果比较
a）原图　b）结果图

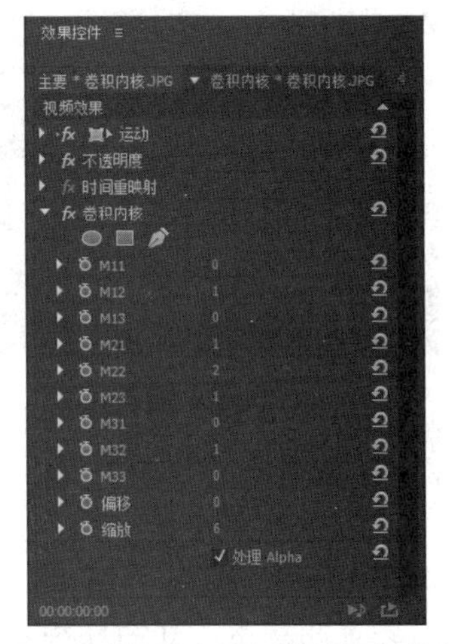

图 2-265 “卷积内核”特效的相关参数

a)

b)

图 2-266 为素材添加“卷积内核”特效前后的效果比较
a）原图　b）结果图

4.“提取”特效

“提取”特效可以从素材中吸取颜色，然后通过设置灰色的范围来控制影像的显示。其参数面板如图 2-267 所示。图 2-268 为素材添加“提取”特效前后的效果比较。

图 2-267 “提取”特效的参数

a) b)

图 2-268 为素材添加“提取”特效前后的效果比较

a）原图 b）结果图

5. “色阶”特效

在 Premiere CC 2018 数量众多的图像效果调整特效中，色阶是较为常用且较为复杂的视频特效之一。“色阶”特效用于精确调整素材阴影、中间调和高光的强度级别，从而校正图像的色调范围和色彩平衡。其参数面板如图 2-269 所示。图 2-270 为素材添加“色阶”特效前后的效果比较。

图 2-269 “色阶”特效的参数

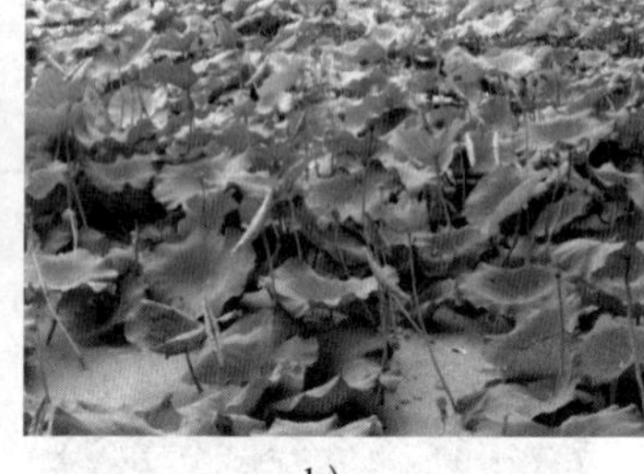

a) b)

图 2-270 为素材添加“色阶”特效前后的效果比较

a）原图 b）结果图

2.6.3 图像控制类特效

图像控制类视频特效的主要功能是更改或替换素材画面内的某些颜色，从而达到突出画面内容的目的。图像控制类特效包括“灰度系数（Gamma）校正”“颜色过滤”“颜色平衡（RGB）”“颜色替换”和“黑白”5 种特效，如图 2-271 所示。

1. “灰度系数校正”特效

“灰度系数校正”特效可以在不改变图像高亮区域和低亮区域的情况下使图像变亮或变

暗。其参数面板如图 2-272 所示。图 2-273 为素材添加“灰度系数校正”特效前后的效果比较。

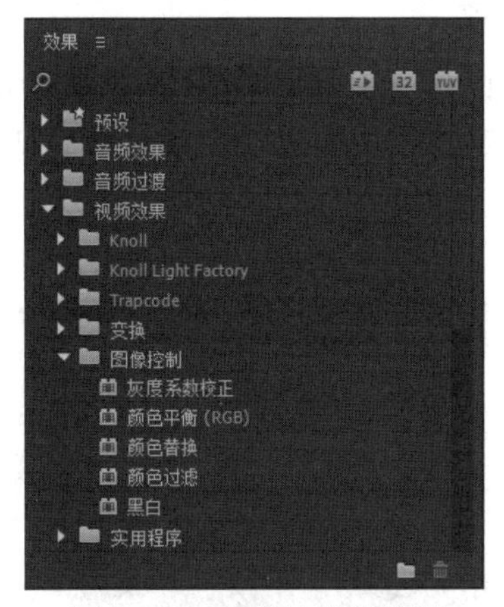

图 2-271　图像控制类特效

图 2-272　“灰度系数校正”特效的参数

a）

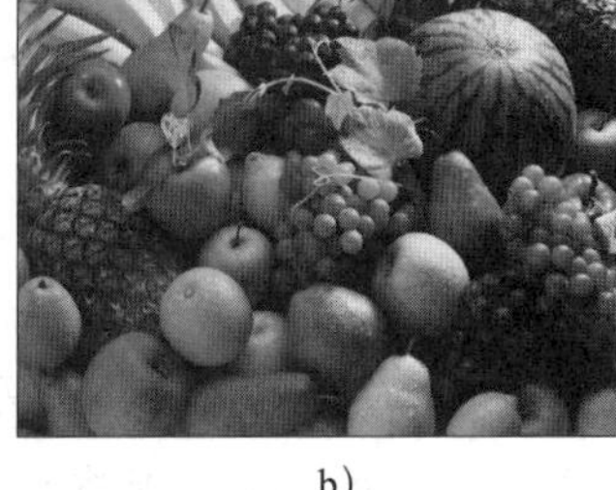

b）

图 2-273　为素材添加“灰度系数校正”特效前后的效果比较
a）原图　b）结果图

2.“颜色过滤”特效

“颜色过滤”特效用于将用户指定颜色及其相近色之外的彩色区域全部变为灰色图像。在实际应用中，通常用于过滤画面内除主体以外的其他景物及景物色彩，从而达到突出主要人物的目的。其参数面板如图 2-274 所示。图 2-275 为素材添加“颜色过滤”特效前后的效果比较。

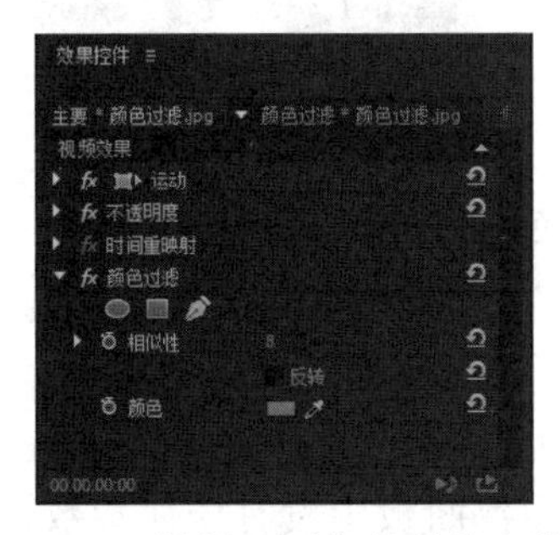

图 2-274　“颜色过滤”特效的参数

a）

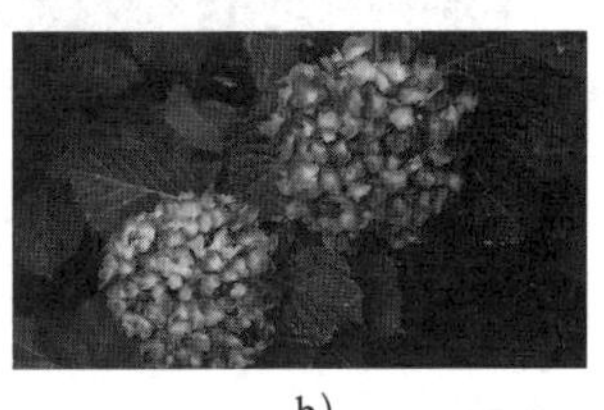

b）

图 2-275　为素材添加“颜色过滤”特效前后的效果比较
a）原图　b）结果图

3. “颜色平衡（RGB）”特效

“颜色平衡(RGB)”特效可以按RGB颜色模式调节素材的颜色，从而达到校色的目的。其参数面板如图 2-276 所示。图 2-277 为素材添加“颜色平衡（RGB)”特效前后的效果比较。

图 2-276 “颜色平衡（RGB)”特效的参数

a)

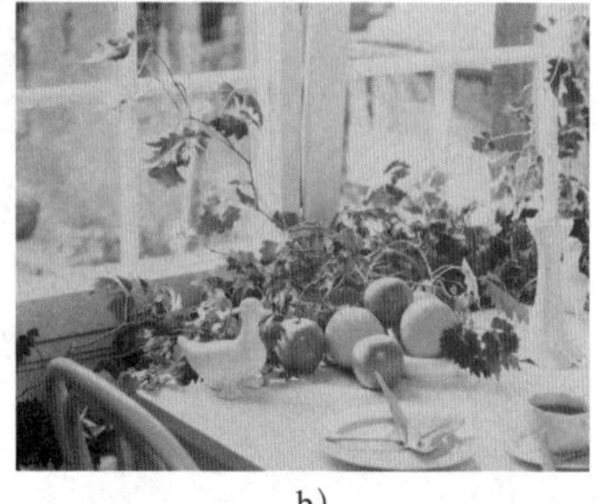

b)

图 2-277 为素材添加“颜色平衡（RGB)”特效前后的效果比较

a）原图 b）结果图

4. “颜色替换”特效

“颜色替换”特效可以在保持灰度不变的情况下，使用一种新的颜色代替选中的色彩以及与之相似的色彩。其参数面板如图 2-278 所示。图 2-279 为素材添加“颜色替换”特效前后的效果比较。

图 2-278 “颜色替换”特效的参数

a) b)

图 2-279 为素材添加“颜色替换”特效前后的效果比较

a）原图 b）结果图

5. “黑白”特效

“黑白”特效可以直接将彩色图像转换成灰度图像。其参数面板中没有任何参数，如图 2-280 所示。图 2-281 为素材添加“黑白”特效前后的效果比较。

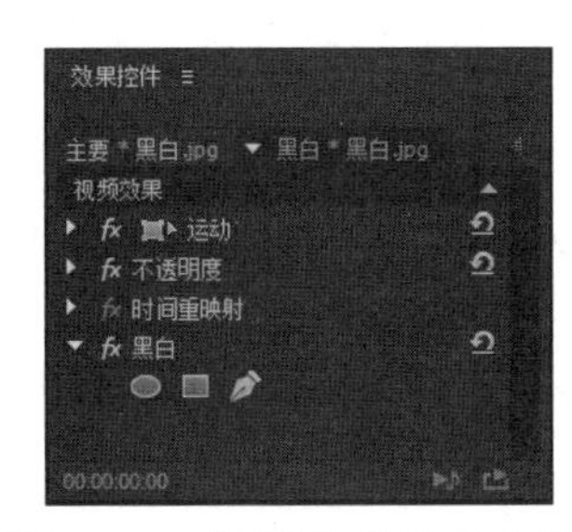

图 2-280　“黑白”特效的参数

a）

b）

图 2-281　为素材添加“黑白”特效前后的效果比较
a）原图　b）结果图

2.6.4　颜色校正类特效

图 2-282　颜色校正类特效

颜色校正类特效的主要作用是调节素材的色彩，从而修正受损的素材。其他类型的视频特效虽然也能够在一定程度上完成上述工作，但颜色校正类特效在色彩调整方面的控制选项更为详尽，因此对画面色彩的校正效果也更为专业，可控性也更强。颜色校正类特效包括“ASC CDL”“Lumetri 颜色”“亮度与对比度”“分色”“均衡”“更改颜色”“色彩”“颜色平衡”和“颜色平衡（HLS）”“视频限制器”“更改为颜色”“通道混合器”12 种特效，如图 2-282 所示。

1.“ASC CDL”特效

“ASC CDL”特效允许用户分别对红、绿、蓝的斜率、偏移、功率进行调整，另外还可以对饱和度进行调整。其参数面板如图 2-283 所示。图 2-284a 为原图，图 2-284b 为素材添加“ASC CDL”特效并将“红色斜率”设置为 0 的效果。

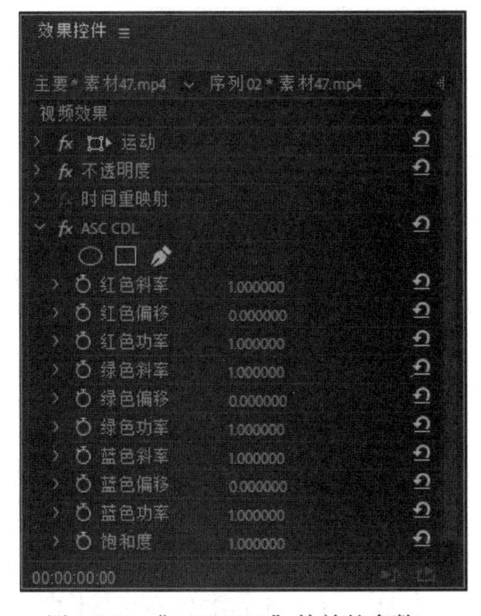

图 2-283　“ASC CDL”特效的参数

a）

b）

图 2-284　为素材添加“ASC CDL”特效前后的效果比较
a）原图　b）结果图

2.“Lumetri 颜色”特效

“Lumetri 颜色”特效允许用户简单快速地进行基本的色彩修正，如改善色彩平衡、对比度和图像的动态范围。其参数面板如图 2-285 所示。图 2-286 为素材添加“Lumetri 颜色”特效前后的效果比较。在利用“Lumetri 颜色”特效调整颜色时可以结合图 2-287 所示的“Lumetri 范围”面板来查看素材的亮度和颜色分布情况。“Lumetri 颜色”特效的使用方法请参见本书“8.3 制作视频基本校色 1”和“8.4 制作视频基本校色 2”。

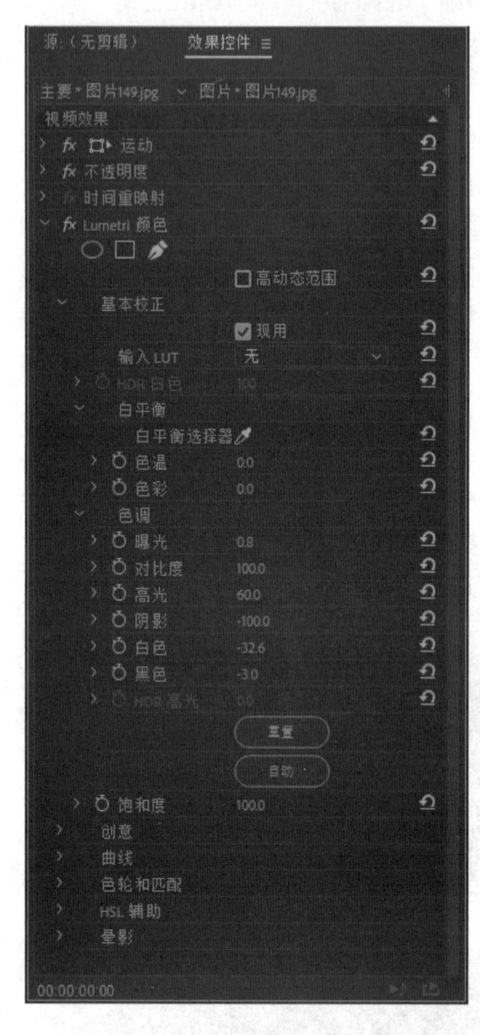

图 2-285 “Lumetri 颜色”特效的参数

a)

b)

图 2-286 为素材添加“Lumetri 颜色”特效前后的效果比较
a）原图 b）结果图

图 2-287 利用“Lumetri 范围”面板来查看素材的亮度和颜色分布情况

3.“亮度与对比度”特效

“亮度与对比度”特效用于调节画面的亮度和对比度。该特效会同时调整所有像素的亮部区域、暗部区域和中间色区域，但不能对单一通道进行调节。其参数面板如图 2-288 所示。图 2-289 为素材添加“亮度与对比度”特效前后的效果比较。

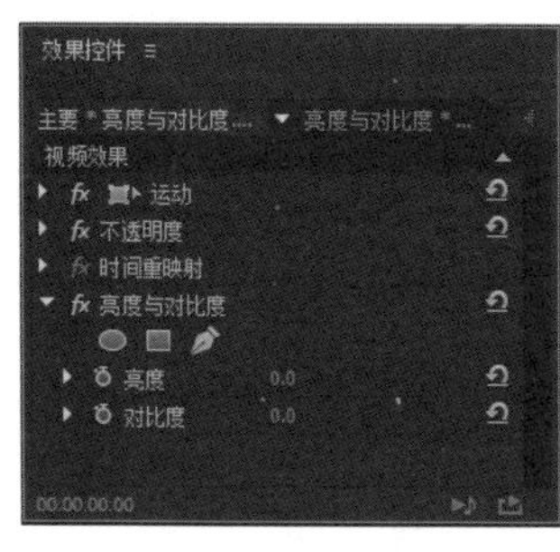

图 2-288　“亮度与对比度”特效的参数

a）

b）

图 2-289　为素材添加“亮度与对比度”特效前后的效果比较
a）原图　b）结果图

4.“分色”特效

“分色”特效用于去除素材中的色彩信息。与调整类特效中的“提取”特效所不同的是，“分色”特效并不会消除画面内的所有色彩信息，而能够有选择地保留画面内的部分色彩。其参数面板如图 2-290 所示。图 2-291 为素材添加“分色”特效前后的效果比较。

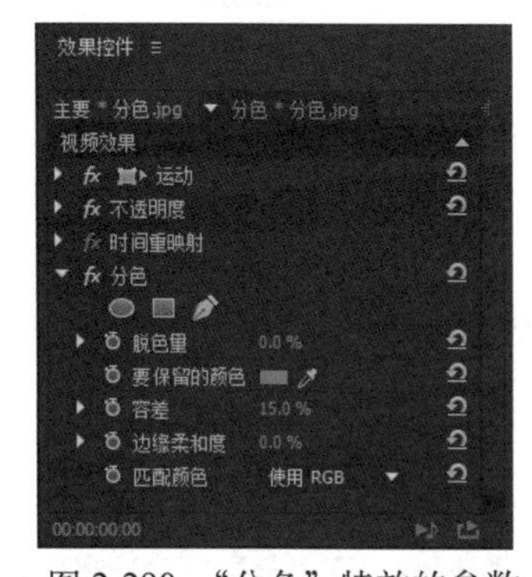

图 2-290　“分色”特效的参数

a）

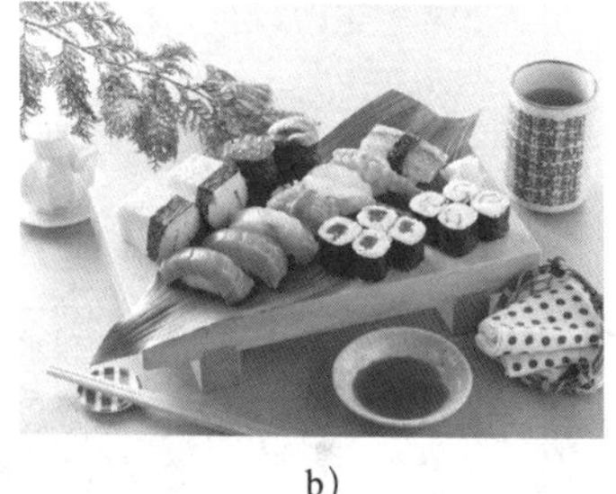
b）

图 2-291　为素材添加“分色”特效前后的效果比较
a）原图　b）结果图

5.“均衡”特效

“均衡”特效可以通过 RGB、亮度和 Photoshop 样式三种方式来均衡素材的色彩。其参数面板如图 2-292 所示。图 2-293 为素材添加“均衡”特效前后的效果比较。

图 2-292　“均衡”特效的参数

a）

b）

图 2-293　为素材添加“均衡”特效前后的效果比较
a）原图　b）结果图

6.“更改颜色”特效

Premiere CC 2018 为用户提供了多种将素材内的部分色彩更改为其他色彩的方法。在这些方法中，“更改颜色”特效是应用方法最简单且效果最佳的一种。该特效是通过在素材色彩范围内调整色相、亮度与饱和度，从而改变色彩范围内的颜色。其参数面板如图 2-294 所示。图 2-295 为素材添加“更改颜色”特效前后的效果比较。

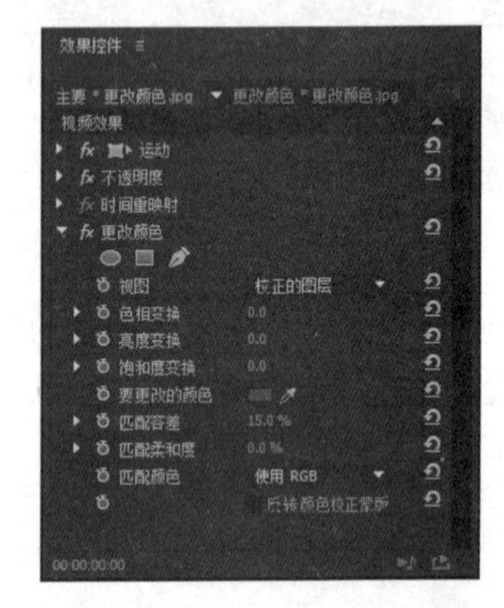

图 2-294 “更改颜色”特效的参数

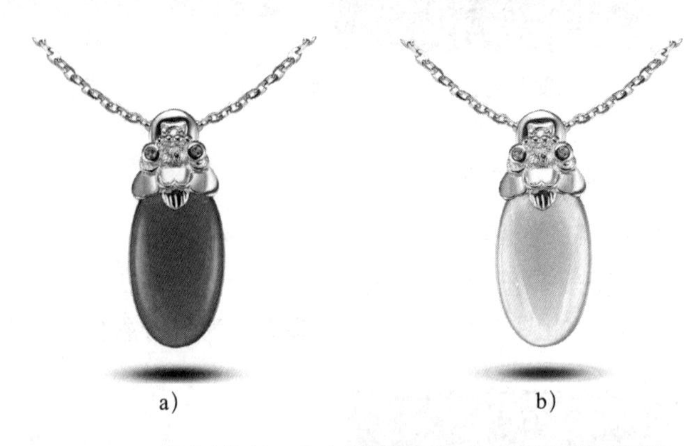

图 2-295 为素材添加“更改颜色”特效前后的效果比较

a) 原图 b) 结果图

7.“色彩”特效

“色彩”特效可以修改素材的颜色信息，并将每一个像素效果施加一种混合效果。其参数面板如图 2-296 所示。图 2-297 为素材添加“色彩”特效前后的效果比较。

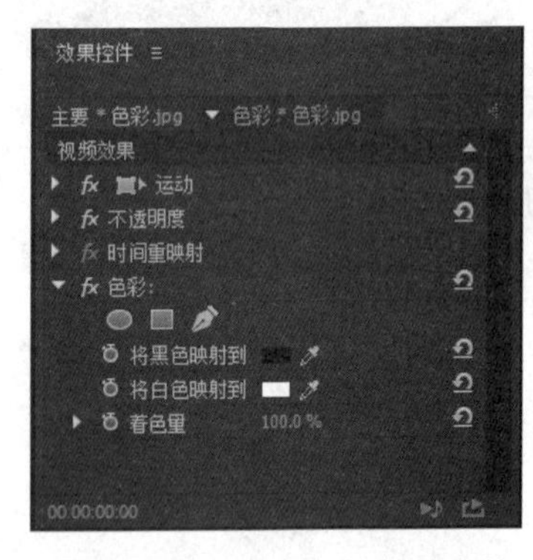

图 2-296 “色彩”特效的参数

a)

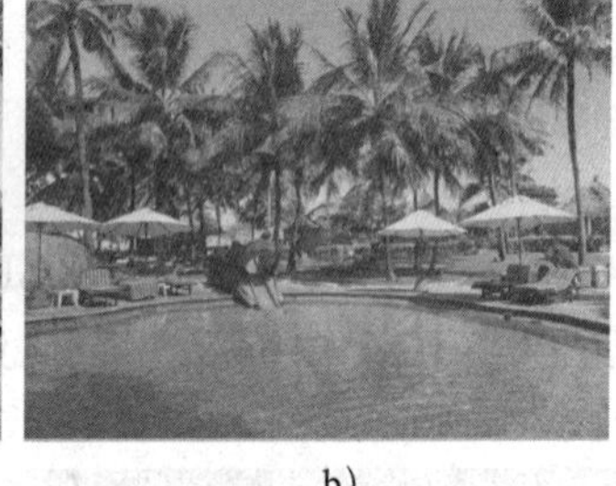

b)

图 2-297 为素材添加“色彩”特效前后的效果比较

a) 原图 b) 结果图

8.“颜色平衡”特效

“颜色平衡”特效是通过对素材阴影、中间调和高光下的红、绿、蓝三色的参数进行调整，以实现对素材颜色平衡度的调节。其参数面板如图 2-298 所示。图 2-299 为素材添加“颜色平衡”特效前后的效果比较。

9.“颜色平衡（HLS）”特效

“颜色平衡（HLS)”特效是通过对素材色相、饱和度与亮度进行调整，以实现对素材颜色的平衡度的调节。其参数面板如图 2-300 所示。图 2-301 为素材添加“颜色平衡（HLS）”特效前后的效果比较。

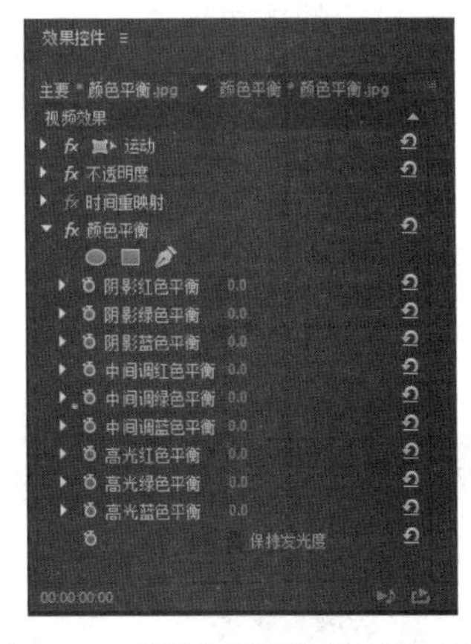

图 2-298　“颜色平衡”特效的参数

a)　b)

图 2-299　为素材添加“颜色平衡”特效前后的效果比较
a）原图　b）结果图

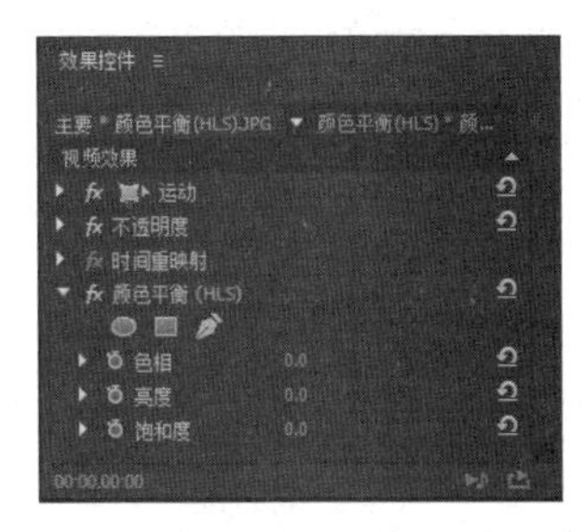

图 2-300　“颜色平衡（HLS）”特效的参数

a)　b)

图 2-301　为素材添加“颜色平衡（HLS）”特效前后的效果比较
a）原图　b）结果图

10.“视频限制器”特效

“视频限制器”特效用于控制素材的亮度和颜色。其参数面板如图 2-302 所示。图 2-303 为素材添加“视频限制器”特效前后的效果比较。

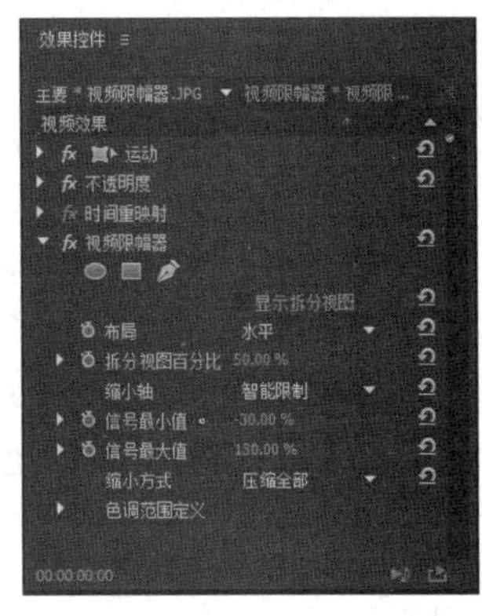

图 2-302　“视频限幅器”特效的参数

a)　b)

图 2-303　为素材添加“视频限幅器”特效前后的效果比较
a）原图　b）结果图

11. “更改为颜色”特效

“更改为颜色”特效可以指定某种颜色，然后使用一种新的颜色替换指定的颜色。其参数面板如图 2-304 所示。图 2-305 为素材添加“更改为颜色”特效前后的效果比较。

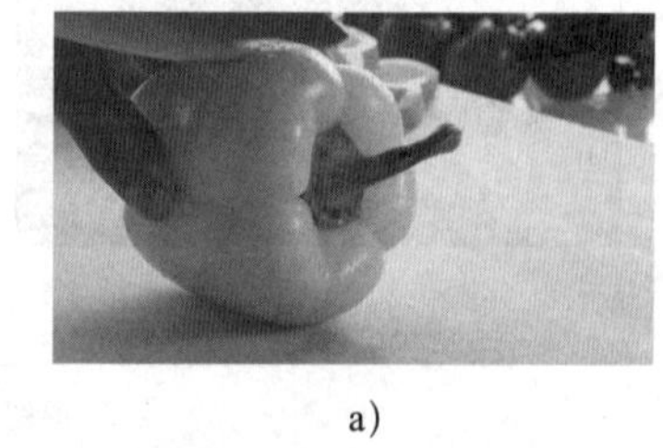

a)

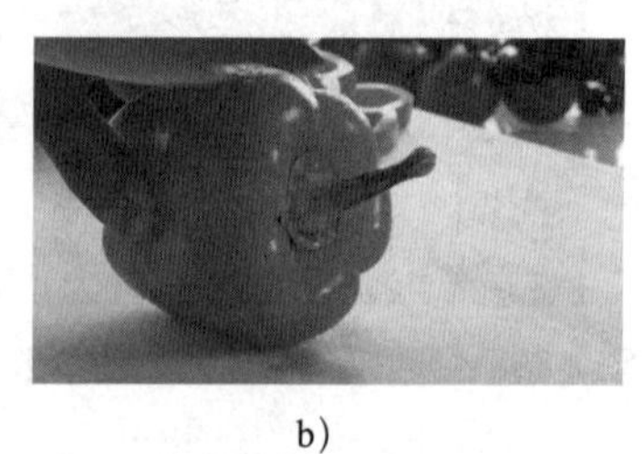

b)

图 2-304 “更改为颜色”特效的参数

图 2-305 为素材添加“更改为颜色”特效前后的效果比较
a）原图 b）结果图

12. “通道混合器”特效

“通道混合器”特效可以通过为每个通道设置不同的颜色偏移量来校正图像的色彩。其参数面板如图 2-306 所示。图 2-307 为素材添加“通道混合器”特效前后的效果比较。

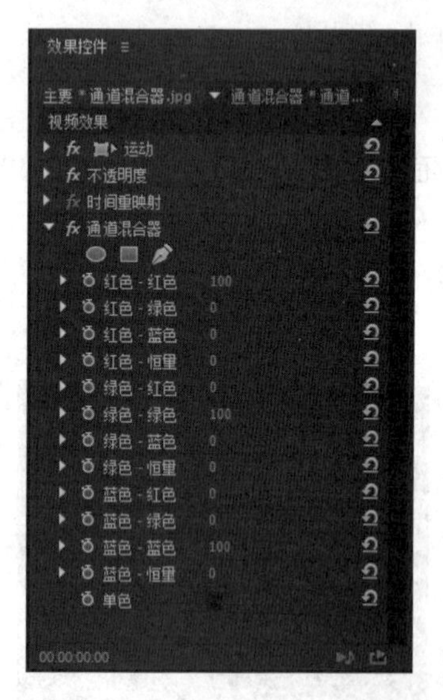

a)

b)

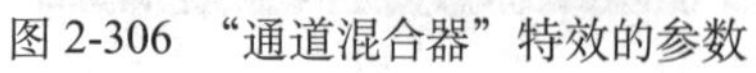

图 2-306 “通道混合器”特效的参数

图 2-307 为素材添加“通道混合器”特效前后的效果比较
a）原图 b）结果图

2.6.5　创建新元素

Premiere CC 2018 除了可以使用导入的素材外，还可以建立一些新的素材元素。接下来具体讲解创建几种常用的新元素。

1. 创建通用倒计时片头

Premiere CC 2018 为用户提供的“通用倒计时片头”命令，通常用于创建影片开始前的倒计时片头动画。利用该命令，用户不仅可以非常简便地创建一个标准的倒计时素材，并可在 Premiere CC 2018 中随时对其进行修改。创建通用倒计时片头动画的具体操作步骤如下。

1）在“项目”面板中单击下方的■（新建项）按钮，然后从弹出的下拉菜单中选择“通用倒计时片头”命令，如图 2-308 所示。

序列_
已共享项目_
脱机文件_
调整图层_
彩条_
黑场视频_
字幕_
颜色遮罩_
HD 彩条_
通用倒计时片头_
透明视频_

图 2-308　选择“通用倒计时片头”命令

2）在弹出的如图 2-309 所示的“新建通用倒计时片头”对话框中设置相关参数后，单击“确定”按钮，进入“通用倒计时设置”对话框，如图 2-310 所示。

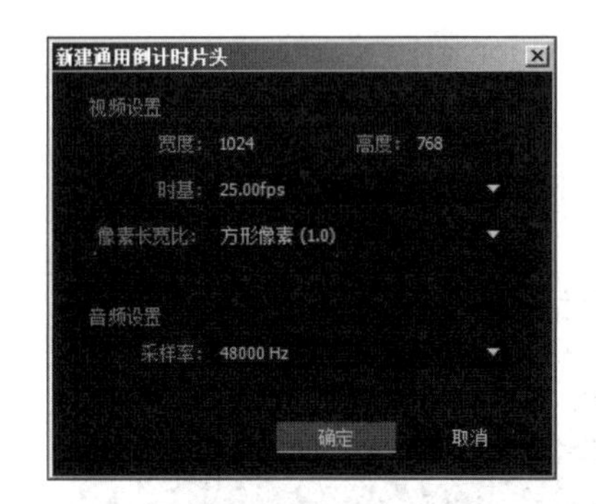

图 2-309　“新建通用倒计时片头”对话框

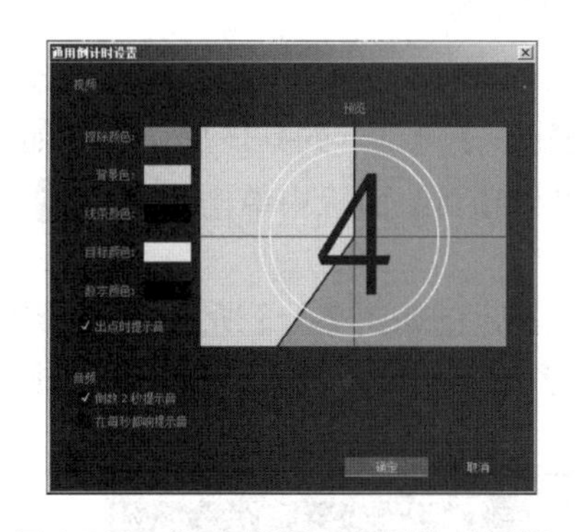

图 2-310　“通用倒计时设置”对话框

“通用倒计时设置”对话框中的参数含义如下。

● 擦除颜色：用于设置擦除后的颜色。在播放倒计时影片时，指示线会不停地围绕圆心转动，在指示线转动之后的颜色即为擦除色。

● 背景色：用于设置背景颜色。在指示线转动之前的颜色即为背景色。

● 线条颜色：用于设置指示线颜色。固定的十字线及转动指示线的颜色由该项设置。

● 目标颜色：用于设置圆形准星的颜色。

● 数字颜色：用于设置数字颜色。

3）设置完毕后，单击“确定”按钮，即可将创建的通用倒计时片头放入“项目”面板，如图 2-311 所示。

4）将“项目”面板中的“通用倒计时片头”素材拖入“时间线”面板中，然后在“节目”监视器中单击▶按钮，即可看到效果，如图 2-312 所示。

图 2-311　“项目”面板中的通用倒计时片头素材

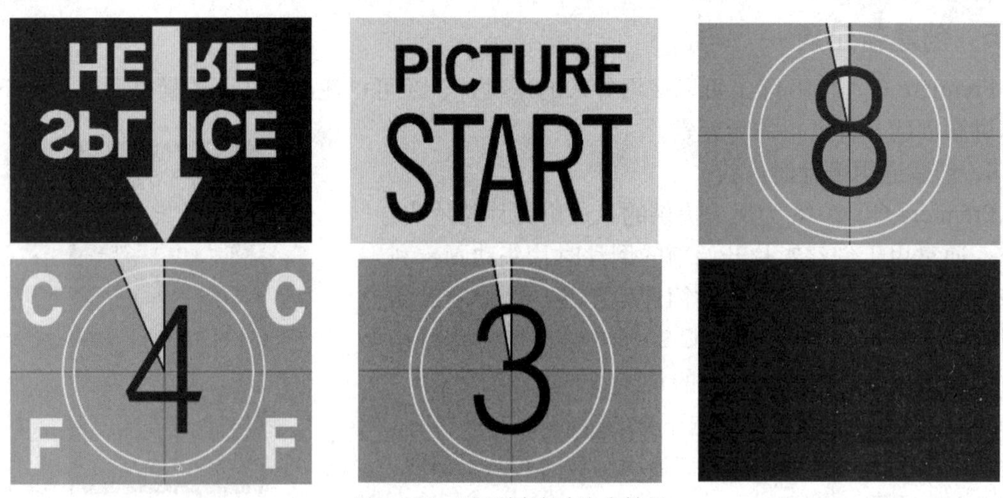

图 2-312　通用倒计时片头效果

5）如果要修改通用倒计时片头，可以在“项目”面板或“时间线”面板中双击倒计时素材，然后在打开的“通用倒计时设置”对话框中进行重新设置。

2. 创建彩条

在 Premiere CC 2018 中，利用“彩条”命令，可以为影片在开始前加入一段静态的彩条效果。创建彩条测试卡的具体操作步骤如下。

1）在“项目”面板中单击下方的（新建项）按钮，然后从弹出的快捷菜单中选择“彩色”命令。

2）在弹出的如图 2-313 所示的“新建彩条”对话框中设置相关参数后，单击“确定”按钮，即可将创建的彩条放入“项目”面板，如图 2-314 所示。

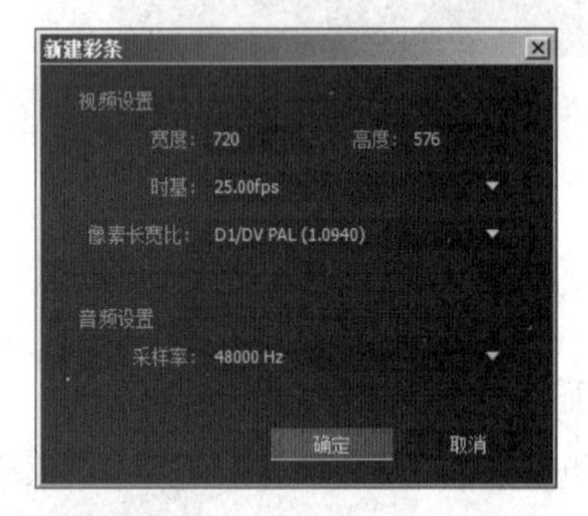

图 2-313　“新建彩条”对话框

图 2-314　“项目”面板中的彩条素材

3. 创建黑场

所谓黑场，是指画面由纯黑色像素所组成的单色素材。在实际应用中，黑场通常用于影片的开头或结尾，起到引导观众进入或退出影片的作用。在 Premiere CC 2018 中，利用“黑场”命令，可以为影片加入一段静态的黑场效果。创建黑场的具体操作步骤如下。

1）在“项目”面板中单击下方的（新建项）按钮，然后从弹出的快捷菜单中选择“黑场视频”命令。

2）在弹出的如图 2-315 所示的“新建黑场视频”对话框中设置相关参数后，单击“确定”按钮，即可将创建的黑场放入“项目”面板，如图 2-316 所示。

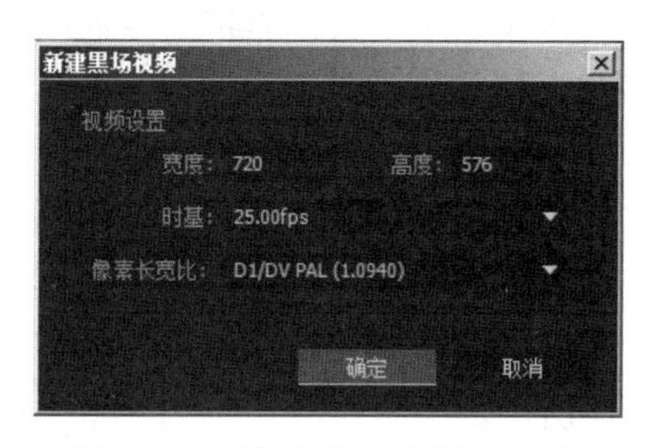

图 2-315　“新建黑场视频”对话框

图 2-316　“项目”面板中的黑场素材

4. 创建颜色遮罩

从画面内容上看，颜色遮罩与黑场视频素材的效果极为类似，都是仅包含一种颜色的纯色素材。所不同的是，用户无法控制黑场素材的颜色，却可以根据影片需求任意调整颜色遮罩素材的颜色。创建颜色遮罩的具体操作步骤如下。

1）在“项目”面板中单击下方的（新建项）按钮，然后从弹出的快捷菜单中选择“颜色遮罩”命令。

2）在弹出的如图 2-317 所示的“新建颜色遮罩”对话框中设置相关参数后，单击“确定”按钮。然后在弹出的如图 2-318 所示的“拾色器”对话框中设置好颜色遮罩的颜色，单击“确定”按钮。接着在弹出的如图 2-319 所示“选择名称”对话框中输入颜色遮罩的名称，单击“确定”按钮，即可将创建的颜色遮罩放入“项目”面板，如图 2-320 所示。

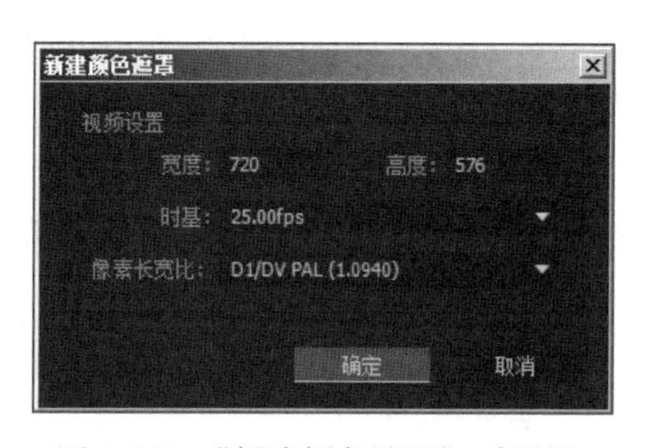

图 2-317　“新建颜色遮罩”对话框

图 2-318　设置好颜色遮罩的颜色

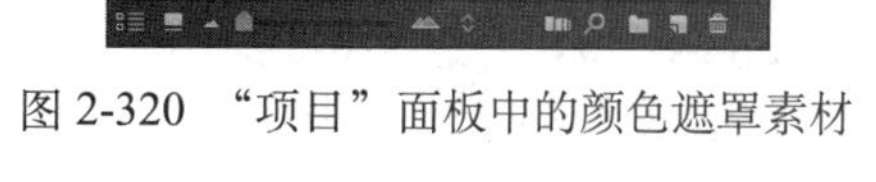

图 2-319　输入颜色遮罩的名称

图 2-320　“项目”面板中的颜色遮罩素材

5. 创建调整图层

调整图层可以理解为透明的蒙版，也可以形象地比喻成一件透明的衣服。当在透明的衣服上随意地图画，原本穿在身上的衣服上都会有这些图案显示出来。当把这件透明的衣服丢开，原本的衣服是不会受到任何影响的，这就是调整图层的原理。

创建调整图层的具体操作步骤如下。

1）在“项目”面板中单击下方的 (新建项) 按钮，然后从弹出的快捷菜单中选择“调整图层”命令。

2）在弹出的如图 2-321 所示的“调整图层”对话框中设置相关参数后，单击“确定”按钮，即可将创建的调整图层放入“项目”面板，如图 2-322 所示。

提示：关于调整图层的具体应用可参见本书“4.4 制作左右上下衔接转场效果”“5.1 制作虚化背景效果1”“5.2 制作虚化背景效果2”和“5.6 制作水波纹转场效果”。

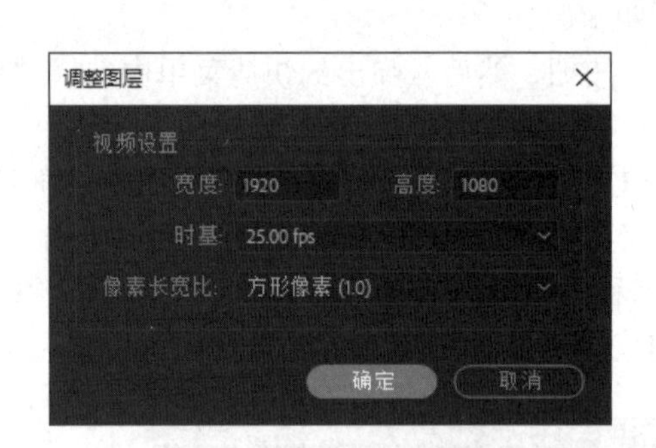

图 2-321 “调整图层”对话框

图 2-322 “项目”面板中的“调整图层”

2.7 影片的输出

当视频、音频素材编辑完成后，接下来就可对编辑好的项目进行输出，将其发布为最终作品。输出影片的具体操作步骤如下。

1）执行菜单中的“文件 | 导出 | 媒体”（快捷键〈Ctrl+M〉）命令，打开“导出设置”对话框，如图 2-323 所示。

提示：这里需要注意的是，此时操作选择的应该是时间线或者是“节目”监视器，这样输出的才是当前编辑好的文件。如果此时选择的是“源”监视器，则输出的是“源”监视器中的素材。

“导出设置”对话框中主要参数的含义如下。

● 源范围：在右侧的下拉列表中可以根据需要选择输出影片的时间范围，如图 2-324 所示。在实际工作中通常使用的是“整个序列”或者“序列切入 / 序列切出”这两个选项。

● 格式：在右侧的下拉列表中可以根据需要选择要输出的文件格式，如图 2-325 所示。通常选择的是“H.264”，这种格式输出的文件扩展名为“.mp4”。

● 预设：在右侧的下拉列表中可以选择软件预置的文件导出类型，如图 2-326 所示。通常保持默认的“匹配源 - 高比特率”。

图 2-323 “导出设置”对话框

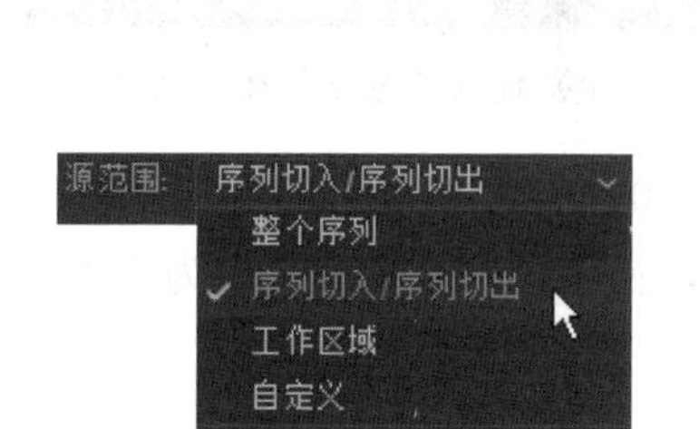

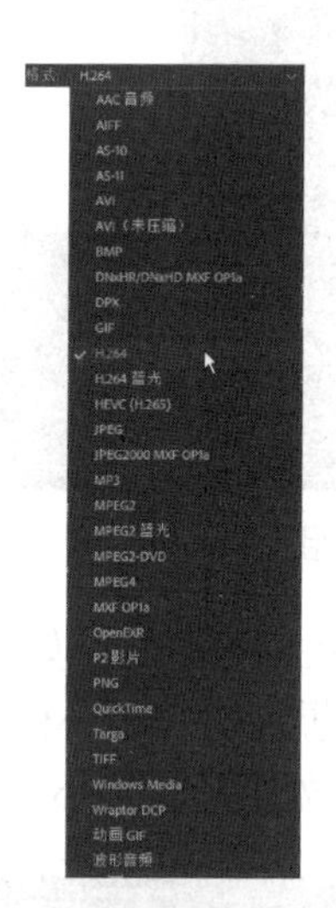

图 2-324 “源范围”下拉列表　　图 2-325 “格式”下拉列表　　图 2-326 “预设”下拉列表

● 输出名称：用于设置输出文件的名称，默认显示的是当前要输出序列的名称。如果要重命名输出文件的名称，可以在右侧名称上单击，然后在弹出的图 2-327 所示的“另存为”对话框中进行重新设置输出文件保存的路径和名称。

● 导出视频：勾选该复选框，将输出视频。

● 导出音频：勾选该复选框，将导出音频。

● 基本视频设置：用于设置影片的尺寸、帧速率和场类型等参数，如图 2-328 所示。此时默认输出视频的“宽度”和“高度”为 1920×1080 像素。如果要修改输出尺寸，可以取消勾选“宽度”和“高度”后面的复选框，然后重新输入“宽度”和“高度”，如图 2-329 所示；如果只想输出当前序列的视频尺寸，可以单击 匹配源 按钮即可。

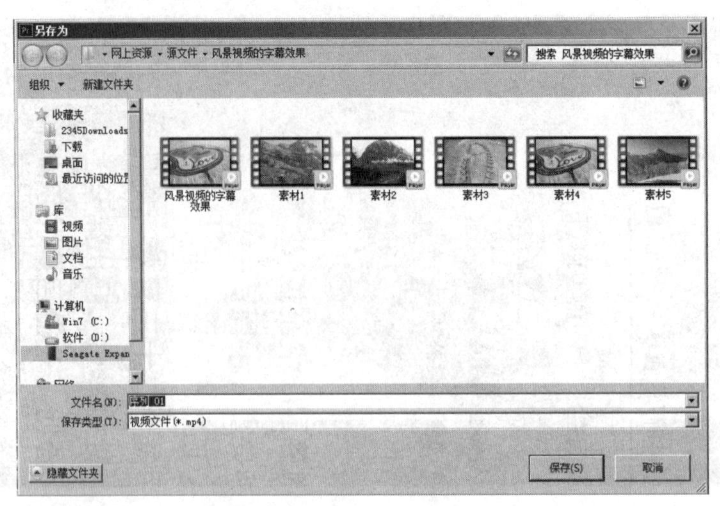

图 2-327 “另存为”对话框

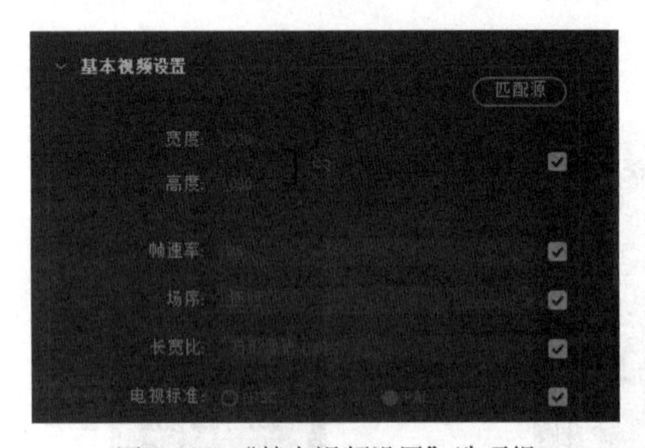

图 2-328 “基本视频设置”选项组

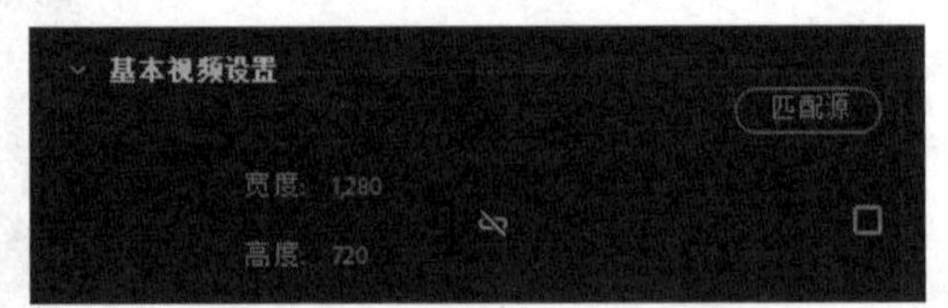

图 2-329 重新输入“宽度”和“高度”

● 比特率设置：用于设置输出影片的品质，如图 2-330 所示。默认“目标比特率”为 10，此时输出的视频为高清。如果只想输出一个小样，可以将“目标比特率”设为 2~5，“目标比特率”设置的数值越小，输出的文件尺寸越小。

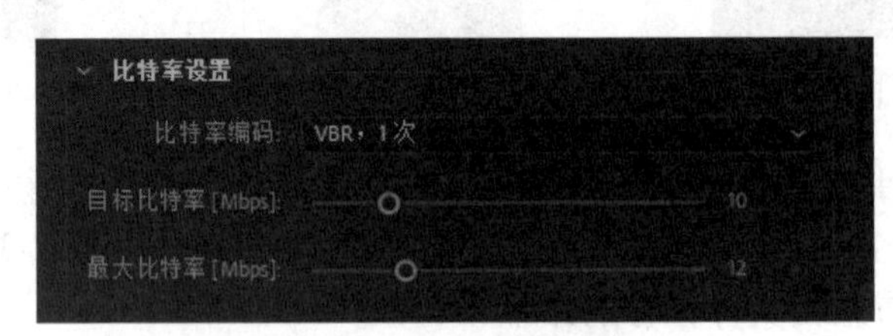

图 2-330 “比特率设置”选项组

2）设置完成后单击“导出”按钮，即可导出文件。

2.8 项目文件打包

当项目完成后，为了防止素材丢失的情况，一定要对制作好的项目文件进行打包和管理。打包项目文件的具体操作步骤如下。

1）执行菜单中的“文件 | 项目管理”命令。

2）在弹出的“项目管理器”对话框“序列”选项组中选择要打包的序列，然后在“生成项目”选项组中单击“收集文件并复制到新位置”，接着在“选项”选项组中勾选相关复选框，如图 2-331 所示。

3）在“目标路径”选项组中单击 浏览 按钮，然后在弹出的对话框中选择要打包文件的存储路径，如图 2-332 所示，单击 选择文件夹 按钮。

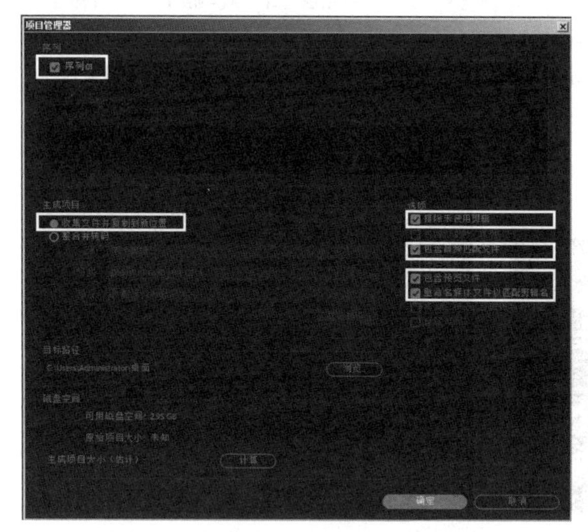

图 2-331　设置“项目管理器”参数

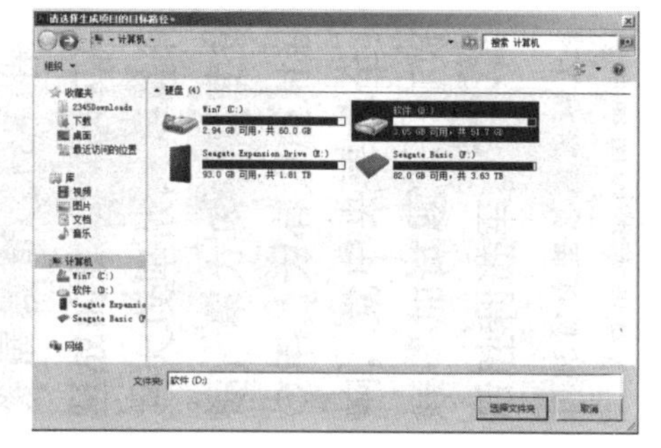

图 2-332　选择要打包文件的存储路径

4）在“磁盘空间”选项组中单击 计算 按钮，计算打包后项目的大小，如图 2-333 所示。这一步的目的是避免出现选择的磁盘没有足够空间存放项目打包文件的情况。

图 2-333　计算打包后项目的大小

5）单击“确定”按钮，即可将项目文件打包。

6）项目打包后的文件夹显示如图 2-334 所示，打开这个文件夹可以看到该项目所有的文件，如图 2-335 所示。

提示：当打开有丢失素材的项目文件时，会弹出图2-336所示的“链接媒体”对话框，此时选择丢失的文件，单击 查找 按钮，然后在弹出的对话框中可以重新链接已经丢失的文件。如果单击 脱机 按钮，则会在丢失文件的情况下打开项目文件，此时丢失的文件在“节目”监视器中显示如图2-337所示。这时可以通过在“项目”面板中选择丢失的素材，然后单击右键，从弹出的快捷菜单中选择“替换素材”或“链接媒体”命令，重新选择丢失的文件。

已复制_淡入淡出效果

图 2-334　项目打包后的文件夹显示

Adobe Premiere Pro Audio Previews	2021/12/1 9:19	文件夹	
Adobe Premiere Pro Video Previews	2021/12/1 9:19	文件夹	
Media Cache	2021/12/1 9:19	文件夹	
背景音乐1	2021/11/25 13:04	MP3 - Audio File	637 KB
淡入淡出效果	2021/12/1 9:19	Adobe Premiere...	47 KB
素材1	2021/11/25 12:34	MP4 - MPEG-4 ...	8,950 KB
素材2	2021/11/25 12:35	MP4 - MPEG-4 ...	44,926 KB
素材3	2021/11/25 12:38	MP4 - MPEG-4 ...	30,784 KB
素材4	2021/11/25 12:39	MP4 - MPEG-4 ...	24,564 KB
素材5	2021/11/25 12:40	MP4 - MPEG-4 ...	15,366 KB
素材6	2021/11/25 12:41	MP4 - MPEG-4 ...	13,204 KB

图 2-335　打包后的文件夹中显示该项目所有的文件

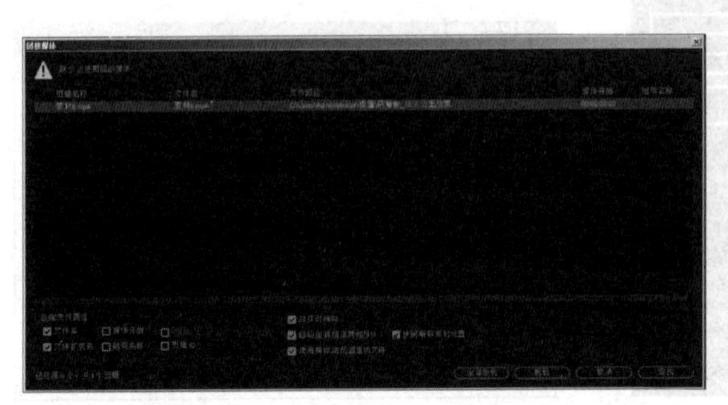

图 2-336　“链接媒体”对话框

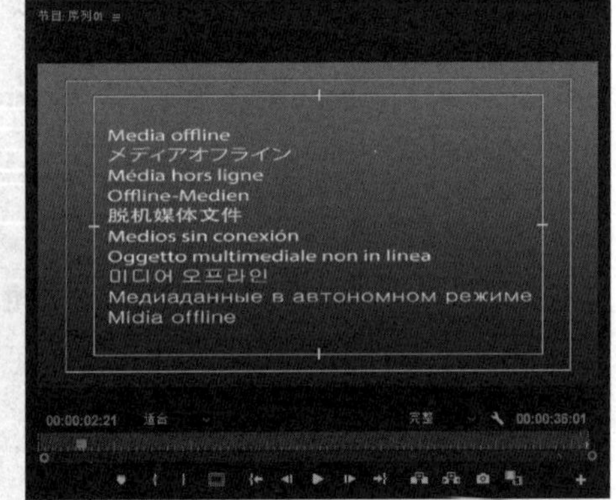

图 2-337　“节目”监视器中显示丢失的文件

2.9　课后练习

1. 填空题

1）Premiere CC 2018 的时间线中选中起始视频素材，按快捷键 ______，可以在素材的开始处添加一个默认的“交叉溶解”的视频过渡。

2）Premiere CC 2018 的时间线中选中音频轨道上的音频，然后按快捷键 ______，可以在音频起始和结束处同时添加默认的“恒定功率”音频过渡。

3）选择“_____|_____|_____”命令，可以在弹出的对话框中设置静止图像默认持续时间。

4）在 Premiere CC 2018 中的运动效果可分为 ______ 运动、______ 运动、______ 运动和 ______ 运动 4 种。

2. 选择题

1）下列哪些属于 Premiere CC 2018 可导入的图像格式？（　　）

A. PSD　　B. JPEG　　C. TGA　　D. WMV

2）_______ 工具用于改变一段素材的入点和出点，保持其总长度不变，并且不影响相邻的其他素材。（　　）

A.　　B.　　C.　　D.

3）下列哪个按钮是设置入点的按钮？（　　）

A.　　B.　　C.　　D.

4）下列哪个按钮用于改变片段的播放速度？（　　）

A.　　B.　　C.　　D.

3. 问答题

1）简述添加透明效果的方法。

2）简述影片的输出方法。

第 2 部分　基础实例演练

第3章 关键帧动画和时间线嵌套

关键帧动画是 Premiere CC 2018 制作动画的基础，时间线嵌套则可以方便用户在多序列间进行操作。通过本章学习，读者应掌握制作关键帧动画和时间线嵌套的方法。

3.1 制作风景图片展示效果1

要点：

本例将制作4幅风景图片逐一进入画面，然后缩小移动到画面4个角的效果，如图3-1所示。通过本例的学习，读者应掌握设置静止图像默认持续时间、设置图像缩放和位置关键帧、复制粘贴关键帧和打包文件的方法。

图 3-1 风景图片展示效果 1

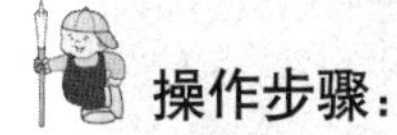

操作步骤：

1. 导入和编辑图片素材

1）新建项目文件。方法：启动 Premiere CC 2018，然后执行菜单中的“文件 | 新建 | 项目”（快捷键是〈Ctrl+Alt+N〉）命令，在弹出的“新建项目”对话框中的“名称”文本框中输入“风景图片展示效果 1”，接着将文件存储的“位置”设置为 D 盘，如图 3-2 所示，单击“确定”按钮。

提示：为了防止文件占用系统盘空间和防止由于系统崩溃发生丢失文件的情况，Premiere文件存储位置不要设置在C盘。

2）新建“序列 01”序列文件。方法：单击“项目”面板下方的（新建项）按钮，从弹出的快捷菜单中选择“序列”命令，然后在弹出的“新建序列”对话框的左侧选择“ARRI 1080p 25”，如图 3-3 所示，单击“确定”按钮。

3）设置静止图片默认持续时间为 6s。方法：选择“编辑 | 首选项 | 媒体”命令，在

弹出的“首选项”对话框中将“不确定的媒体时基”设置为25.00fps，如图3-4所示，接着在左侧选择“时间轴”，再在右侧将“静帧图像默认持续时间”设置为150帧（也就是6s），如图3-5所示，单击“确定”按钮。

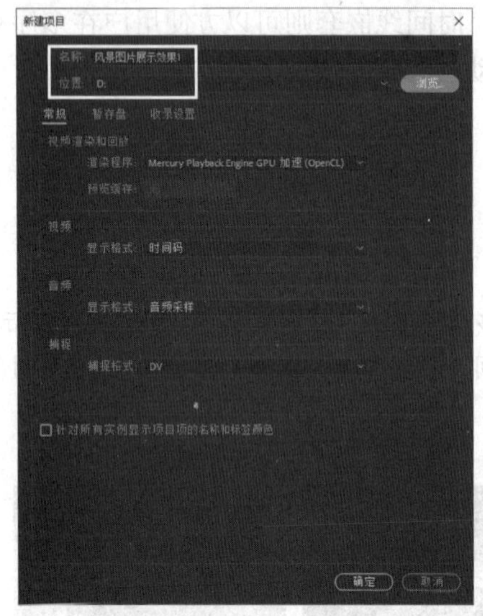

图3-2 设置“新建项目”的名称和位置

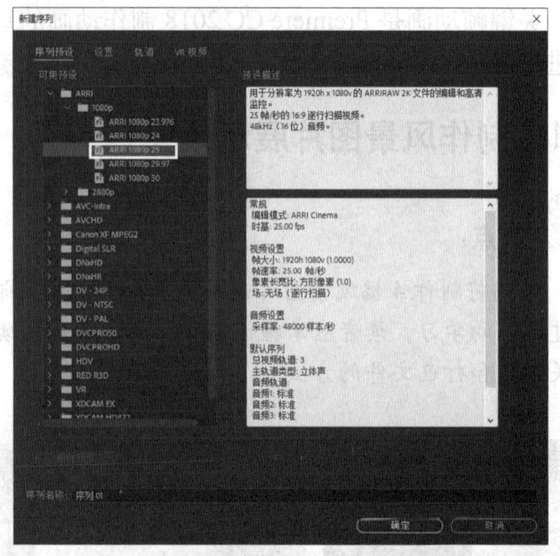

图3-3 设置“新建项目”的参数

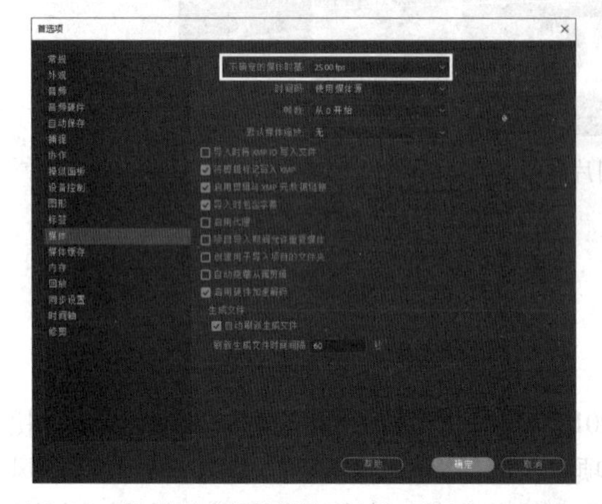

图3-4 将“不确定的媒体时基”设置为25.00fps

图3-5 将“静帧图像默认持续时间”设置为150帧

4）导入图片素材。方法：选择“文件|导入”命令，然后在弹出的“导入”对话框中选择网盘中的“源文件\第3章 关键帧动画和时间线嵌套\3.1 制作风景图片展示效果1\素材1.jpg”～“素材4.jpg”文件，如图3-6所示，单击“打开”按钮，从而将素材导入“项目”面板。接着在“项目”面板下方单击■（图标视图）按钮，将素材以图标视图的方式进行显示。此时在选中相关素材后，“项目”面板上方会显示出其相关信息，如图3-7所示。

图 3-6　选择导入的图片

图 3-7　显示出其相关信息

2. 制作图片从左侧飞入画面的动画

1）将“项目”面板中的“素材1.jpg”拖入“时间线”面板的V1轨道中，入点为 00:00:00:00，然后按键盘上的〈\〉键，将其在时间线中最大化显示，如图3-8所示，效果如图3-9所示。

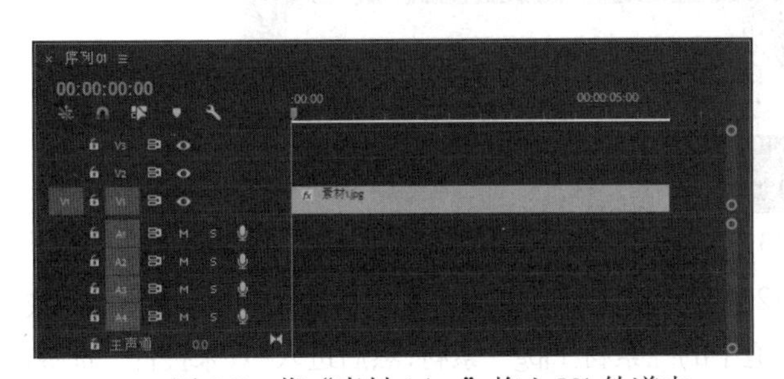

图 3-8　将“素材 1.jpg”拖入 V1 轨道中

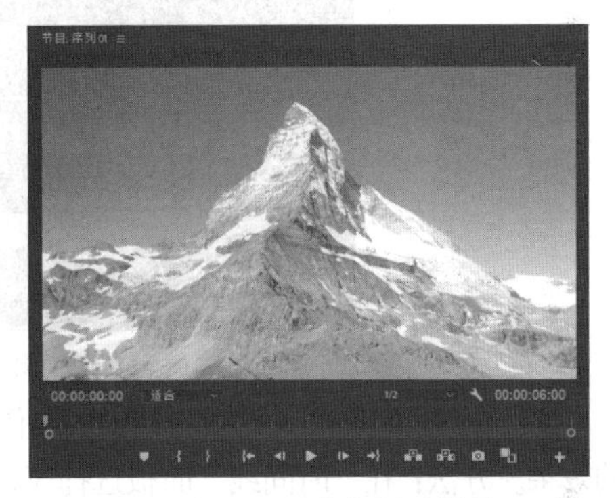

图 3-9　最大化显示效果

2）选择“时间线”面板中的“素材 1.jpg”素材，然后在“效果控件”面板中单击“运动”左侧的小三角，展开“运动”参数，接着将时间滑块定位在 00:00:00:10 的位置，单击“位置”前的按钮，该按钮会变为，表示设置了关键帧，然后设置参数如图 3-10 所示。接着将时间滑块移动到 00:00:00:00 处，设置参数如图 3-11 所示，此时在该处会自动添加一个关键帧。

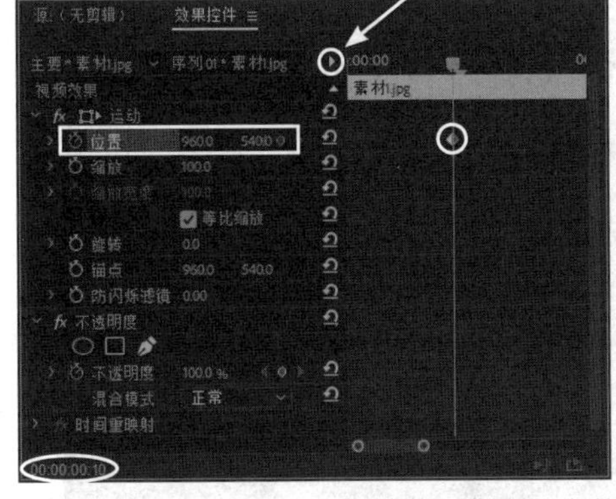

图 3-10　在 00:00:00:10 处设置“位置”参数

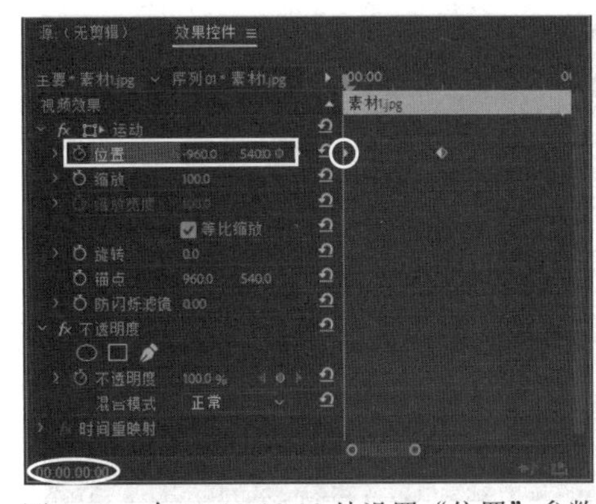

图 3-11　在 00:00:00:00 处设置“位置”参数

提示：单击▶按钮，按钮变为■状态，此时将隐藏关键帧编辑线；单击■按钮，按钮变为▶状态，此时可以显示出关键帧编辑线，以便查看关键帧相关信息。

3）按下〈Enter〉键，预览动画，即可看到“素材 1.jpg”图片从右往左运动到窗口中央的效果，如图 3-12 所示。

图 3-12 “素材 1.jpg”图片从右往左运动到窗口中央的效果

4）将其他图片素材拖入“时间线”面板。方法：从“项目”面板中将“素材 2.jpg”拖入 V2 轨道中，入点为 00:00:00:10。然后从“项目”面板中将“素材 3.jpg”拖入 V3 轨道中，入点为 00:00:00:20。接着将“素材 4.jpg”拖到 V4 轨道，入点为 00:00:01:05，如图 3-13 所示。

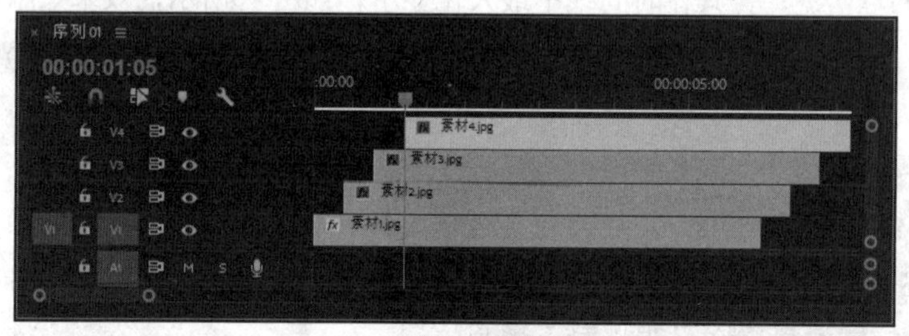

图 3-13 “时间线”面板

5）通过复制粘贴关键帧的方式，制作 V2 轨道中的“素材 2. jpg”素材从右往左运动到窗口中央的效果。方法：在“时间线”面板选择 V1 轨道中的“素材 1.jpg”素材，然后进入“效果控件”面板，右键单击“运动”参数，接着从弹出的快捷菜单中选择“复制”（快捷键是〈Ctrl+C〉）命令，如图 3-14 所示，复制“运动”参数。再选择 V2 轨道中的“素材 2. jpg”素材，进入“效果控件”面板，右键单击“运动”参数，从弹出的快捷菜单中选择“粘贴”（快捷键是〈Ctrl+V〉）命令，如图 3-15 所示，从而将 V1 轨道上的“运动”参数复制到 V2 轨道中，效果如图 3-16 所示。此时在“节目”监视器中单击▶按钮，即可看到“素材 2. jpg”素材从右往左运动到窗口中央的效果，如图 3-17 所示。

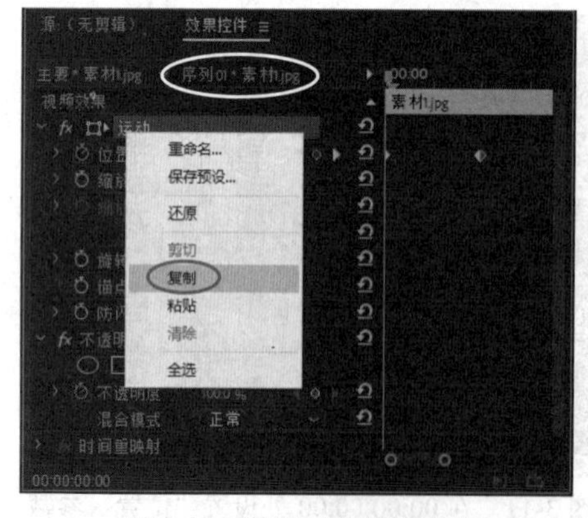

图 3-14 选择“复制”命令

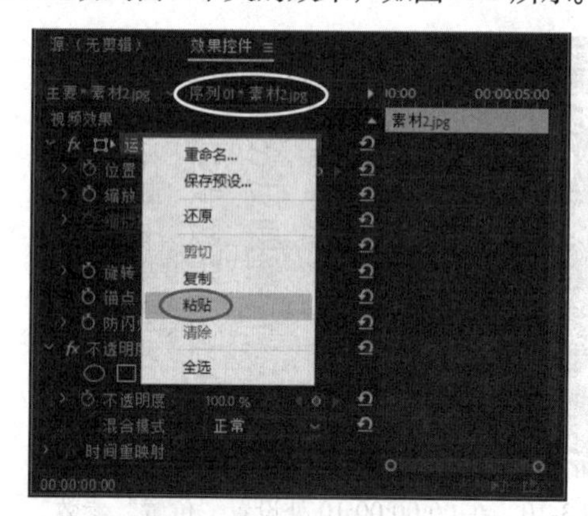

图 3-15 选择“粘贴”命令

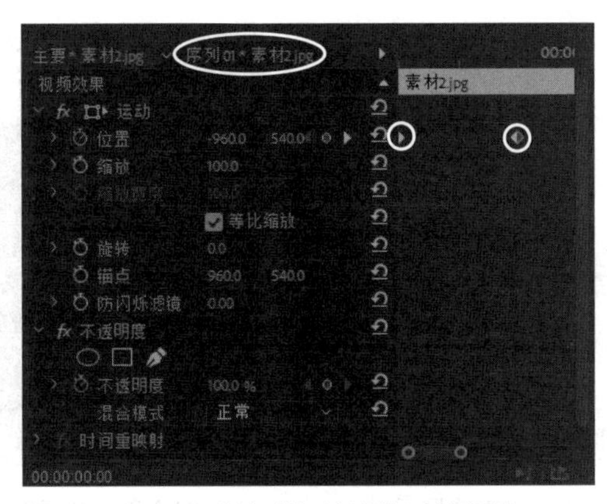

图 3-16　“粘贴”关键帧后的效果

图 3-17　“素材 2.jpg”素材从右往左运动到窗口中央的效果

6）同理，分别选择 V3 轨道的“素材 3.jpg”和 V4 轨道的“素材 4.jpg”，然后在“效果控件”面板中选择“运动”参数，按快捷键〈Ctrl+V〉，粘贴 V1 轨道的“运动”关键帧，此时在“节目”监视器中单击▶按钮，即可看到 4 幅图片逐一从右往左运动到窗口中央的效果，如图 3-18 所示。

图 3-18　4 幅图片逐一从右往左运动到窗口中央的效果

3. 制作图片缩小后移动到四个角的效果

1）制作“素材 1.jpg”在 00:00:02:00 ~ 00:00:02:10 之间缩小后移动到左上角的效果。方法：将时间滑块移动到 00:00:02:00 的位置，然后关闭 V2 ~ V4 轨道的显示，如图 3-19 所示。接着选择 V1 轨道上的“素材 1.jpg”，在“效果控件”面板中单击“位置”后的◆按钮，插入一个位置关键帧。再单击“缩放”前面的⏱按钮，添加一个“缩放”关键帧，如图 3-20 所示。再接着将时间滑块移动到 00:00:02:10 的位置，将“位置”的数值设置为（480.0，270.0），将“缩放”的数值设置为 50.0，如图 3-21 所示，效果如图 3-22 所示。此时在“节目”监视器中单击▶按钮，即可看到在 00:00:02:00 ~ 00:00:02:10 之间“素材 1.jpg”缩小后移动到左上角的效果，如图 3-23 所示。

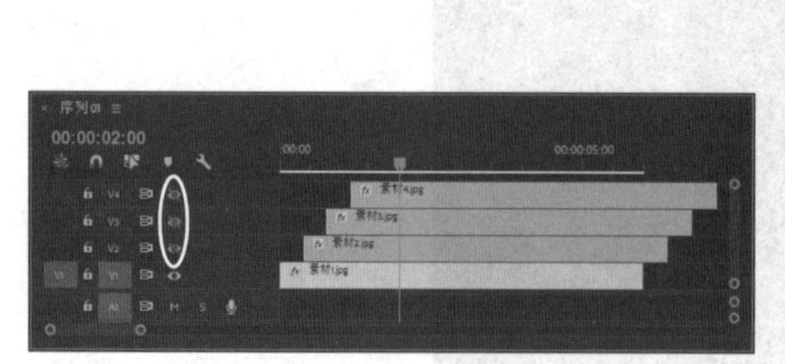

图 3-19 关闭 V2 ~ V4 轨道的显示

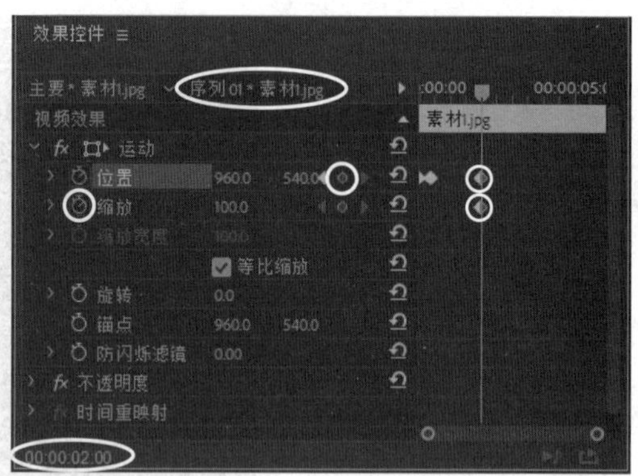

图 3-20 在 00:00:02:00 的位置记录“素材 1.jpg”的“位置”和“缩放”的关键帧

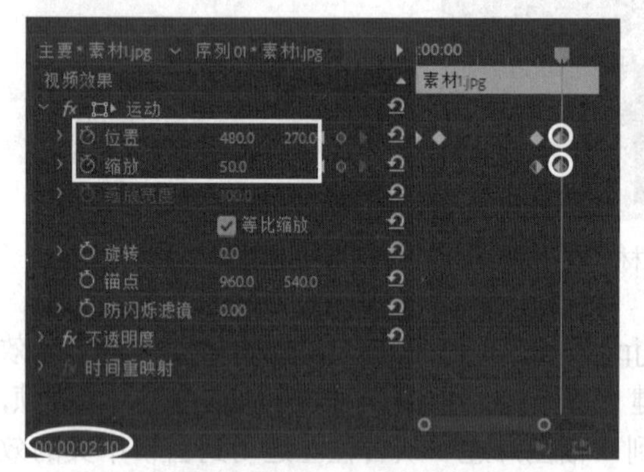

图 3-21 在 00:00:02:10 的位置设置“素材 1.jpg”的“位置”和“缩放”参数

图 3-22 在 00:00:02:10 的位置设置“素材 1.jpg”的“位置”和“缩放”参数后的效果

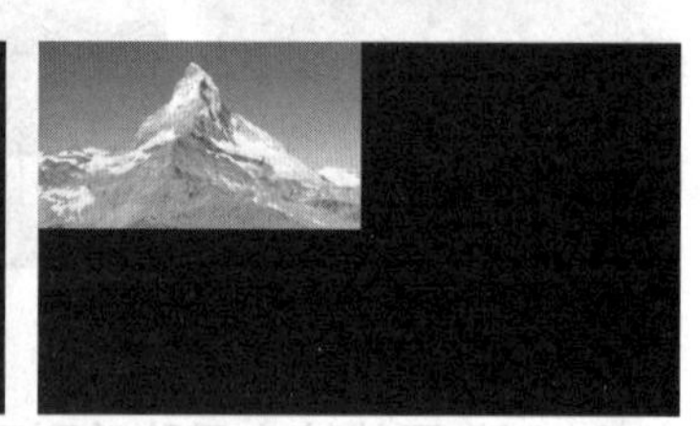

图 3-23 在 00:00:02:00 ~ 00:00:02:10 之间“素材 1.jpg”缩小后移动到左上角的效果

2)制作“素材 2.jpg”在 00:00:02:00 ~ 00:00:02:10 之间缩小后移动到右上角的效果。方法：将时间滑块移动到 00:00:02:00 的位置，然后恢复 V2 轨道的显示，如图 3-24 所示。接着选择 V2 轨道上的“素材 2.jpg”，在“效果控件”面板中添加“位置”和“缩放”关键帧，如图 3-25 所示。再接着将时间滑块移动到 00:00:02:10 的位置，将“位置”的数值设置为(1440.0，270.0)，将“缩放”的数值设置为 50.0，如图 3-26 所示，效果如图 3-27 所示。此时在“节目”监视器中单击▶按钮，即可看到在 00:00:02:00 ~ 00:00:02:10 之间“素材 2.jpg”缩小后移动到右上角的效果，如图 3-28 所示。

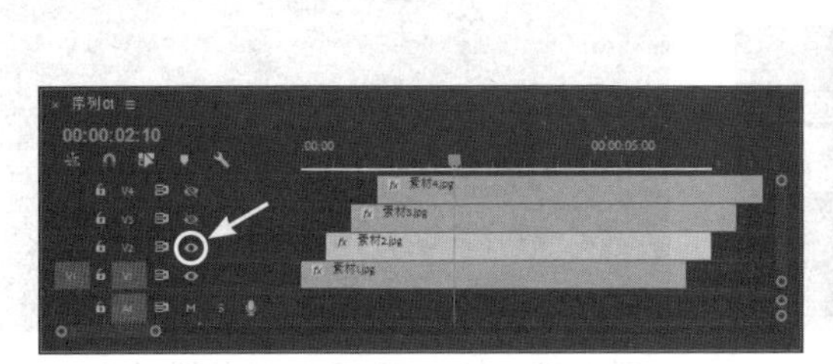

图 3-24　恢复 V2 轨道的显示

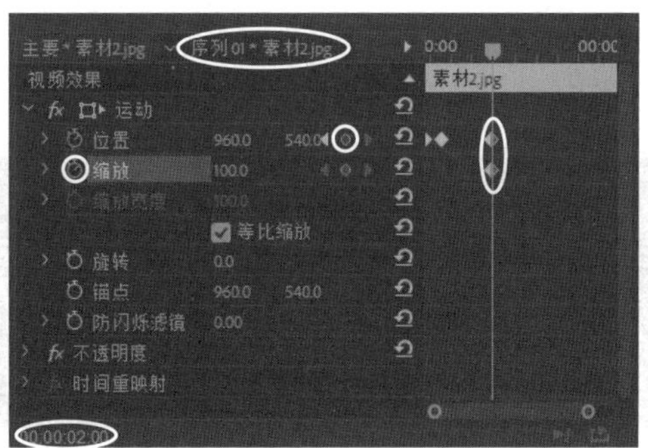

图 3-25　在 00:00:02:00 的位置记录“素材 2.jpg”的“位置”和“缩放”的关键帧

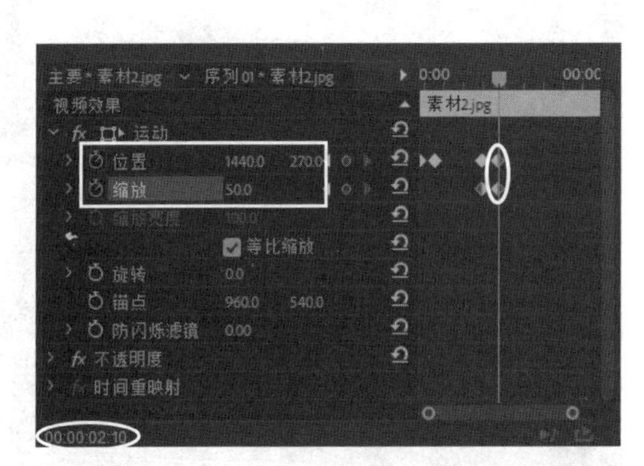

图 3-26　在 00:00:02:10 的位置设置“素材 2.jpg”的“位置”和“缩放”参数

图 3-27　在 00:00:02:10 的位置设置“素材 2.jpg”的“位置”和“缩放”参数后的效果

图 3-28　在 00:00:02:00 ~ 00:00:02:10 之间“素材 2.jpg”缩小后移动到右上角的效果

3）制作“素材 3.jpg”在 00:00:02:00 ~ 00:00:02:10 之间缩小后移动到左下角的效果。方法：将时间滑块移动到 00:00:02:00 的位置，然后恢复 V3 轨道的显示，如图 3-29 所示。接着选择 V3 轨道上的“素材 3.jpg”，在“效果控件”面板中添加“位置”和“缩放”关键帧，如图 3-30 所示。再接着将时间滑块移动到 00:00:02:10 的位置，将“位置”的数值设置为（480.0，810.0），将“缩放”的数值设置为 50.0，如图 3-31 所示，效果如图 3-32 所示。此时在“节目”监视器中单击▶按钮，即可看到在 00:00:02:00 ~ 00:00:02:10 之间“素材 3.jpg”缩小后移动到左下角的效果，如图 3-33 所示。

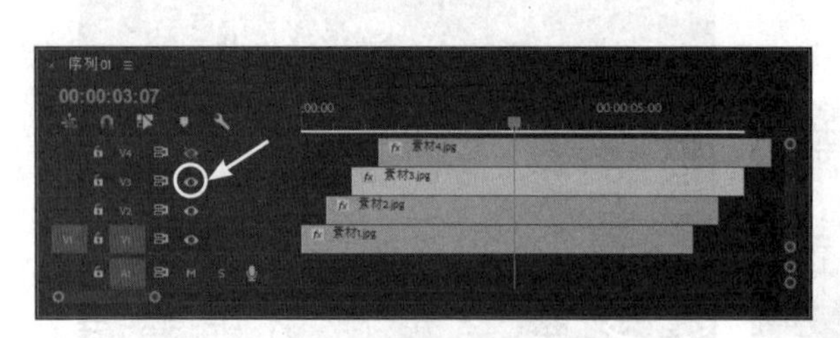

图 3-29　恢复 V3 轨道的显示

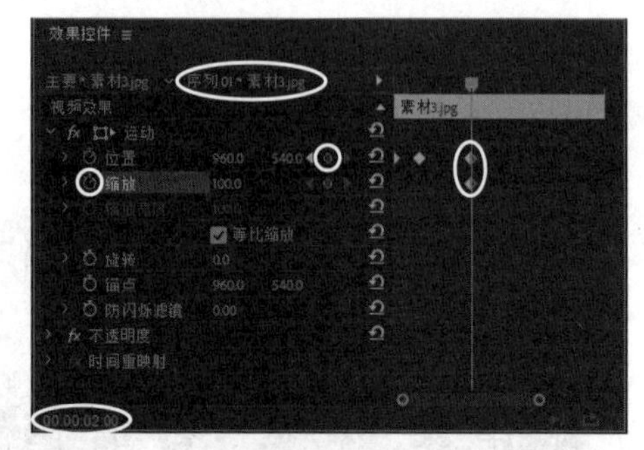

图 3-30　在 00:00:02:00 的位置记录“素材 3.jpg”的“位置”和“缩放”的关键帧

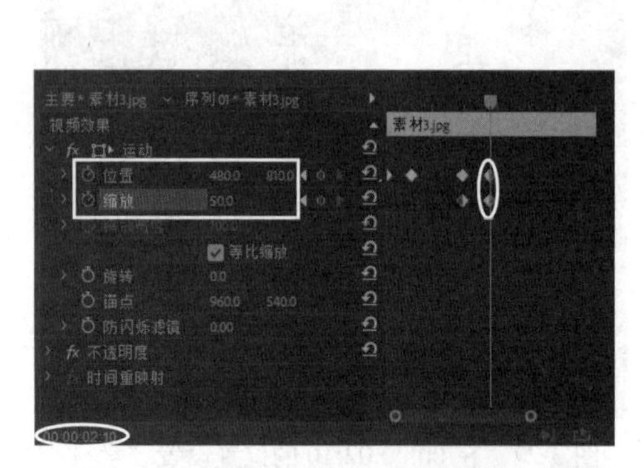

图 3-31　在 00:00:02:10 的位置设置“素材 3.jpg”的“位置”和“缩放”参数

图 3-32　在 00:00:02:10 的位置设置“素材 3.jpg”的“位置”和“缩放”参数后的效果

图 3-33　在 00:00:02:00 ~ 00:00:02:10 之间“素材 3.jpg”缩小后移动到左下角的效果

4）制作“素材 4.jpg”在 00:00:02:00 ~ 00:00:02:10 之间缩小后移动到右下角的效果。方法：将时间滑块移动到 00:00:02:00 的位置，然后恢复 V4 轨道的显示，如图 3-34 所示。接着选择 V4 轨道上的“素材 4.jpg”，在“效果控件”面板中添加“位置”和“缩放”关键帧，如图 3-35 所示。再接着将时间滑块移动到 00:00:02:10 的位置，将“位置”的数值设置为(1440.0，810.0)，将“缩放”的数值设置为 50.0，如图 3-36 所示，效果如图 3-37 所示。此时在“节目”监视器中单击▶按钮，即可看到在 00:00:02:00 ~ 00:00:02:10 之间“素材 4.jpg”缩小后移动到右下角的效果，如图 3-38 所示。

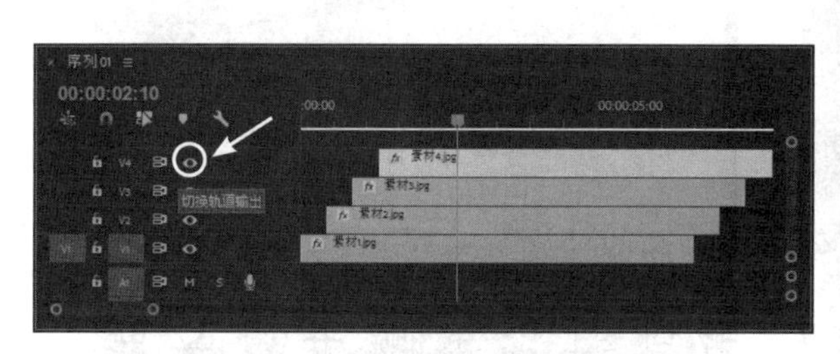

图 3-34　恢复 V4 轨道的显示

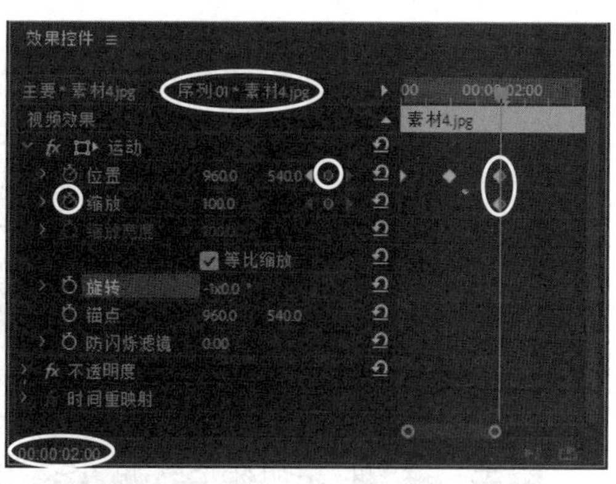

图 3-35　在 00:00:02:00 的位置记录“素材 4.jpg”的“位置”和“缩放”的关键帧

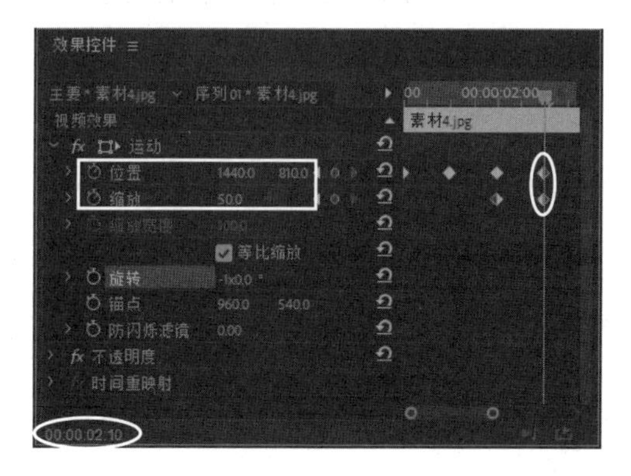

图 3-36　在 00:00:02:10 的位置设置“素材 4.jpg”的“位置”和“缩放”参数

图 3-37　在 00:00:02:10 的位置设置“素材 4.jpg”的“位置”和“缩放”参数后的效果

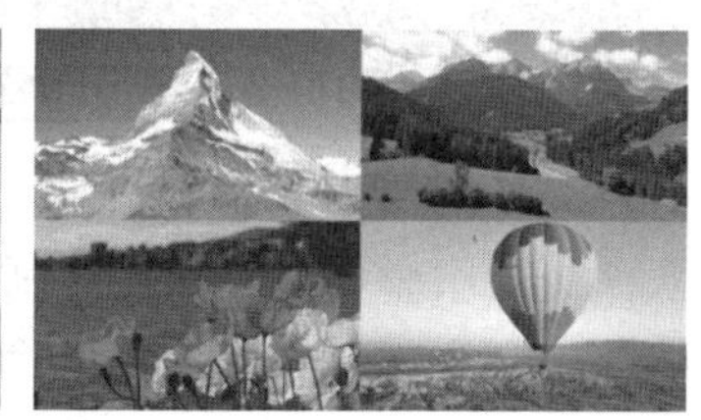

图 3-38　在 00:00:02:00 ~ 00:00:02:10 之间“素材 4.jpg”缩小后移动到右下角的效果

5）设置时间线的入点和出点。方法：将时间滑块移动到 00:00:00:00 的位置，在“节目”监视器中单击 {（标记入点）按钮，设置时间线的入点，如图 3-39 所示。然后将时间滑块移动到 00:00:05:00 的位置，在“节目”监视器中单击 }（标记出点）按钮，设置时间线的出点，如图 3-40 所示。

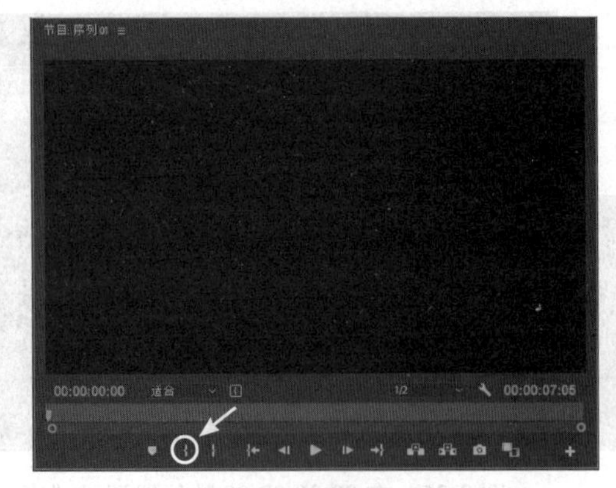

图 3-39　设置时间线的入点

图 3-40　设置时间线的出点

6）将项目文件中的所有文件进行打包。方法：选择菜单中的“文件 | 项目管理”命令，然后在弹出的“项目管理器”对话框中单击 浏览... 按钮，如图 3-41 所示，接着在弹出的对话框中选择打包文件要保存的位置文件夹，如图 3-42 所示，单击 选择文件夹 按钮，回到“项目管理器”对话框，最后单击“确定”按钮，即可将项目文件中的所有文件进行打包。

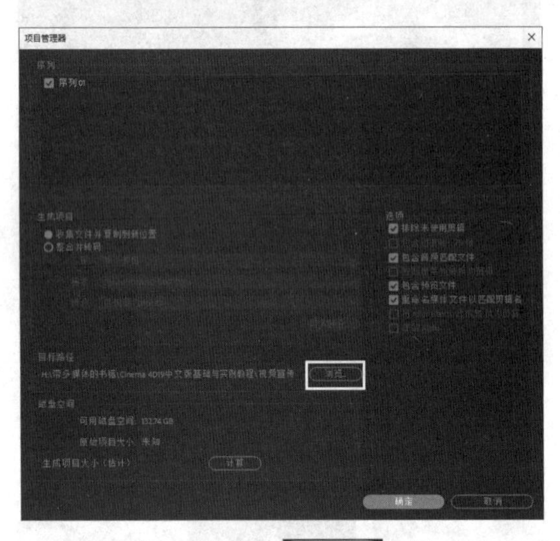

图 3-41　单击 浏览... 按钮

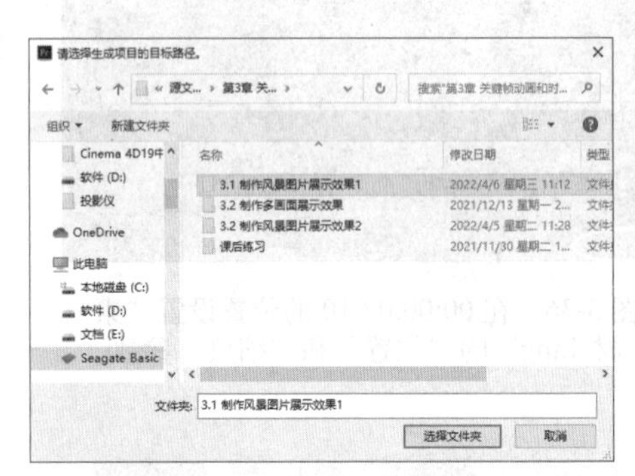

图 3-42　选择打包文件要保存的位置文件夹

7）至此，整个风景宣传动画制作完毕。接下来选择“文件 | 项目管理”命令，将文件打包。然后选择“文件 | 导出 | 媒体”命令，将其输出为“风景图片展示效果 1.mp4”文件。

3.2　制作风景图片展示效果 2

要点：

本例将在前面案例的基础上制作 4 幅风景图片逐一进入画面，然后依次缩小旋转到画面四个角的效果，如图 3-43 所示。通过本例的学习，读者应掌握设置图像旋转关键帧的方法。

图 3-43　风景图片展示效果 2

操作步骤：

1）选择“文件 | 打开项目”命令，打开前面保存的网盘中的“源文件 \ 第 3 章 关键帧动画和时间线嵌套 \3.1 制作风景图片展示效果 1\ 风景图片展示效果 1.prproj”文件。

2）制作“素材 4.jpg”在 00:00:20:00 ～ 00:00:02:10 之间缩小旋转到画面右下角的效果。方法：选择 V4 轨道中的“素材 4.jpg”素材，然后在“效果控件”面板中将时间滑块移动到 00:00:02:00 的位置单击“旋转”前面的按钮，添加一个“旋转”关键帧，如图 3-44 所示。接着将时间滑块移动到 00:00:02:10 的位置，将“旋转”的数值设置为 -360，当输入“-360”按〈Enter〉键确认后，数值会自动变为“-1 × 0.0°”，即逆时针旋转一周，如图 3-45 所示。最后在“节目”监视器中单击按钮，即可看到“素材 4.jpg”图片在 00:00:20:00 ～ 00:00:02:10 之间从画面中央缩小旋转到画面右下角的效果，如图 3-46 所示。

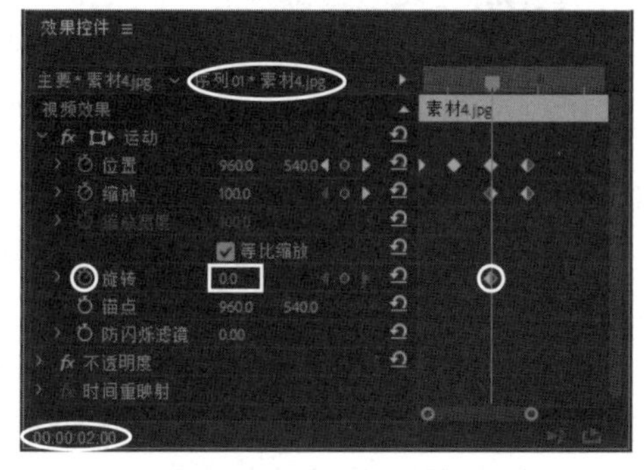

图 3-44　在 00:00:02:00 处添加“旋转”关键帧

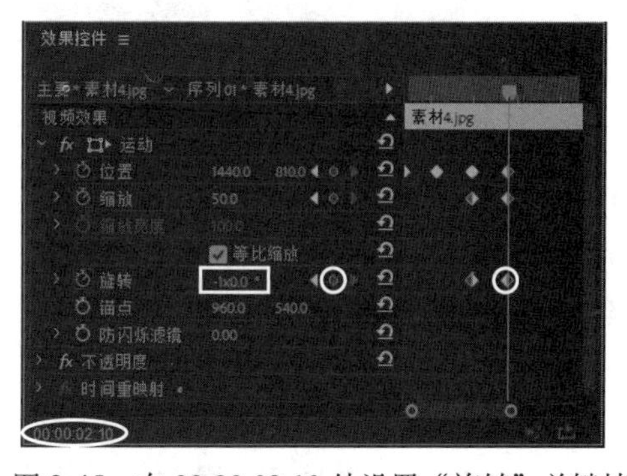

图 3-45　在 00:00:02:10 处设置“旋转”关键帧

图 3-46　“素材 4.jpg”图片在 00:00:20:00 ～ 00:00:02:10 之间从画面中央缩小旋转到画面右下角的效果

3）制作“素材 3.jpg”在 00:00:20:00 ~ 00:00:02:10 之间缩小旋转到画面左下角的效果。方法：选择 V3 轨道中的“素材 4.jpg”素材，然后在“效果控件”面板中将时间滑块移动到 00:00:02:00 的位置单击“旋转”前面的按钮，添加一个“旋转”关键帧，如图 3-47 所示。接着将时间滑块移动到 00:00:02:10 的位置，将“旋转”的数值设置为 360，当输入“360”按〈Enter〉键确认后，数值会自动变为“1 × 0.0°”，即顺时针旋转一周，如图 3-48 所示。最后在“节目”监视器中单击按钮，即可看到“素材 3.jpg”图片在 00:00:20:00 ~ 00:00:02:10 之间从画面中央缩小旋转到画面左下角的效果，如图 3-49 所示。

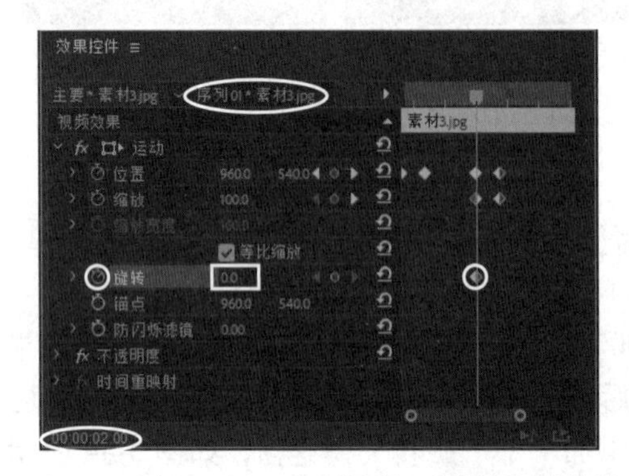

图 3-47 在 00:00:02:00 处添加“旋转”关键帧

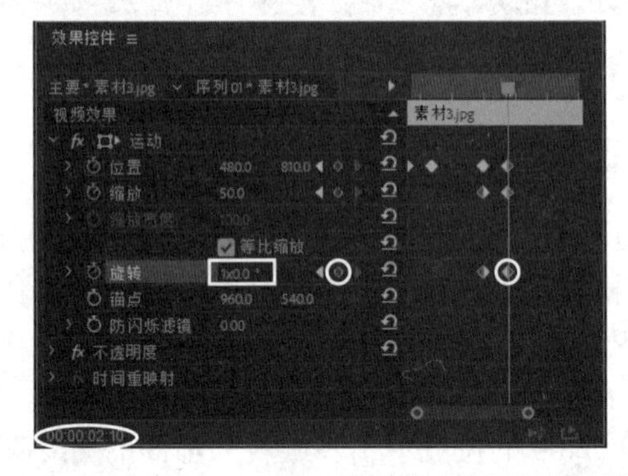

图 3-48 在 00:00:02:10 处设置“旋转”关键帧

图 3-49 “素材 3.jpg”图片在 00:00:20:00 ~ 00:00:02:10 之间从画面中央缩小旋转到画面左下角的效果

4）制作“素材 2.jpg”在 00:00:20:00 ~ 00:00:02:10 之间缩小旋转到画面右上角的效果。方法：选择 V2 轨道中的“素材 4.jpg”素材，然后在“效果控件”面板中将时间滑块移动到 00:00:02:00 的位置单击“旋转”前面的按钮，添加一个“旋转”关键帧，如图 3-50 所示。接着将时间滑块移动到 00:00:02:10 的位置，将“旋转”的数值设置为 -360，当输入“-360”按〈Enter〉键确认后，数值会自动变为“-1 × 0.0°”，即逆时针旋转一周，如图 3-51 所示。最后在“节目”监视器中单击按钮，即可看到“素材 2.jpg”图片在 00:00:20:00 ~ 00:00:02:10 之间从画面中央缩小旋转到画面右上角的效果，如图 3-52 所示。

5）制作“素材 1.jpg”在 00:00:20:00 ~ 00:00:02:10 之间缩小旋转到画面左上角的效果。方法：选择 V1 轨道中的“素材 1.jpg”素材，然后在“效果控件”面板中将时间滑块移动到 00:00:02:00 的位置单击“旋转”前面的按钮，添加一个“旋转”关键帧，如图 3-53 所示。接着将时间滑块移动到 00:00:02:10 的位置，将“旋转”的数值设置为 360，当输入“360”按〈Enter〉键确认后，数值会自动变为“1 × 0.0°”，即顺时针旋转一周，如图 3-54 所示。最后在“节目”监视器中单击按钮，即可看到“素材 1.jpg”图片在 00:00:20:00 ~ 00:00:02:10 之间从画面中央缩小旋转到画面左上角的效果，如图 3-55 所示。

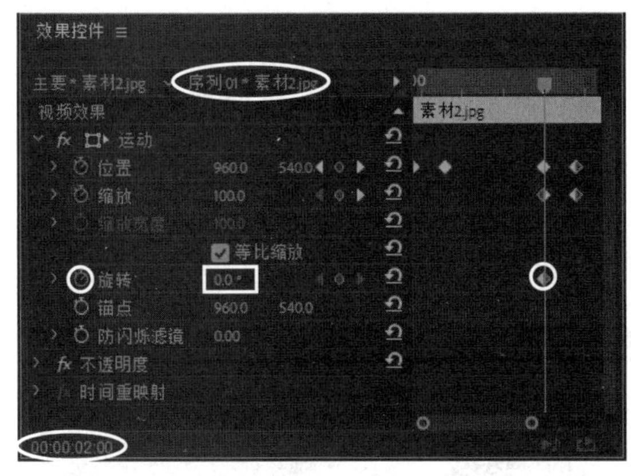

图 3-50　在 00:00:02:00 处添加“旋转”关键帧

图 3-51　在 00:00:02:10 处设置“旋转”关键帧

图 3-52　“素材 2.jpg”图片在 00:00:20:00 ~ 00:00:02:10 之间从画面中央缩小旋转到画面右上角的效果

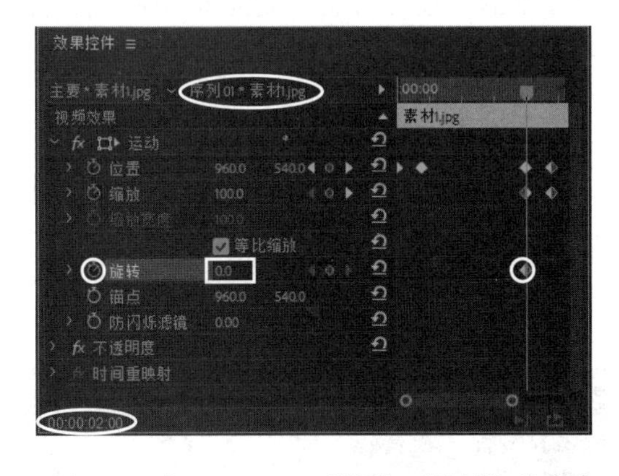

图 3-53　在 00:00:02:00 处添加“旋转”关键帧

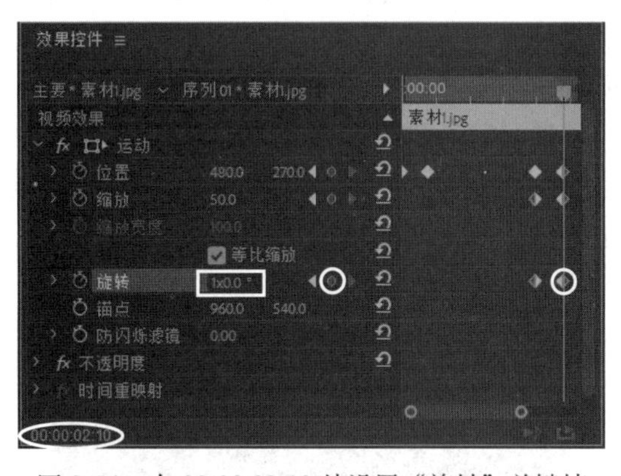

图 3-54　在 00:00:02:10 处设置“旋转”关键帧

图 3-55　“素材 1.jpg”图片在 00:00:20:00 ~ 00:00:02:10 之间从画面中央缩小旋转到画面左上角的效果

6) 至此,整个风景宣传动画制作完毕。接下来选择“文件 | 项目管理”命令,将文件打包。然后选择“文件 | 导出 | 媒体”命令，将其输出为“风景图片展示效果 2.mp4”文件。

3.3　制作多画面展示效果

要点：

本例将制作多画面展示效果，如图 3-56 所示。通过本例的学习，读者应掌握设置静止图像的默认持续时间、利用文件夹来管理素材以及时间线嵌套、颜色遮罩的应用。

图 3-56　多画面展示效果

操作步骤：

1. 建立素材文件夹并导入素材

1）新建项目文件。方法：启动 Premiere CC 2018，然后执行菜单中的“文件 | 新建 | 项目”（快捷键是〈Ctrl+Alt+N〉）命令，在弹出的“新建项目”对话框中的“名称”文本框中输入“多画面展示效果”，接着将文件存储的“位置”设置为“D”盘，如图 3-57 所示，单击“确定”按钮。

2）新建“序列 01”序列文件。方法：单击“项目”面板下方的▣（新建项）按钮，从弹出的快捷菜单中选择“序列”命令，然后在弹出的“新建序列”对话框的左侧选择“DV-PAL”中的“标准 48kHz”，如图 3-58 所示，单击“确定”按钮。

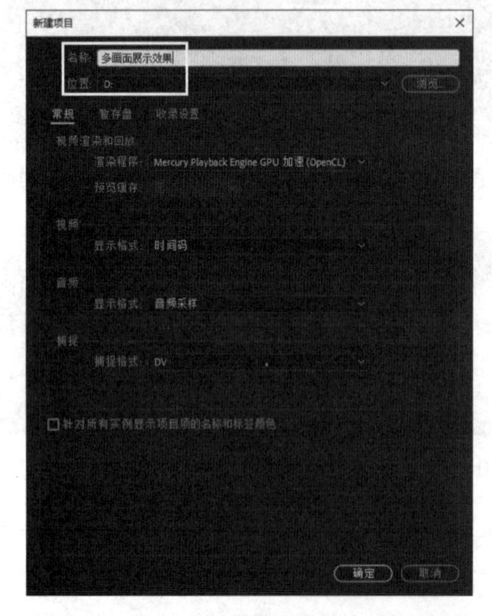

图 3-57　设置“新建项目”的名称和位置

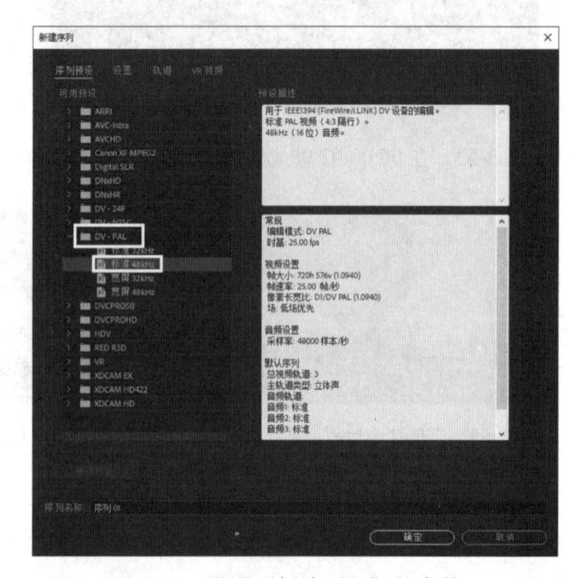

图 3-58　设置“新建项目”的参数

3）创建文件夹。方法：单击“项目”面板下方的■（新建素材箱）按钮，创建“10 帧”和“1 秒”两个文件夹，然后在“项目”面板下方单击■（图标视图）按钮，将素材以图标视图的方式进行显示，如图 3-59 所示。

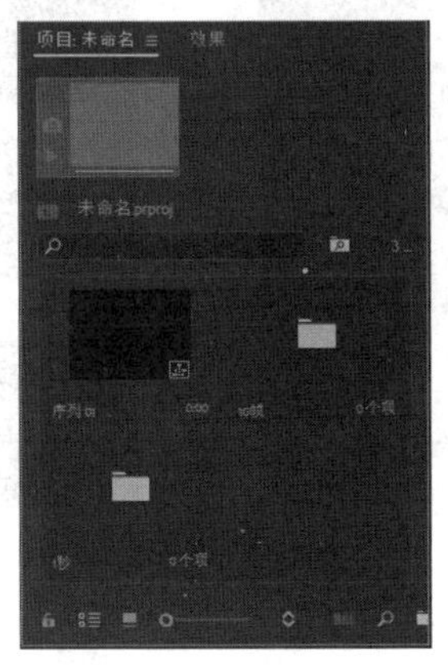

图 3-59　创建“10 帧”和“1 秒”两个文件夹

4）导入“10 帧”文件夹中的素材。方法：选择“编辑 | 首选项 | 时间轴”命令，在弹出的对话框中设置“静帧图像默认持续时间”为 10 帧，如图 3-60 所示，单击“确定”按钮。然后双击“10 帧”文件夹，进入编辑状态。接着选择“文件 | 导入”命令，在弹出的对话框中选择网盘中的“源文件 \ 第 3 章 关键帧动画和时间线嵌套 \3.3 制作多画面展示效果 \01.jpg ～ 15.jpg”文件，如图 3-61 所示。

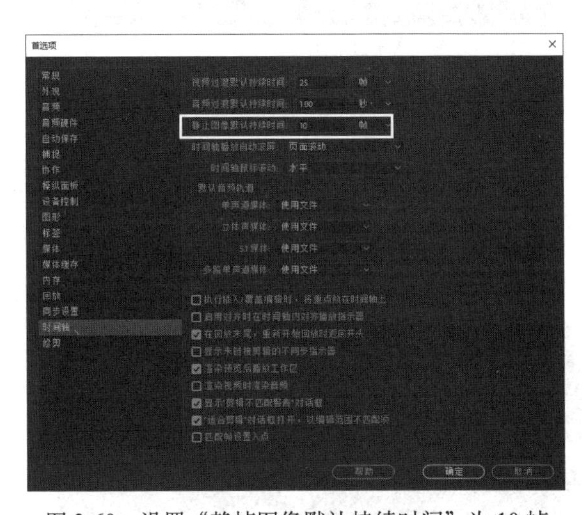

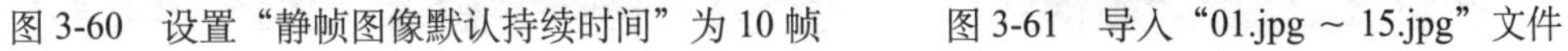

图 3-60　设置“静帧图像默认持续时间”为 10 帧

图 3-61　导入“01.jpg ～ 15.jpg”文件

5）导入“1 秒”文件夹中的素材。方法：单击右上方的■按钮，从“10 帧”文件夹返回上级，然后选择“编辑 | 首选项 | 时间轴”命令，在弹出的对话框中设置“静帧图像默认持续时间”为 1s，如图 3-62 所示，单击“确定”按钮。接着双击“1 秒”文件夹，选择“文件 | 导入”命令，导入网盘中的“源文件 \ 第 3 章 关键帧动画和时间线嵌套 \3.3 制作多画面展示效果 \01.jpg ～ 06.jpg”文件，如图 3-63 所示。

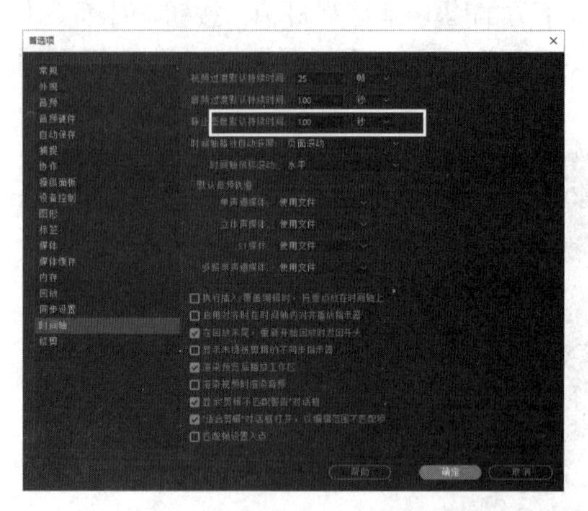

图 3-62　设置“静帧图像默认持续时间”为 1s

图 3-63　导入“01.jpg ~ 06.jpg”文件

2. 编辑“序列01”和“序列02”

1）编辑“序列 01”。方法：选择“10 帧”文件夹，将其拖入“时间线”面板的 V1 轨道中，入点为 00:00:00:00。此时该文件夹中的 15 幅图片会依次放入到时间线中，总长度为 150 帧（即 6 秒），如图 3-64 所示。

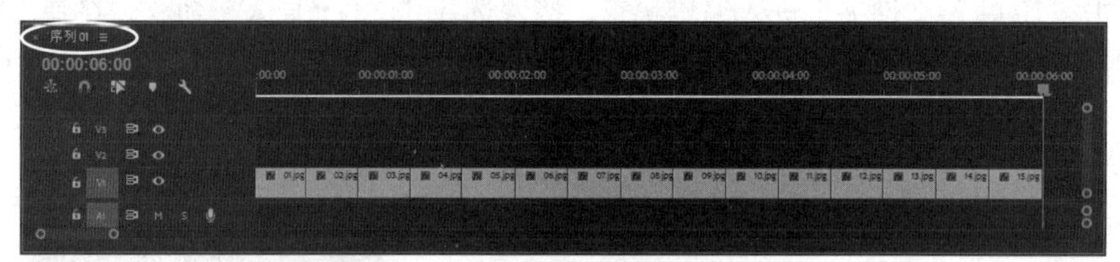

图 3-64　将“10 帧”文件夹拖入 V1 轨道中

2）单击“项目”面板下方的■（新建项）按钮，从弹出的快捷菜单中选择“序列”命令，新建“序列 02”。

3）编辑“序列 02”。方法：选择“1 秒”文件夹，将其拖入“时间线”面板的 V1 轨道中，入点为 00:00:00:00。此时该文件夹中的 6 幅图片会依次放入到时间线中，总长度为 150 帧（即 6 秒），如图 3-65 所示。

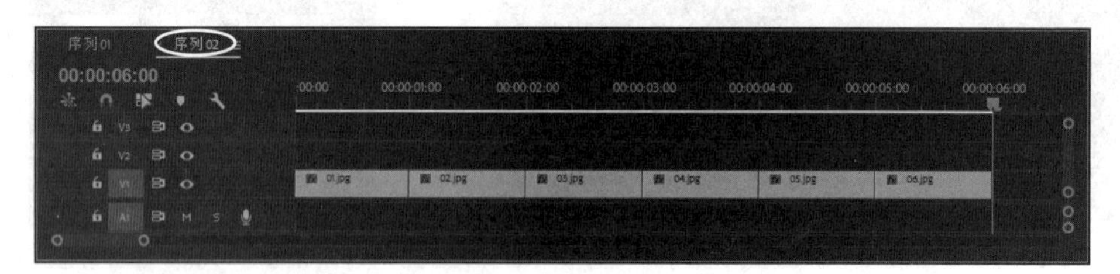

图 3-65　将“1 秒”文件夹拖入 V1 轨道中

3. 嵌套序列

1）同理，新建“序列 03”。然后将“项目”面板中的“序列 01”拖入“时间线”面板的 V1 轨道中，入点为 00:00:00:00，如图 3-66 所示。

2）将音频和视频进行分离。方法：右键单击“时间线”面板 V1 轨道中的“序列 01”素材，从弹出的快捷菜单中选择“取消链接”命令，即可将二者分离。然后选择 A1 轨道分离出的音频，按〈Delete〉键，将其进行删除，效果如图 3-67 所示。

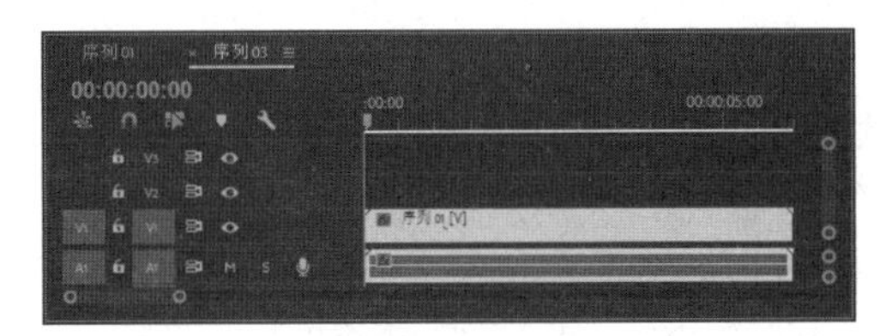

图 3-66　将“序列 01”拖入 V1 轨道中

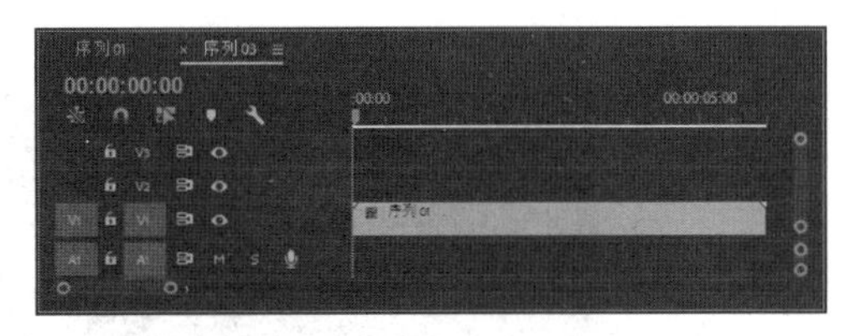

图 3-67　删除音频后的效果

提示：除了上面去除音频的方法外，还可以在时间线左上方激活 （取消链接项）按钮，然后将“序列01”拖入“时间线”面板的V1轨道，此时“序列01”的视频和音频就是相互分离的，这时候可以直接选择A1轨道上的音频，按〈Delete〉键进行删除。

3）将 V1 轨道中的“序列 01”素材复制到“V2”和“V3”轨道中。方法：选择“时间线”面板 V1 轨道中的“序列 01”素材，然后按住〈Alt〉键，将其向上分别复制到“V2”和“V3”轨道中，效果如图 3-68 所示。

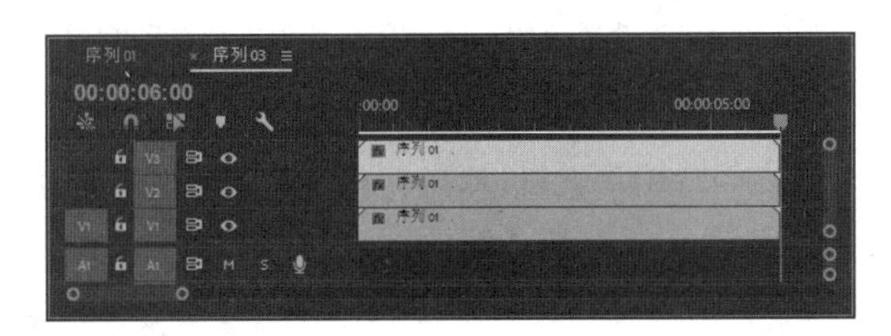

图 3-68　将“序列 01”素材分别复制到“V2”和“V3”轨道中

4）选择“项目”面板中的“序列 02”素材，然后将其拖入“时间线”面板的 V3 轨道上方的空白处，此时会自动产生一个 V4 轨道来放置“序列 02”，如图 3-69 所示。接着将“序列 02”的视频和音频进行分离，并删除分离后的音频，效果如图 3-70 所示。

图 3-69　将“序列 02”粘贴到 V4 轨道中

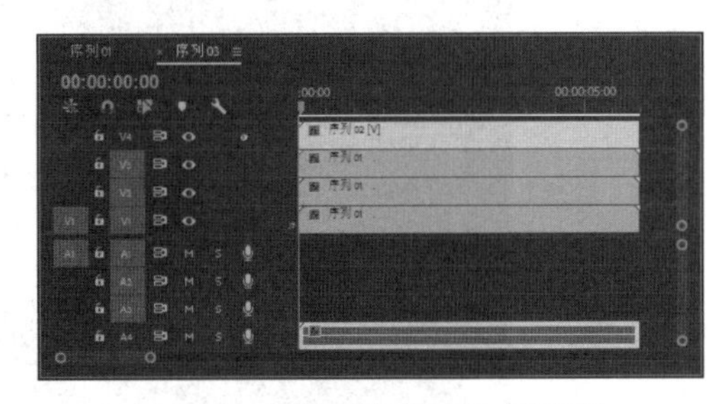

图 3-70　删除“序列 02”的音频

提示：在进行多个序列嵌套时，某一序列不可以嵌套其本身，例如，“序列03”嵌套了“序列02”，“序列02”嵌套了“序列01”，那么“序列01”就不能嵌套“序列02”或“序列03”了。

4. 调整“序列01”和“序列02”的位置及比例

接下来分别对 4 个视频轨道上的“序列 01”和“序列 02”的比例及位置进行修改，使其在屏幕中同时显示。

1）选中最上层 V4 轨道上的“序列 02”素材，然后在“效果控件”面板中将“缩放”的数值设置为“60.0”，将“位置”的数值设置为（260.0，288.0），如图 3-71 所示。

图 3-71　设置 V4 轨道上的“序列 02”素材的位置和缩放

2）选择 V3 轨道上的“序列 01”素材，然后在“效果控件”面板中取消勾选“等比缩放”复选框，以便分别修改“缩放高度”和“缩放宽度”。接着将“缩放高度”的数值设置为 18.0，将“缩放宽度”的数值设置为 25.0。最后将“位置”的数值设置为（585.0，186.0），如图 3-72 所示。

图 3-72　设置 V3 轨道上的“序列 01”素材的位置和缩放

3）同理，将 V2 轨道上的“序列 01”的“缩放高度”的数值设置为 18.0，将“缩放宽度”的数值设置为 25.0，将“位置”的数值设置为（585.0，288.0），如图 3-73 所示。

图 3-73　设置 V2 轨道上的“序列 01”素材的位置和缩放

4）同理，将 V1 轨道上的“序列 01”的“缩放高度”的数值设置为 18.0，将“缩放宽度”的数值设置为 25.0，将“位置”的数值设置为（585.0，390.0），如图 3-74 所示。

图 3-74　设置 V1 轨道上的“序列 01”素材的位置和缩放

5）添加蓝色背景。方法：单击“项目”面板下方的■（新建项）按钮，从弹出的快捷菜单中选择“颜色遮罩”命令，然后在弹出的图 3-75 所示的“新建颜色遮罩”对话框，单击“确定”按钮，再在弹出的“拾色器”对话框中将颜色设置为一种蓝色（RGB 的数值为（0，0，100）），如图 3-76 所示，单击“确定”按钮。接着在弹出的图 3-77 所示的“选择名称”对话框中保持默认参数，单击“确定”按钮。

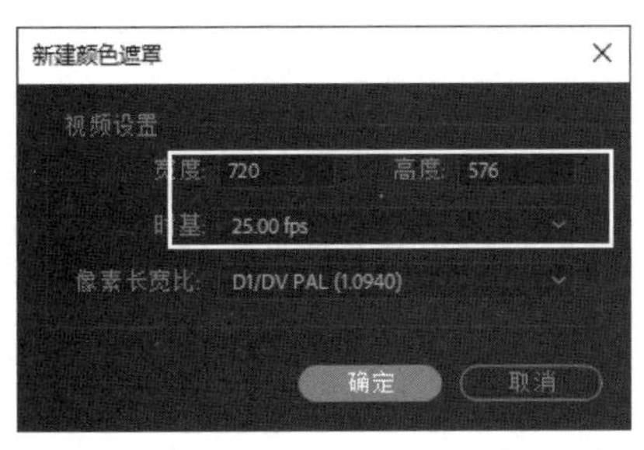

图 3-75　“新建颜色遮罩”对话框

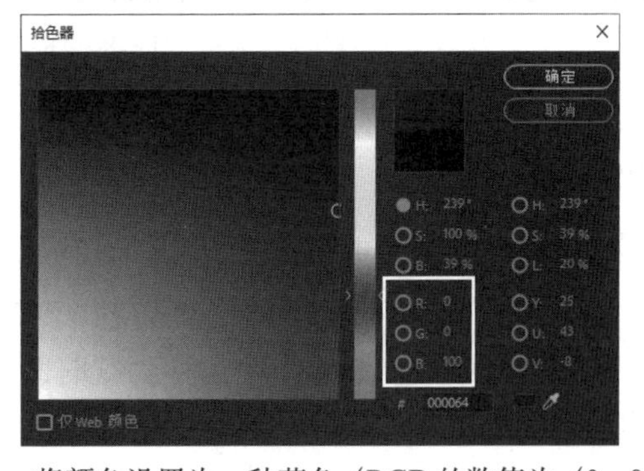

图 3-76　将颜色设置为一种蓝色（RGB 的数值为（0，0，100））

6）在时间线中同时选择 V1 ~ V4 轨道上的素材，向上移动一个轨道，从而将 V1 轨道空置出来，如图 3-78 所示。然后将项目面板中的“颜色遮罩”拖入 V1 轨道，并将时间总长度延长到第 6 秒，如图 3-79 所示。

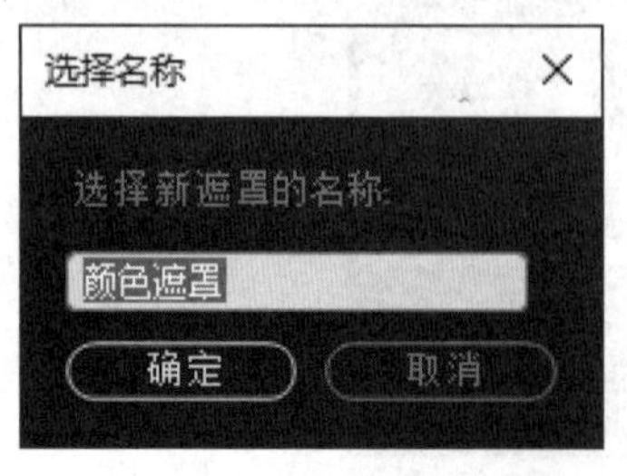

图 3-77 “选择名称”对话框

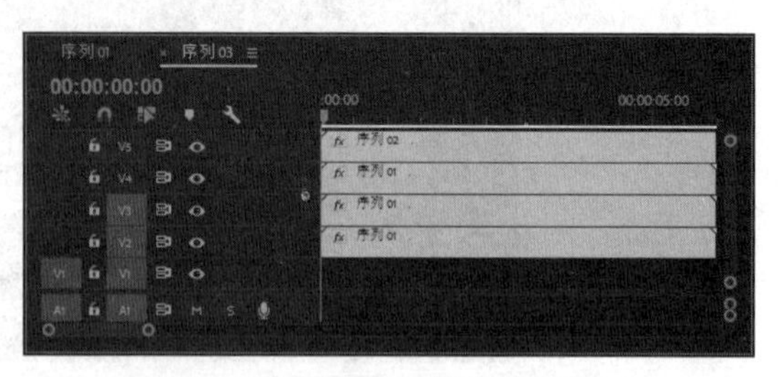

图 3-78 将 V1 轨道空置出来

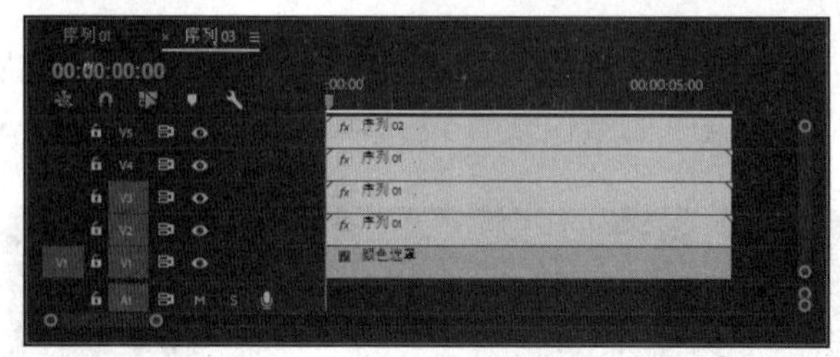

图 3-79 将“颜色遮罩”拖入 V1 轨道，并将时间总长度延长到第 6 秒

7）至此，整个多画面的展示效果制作完毕。接下来选择“文件 | 项目管理”命令，将文件打包。然后选择“文件 | 导出 | 媒体”命令，将其输出为“多画面展示效果 .mp4”文件。

3.4 制作时间穿梭效果

要点：

本例将制作多个视频的时间穿梭效果，如图 3-80 所示。通过本例的学习，读者应掌握视频倒放和控制视频播放速度的应用。

图 3-80 时间穿梭效果

操作步骤：

1. 制作视频倒放效果

1）启动 Premiere CC 2018，然后执行菜单中的“文件 | 新建 | 项目”（快捷键是〈Ctrl+Alt+N〉）命令，新建一个名称为“时间穿梭效果”的项目文件。接着新建一个预设为“ARRI 1080p 25”的“序列 01”序列文件。

2）导入素材。方法：选择“文件 | 导入”命令，导入网盘中的“源文件 \ 第 3 章　关键帧动画和时间线嵌套 \3.4　制作时间穿梭效果 \ 素材 1 ～素材 7.mp4”和“背景音乐 15.mp3”文件，如图 3-81 所示。

3）在“项目”面板中依次选择“素材 1 ～素材 7.mp4”，然后将它们拖入“时间线”面板的 V1 轨道中，入点为 00:00:00:00，此时软件会根据选择素材的顺序将它们依次放入时间线中，接着按键盘上的〈\〉键，将素材在时间线中最大化显示，如图 3-82 所示。

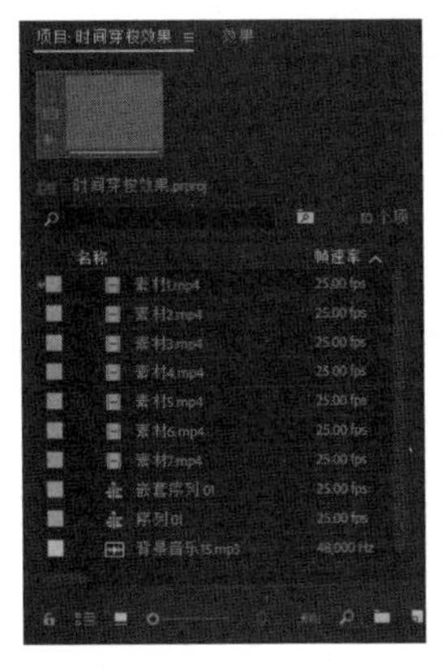

图 3-81　导入素材

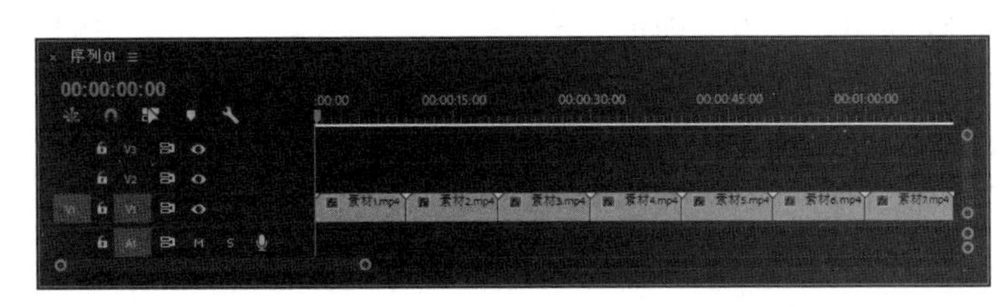

图 3-82　将“素材 1 ～素材 7.mp4”拖入“时间线”面板并在时间线中最大化显示

4）按空格键预览动画，此时会看到所有视频素材都是镜头逐渐推近的效果。而我们需要的是镜头逐渐拉远的效果。接下来框选“时间线”面板 V1 轨道上的所有素材，然后单击右键，从弹出的快捷菜单中选择“速度 / 持续时间”命令，接着在弹出的“剪辑速度 / 持续时间”对话框中勾选“倒放速度”复选框，如图 3-83 所示，单击“确定”按钮。最后按空格键预览动画，此时所有视频素材都就产生了镜头逐渐拉远的效果，如图 3-84 所示。

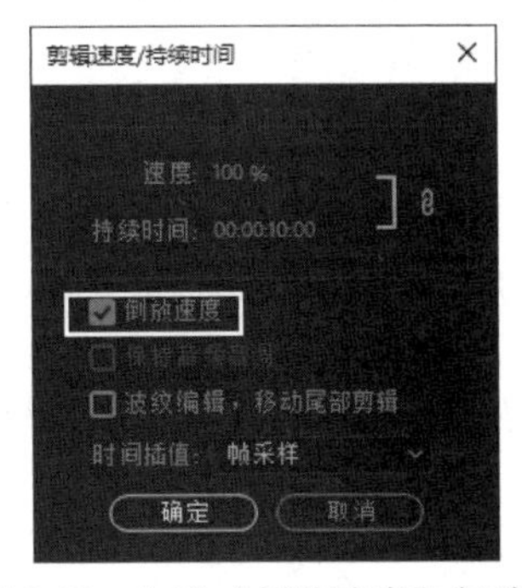

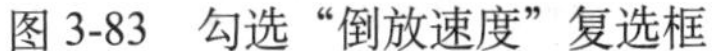

图 3-83　勾选“倒放速度”复选框

图 3-84　镜头逐渐拉远的效果

2. 制作视频的时间穿梭效果

1）在“时间线”面板中选择所有的素材，然后单击右键，从弹出的快捷菜单中选择“嵌套”命令，接着在弹出的“嵌套序列名称”对话框中保持默认参数，如图 3-85 所示，单击“确定”按钮，从而将所有的素材嵌套为一个新的序列，如图 3-86 所示。

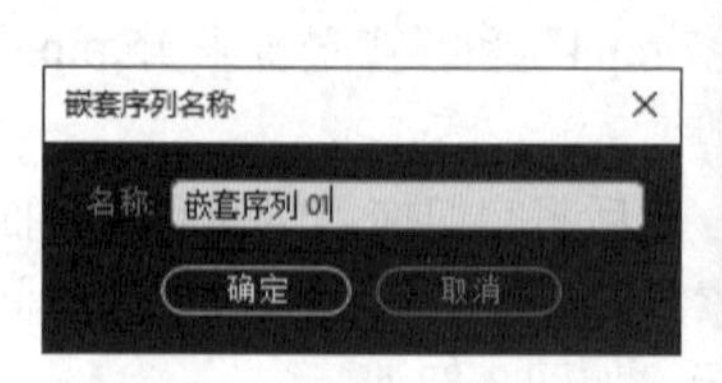

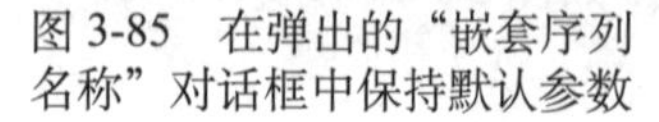
图 3-85　在弹出的“嵌套序列名称”对话框中保持默认参数

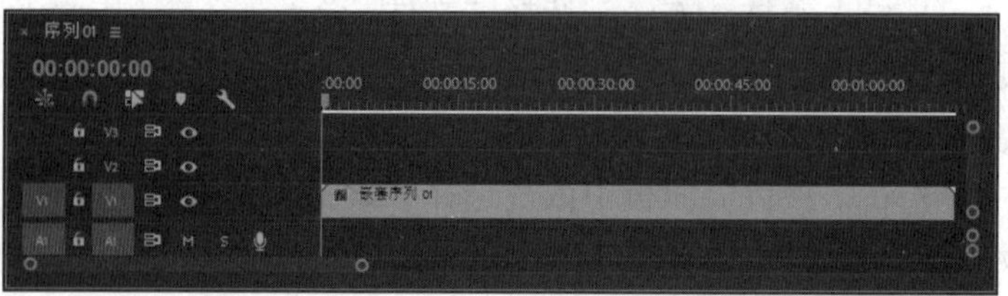

图 3-86　将所有的素材嵌套为一个新的序列

2）按空格键预览动画，此时素材的播放速度很慢。接下来右键单击 V1 轨道上的“嵌套序列 01”，然后从弹出的快捷菜单中选择“速度 / 持续时间”命令，接着在弹出的“剪辑速度 / 持续时间”对话框中将“速度”设置为 1000%，将“时间插值”设置为“帧混合”，如图 3-87 所示，单击“确定”按钮，此时“时间线”面板中的“嵌套序列 01”的总长度就缩短了，如图 3-88 所示。

提示：将“时间插值”设置为“帧混合”是为了使画面产生模糊的效果，从而模拟出时间穿梭的效果。

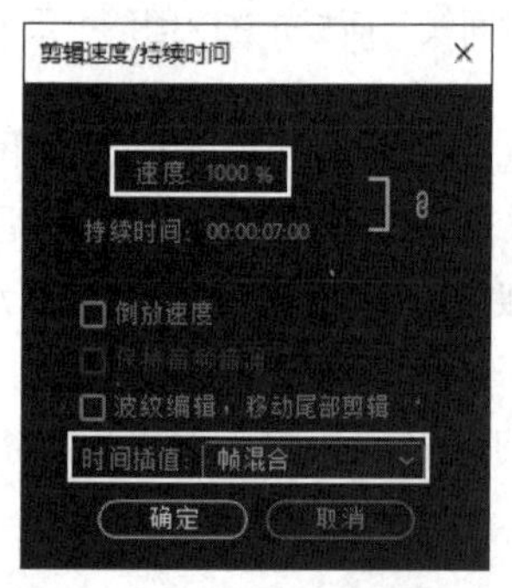

图 3-87　设置“剪辑速度 / 持续时间”参数

图 3-88　“时间线”面板

3）此时“时间线”面板上方会显示一条红线，表示此时按空格键预览会出现明显的卡顿。接下来执行菜单中的“序列 | 渲染入点到出点的效果”（快捷键是〈Enter〉）命令，进行渲染。当渲染完成后整个视频会自动进行实时播放，此时就可以看到时间穿梭的效果，如图 3-89 所示，这时“时间线”面板上方的红线会变为绿线，如图 3-90 所示。

图 3-89　时间穿梭的效果

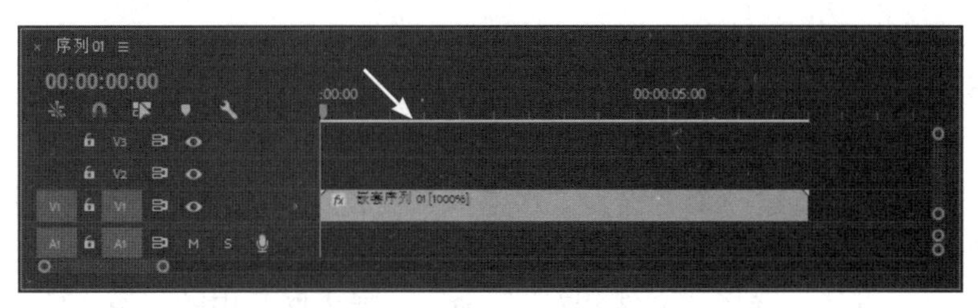

图 3-90　“时间线”面板上方的红线会变为绿线

4）给视频添加背景音乐。方法：将“项目”面板中的“背景音乐 15.mp3”拖入“时间线”面板的 A1 轨道，入点为 00:00:00:00，如图 3-91 所示。

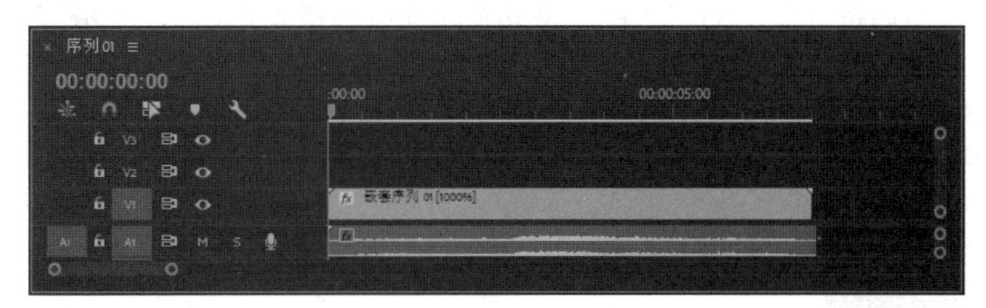

图 3-91　将“背景音乐 15.mp3”拖入“时间线”面板的 A1 轨道，入点为 00:00:00:00

5）至此，整个时间穿梭效果制作完毕。接下来选择“文件 | 项目管理”命令，将文件打包。然后选择“文件 | 导出 | 媒体”命令，将其输出为“时间穿梭效果 .mp4”文件。

3.5　制作水墨卡点视频效果

要点：

本例将制作随着音乐的节奏，不同的水墨视频依次切换到不同图片的效果，如图 3-92 所示。通过本例的学习，读者应掌握快速添加多个锚点，“自动匹配序列”和“混合模式”的应用。

图 3-92　水墨卡点视频效果

操作步骤：

1）启动 Premiere CC 2018，然后执行菜单中的“文件 | 新建 | 项目”（快捷键是〈Ctrl+Alt+N〉）命令，新建一个名称为“水墨卡点视频”的项目文件。接着新建一个预设为“ARRI 1080p 25”的“序列 01”序列文件。

2）导入素材。方法：选择“文件 | 导入”命令，导入网盘中的“源文件 \ 第 3 章 关键帧动画和时间线嵌套 \3.5 制作水墨卡点视频效果 \ 水墨画 1 ～水墨画 8.mp4”“图片 1 ～图片 8.jpg”和“背景音乐 11.mp3”文件，如图 3-93 所示。

3）将“项目”面板中的“背景音乐 11.mp3”拖入“时间线”面板的 A1 轨道中，入点为 00:00:00:00，然后按键盘上的〈\〉键，将其在时间线中最大化显示，如图 3-94 所示。

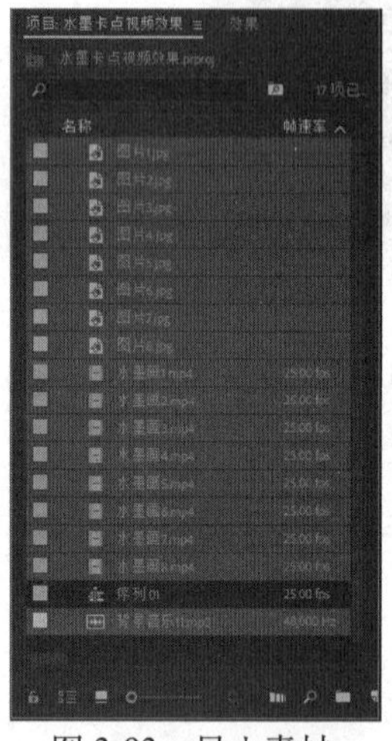

图 3-93 导入素材

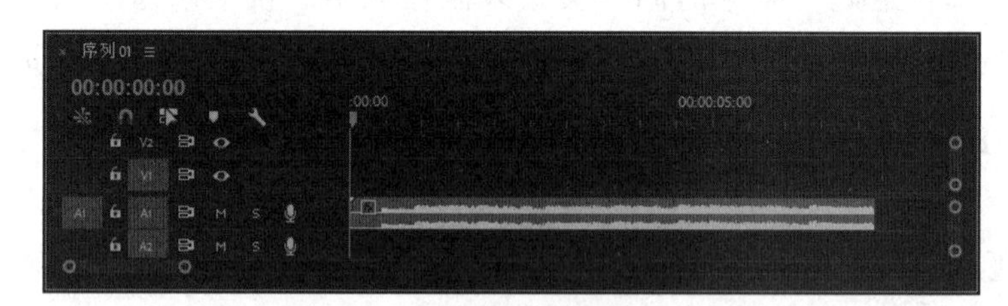

图 3-94 将“背景音乐 11.mp3”拖入“时间线”面板并在时间线中最大化显示

4）在时间线上添加标记。方法：在不选择 A1 轨道音频的情况下，按空格键预览声音，并根据音乐的节奏不断按〈M〉键，即可在时间线上添加多个标记，接着将第一个标记移动到第 0 帧，如图 3-95 所示。

提示：此时一定不要选择 A1 轨道上的音频，否则就不是在时间线上添加标记，而是在音频上添加标记。

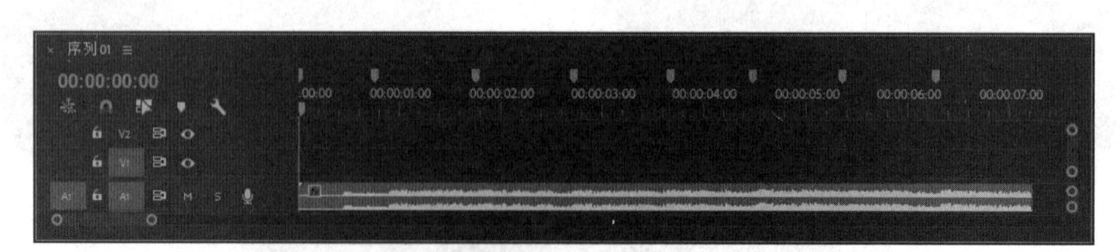

图 3-95 根据音频的节奏在时间线上添加多个标记

5）将时间滑块移动到 00:00:00:00 的位置，然后在“项目”面板中选择“图片 1 ～图片

8.jpg”，单击下方的（自动匹配序列）按钮，接着在弹出的“序列自动化”对话框中将“顺序”设置为“选择顺序”，将“放置”设置为“在未编号标记”，如图 3-96 所示，单击“确定”按钮。此时图片素材会按选择的顺序依次导入到“时间线”面板的 V1 轨道中的每个标记的位置，最后将“图片 8.jpg”的出点设置为与 A1 轨道上的音频出点一致，如图 3-97 所示。

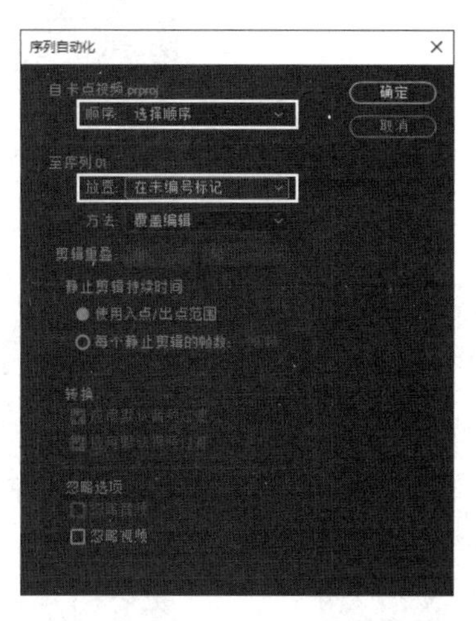

图 3-96　设置“序列自动化”参数

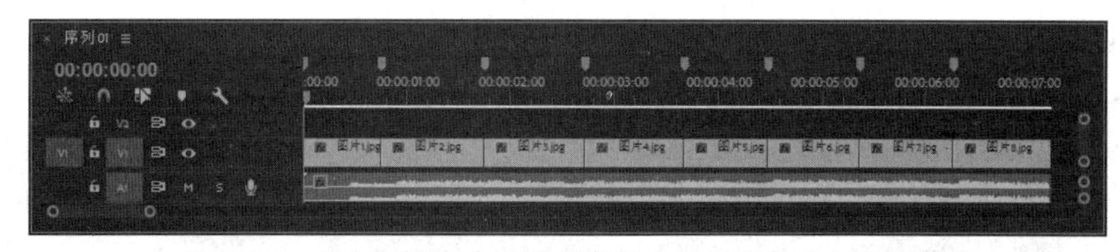

图 3-97　图片素材按选择的顺序依次添加到每个标记的位置

6）按空格键预览动画，此时就会看到在每个标记处会出现不同图片的效果。接下来单击 V1 轨道上的按钮，切换为状态，从而锁定 V1 轨道，如图 3-98 所示。

提示：锁定 V1 轨道的目的是避免后面导入“水墨画 1 ～水墨画 8.mp4”时覆盖 V1 轨道的图片。

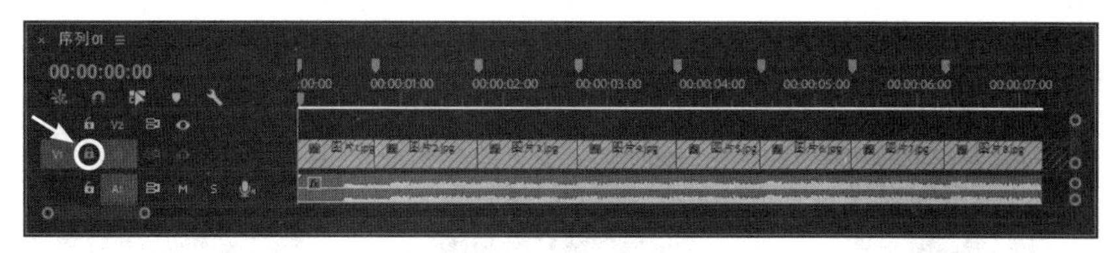

图 3-98　锁定 V1 轨道

7）在“项目”面板中选择“水墨画 1 ～水墨画 8.mp4”，单击右键，从弹出的快捷菜单中选择“速度 / 持续时间”命令，然后在弹出的“剪辑速度 / 持续时间”对话框中将“速度”设置为 200%，如图 3-99 所示，单击“确定”按钮。接着将时间滑块移动到 00:00:00:00 的位置，单击下方的（自动匹配序列）按钮，接着在弹出的“序列自动化”对话框中将“顺序”设置为“选择顺序”，将“放置”设置为“在未编号标记”，如图 3-100 所示，单击“确定”按钮。此时水墨画素材会按选择的顺序依次导入到“时间线”面板的 V2 轨道中的每个标记的位置，最后将“水墨画 8.mp4”的出点设置为与 V1 轨道上的音频出点一致，如图 3-101 所示。

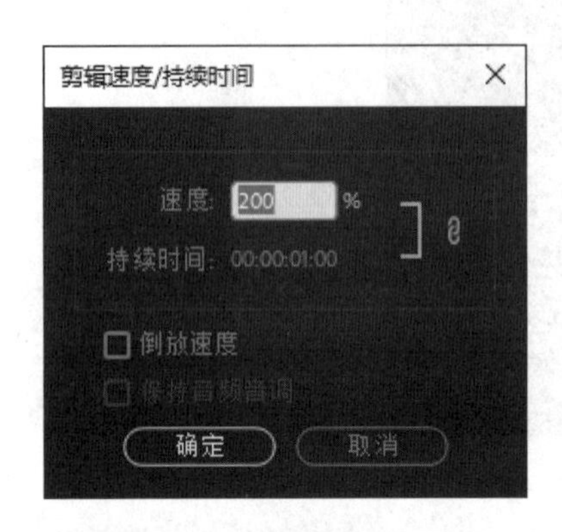

图 3-99　将“速度”设置为 200%

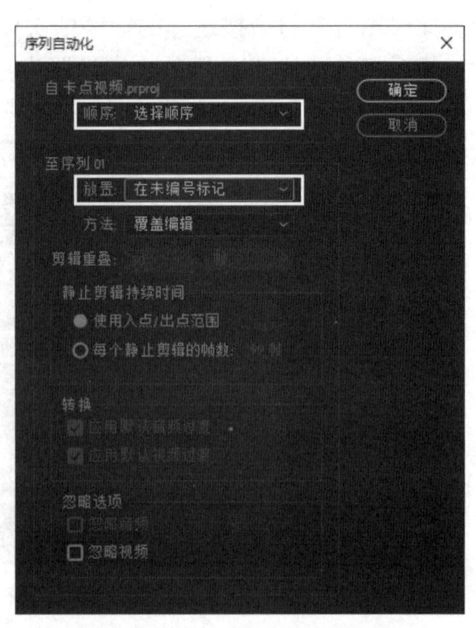

图 3-100　设置“序列自动化”参数

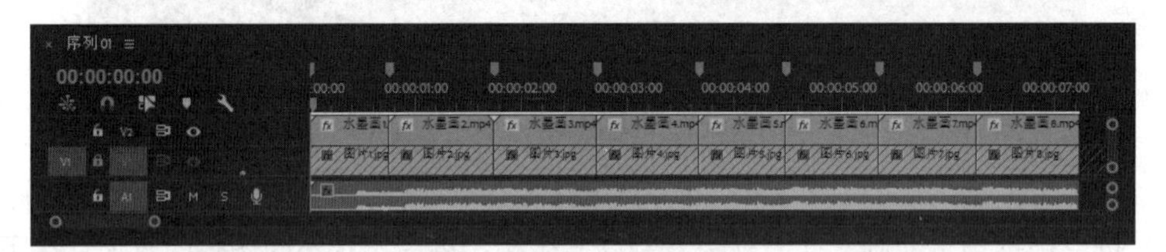

图 3-101　水墨画素材按选择的顺序依次添加到每个标记的位置

8）按空格键预览动画，此时就会看到在每个标记处会出现不同的水墨画切换效果，如图 3-102 所示。

图 3-102　在每个标记处出现不同的水墨画切换效果

9）制作透过水墨画的黑色区域显现出下方图片的效果。方法：在 V2 轨道上选择“水墨画 1.mp4”，然后在“效果控件”面板中将“不透明度”的“混合模式”设置为“滤色”，如图 3-103 所示，此时“水墨画 1.mp4”中的黑色区域就会变为透明，从而显现出下方 V1 轨道中的图片，如图 3-104 所示。

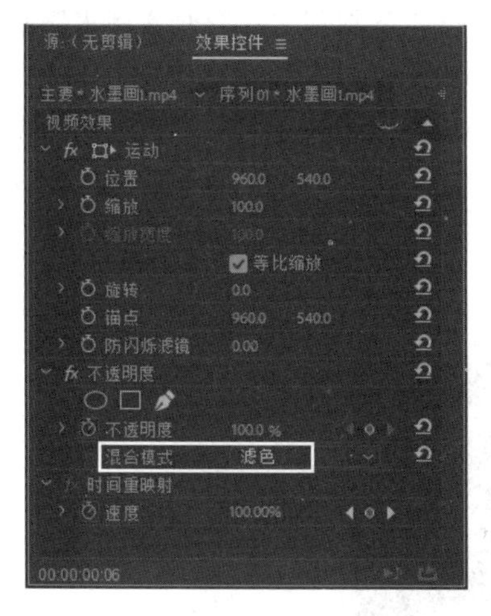

图 3-103　将“水墨画 1.mp4”的“不透明度”的“混合模式”设置为“滤色”

图 3-104　将“水墨画 1.mp4”的“不透明度”的“混合模式”设置为“滤色”的效果

10）制作“水墨画 1.mp4”的放大动画。方法：将时间滑块移动到 00:00:00:00 的位置，然后单击“缩放”前面的⏱按钮，添加一个缩放关键帧，如图 3-105 所示，接着将时间滑块移动到 00:00:01:00 的位置，将“缩放”的数值设置为 200.0，如图 3-106 所示，最后按空格键进行预览，即可看到“水墨画 1.mp4”逐渐放大，显现出下方图片的效果，如图 3-107 所示。

图 3-105　在 00:00:00:00 的位置记录“水墨画 1.mp4”的“缩放”的关键帧

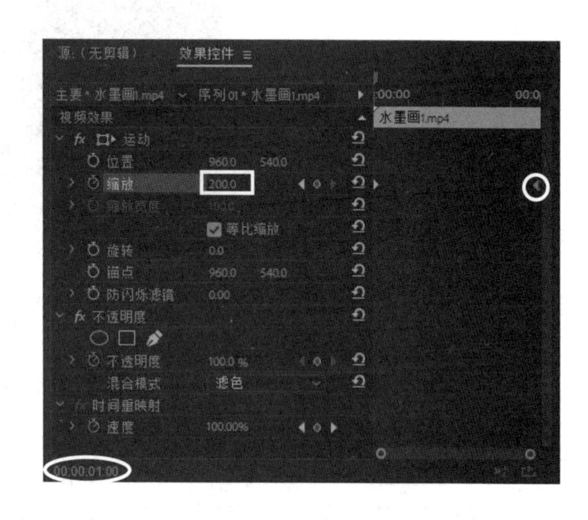

图 3-106　在 00:00:01:00 的位置将“缩放”的数值设置为 200.0

图 3-107　“水墨画 1.mp4”逐渐放大的效果

11）将“水墨画 1.mp4”的“运动”和“不透明度”属性复制到“水墨画 2 ～水墨画 8.mp4”上。方法：在时间线 V1 轨道上右键单击“水墨画 1.mp4”，从弹出的快捷菜单中选择“复制”命令，然后框选 V1 轨道上的“水墨画 2 ～水墨画 8.mp4”，单击右键，从弹出的快捷菜单中选择“粘贴属性”命令，接着在弹出的“粘贴属性”对话框中勾选“运动”和“不透明度”复选框，如图 3-108 所示，单击“确定”按钮。

图 3-108　勾选“运动”和“不透明度”复选框

12）按空格键进行预览，即可看到随着音乐的节奏，不同的水墨画放大后显现出不同的图片效果。

13）至此，整个竖向视频卡点效果制作完毕。接下来选择“文件 | 项目管理”命令，将文件打包。然后选择“文件 | 导出 | 媒体”命令，将其输出为“水墨卡卡点视频效果 .mp4”文件。

3.6　课后练习

1）利用网盘中的“源文件 \ 第 3 章 关键帧动画和时间线嵌套 \ 课后练习 \ 练习 1”中的“素材 .mp4”“快门声音 .mp3”和“背景音乐 .mp3”文件，制作影片中经常见到的帧定格效果，如图 3-119 所示。结果可参考网盘中的“素材及结果 \ 第 3 章 关键帧动画和时间线嵌套 \ 课后练习 \ 练习 1\ 练习 1.prproj”文件。

图 3-109　练习 1 的效果

2）利用网盘中的“源文件 \ 第 3 章 关键帧动画和时间线嵌套 \ 课后练习 \ 练习 2”中的“素材 1.mp4”“素材 1.mp4”和“背景 .jpg”文件，制作替换原图中 LED 屏的画面内容，以及整个画面由中景变为近景的效果。结果可参考网盘中的“素材及结果 \ 第 3 章 关键帧动画和时间线嵌套 \ 课后练习 \ 练习 2\ 练习 2.prproj”文件。

第4章　视频过渡的应用

在电视节目及电影制作过程中，视频过渡是连接素材时常用的手法。通过应用视频过渡，整部作品的流畅感会得到提升，并使得画面更富有表现力。通过本章学习，读者应掌握常用的视频过渡使用方法。

4.1　制作追忆背景过渡效果

要点：

本例将制作带有背景音乐的5幅图片分别从大变小、从上往下、从小变大、从左往右逐渐过渡的效果，如图4-1所示。通过本例的学习，读者应掌握设置静止图像默认持续时间，设置图像缩放、位置和不透明度关键帧，对图像添加默认“交叉溶解”视频过渡效果，以及对音频进行剪辑和添加“恒定功率”音频过渡效果的方法。

图4-1　追忆背景过渡效果

操作步骤：

1. 导入和编辑图片素材

1）启动Premiere CC 2018，然后执行菜单中的“文件|新建|项目”命令新建一个名称为“追忆背景”的项目文件。接着新建一个预设为“ARRI 1080p 25”的“序列01”序列文件。

2）设置静止图片默认持续时间为6s。方法：选择“编辑|首选项|媒体”命令，在弹出的“首选项”对话框中将“不确定的媒体时基”设置为25.00fps，如图4-2所示，接着在左侧选择“时间轴”，再在右侧将“静帧图像默认持续时间”设置为150帧（也就是6s），如图4-3所示，单击“确定”按钮。

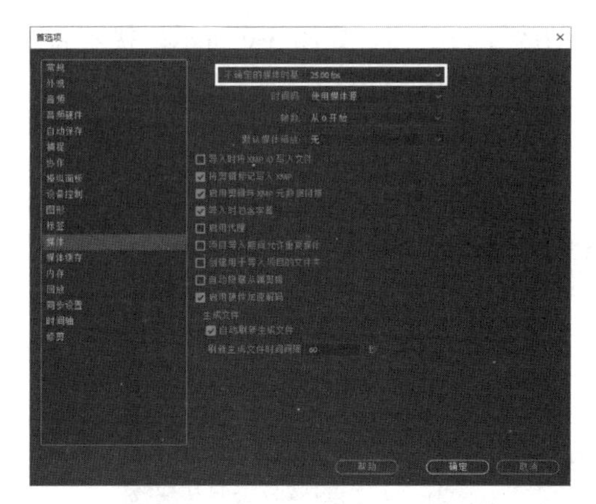

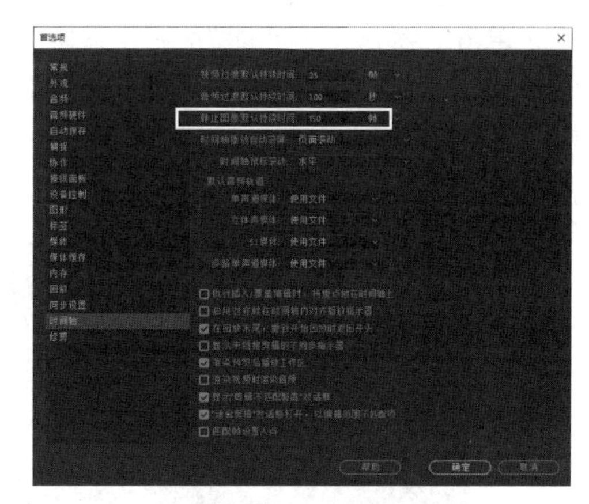

图 4-2　将“不确定的媒体时基”设置为 25.00fps　　图 4-3　将“静帧图像默认持续时间”设置为 150 帧

3）导入图片素材。方法：选择“文件 | 导入”命令，导入网盘中的“源文件 \ 第 4 章 视频过渡的应用 \4.1 制作追忆背景过渡效果 \ 素材 1.tga”～“素材 5.tga”和“背景音乐 .mp3”文件，接着在“项目”面板下方单击■（图标视图）按钮，将素材以图标视图的方式进行显示，如图 4-4 所示。

4）在“项目”面板中按住〈Ctrl〉键，依次选择“素材 1.jpg”～“素材 5.jpg”，然后将它们拖入“时间线”面板的 V1 轨道中，入点为 00:00:00:00。此时“时间线”面板会按照素材选择的先后顺序将素材依次排列，如图 4-5 所示。

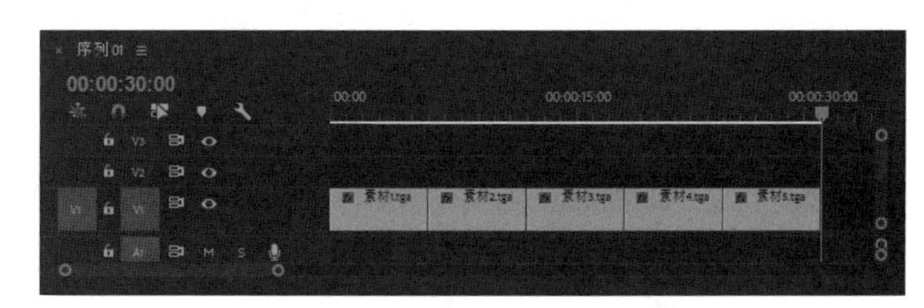

图 4-4　将素材以图标视图的方式进行显示　　图 4-5　将素材拖入“时间线”面板

2. 添加素材的缩放、位置和不透明度变化

1）制作“素材 1.jpg”由大变小进入画面的效果。方法：将时间滑块移动到 00:00:00:00 的位置，选择 V1 轨道的“素材 1”，然后在“效果控件”面板中将“缩放”的数值设置为

120.0，单击“缩放”前面的按钮，添加一个“缩放”关键帧，如图 4-6 所示。接着将时间定位在 00:00:05:24 的位置，将“缩放”的数值设置为 100.0，如图 4-7 所示。最后在“节目”监视器中单击按钮，即可看到“素材 1.jpg”图片在 00:00:00:00 ~ 00:00:06:00 之间由大变小进入画面的效果，如图 4-8 所示。

图 4-6　在第 0 帧将“缩放”的数值设置为 120.0，并记录关键帧

图 4-7　在第 5 秒 24 帧将“缩放”的数值设置为 100.0

图 4-8　“素材 1.jpg”图片在 00:00:00:00 ~ 00:00:06:00 之间由大变小进入画面的效果

2）制作“素材 2.jpg”由上往下进入画面的效果。方法：将时间滑块移动到 00:00:11:24 的位置，选择 V1 轨道的“素材 2”，然后在“效果控件”面板中单击“位置”前面的按钮，添加一个“位置”关键帧，如图 4-9 所示。接着将时间定位在 00:00:06:00 的位置，将“位置”的数值设置为（960.0，440.0），如图 4-10 所示。

图 4-9　在第 11 秒 24 帧记录“位置”关键帧

图 4-10　在第 6 秒将“位置”的数值设置为（960.0，440.0）

3）此时画面下方会出现黑色区域，接下来将“缩放”的数值设置为 120.0，如图 4-11 所示，此时画面下方的黑色区域就去除了。最后在“节目”监视器中单击按钮，即可看到“素材 2.jpg”图片在 00:00:06:00 ～ 00:00:12:00 之间由上往下进入画面的效果，如图 4-12 所示。

图 4-11　将“缩放”的数值设置为 120.0

图 4-12　“素材 2.jpg”图片在 00:00:06:00 ～ 00:00:12:00 之间由上往下进入画面的效果

4）制作“素材 3.jpg”由小变大的效果。方法：将时间滑块移动到 00:00:12:00 的位置，选择 V1 轨道的“素材 3”，然后在“效果控件”面板中单击“缩放”前面的按钮，添加一个“缩放”关键帧，如图 4-13 所示。接着将时间定位在 00:00:17:24 的位置，将“缩放”的数值设置为 120.0，如图 4-14 所示。最后在“节目”监视器中单击按钮，即可看到“素材 1.jpg”图片在 00:00:12:00 ~ 00:00:18:00 之间由小变大的效果，如图 4-15 所示。

图 4-13　在第 12 秒记录“缩放”关键帧

图 4-14　在第 17 秒 24 帧将“缩放”的数值设置为 120.0

图 4-15　“素材 1.jpg”图片在 00:00:12:00 ~ 00:00:18:00 之间由小变大的效果

5）制作“素材 4.jpg”从左往右进入画面的效果。方法：将时间滑块移动到 00:00:23:24 的位置，选择 V1 轨道的“素材 4”，然后在“效果控件”面板中单击“位置”前面的按钮，添加一个“位置”关键帧，如图 4-16 所示。接着将时间定位在 00:00:18:00 的位置，将“位置”的数值设置为（860.0，540.0），如图 4-17 所示。

图 4-16　在第 23 秒 24 帧记录位置关键帧

图 4-17　在第 18 秒将“位置”的数值设置为（860.0，540.0）

6）此时画面右侧会出现黑色区域，接下来将“缩放”的数值设置为 120.0，如图 4-18 所示，此时画面下方的黑色区域就去除了。最后在“节目”监视器中单击▶按钮，即可看到“素材 4.jpg”图片在 00:00:18:00 ～ 00:00:24:00 之间从左往右进入画面的效果，如图 4-19 所示。

图 4-18　将“缩放”的数值设置为 120.0

图 4-19　“素材 4.jpg”图片在 00:00:18:00 ～ 00:00:24:00 之间从左往右进入画面的效果

7）制作“素材 5.jpg”的淡出效果。方法：将时间滑块移动到 00:00:24:00 的位置，选择 V1 轨道的“素材 5”，然后在“效果控件”面板中单击“不透明度”后面的按钮，添加一个“不透明度”关键帧，如图 4-20 所示。接着将时间定位在 00:00:30:00 的位置，将“不透明度”的数值设置为 0.0%，如图 4-21 所示。最后在“节目”监视器中单击按钮，即可看到“素材 5.jpg”图片在 00:00:24:00 ~ 00:00:30:00 之间淡出画面的效果，如图 4-22 所示。

图 4-20　在第 24 秒添加一个“不透明度”关键帧

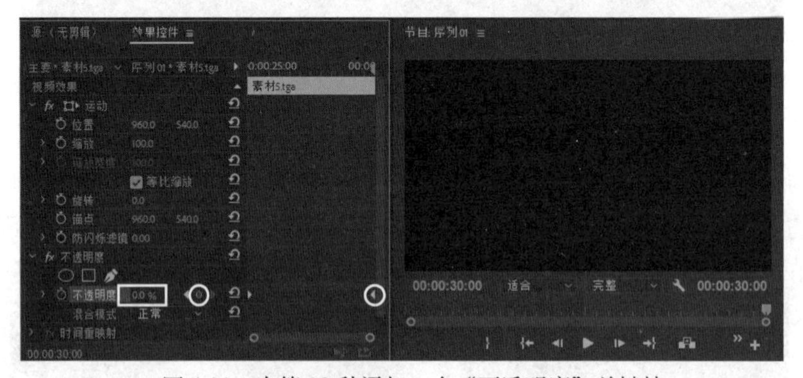

图 4-21　在第 30 秒添加一个“不透明度”关键帧

图 4-22　“素材 5.jpg”图片在 00:00:24:00 ~ 00:00:30:00 之间的淡出画面效果

3. 在素材之间添加默认“交叉溶解”视频过渡

在时间线中按快捷键〈Ctrl+A〉，选中所有的素材，然后按快捷键〈Ctrl+D〉，从而在素材之间添加“交叉溶解”的视频过渡效果，如图 4-23 所示。

提示：如果要对“交叉溶解”的参数进行调整，可以在“时间线”面板中单击该视频过渡，然后在“效果控件”面板中进行相关参数的设置，如图4-24所示。

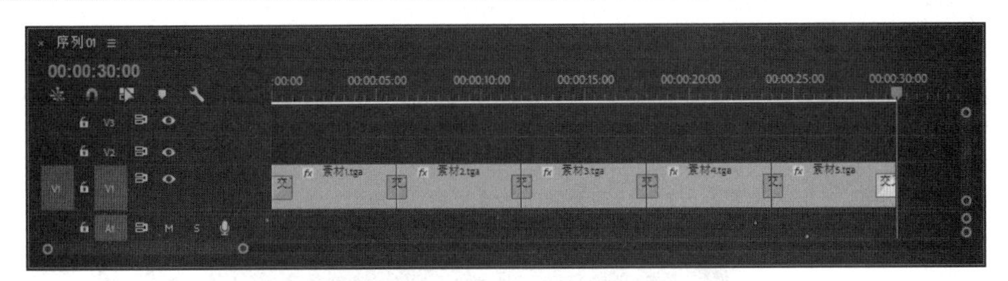

图 4-23　在素材之间添加“交叉溶解”视频过渡效果

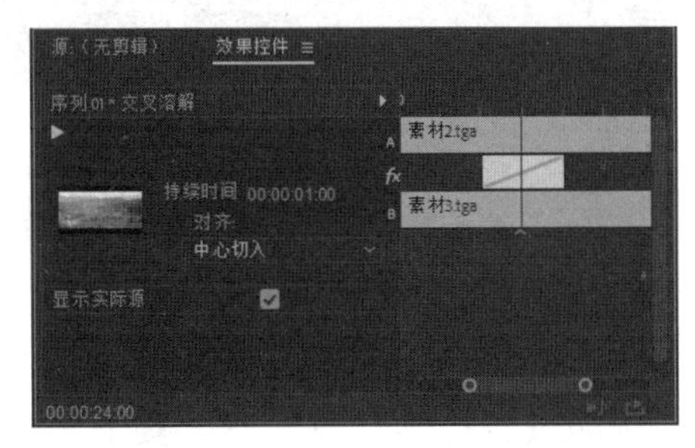

图 4-24　在“效果控件”面板中调整“交叉溶解”视频过渡的参数

4. 添加背景音乐

1）将“项目”面板中的“背景音乐 6.mp3”拖入“时间线”面板的 A1 轨道中，入点为 00:00:00:00，如图 4-25 所示。

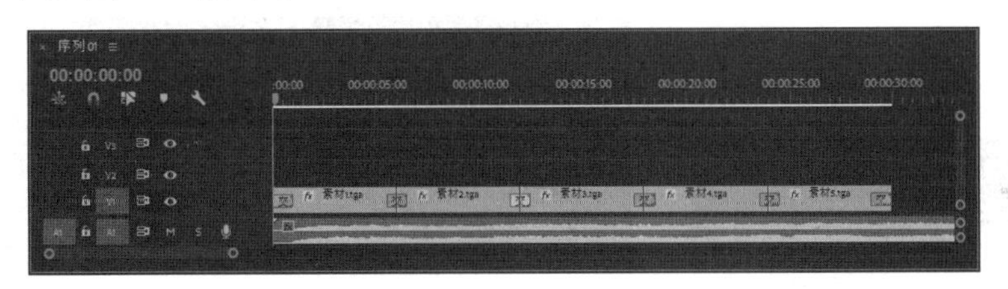

图 4-25　将“背景音乐 6.mp3”拖入 A1 轨道，入点为 00:00:00:00

2）选择“工具”面板中的 （剃刀工具），在音频轨道 00:00:30:00 处单击，从而将音频素材一分为二，如图 4-26 所示。然后利用 （选择工具）选择 00:00:30:00 后的音频素材，按〈Delete〉键进行删除，如图 4-27 所示。

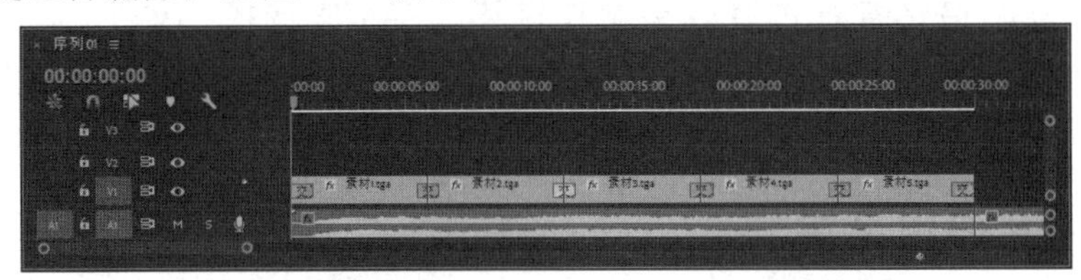

图 4-26　将音频素材在 00:00:30:00 处一分为二

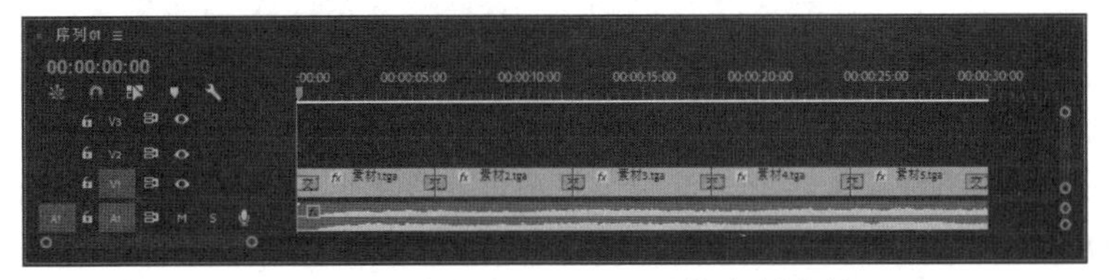

图 4-27　删除 00:00:30:00 后的音频素材

3）在音频结束处添加音频淡出效果。方法：在音频结尾处单击右键，从弹出的快捷菜单中选择“应用默认过渡”（快捷键是〈Ctrl+Shift+D〉）命令，如图 4-28 所示，从而在音频结尾处添加一个默认的“恒定功率”音频过渡，如图 4-29 所示。

提示：“恒定功率”音频过渡可以产生音频淡出效果。

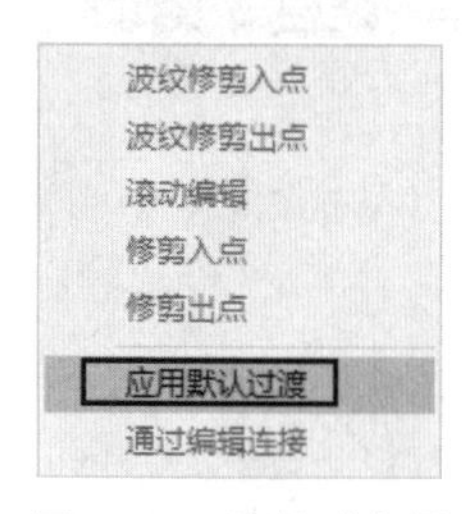

图 4-28 选择“应用默认过渡”命令

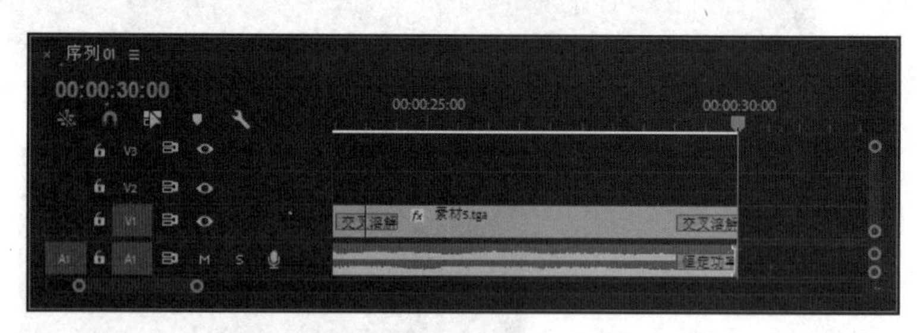

图 4-29 在音频结尾处添加一个默认的“恒定功率”音频过渡

4）默认的“恒定功率”音频过渡持续时间为 1s，接下来将音频过渡持续时间设置为 2s。方法：双击 A1 轨道的“恒定功率”音频过渡，然后在弹出的“设置过渡持续时间”对话框中将“持续时间”的数值设置为 00:00:02:00（2s），如图 4-30 所示，单击“确定”按钮，效果如图 4-31 所示。

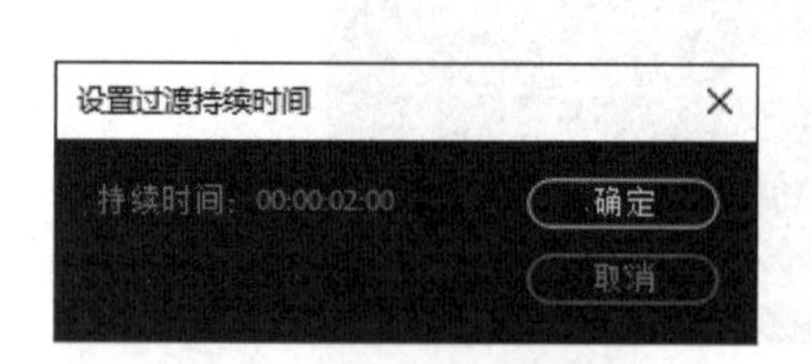

图 4-30 将“持续时间”的数值设置为 00:00:02:00

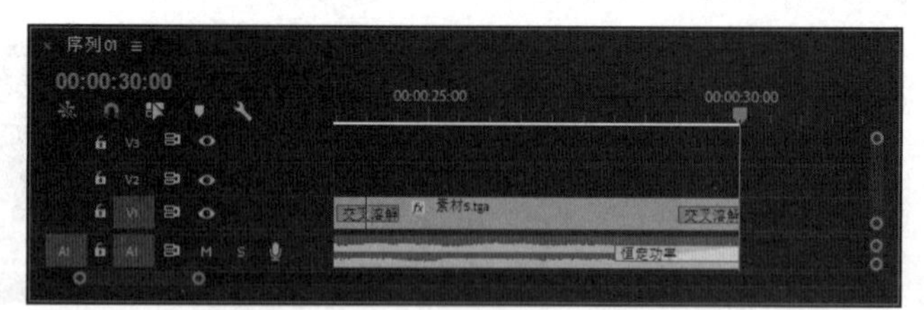

图 4-31 将“恒定功率”的“持续时间”的数值设置为 00:00:02:00 的效果

5）按空格键预览动画。

6）至此，整个追忆背景过渡效果制作完毕。接下来选择“文件 | 项目管理”命令，将文件打包。然后选择“文件 | 导出 | 媒体”命令，将其输出为“追忆背景过渡效果 .mp4”文件。

4.2 制作淡入淡出效果

要点：

本例将制作带有背景音乐的 6 段视频素材逐渐过渡的效果，如图 4-32 所示。通过本例的学习，读者应掌握对视频添加默认“交叉溶解”视频过渡效果，以及对音频添加默认“恒定功率”音频过渡效果的方法。

图 4-32　淡入淡出效果

操作步骤：

1）启动 Premiere CC 2018，然后执行菜单中的“文件 | 新建 | 项目”命令，新建一个名称为“淡入淡出效果”的项目文件。接着新建一个预设为“ARRI 1080p 25”的“序列 01”序列文件。

2）导入素材。方法：选择“文件 | 导入”命令，导入网盘中的“源文件 \ 第 4 章 视频过渡的应用 \4.2 淡入淡出效果 \ 素材 1.mp4”～“素材 6.mp4”和“背景音乐 1.mp3”文件，接着在“项目”面板下方单击■（图标视图）按钮，将素材以图标视图的方式进行显示，如图 4-33 所示。

3）在“项目”面板中按住〈Ctrl〉键，依次选择“素材 1.mp4”～“素材 6.mp4”，然后将它们拖入“时间线”面板的 V1 轨道中，入点为 00:00:00:00。此时“时间线”面板会按照素材选择的先后顺序将素材依次排列，如图 4-34 所示。

图 4-33　将素材以图标视图的方式进行显示

图 4-34　将素材拖入时间线

4）在素材之间添加默认“交叉溶解”视频过渡效果。方法：在时间线中按快捷键〈Ctrl+A〉，选中所有的素材，然后按快捷键〈Ctrl+D〉，在弹出的图 4-35 所示的“过渡”对话框中单击“确定”按钮，从而在素材之间添加默认“交叉溶解”视频过渡效果，如图 4-36 所示。

图 4-35 “过渡”对话框

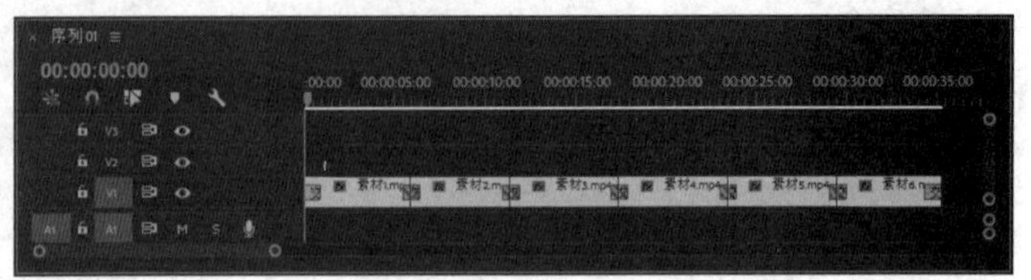

图 4-36 在素材之间添加默认“交叉溶解”视频过渡效果

5）添加音频。方法：将“项目”面板中的“背景音乐 1.mp3”拖入“时间线”面板的 A1 轨道中，入点为 00:00:00:00。然后选择 A1 轨道的音频，按快捷键〈Ctrl+Shift+D〉，从而在音频的起始和结束处添加默认的“恒定功率”音频过渡。接着分别双击起始和结束处的“恒定功率”音频过渡，将它们的持续时间均设置为 2s，如图 4-37 所示。

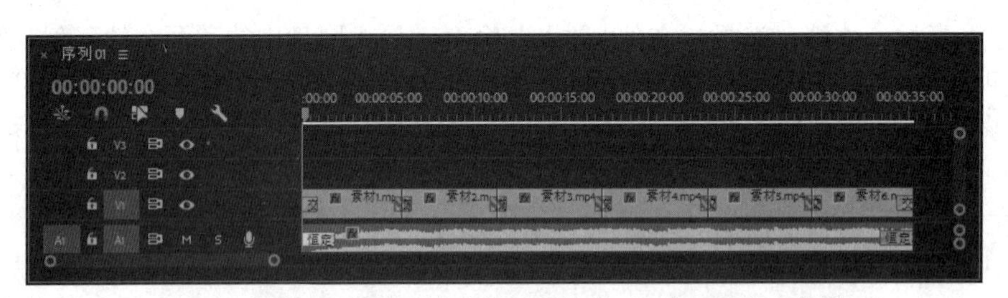

图 4-37 在音频起始和结束处添加默认的“恒定功率”音频过渡

6）按空格键预览动画。

7）至此，整个淡入淡出效果制作完毕。接下来选择“文件 | 项目管理”命令，将文件打包。然后选择“文件 | 导出 | 媒体”命令，将其输出为“淡入淡出效果 .mp4”文件。

4.3 制作建筑视频过渡效果

要点：

本例将制作带有背景音乐的 4 段视频素材逐渐过渡的效果，如图 4-38 所示。通过本例的学习，读者应掌握设置视频过渡效果的持续时间，设置缩放、位置和不透明度关键帧，添加默认“交叉溶解”视频过渡效果，以及对音频进行剪辑和添加默认“恒定功率”音频过渡效果的方法。

图 4-38　建筑视频过渡效果

操作步骤：

1）启动 Premiere CC 2018，然后执行菜单中的“文件 | 新建 | 项目”命令，新建一个名称为“建筑视频过渡效果”的项目文件。接着新建一个预设为“ARRI 1080p 25”的“序列 01”序列文件。

2）导入素材。方法：选择“文件 | 导入”命令，导入网盘中的“源文件 \ 第 4 章 视频过渡的应用 \4.2 淡入淡出效果 \ 素材 1.mp4”～“素材 4.mp4”和“背景音乐 2.mp3”文件，接着在“项目”面板下方单击 （图标视图）按钮，将素材以图标视图的方式进行显示，如图 4-39 所示。

3）在“项目”面板中按住〈Ctrl〉键，依次选择“素材 1.mp4”～“素材 4.mp4”，然后将它们拖入“时间线”面板的 V1 轨道中，入点为 00:00:00:00。此时软件会按照素材选择的先后顺序将素材在 V1 轨道上依次排列，如图 4-40 所示。

图 4-39　将素材以图标视图的方式进行显示

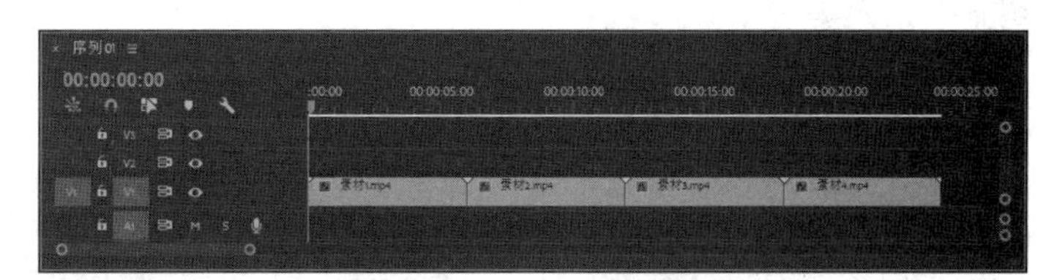

图 4-40　将素材拖入时间线

4）将时间分别定位在整个素材的起始和结束处，然后按快捷键〈Ctrl+D〉，从而在整个素材起始和结束处添加默认“交叉溶解”视频过渡效果，如图 4-41 所示。

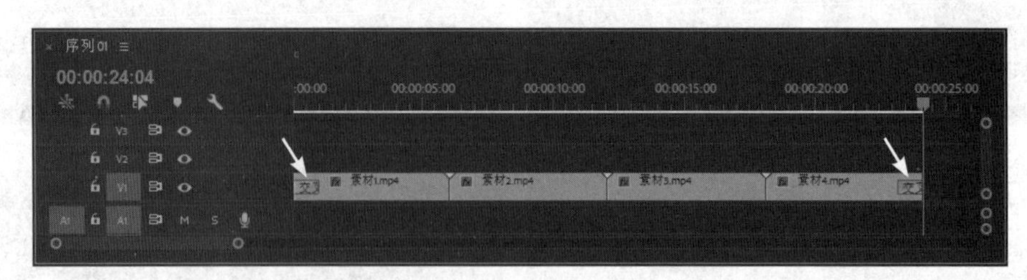

图 4-41　在整个素材起始和结束处添加默认“交叉溶解”视频过渡效果

5）在其余视频素材之间添加视频过渡。方法：在“效果”面板中选择“视频过渡 | 溶解 | 胶片溶解”，如图 4-42 所示，然后将其拖到“素材 1.mp4”～“素材 2.mp4”之间，如图 4-43 所示。

图 4-42　选择“胶片溶解”　图 4-43　将“胶片溶解”视频过渡拖到“素材 1.mp4”～“素材 2.mp4”之间

6）同理，在“效果”面板中选择“视频过渡 |3D 运动 | 立方体旋转”，如图 4-44 所示，然后将其拖到“素材 2.mp4”～“素材 3.mp4”之间，如图 4-45 所示。

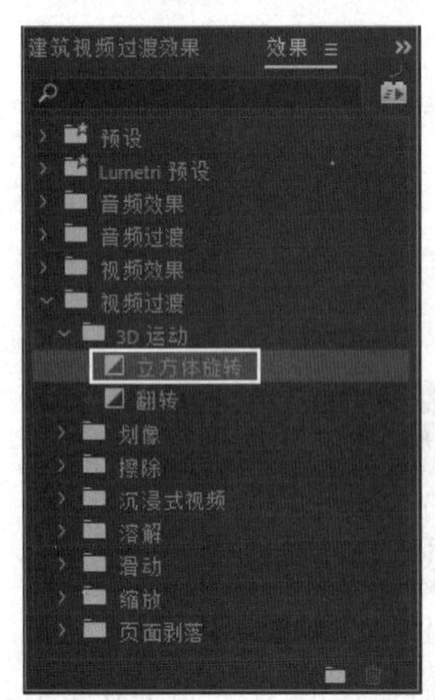

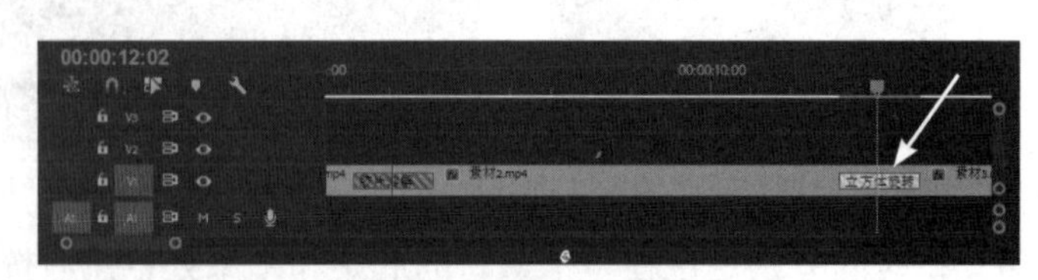

图 4-44　选择“立方体旋转”　图 4-45　将“立方体旋转”视频过渡拖到“素材 2.mp4”～“素材 3.mp4”之间

7）同理，在“效果”面板中选择“视频过渡 | 划像 | 交叉划像”，如图 4-46 所示，然后将其拖到“素材 3.mp4” ~ “素材 4.mp4”之间，如图 4-47 所示。

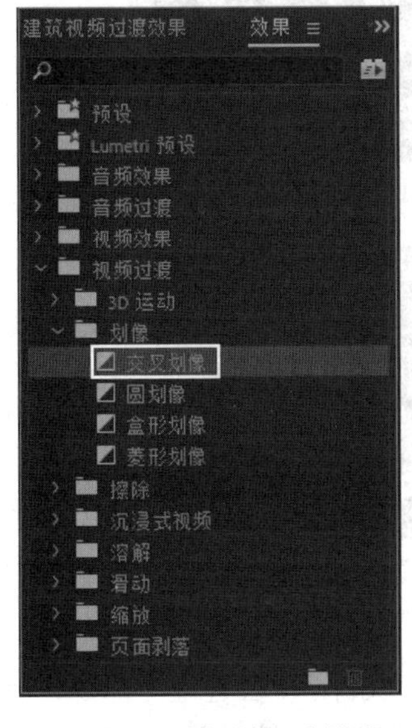

图 4-46　选择“交叉划像”

图 4-47　将“交叉划像”视频过渡拖到“素材 3.mp4” ~ “素材 4.mp4”之间

8）按空格键预览动画，会发现动画在播放过程中有些卡顿，不是实时的。接下来选择“序列 | 渲染入点到出点的效果”（快捷键是〈Enter〉），此时会弹出图 4-48 所示的“渲染”对话框，当渲染完成后，再按空格键预览动画，此时就可以进行实时预览了。

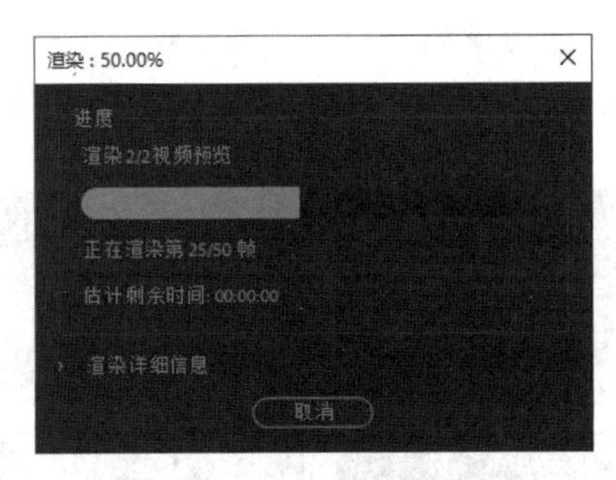

图 4-48　“渲染”对话框

9）添加音频。方法：将“项目”面板中的“背景音乐 2.mp3”拖入“时间线”面板的 A1 轨道中，入点为 00:00:00:00。然后利用（剃刀工具）将 A1 轨道上的音频从整个视频素材结束处一分为二，再按〈Delete〉键，删除多余的音频部分，如图 4-49 所示。接着选择 A1 轨道的音频，按快捷键〈Ctrl+Shift+D〉，从而在音频的起始和结束处都添加默认的“恒定功率”音频过渡效果，如图 4-50 所示。

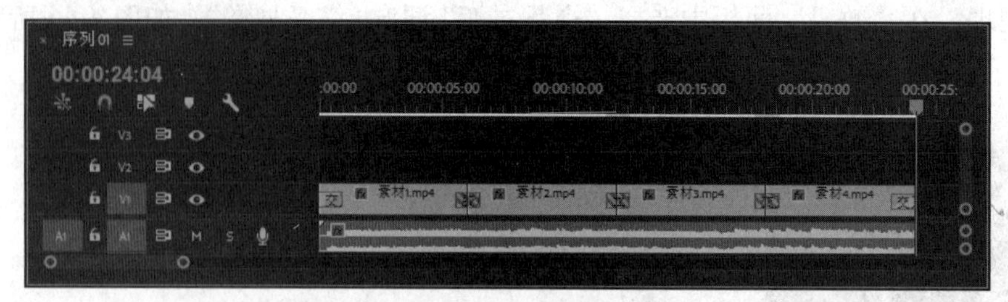

图 4-49　删除多余的音频部分

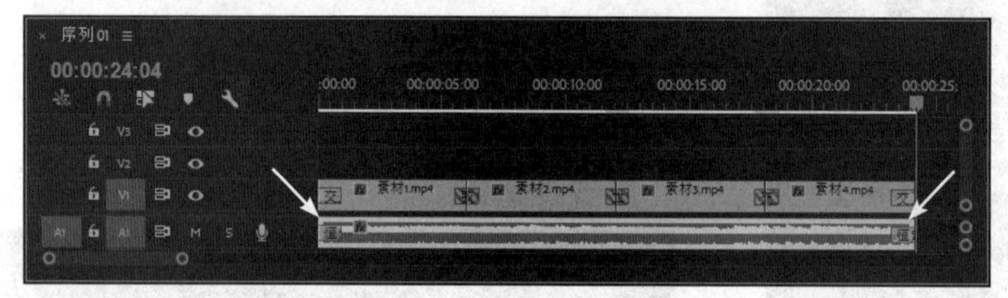

图 4-50　在音频的起始和结束处都添加默认的“恒定功率”音频过渡效果

10）按空格键预览动画。

11）至此，整个建筑视频过渡效果制作完毕。接下来选择“文件 | 项目管理”命令，将文件打包。然后选择“文件 | 导出 | 媒体”命令，将其输出为“建筑视频过渡效果 .mp4”文件。

4.4　制作左右上下衔接转场效果

要点：

本例将制作多个视频的时间穿梭效果，如图 4-51 所示。通过本例的学习，读者应掌握设置“位置”“旋转”和“缩放”关键帧，“方向模糊”和“高斯模糊”视频特效，调整图层，复制粘贴属性，添加默认“交叉溶解”视频过渡效果和添加默认“恒定功率”音频过渡效果的方法。

图 4-51　左右上下衔接转场效果

操作步骤：

1. 制作在 00:00:01:20 ~ 00:00:02:04 之间“图片 1”和“图片 2”从右往左的转场衔接效果

1）启动 Premiere CC 2018，然后执行菜单中的“文件 | 新建 | 项目”（快捷键是〈Ctrl+Alt+N〉）命令，新建一个名称为“衔接转场效果”的项目文件。接着新建一个预设为“ARRI 1080p 25”的“序列 01”序列文件。

2）导入素材。方法：选择“文件 | 导入”命令，导入网盘中的“源文件 \ 第 4 章　视频过渡的应用 \4.4 制作左右上下衔接转场效果 \ 图片 1”～“图片 6.jpg”和“背景音乐 19.mp3”文件，如图 4-52 所示。

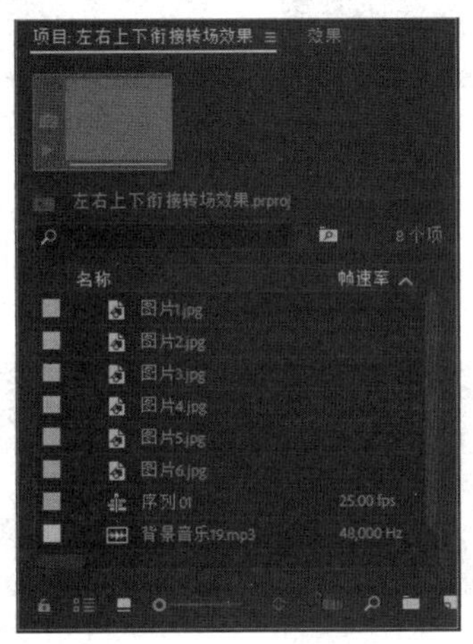

图 4-52　导入素材

3）在“项目”面板中按住〈Ctrl〉键，依次选择“图片 1 ～图片 6.jpg”，然后将它们拖入“时间线”面板的 V2 轨道中，入点为 00:00:00:00，此时软件会根据选择素材的顺序将它们依次放入时间线中，接着按键盘上的〈\〉键，将素材在时间线中最大化显示，如图 4-53 所示。

图 4-53　将“图片 1 ～图片 6.jpg”拖入“时间线”面板并在时间线中最大化显示

4）将 V2 轨道上的“图片 2.jpg”拖到 V1 轨道上，然后将时间定位在“图片 1”和“图片 2”相接的位置，按〈Shift〉+ 向左方向键一次，从而往左移动 5 帧，如图 4-54 所示，再将 V1 轨道上的“图片 2”的入点往左移动 5 帧，如图 4-55 所示。接着按〈Shift〉+ 向右方向键两次，从而往右移动 10 帧，如图 4-56 所示，再将 V2 轨道上的“图片 1”的入点往右移动 10 帧，如图 4-57 所示。

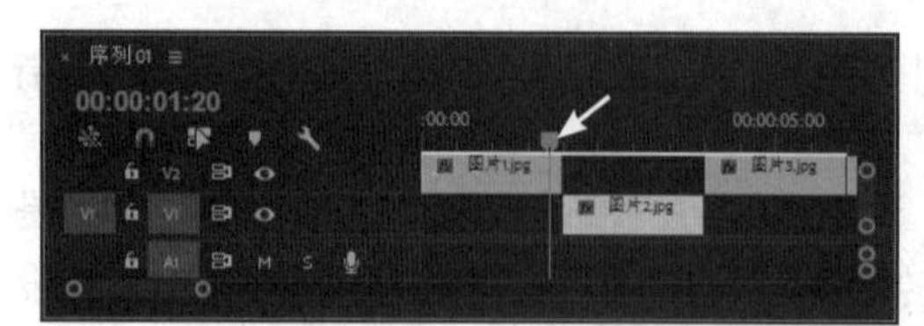

图 4-54　往左移动 5 帧

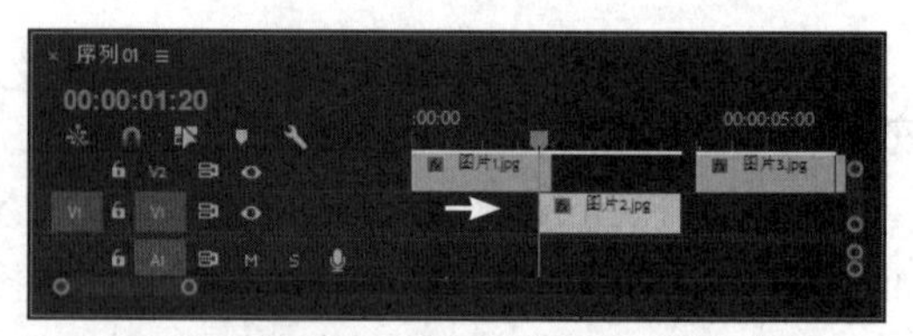

图 4-55　将 V1 轨道上的“图片 2”的入点往左移动 5 帧

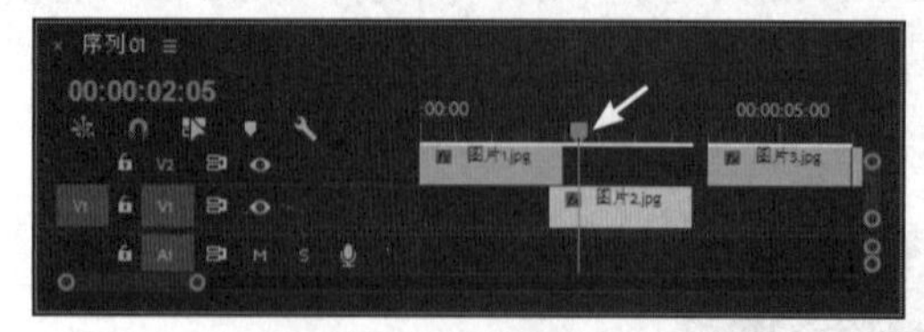

图 4-56　往右移动 10 帧

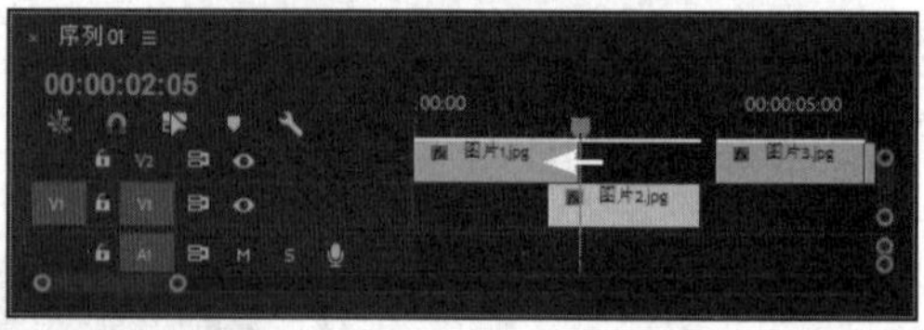

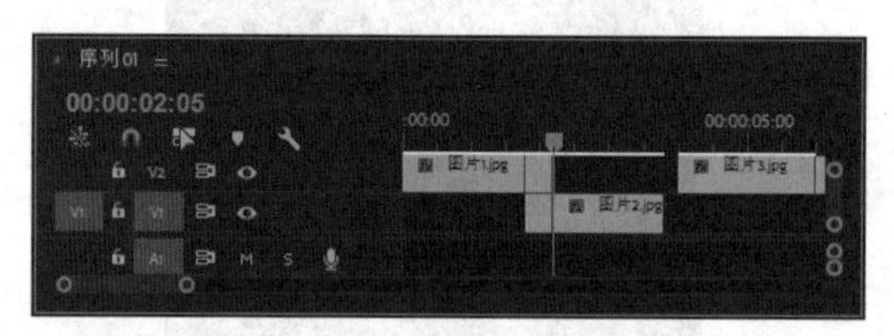

图 4-57　将 V2 轨道上的“图片 1”的入点往右移动 10 帧

5）利用工具箱中的（剃刀工具）将“图片 1”和“图片 2”相交的区域裁剪出来，如图 4-58 所示。

图 4-58　将“图片 1”和“图片 2”相交的区域裁剪出来

6）利用工具箱中的（选择工具）选择 V2 轨道上裁剪出的“图片 1”后面的素材，然后将时间滑块移动到 00:00:01:20 的位置，在“效果控件”面板中单击“位置”前面的按钮，切换为状态，从而添加一个“位置”关键帧，如图 4-59 所示。接着将时间滑块移动到 00:00:02:04 的位置，再将“位置”的数值设置为（-960.0，540.0），如图 4-60 所示。此时拖动时间滑块就可以看到在 00:00:01:20 ~ 00:00:02:04 之间“图片 1”从右往左运动的效果了，如图 4-61 所示。

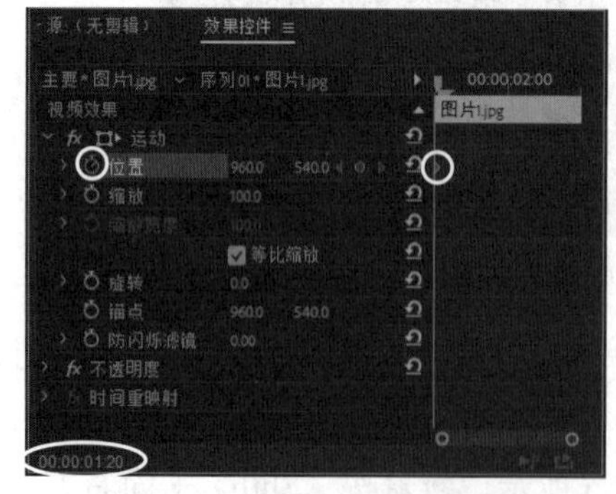

图 4-59　在 00:00:01:20 的位置添加一个“位置”关键帧

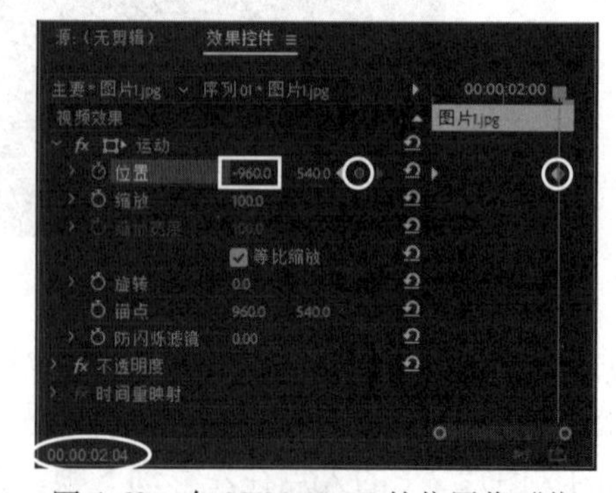

图 4-60　在 00:00:02:04 的位置将“位置”的数值设置为（-960.0，540.0）

图 4-61　“图片 1”从右往左运动的效果

7）在 V2 轨道上单击按钮，切换为状态，从而隐藏 V2 轨道的显示，然后选择 V1 轨道上裁剪后的“图片 2”前面的素材，如图 4-62 所示。再将时间滑块移动到 00:00:02:04 的位置，在“效果控件”面板中单击“位置”前面的按钮，切换为状态，从而添加一个“位置”关键帧，如图 4-63 所示。接着将时间滑块移动到 00:00:01:20 的位置，再将“位置”的数值设置为（2880.0，540.0），如图 4-64 所示。最后在 V2 轨道上单击按钮，切换为状态，此时拖动时间滑块就可以看到在 00:00:01:20 ~ 00:00:02:04 之间“图片 1”和“图片 2”从右往左衔接的转场效果了，如图 4-65 所示。

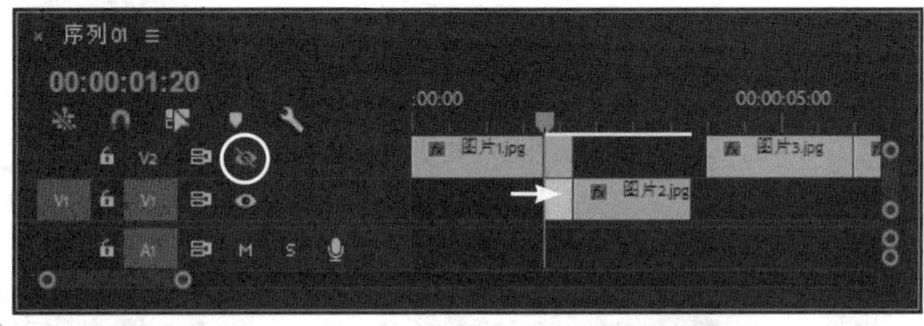

图 4-62　“图片 2”从右往左运动的效果

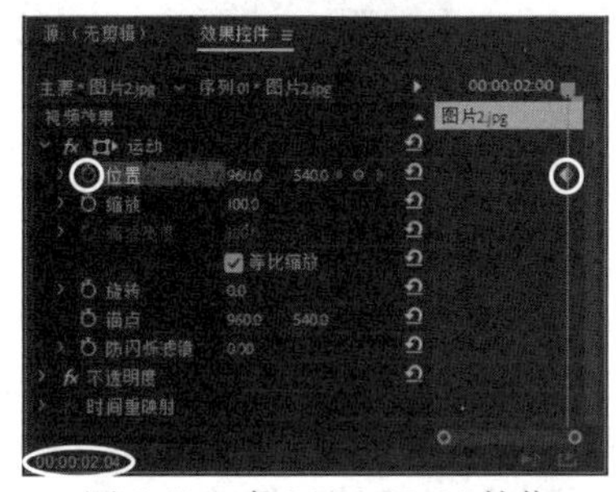

图 4-63　在 00:00:02:04 的位置添加一个“位置”关键帧

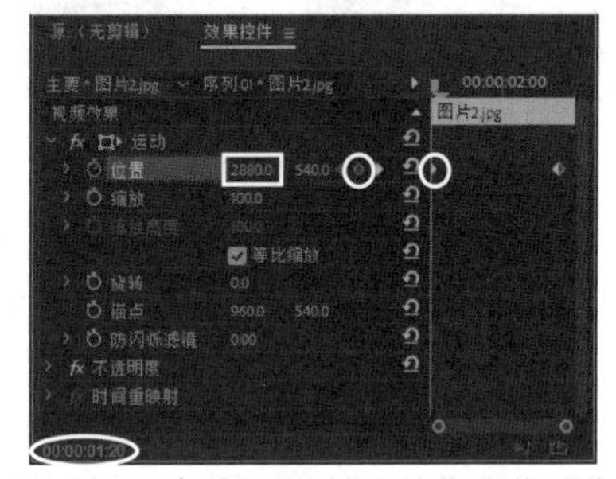

图 4-64　在 00:00:01:20 的位置将“位置”的数值设置为（2880.0，540.0）

图 4-65　在 00:00:01:20 ~ 00:00:02:04 之间“图片 1”和“图片 2”从右往左衔接的转场效果

8）制作“图片 1”和“图片 2”之间的转场模糊效果。方法：在“项目”面板下方单击（新建项），然后在弹出的快捷菜单中选择“调整图层”命令，再在弹出的图 4-66 所示的“调整图层”对话框中保持默认参数，单击“确定”按钮，从而在“项目”面板中创建一个“调整图层”。接着将“调整图层”拖到“时间线”面板的 V3 轨道中，长度与“图片 1”和“图片 2”相交的区域等长，如图 4-67 所示。

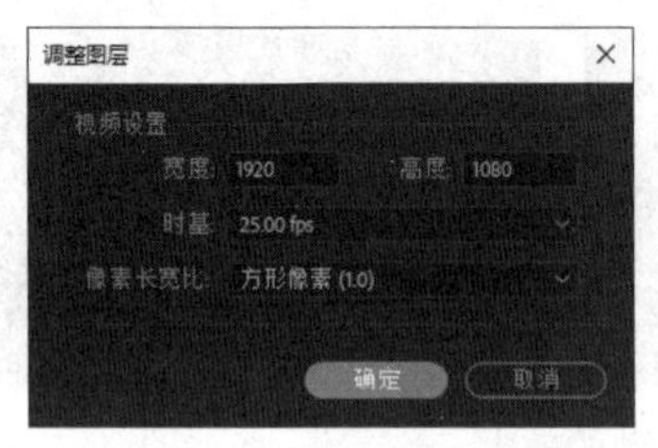

图 4-66 “调整图层”对话框

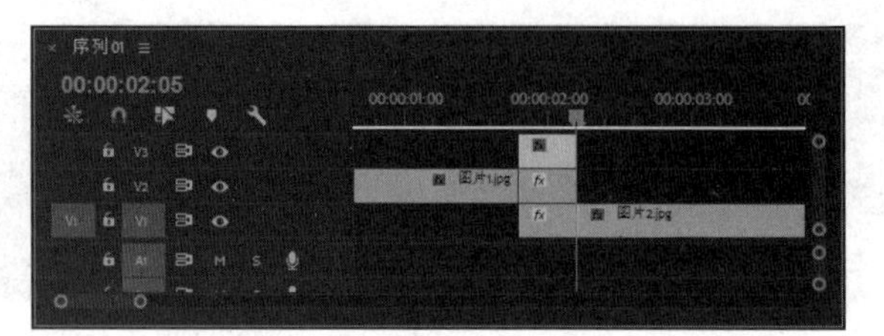

图 4-67 将“调整图层”的长度设置为与“图片 1”和“图片 2”相交的区域等长

9）在“效果”面板的搜索栏中输入“方向模糊”，如图 4-68 所示。然后将“方向模糊”视频特效拖给 V3 轨道的“调整图层”，接着在“效果控件”面板“方向模糊”中将“方向”设置为 90.0，“模糊长度”设置为 30.0，如图 4-69 所示。此时拖动时间滑块就可以看到在 00:00:01:20 ~ 00:00:02:04 之间“图片 1”和“图片 2”从右往左衔接的模糊转场效果了，如图 4-70 所示。

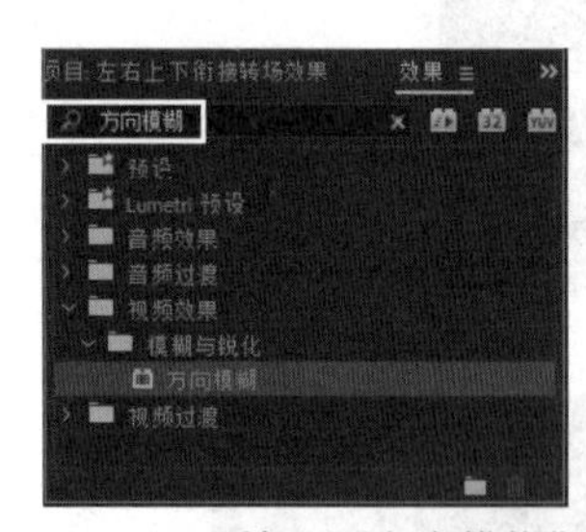

图 4-68 输入“方向模糊”

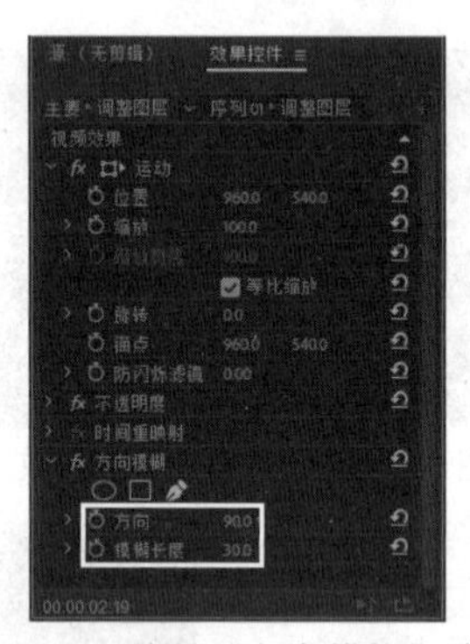

图 4-69 设置“方向模糊”参数

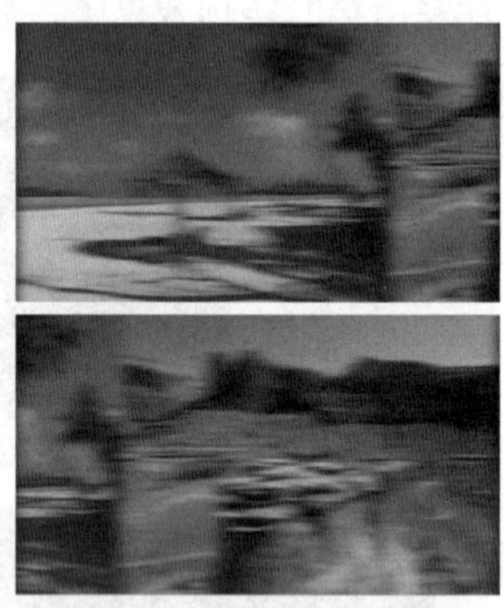

图 4-70 在 00:00:01:20 ~ 00:00:02:04 之间“图片 1”和“图片 2”从右往左衔接的模糊转场效果

2. 制作在 00:00:03:20 ~ 00:00:04:04 之间“图片 2”和“图片 3”从上往下的转场衔接效果

1）将时间定位在“图片 2”和“图片 3”相接的位置，然后按〈Shift〉+ 向左方向键一次，从而往左移动 5 帧，再将 V2 轨道上的“图片 3”的入点往左延长 5 帧。接着按〈Shift〉+ 向右方向键两次，从而往右移动 10 帧，再将 V1 轨道上的“图片 2”的入点往右延长 10 帧。最后利用工具箱中的 （剃刀工具）将“图片 2”和“图片 3”相交的区域裁剪出来，如图 4-71 所示。

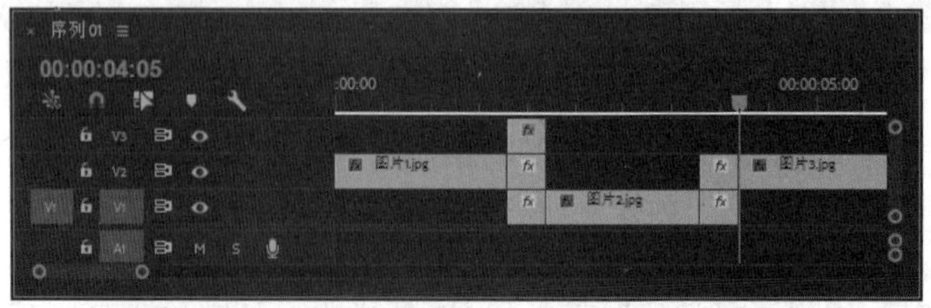

图 4-71 利用 （剃刀工具）将“图片 2”和“图片 3”相交的区域裁剪出来

2）利用工具箱中的（选择工具）选择 V2 轨道上裁剪出的“图片 3”前面的素材，如图 4-72 所示。然后将时间滑块移动到 00:00:04:04 的位置，在“效果控件”面板中单击“位置”前面的按钮，切换为状态，从而添加一个“位置”关键帧，如图 4-73 所示。接着将时间滑块移动到 00:00:03:20 的位置，再将“位置”的数值设置为（960.0，-540.0），如图 4-74 所示。此时拖动时间滑块就可以看到在 00:00:03:20 ～ 00:00:04:04 之间“图片 3”从上往下运动的效果了。

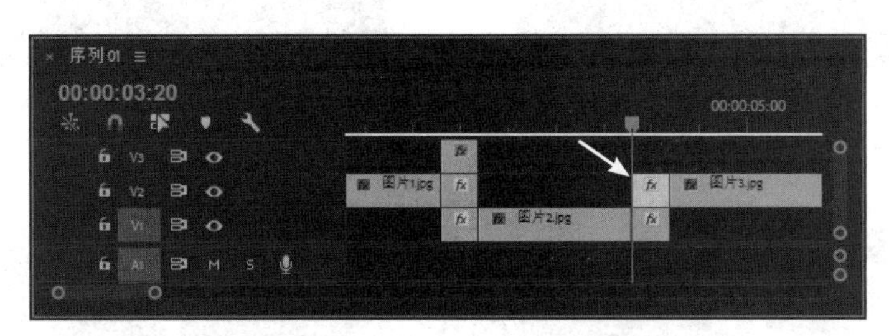

图 4-72　选择“图片 3”前面的素材

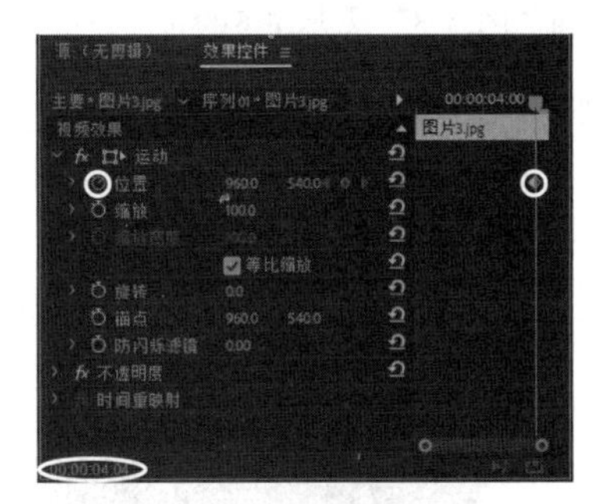

图 4-73　在 00:00:04:04 的位置添加一个“位置”关键帧

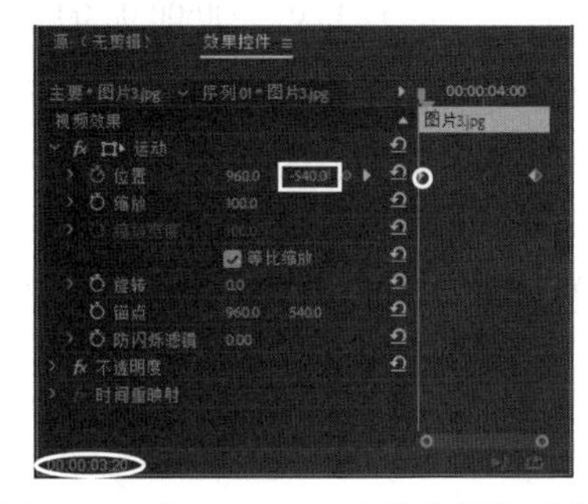

图 4-74　在 00:00:03:20 的位置将“位置”的数值设置为（960.0，-540.0）

3）在 V2 轨道上单击按钮，切换为状态，从而隐藏 V2 轨道的显示，然后选择 V1 轨道上裁剪后的“图片 2”后面的素材，如图 4-75 所示。再将时间滑块移动到 00:00:03:20 的位置，在“效果控件”面板中单击“位置”前面的按钮，切换为状态，从而添加一个“位置”关键帧，如图 4-76 所示。接着将时间滑块移动到 00:00:04:04 的位置，再将“位置”的数值设置为（960.0，1620.0），如图 4-77 所示。最后在单击 V2 轨道上单击按钮，切换为状态，此时拖动时间滑块就可以看到在 00:00:03:20 ～ 00:00:04:04 之间“图片 2”和“图片 3”从上往下的转场衔接效果了，如图 4-78 所示。

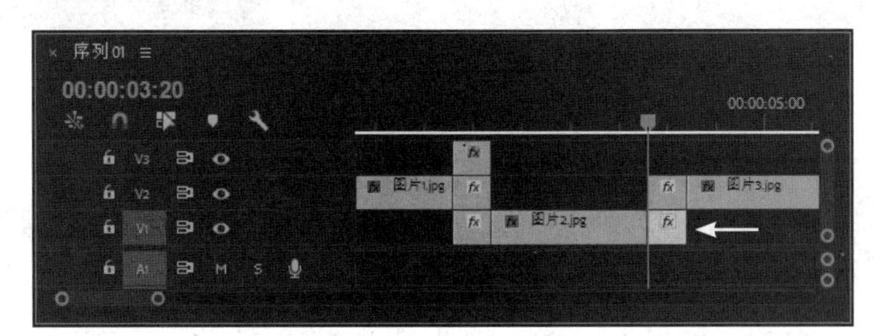

图 4-75　选择 V1 轨道上裁剪后的“图片 2”后面的素材

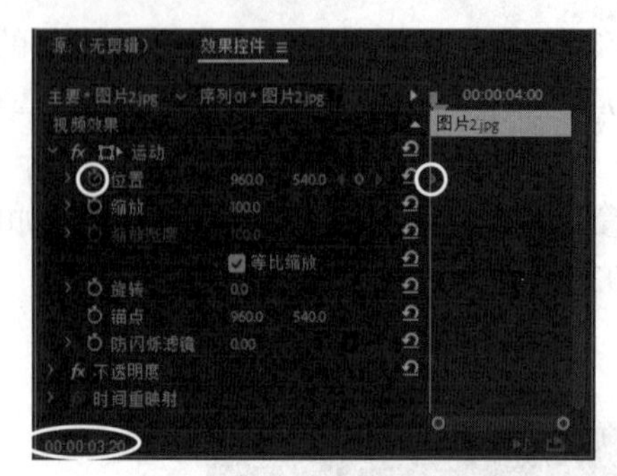

图 4-76 在 00:00:03:20 的位置添加一个“位置”关键帧

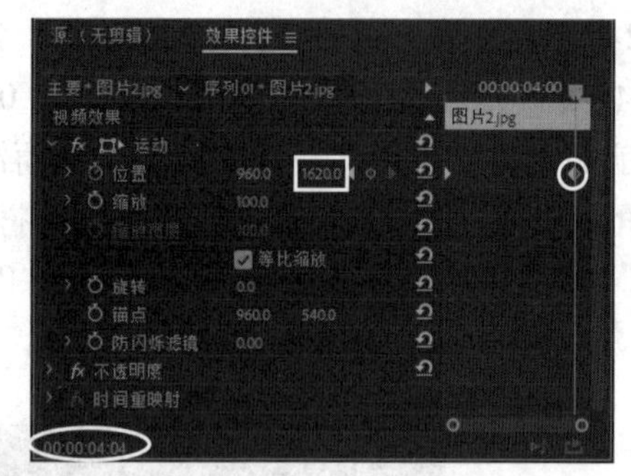

图 4-77 在 00:00:04:04 的位置将“位置”的数值设置为（960.0，1620.0）

图 4-78 在 00:00:03:20 ~ 00:00:04:04 之间“图片 2”和“图片 3”从上往下的转场衔接效果

4）制作“图片 2”和“图片 3”之间的转场模糊效果。方法：按住〈Alt〉键，将 V3 轨道上的调整图层复制到“图片 2”和“图片 3”之间相交的区域，如图 4-79 所示。然后在“效果控件”面板“方向模糊”中将“方向”设置为 0.0，如图 4-80 所示。此时拖动时间滑块就可以看到在 00:00:03:20 ~ 00:00:04:04 之间“图片 2”和“图片 3”从上往下衔接的模糊转场效果了，如图 4-81 所示。

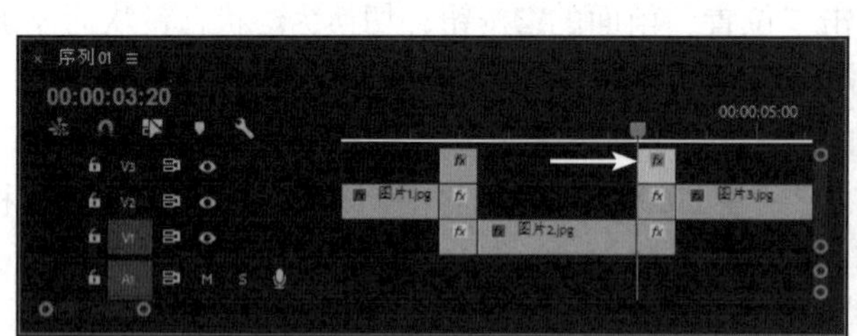

图 4-79 将调整图层复制到“图片 2”和“图片 3”之间相交的区域

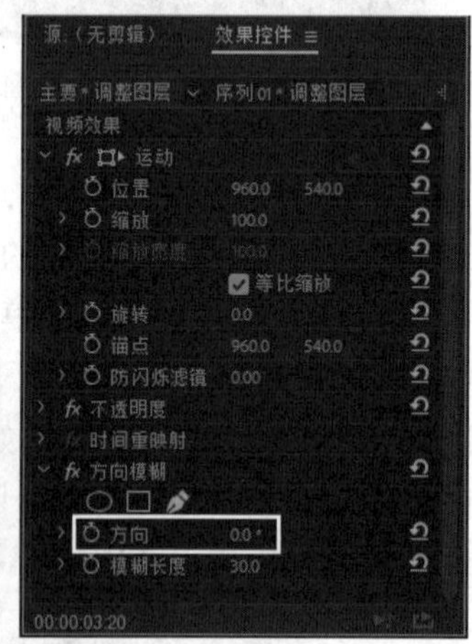

图 4-80 将“方向”设置为 0.0

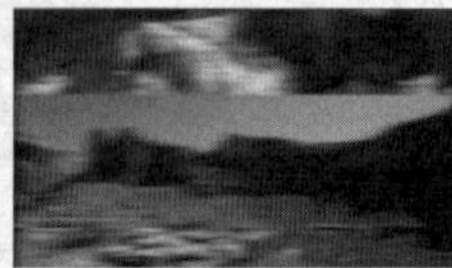
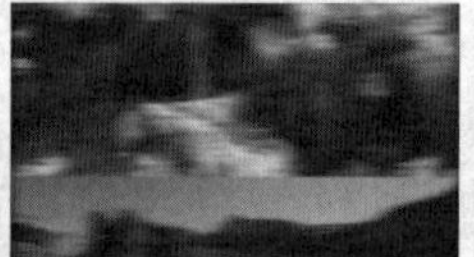

图 4-81 在 00:00:03:20 ~ 00:00:04:04 之间“图片 2”和“图片 3”从上往下衔接的模糊转场效果

3. 制作在 00:00:05:20 ~ 00:00:06:04 之间“图片 3”和“图片 4”从左往右的转场衔接效果

1）将 V2 轨道上的“图片 4”移动到 V1 轨道上，然后将时间定位在“图片 3”和“图片 4”相接的位置，按〈Shift〉+ 向左方向键一次，从而往左移动 5 帧，再将 V1 轨道上的“图片 4”的入点往左延长 5 帧。接着按〈Shift〉+ 向右方向键两次，从而往右移动 10 帧，再将 V2 轨道上的“图片 3”的入点往右延长 10 帧。最后利用工具箱中的（剃刀工具）将“图片 3”和“图片 4”相交的区域裁剪出来。

2）利用工具箱中的（选择工具）选择 V2 轨道上裁剪出的“图片 3”后面的素材，如图 4-82 所示。然后将时间滑块移动到 00:00:05:20 的位置，在“效果控件”面板中单击“位置”前面的按钮，切换为状态，从而添加一个“位置”关键帧，如图 4-83 所示。接着将时间滑块移动到 00:00:06:04 的位置，再将“位置”的数值设置为（2880.0，540.0），如图 4-84 所示。此时拖动时间滑块就可以看到在 00:00:05:20 ~ 00:00:06:04 之间“图片 3”从左往右的转场衔接效果了，如图 4-85 所示。

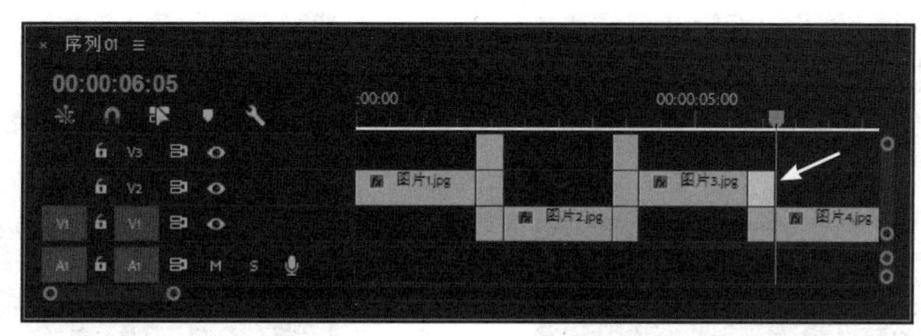

图 4-82　选择 V2 轨道上裁剪出的“图片 3”后面的素材

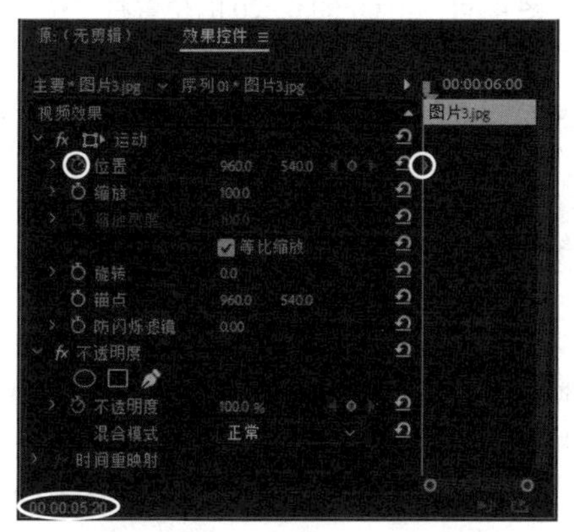

图 4-83　在 00:00:05:20 的位置添加一个“位置”关键帧

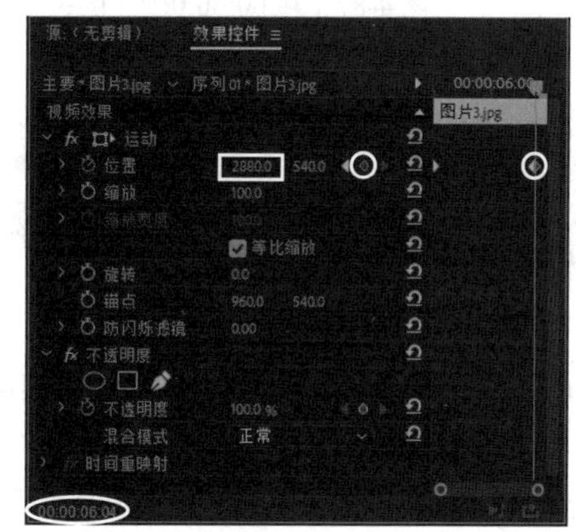

图 4-84　在 00:00:06:04 的位置将“位置”的数值设置为（2880.0，540.0）

图 4-85　在 00:00:05:20 ~ 00:00:06:04 之间“图片 3”从左往右的转场衔接效果

3）选择 V1 轨道上裁剪后的“图片 4”前面的素材，如图 4-86 所示。再将时间滑块移动到 00:00:06:04 的位置，在“效果控件”面板中单击“位置”前面的按钮，切换为状态，从而添加一个“位置”关键帧，如图 4-87 所示。接着将时间滑块移动到 00:00:05:20 的位置，再将“位置”的数值设置为（-960.0，540.0），如图 4-88 所示。此时拖动时间滑块就可以看到在 00:00:05:20 ~ 00:00:06:04 之间“图片 3”和“图片 4”从左往右的转场衔接效果了，如图 4-89 所示。

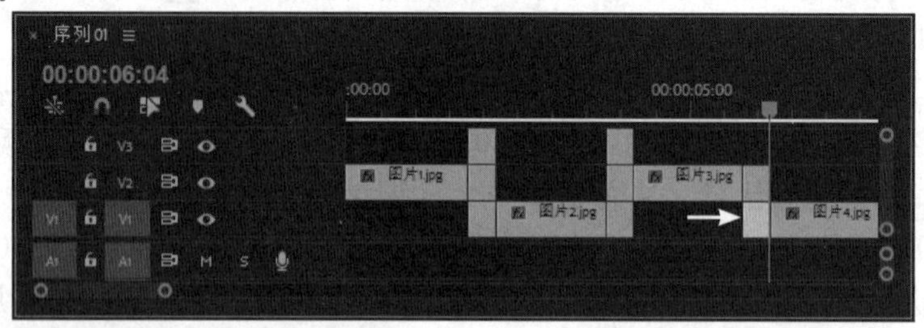

图 4-86　选择 V1 轨道上裁剪后的“图片 4”前面的素材

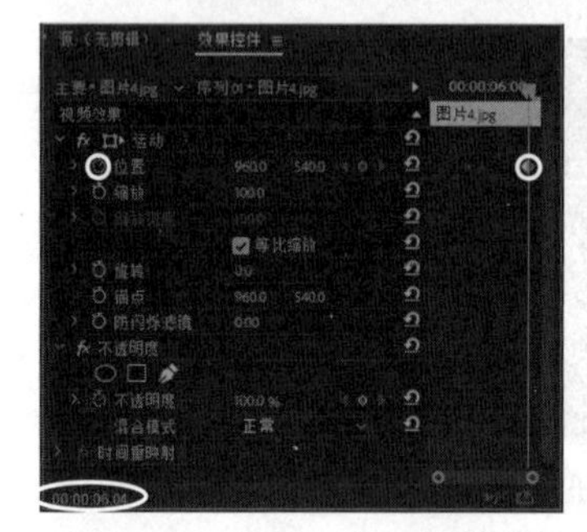

图 4-87　在 00:00:06:04 的位置添加一个“位置”关键帧

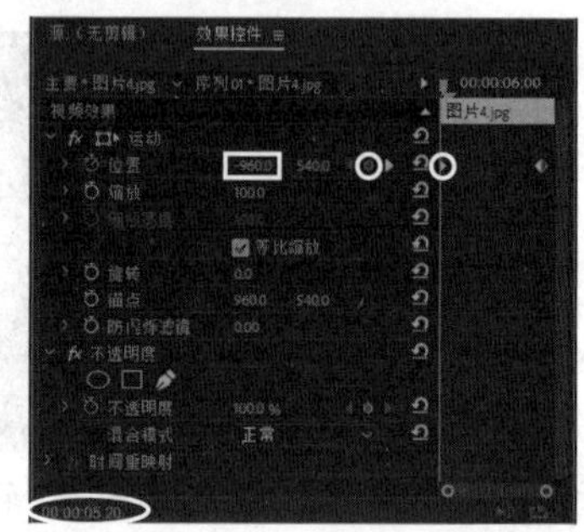

图 4-88　在 00:00:05:20 的位置将“位置”的数值设置为（-960.0，540.0）

图 4-89　在 00:00:05:20 ~ 00:00:06:04 之间“图片 3”和“图片 4”从左往右的转场衔接效果

4）制作“图片 3”和“图片 4”之间的转场模糊效果。方法：按住〈Alt〉键，将 V3 轨道上的最前面的调整图层复制到“图片 3”和“图片 4”之间相交的区域，如图 4-90 所示。此时拖动时间滑块就可以看到在 00:00:05:20 ~ 00:00:06:04 之间“图片 3”和“图片 4”从左往右衔接的模糊转场效果了，如图 4-91 所示。

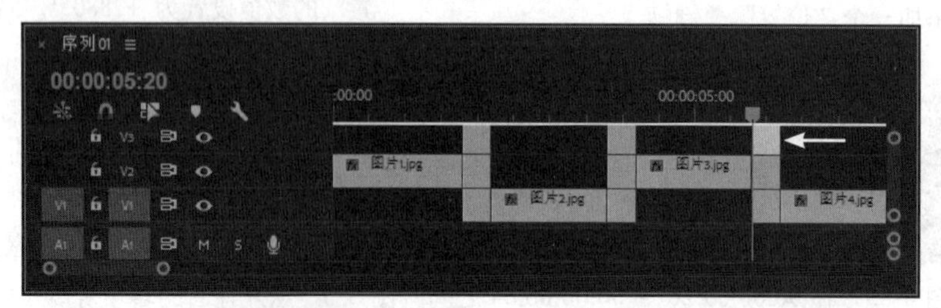

图 4-90　将调整图层复制到“图片 3”和“图片 4”之间相交的区域

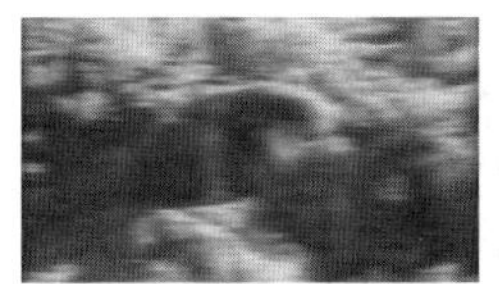
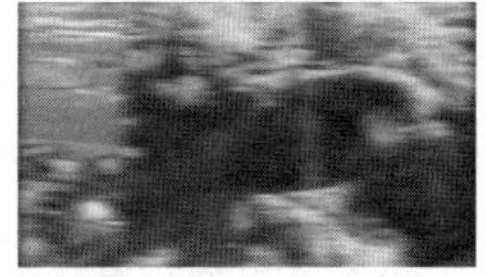
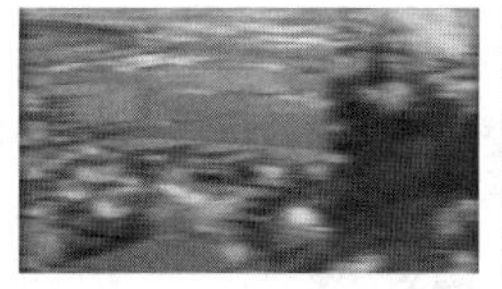

图 4-91　在 00:00:05:20 ～ 00:00:06:04 之间“图片 3”和“图片 4”从左往右衔接的模糊转场效果

4. 制作在 00:00:07:20 ～ 00:00:08:04 之间“图片 4”和“图片 5”从右往左的转场衔接效果

1）将时间定位在“图片 4”和“图片 5”相接的位置，然后按〈Shift〉+ 向左方向键一次，从而往左移动 5 帧，再将 V2 轨道上的“图片 5”的入点往左延长 5 帧。接着按〈Shift〉+ 向右方向键两次，从而往右移动 10 帧，再将 V1 轨道上的“图片 4”的入点往右延长 10 帧。最后利用工具箱中的（剃刀工具）将“图片 3”和“图片 4”相交的区域裁剪出来。

2）将 V2 轨道“图片 1”裁剪后的后面的素材的属性复制给 V1 轨道“图片 4”裁剪后的后面的素材。方法：右键单击 V2 轨道上裁剪后的后面的素材，从弹出的快捷菜单中选择“复制”命令，然后右键单击“图片 4”裁剪后的后面的素材，从弹出的快捷菜单中选择“粘贴属性”命令，接着在弹出的图 4-92 所示的“粘贴属性”对话框中保持默认参数，单击“确定”按钮。

3）同理，将 V1 轨道“图片 2”裁剪后的前面的素材的属性复制给“图片 5”裁剪后的前面的素材。

4）按住〈Alt〉键，将 V3 轨道上的最前面的调整图层复制到“图片 4”和“图片 5”之间相交的区域，如图 4-93 所示。此时拖动时间滑块就可以看到在 00:00:07:20 ～ 00:00:08:04 之间“图片 4”和“图片 5”从右往左衔接的模糊转场效果了，如图 4-94 所示。

图 4-92　“粘贴属性”对话框

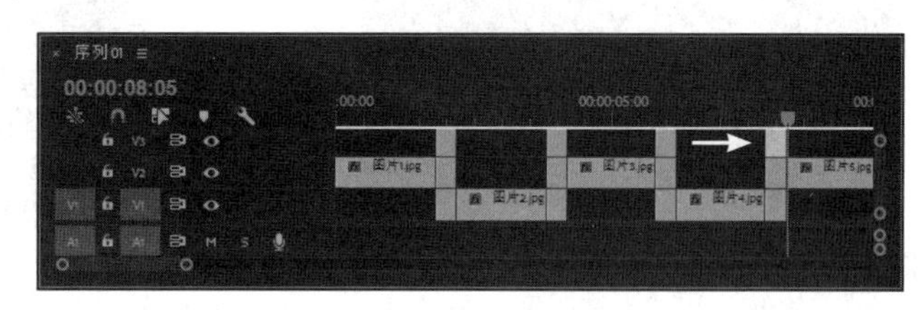

图 4-93　将调整图层复制到“图片 4”和“图片 5”之间相交的区域

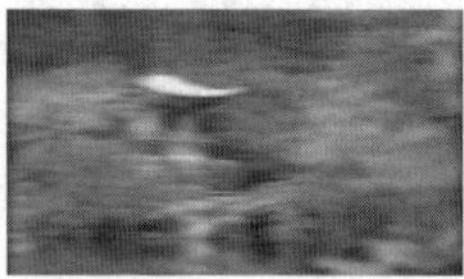

图 4-94　在 00:00:07:20 ~ 00:00:08:04 之间“图片 4”和“图片 5”从右往左衔接的模糊转场效果

5. 制作在 00:00:09:20 ~ 00:00:10:04 之间“图片 5”逐渐缩小并旋转着淡出和“图片 6”逐渐显现的效果

1）将 V2 轨道上的“图片 6”移动到 V1 轨道上，然后将时间定位在“图片 5”和“图片 6”相接的位置，按〈Shift〉+ 向左方向键一次，从而往左移动 5 帧，再将 V1 轨道上的“图片 6”的入点往左延长 5 帧。接着按〈Shift〉+ 向右方向键两次，从而往右移动 10 帧，再将 V2 轨道上的“图片 5”的入点往右延长 10 帧。最后利用工具箱中的（剃刀工具）将“图片 5”和“图片 6”相交的区域裁剪出来。

2）利用工具箱中的（选择工具）选择 V2 轨道上裁剪出的“图片 5”后面的素材，如图 4-95 所示。然后将时间滑块移动到 00:00:09:20 的位置，在“效果控件”面板中分别添加一个“缩放”“旋转”和“不透明度”的关键帧，如图 4-96 所示。接着将时间滑块移动 00:00:10:04 的位置，将“缩放”的数值设置为 0.0，“旋转”的数值设置为 360.0，“不透明度”的数值设置为 0.0%，如图 4-97 所示。此时拖动时间滑块就可以看到在 00:00:09:20 ~ 00:00:10:04 之间“图片 5”逐渐缩小并旋转着淡出的效果了，如图 4-98 所示。

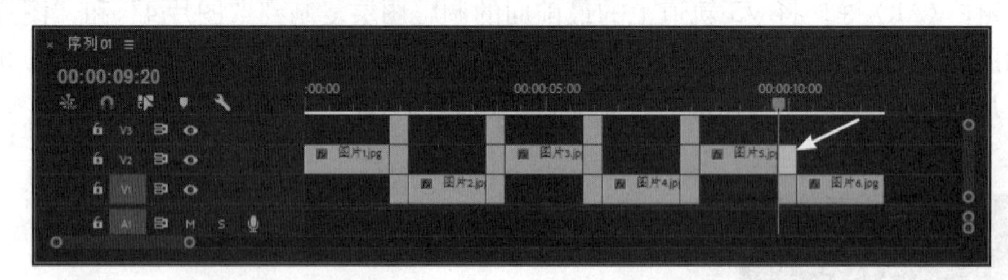

图 4-95　选择 V2 轨道上裁剪出的“图片 5”后面的素材

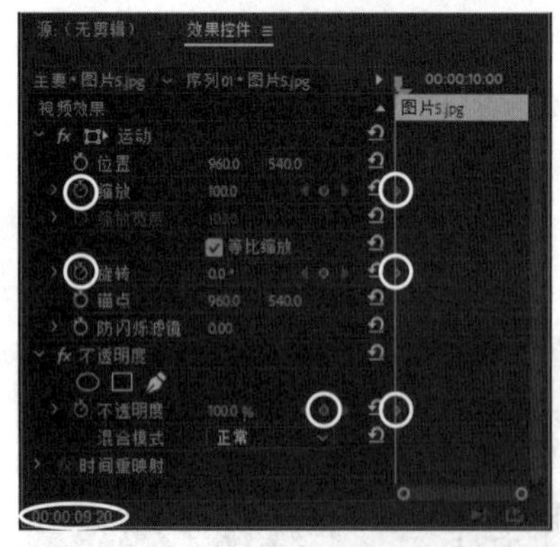

图 4-96　在 00:00:09:20 的位置添加“缩放”“旋转”和“不透明度”关键帧

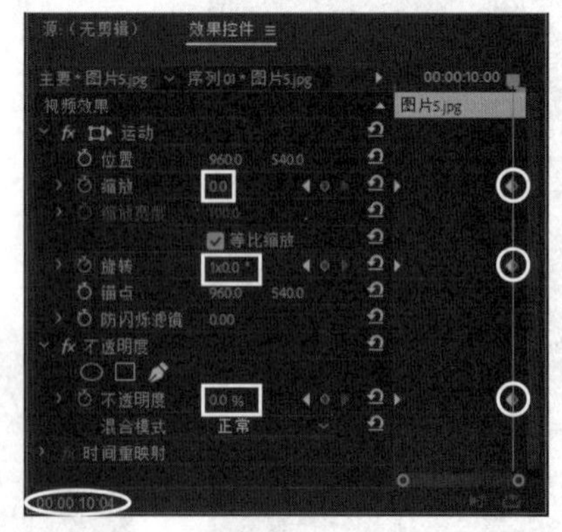

图 4-97　在 00:00:10:04 的位置分别设置“缩放”“旋转”和“不透明度”参数

图 4-98　在 00:00:09:20 ~ 00:00:10:04 之间“图片 5”逐渐缩小并旋转着淡出的效果

3）选择 V1 轨道上裁剪后的“图片 6”前面的素材，如图 4-99 所示。然后将时间滑块移动到 00:00:10:04 的位置，在“效果控件”面板中“不透明度”右侧单击■按钮，添加一个“不透明度”关键帧，如图 4-100 所示。接着将时间滑块移动到 00:00:09:20 的位置，将“不透明度”的数值设置为 0.0%，如图 4-101 所示。此时拖动时间滑块就可以看到在 00:00:09:20 ~ 00:00:10:04 之间“图片 5”逐渐缩小并旋转着淡出和“图片 6”逐渐显现的效果了，如图 4-102 所示。

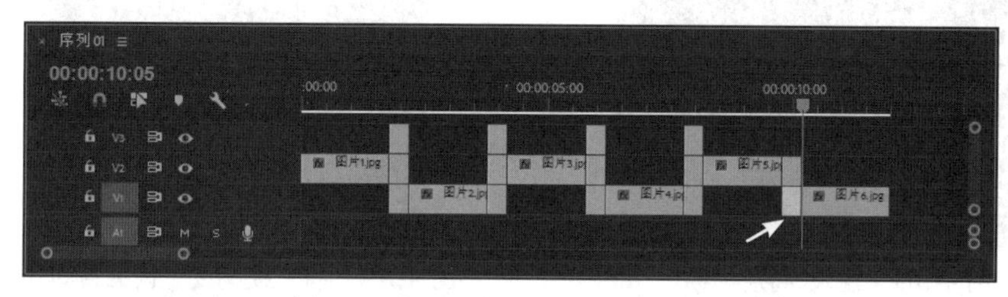

图 4-99　选择 V1 轨道上裁剪出的“图片 6”前面的素材

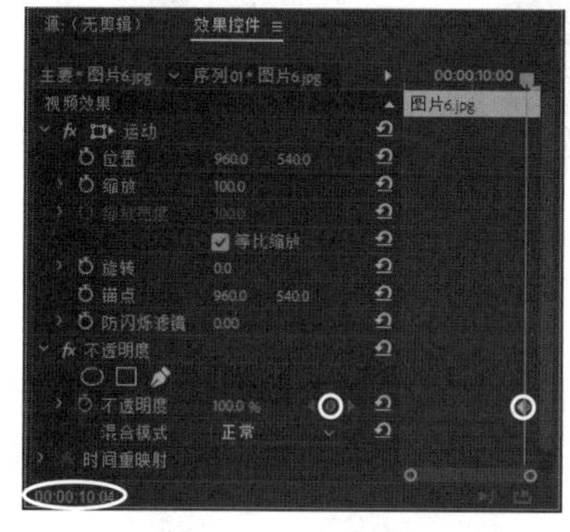

图 4-100　在 00:00:10:04 的位置添加“不透明度”关键帧

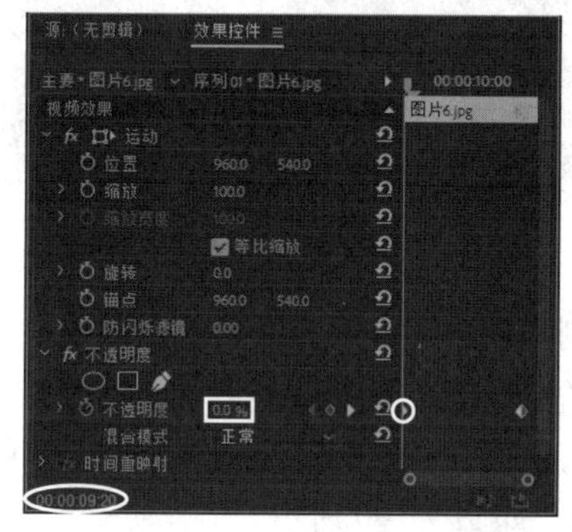

图 4-101　在 00:00:09:20 的位置将“不透明度”关键帧设置为 0.0%

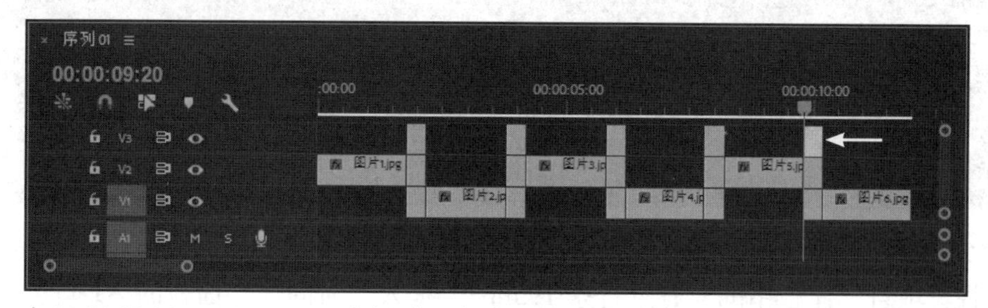

图 4-102　在 00:00:09:20 ~ 00:00:10:04 之间“图片 5”逐渐缩小并旋转着淡出和“图片 6”逐渐显现的效果

4）制作“图片 5”和“图片 6”之间的转场模糊效果。方法：将“项目”面板中的“调整图层”拖到“时间线”面板的 V3 轨道中，长度与“图片 5”和“图片 6”相交的区域等长。然后在“效果”面板的搜索栏中输入“高斯模糊”，如图 4-103 所示。再将“高斯模糊”视频特效拖到 V3 轨道的“调整图层”，接着在“效果控件”面板“高斯模糊”中将“模糊度”设置为 30.0，如图 4-104 所示。此时拖动时间滑块就可以看到在 00:00:09:20 ~ 00:00:10:04 之间“图片 5”和“图片 6”模糊转场效果了，如图 4-105 所示。

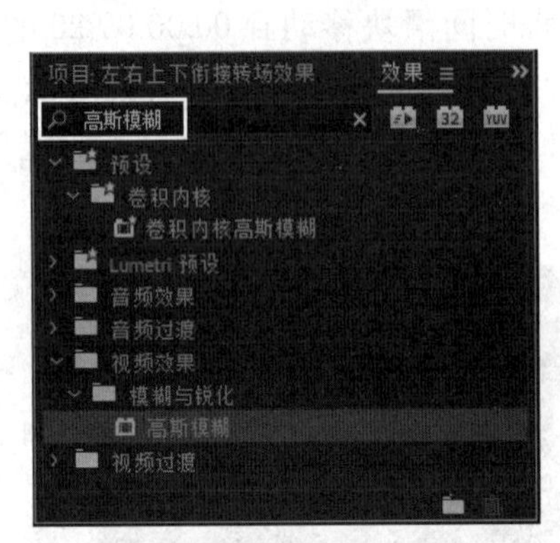

图 4-103　输入“高斯模糊”

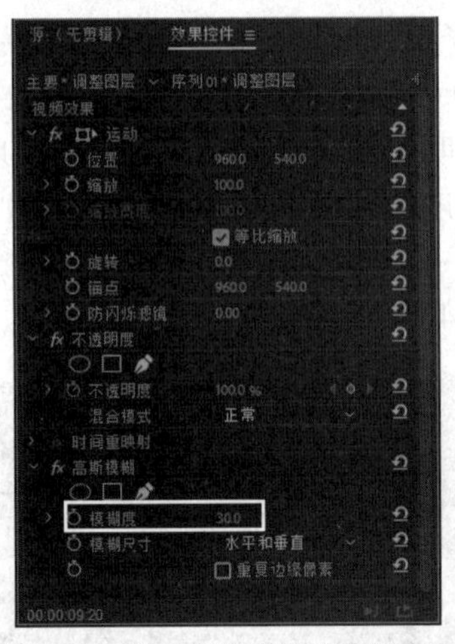

图 4-104　将“模糊度”设置为 30.0

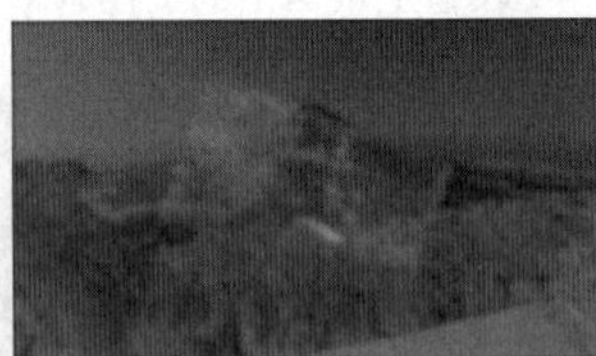

图 4-105　在 00:00:09:20 ~ 00:00:10:04 之间“图片 5”和“图片 6”模糊转场效果

6. 制作视频和音频的淡入淡出效果

1）在“项目”面板中选择 V2 轨道的“图片 1”和 V1 轨道的“图片 6”，然后按快捷键〈Ctrl+D〉，从而在“图片 1”的开始位置和“图片 6”的结束位置各添加一个默认的“交叉溶解”视频过渡，如图 4-106 所示。

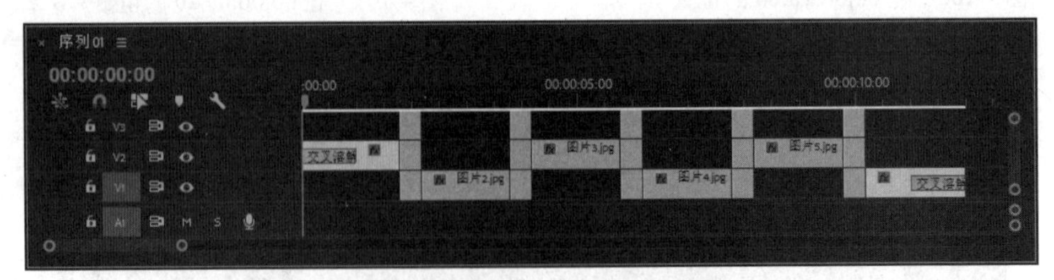

图 4-106　在“图片 1”的开始位置和“图片 6”的结束位置各添加一个“交叉溶解”视频过渡

2）将“项目”面板中的“背景音乐 19.mp3”拖入“时间线”面板的 A1 轨道，入点为 00:00:00:00，然后选择 A1 轨道的“背景音乐 19.mp3”，按快捷键〈Ctrl+Shift+D〉，从而在音频的开始和结束位置各添加一个默认的“恒定功率”音频过渡，如图 4-107 所示。

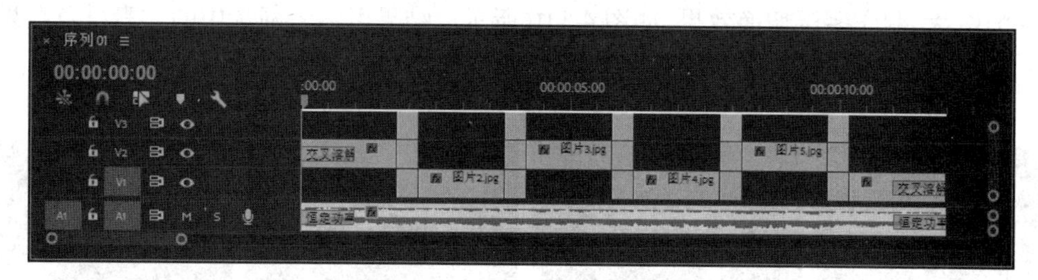

图 4-107 在音频的开始和结束位置各添加一个默认的“恒定功率”音频过渡

3）按空格键进行预览。

4）至此，整个衔接转场效果制作完毕。接下来选择“文件 | 项目管理”命令，将文件打包。然后选择“文件 | 导出 | 媒体”命令，将其输出为“衔接转场效果 .mp4”文件。

4.5 课后练习

1）利用网盘中的“源文件 \ 第 4 章 视频过渡的应用 \ 课后练习 \ 练习 1”中的“素材 1.mp4”和“素材 2.mp4”文件，制作划出线效果，如图 4-108 所示。结果可参考网盘中的“素材及结果 \ 第 4 章 视频过渡的应用 \ 课后练习 \ 练习 1\ 练习 1.prproj”文件。

图 4-108 练习 1 的效果

2）利用网盘中的“源文件 \ 第 4 章 视频过渡的应用 \ 课后练习 \ 练习 2”中的“鲜花 1.jpg”～“鲜花 4.jpg”“对称灰度图”“螺旋形灰度图”和“圆形灰度图”图片，制作自定义视频切换效果，如图 4-109 所示。结果可参考网盘中的“素材及结果 \ 第 4 章 视频过渡的应用 \ 课后练习 \ 练习 2\ 练习 2.prproj”文件。

图 4-109 练习 2 的效果

3）利用网盘中的“源文件\第4章 视频过渡的应用\课后练习\练习3\021.jpg ~ 028.jpg”中的图片，制作多层切换效果，如图4-110所示。结果可参考网盘中的“素材及结果\第4章 视频过渡的应用\课后练习\练习3\练习3.prproj”文件。

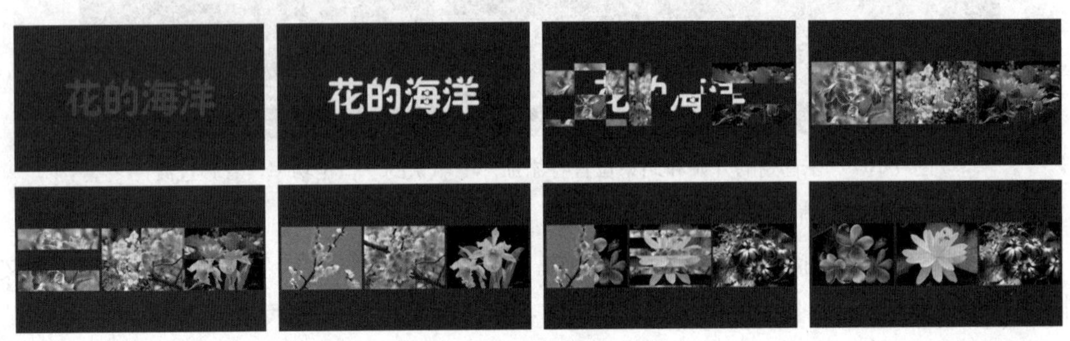

图4-110　练习3的效果

第5章　视频特效的应用

对于一个剪辑人员来说，掌握视频特效的应用是非常必要的。视频特效技术对于影片的品质起着决定性的作用，巧妙地为影片素材添加各式各样的视频特效，可以使影片具有强烈的视觉感染力。通过本章学习，读者应掌握常用视频特效的使用方法。

5.1　制作虚化背景效果 1

要点：

本例将制作一个视频中要表现的建筑主体清晰、背景虚化的效果，如图 5-1 所示。通过本例的学习，读者应掌握“调整图层”和“高斯模糊”视频特效的应用。

图 5-1　虚化背景效果 1

操作步骤：

1）启动 Premiere CC 2018，然后执行菜单中的“文件 | 新建 | 项目”（快捷键是〈Ctrl+Alt+N〉）命令，新建一个名称为“虚化背景”的项目文件。接着新建一个预设为“ARRI 1080p 25”的“序列 01”序列文件。

2）导入素材。方法：选择“文件 | 导入”命令，导入网盘中的“源文件 \ 第 5 章 视频特效的应用 \5.1 制作虚化背景效果 1\ 素材 .mp4”文件，接着在“项目”面板下方单击（图标视图）按钮，将素材以图标视图的方式进行显示，如图 5-2 所示。

3）将“项目”面板中的“素材 .mp4”拖入“时间线”面板的 V1 轨道中，入点为 00:00:00:00，然后按键盘上的〈\〉键，将其在时间线中最大化显示，如图 5-3 所示。

图 5-2　导入“素材 .mp4”

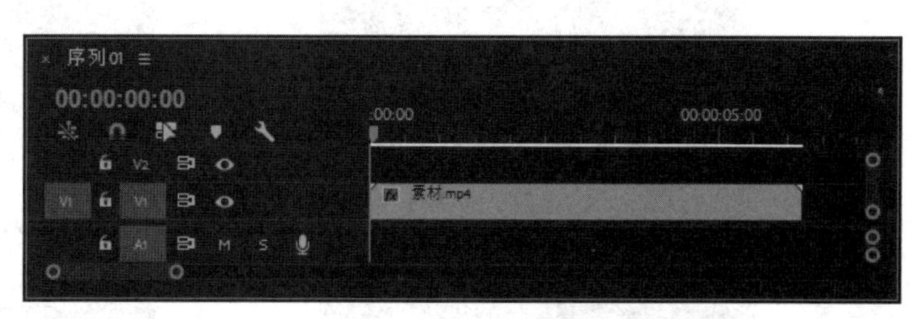

图 5-3　将“素材 .mp4”拖入“时间线”面板并在时间线中最大化显示

4）在“项目”面板中单击下方的（新建项）按钮，然后从弹出的快捷菜单中选择“调整图层”命令。接着在弹出的如图 5-4 所示的“调整图层”对话框中保持默认参数，单击“确定”按钮，即可在“项目”面板中添加一个调整图层，如图 5-5 所示。

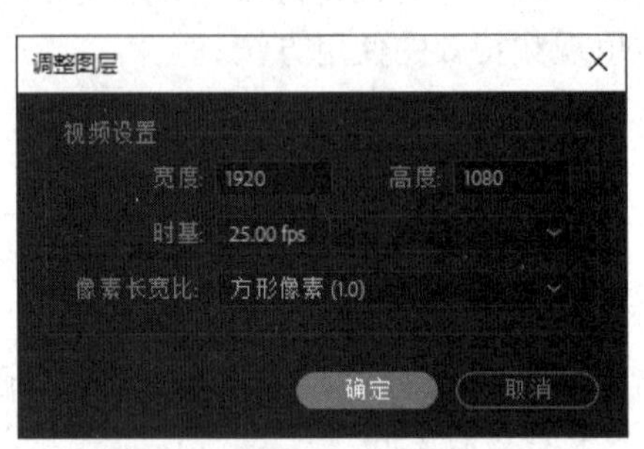

图 5-4 “调整图层”对话框　　图 5-5 “项目”面板中“调整图层”素材

5）将“项目”面板中的“调整图层”素材拖入时间线的 V2 轨道中，入点为 00:00:00:00，出点与 V1 轨道的素材等长，如图 5-6 所示。

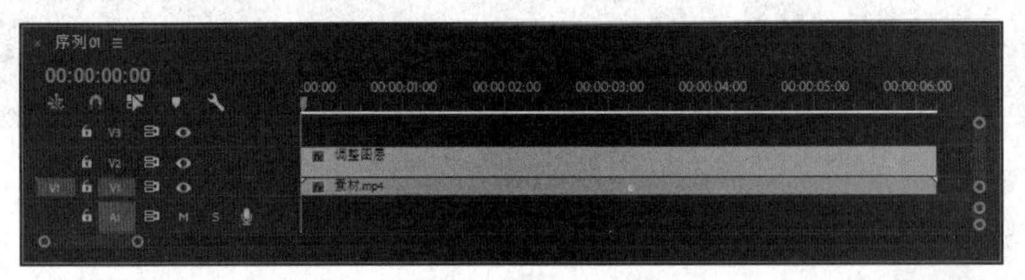

图 5-6 将“调整图层”素材拖入时间线的 V2 轨道，并将其设置为与 V1 轨道的素材等长

6）在“效果”面板搜索栏中输入“高斯模糊”，如图 5-7 所示，然后将“高斯模糊”视频特效拖给时间线 V2 轨道上的调整图层。接着在“效果控件”面板“高斯模糊”中单击（创建椭圆形蒙版），如图 5-8 所示，此时“节目”监视器中就会出现一个椭圆形的蒙版，如图 5-9 所示。接着在“节目”监视器中调整椭圆形蒙版的形状，使之完全包裹住建筑的主体，如图 5-10 所示。

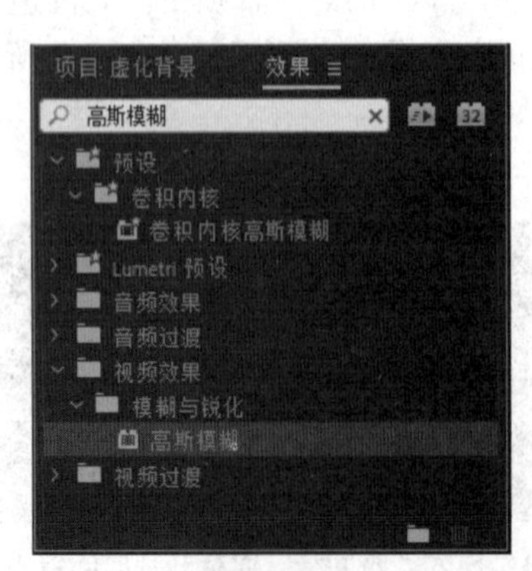

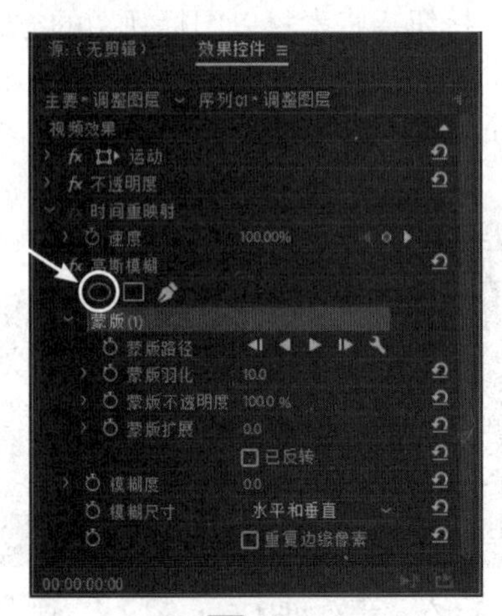

图 5-7 在“效果”面板搜索栏中输入“高斯模糊”　　图 5-8 单击（创建椭圆形蒙版）

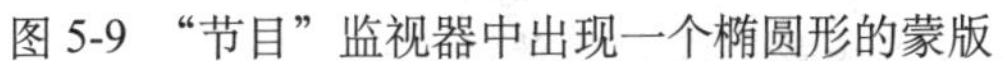

图 5-9 “节目”监视器中出现一个椭圆形的蒙版　　图 5-10 调整椭圆形蒙版的形状

7）在“效果控件”面板“高斯模糊”中将“模糊度”设置为 30.0，“蒙版羽化”设置为 300.0，勾选“已反转”复选框，如图 5-11 所示，此时就可以看到建筑的主体清晰，而建筑主体以外的背景模糊的效果，如图 5-12 所示。

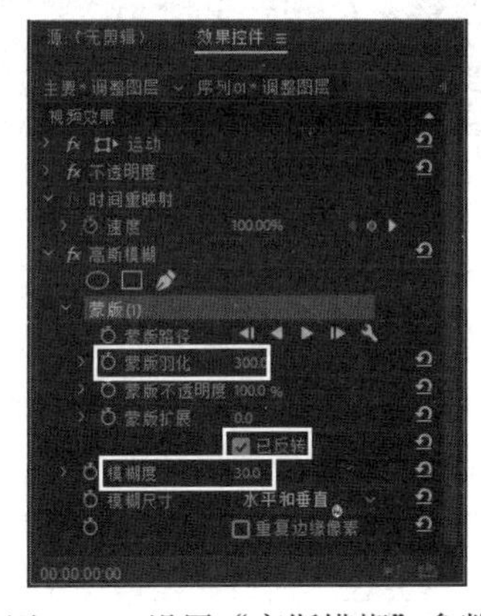

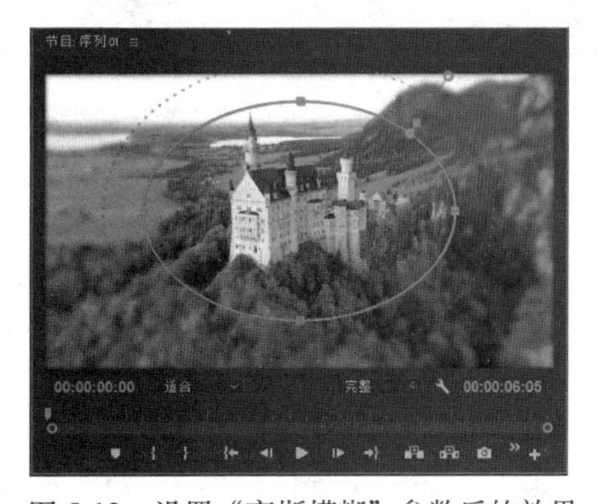

图 5-11 设置“高斯模糊”参数　　图 5-12 设置“高斯模糊”参数后的效果

8）此时画面的边缘也产生了模糊效果，接下来在“效果控件”面板“高斯模糊”中勾选“重复边缘像素”复选框，如图 5-13 所示，此时画面的边缘就变清晰了，如图 5-14 所示。

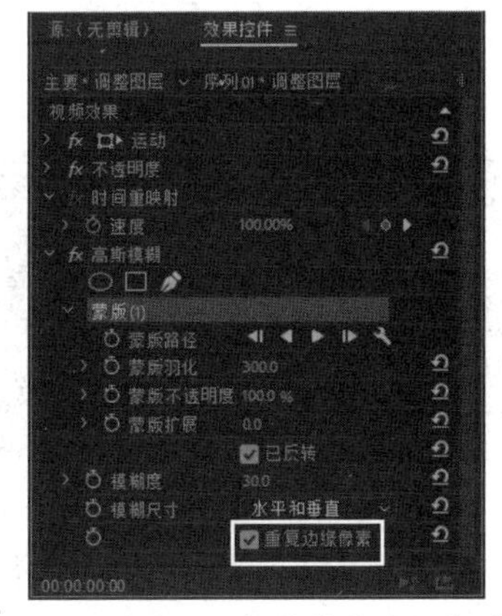

图 5-13 勾选“重复边缘像素”复选框　　图 5-14 勾选“重复边缘像素”复选框后的效果

9）按空格键进行预览。

10）至此，整个虚化背景的效果制作完毕。接下来选择“文件 | 项目管理”命令，将文件打包。然后选择“文件 | 导出 | 媒体”命令，将其输出为“虚化背景 .mp4”文件。

5.2 制作虚化背景效果 2

要点：

本例将制作一个视频中要表现的公路主体清晰、公路以外的背景虚化的效果，如图 5-15 所示。通过本例的学习，读者应掌握“调整图层”和“高斯模糊”视频特效的应用。

图 5-15　虚化背景效果 2

操作步骤：

1）启动 Premiere CC 2018，然后执行菜单中的“文件 | 新建 | 项目”（快捷键是〈Ctrl+Alt+N〉）命令，新建一个名称为“虚化背景”的项目文件。接着新建一个预设为“ARRI 1080p 25”的“序列 01”序列文件。

2）导入素材。方法：选择“文件 | 导入”命令，导入网盘中的“源文件 \ 第 5 章 视频特效的应用 \5.2 制作虚化背景效果 2\ 素材 .mp4”文件，接着在“项目”面板下方单击（图标视图）按钮，将素材以图标视图的方式进行显示，如图 5-16 所示。

3）将“项目”面板中的“素材 .mp4”拖入“时间线”面板的 V1 轨道中，入点为 00:00:00:00，然后按键盘上的〈\〉键，将其在时间线中最大化显示，如图 5-17 所示。

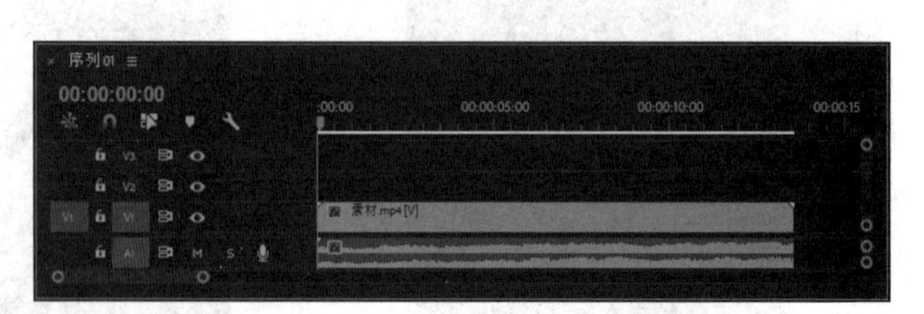

图 5-16　导入“素材 .mp4”　　图 5-17　将“素材 .mp4”拖入“时间线”面板并在时间线中最大化显示

4）在“项目”面板中单击下方的（新建项）按钮，然后从弹出的快捷菜单中选择“调整图层”命令。接着在弹出的如图 5-18 所示的“调整图层”对话框中保持默认参数，单击“确定”按钮，即可在“项目”面板中添加一个调整图层，如图 5-19 所示。

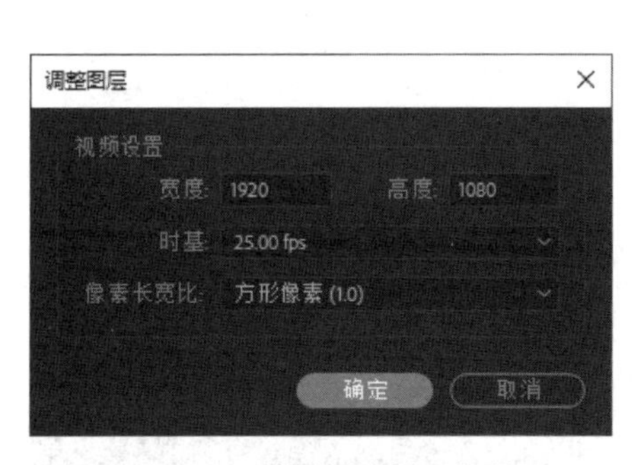

图 5-18　“调整图层”对话框

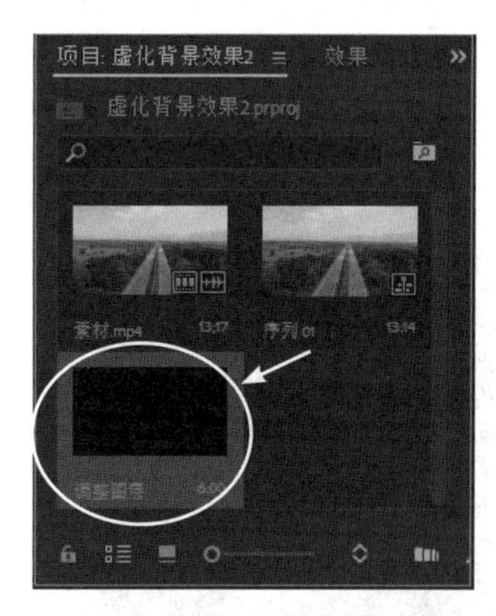

图 5-19　“项目 ”面板中“调整图层”素材

5）将“项目”面板中的“调整图层”素材拖入时间线的 V2 轨道中，入点为 00:00:00:00，出点与 V1 轨道的素材等长，如图 5-20 所示。

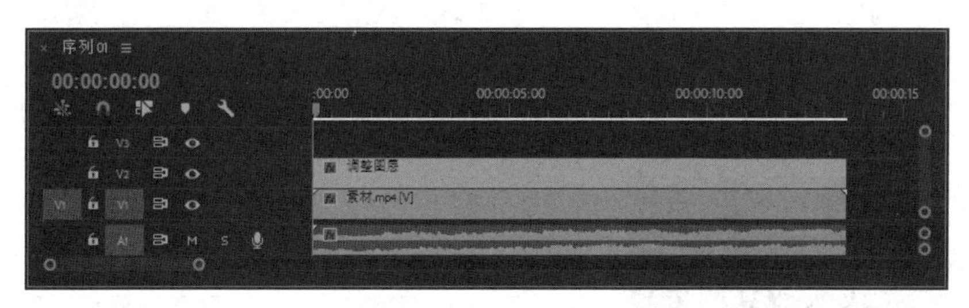

图 5-20　将“调整图层”素材拖入时间线的 V2 轨道，并将其设置为与 V1 轨道的素材等长

6）在“效果”面板搜索栏中输入“高斯模糊”，然后将“高斯模糊”视频特效拖给时间线 V2 轨道上的调整图层。接着在“效果控件”面板“高斯模糊”中单击（自由绘制贝塞尔曲线），如图 5-21 所示，再在“节目”监视器中沿着公路绘制出封闭路径，如图 5-22 所示。

图 5-21　单击（自由绘制贝塞尔曲线）

图 5-22　沿着公路绘制出封闭路径

7）在“效果控件”面板“高斯模糊”中将“模糊度”设置为 30.0，勾选“已反转”复选框，如图 5-23 所示，此时就可以看到公路的主体清晰，而公路以外的背景模糊的效果，如图 5-24 所示。

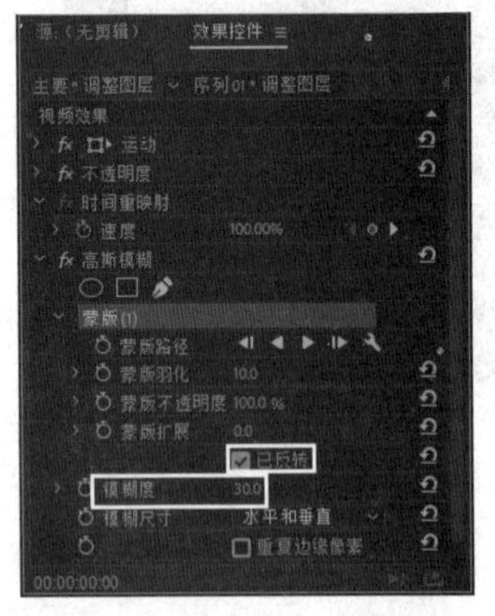

图 5-23　勾选“已反转”复选框

图 5-24　勾选“已反转”复选框后的效果

8）此时画面的边缘也产生了模糊效果，接下来在“效果控件”面板“高斯模糊”中勾选“重复边缘像素”复选框，如图 5-25 所示，此时画面的边缘就变清晰了，如图 5-26 所示。

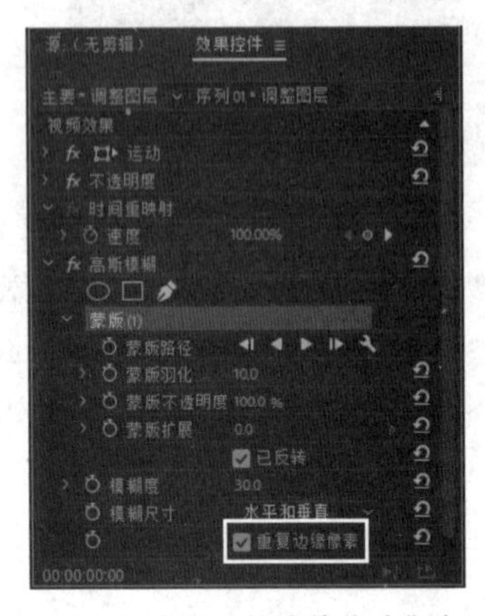

图 5-25　勾选“重复边缘像素”复选框

图 5-26　勾选“重复边缘像素”复选框后的效果

9）按空格键进行预览。

10）至此，整个虚化背景的效果制作完毕。接下来选择“文件 | 项目管理”命令，将文件打包。然后选择“文件 | 导出 | 媒体”命令，将其输出为“虚化背景 .mp4”文件。

5.3　制作撕纸效果

要点：

本例将制作一个撕纸效果，如图 5-27 所示。通过本例的学习，读者应掌握时间线嵌套，“超级键”视频特效和添加音频的应用。

图 5-27　撕纸效果

操作步骤：

1. 制作“撕纸1”的撕纸效果

1）启动 Premiere CC 2018，然后执行菜单中的“文件 | 新建 | 项目”（快捷键是〈Ctrl+Alt+N〉）命令，新建一个名称为“撕纸效果”的项目文件。接着新建一个预设为“ARRI 1080p 25”的“序列 01”序列文件。

2）导入素材。方法：选择“文件 | 导入”命令，导入网盘中的“源文件 \ 第 5 章 视频特效的应用 \5.3　制作撕纸效果 \ 素材 1 ～素材 4.mp4”“撕纸 1 ～撕纸 3.mp4”“背景音乐 17.mp3”和“撕纸声音 .mp3”文件，如图 5-28 所示。

3）将“项目”面板中的“素材 1.mp4”拖到“时间线”面板的 V3 轨道上方，此时会自动添加一个 V4 轨道，如图 5-29 所示。然后将“项目”面板中的“撕纸 1.mp4”拖到 V4 轨道上方，此时会自动添加一个 V5 轨道，然后将“撕纸 1.mp4”的出点设置为 V4 轨道出点一致，如图 5-30 所示。接着将“项目”面板中的“素材 2.mp4”拖入“时间线”面板的 V3 轨道，入点与 V5 轨道的素材入点一致，如图 5-31 所示。

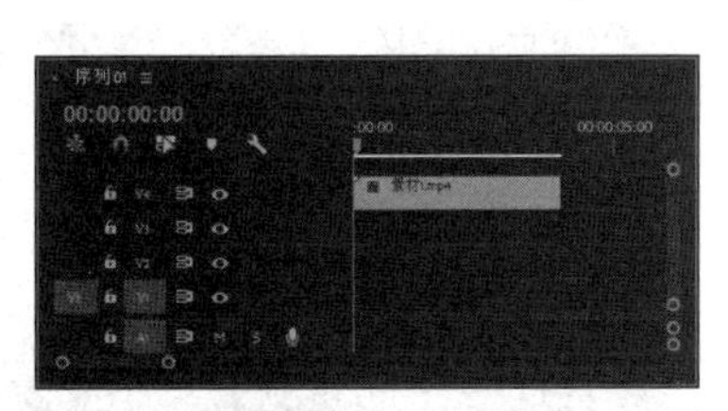

图 5-29　将“撕纸 1.mp4”拖入 V4 轨道

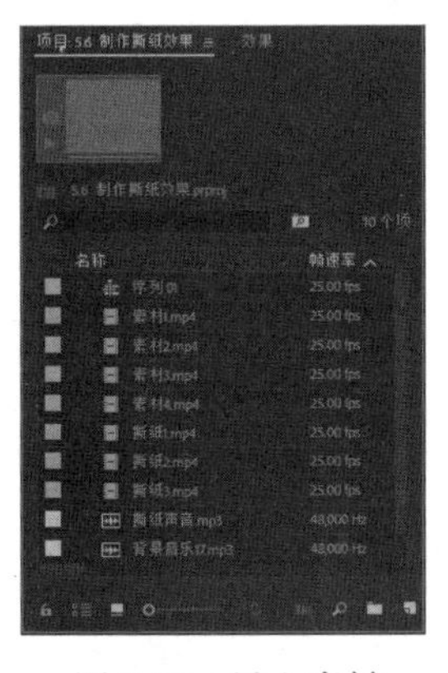

图 5-28　导入素材

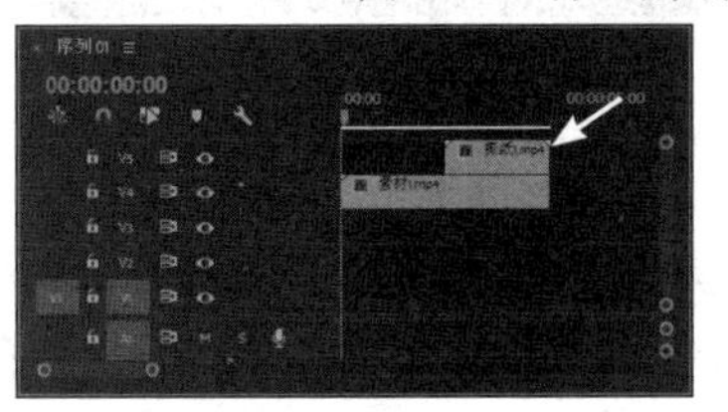

图 5-30　将“撕纸 1.mp4”拖入 V5 轨道，出点与 V4 轨道出点一致

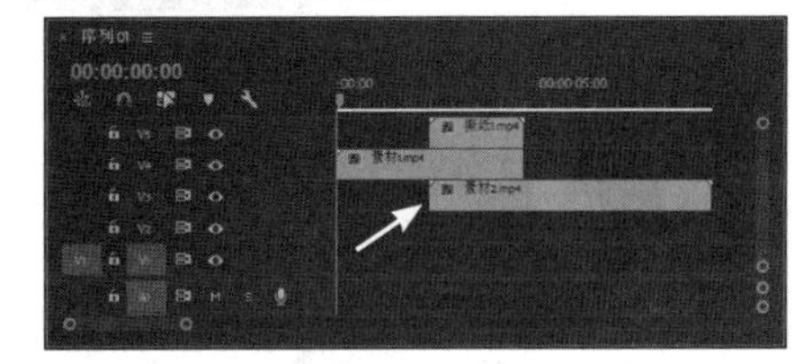

图 5-31　将“素材 2.mp4”拖入 V3 轨道，入点与 V5 轨道入点一致

4）按空格键进行预览，此时“撕纸 1.mp4”的预览效果如图 5-32 所示。

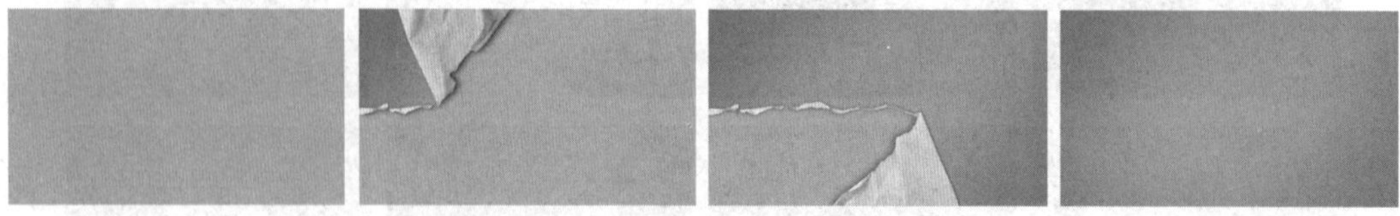

图 5-32 “撕纸 1.mp4”的预览效果

5）在“效果”面板搜索栏中输入“超级键”，如图 5-33 所示。然后将其拖到“时间线”面板 V3 轨道的“撕纸 1.mp4”素材上，接着在“效果控件”面板“超级键”中单击“主要颜色”后面的工具，如图 5-34 所示，最后在“节目”监视器绿色位置单击，即可抠去绿色，从而显示出下方 V4 轨道上的“素材 1”，如图 5-35 所示。

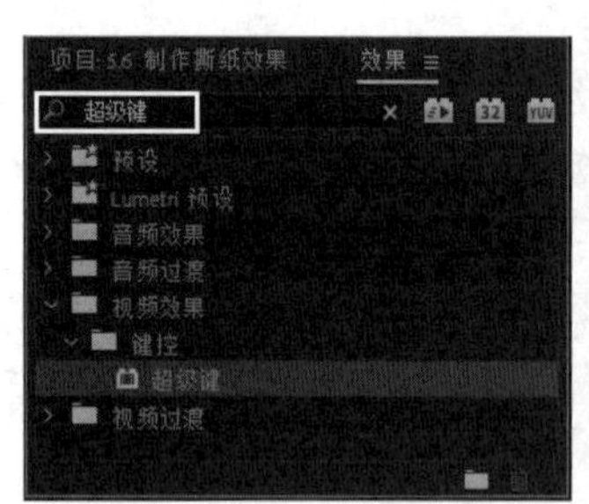

图 5-33 输入“超级键”

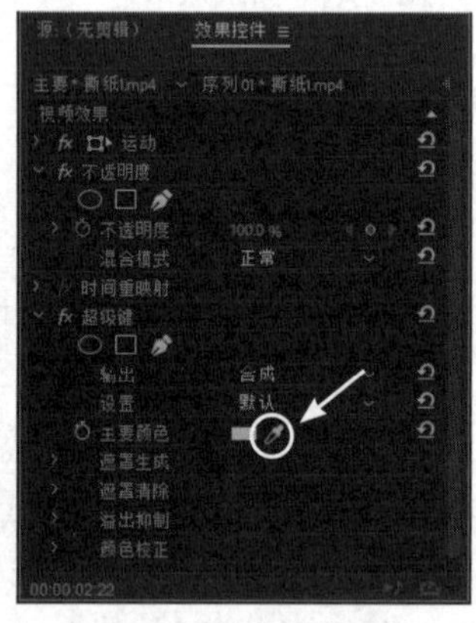

图 5-34 单击“主要颜色”后面的工具

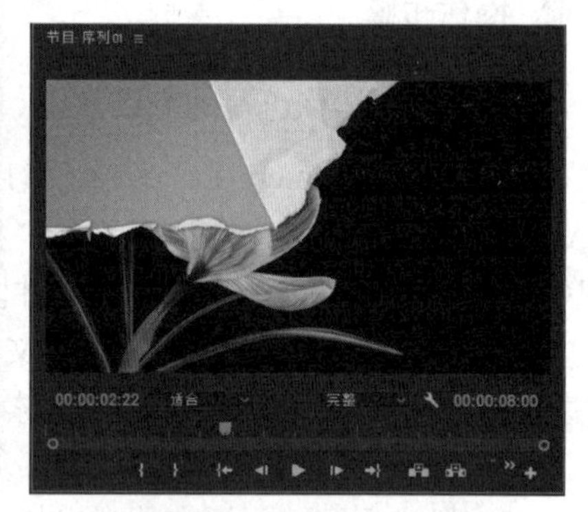

图 5-35 抠去绿色从而显示出下方 V4 轨道上的“素材 1”

6）利用工具箱中的（剃刀工具）将 V4 轨道上的“素材 1.mp4”素材一分为二，使其后面的素材与 V5 轨道上的“撕纸 1.mp4”素材等长，如图 5-36 所示。

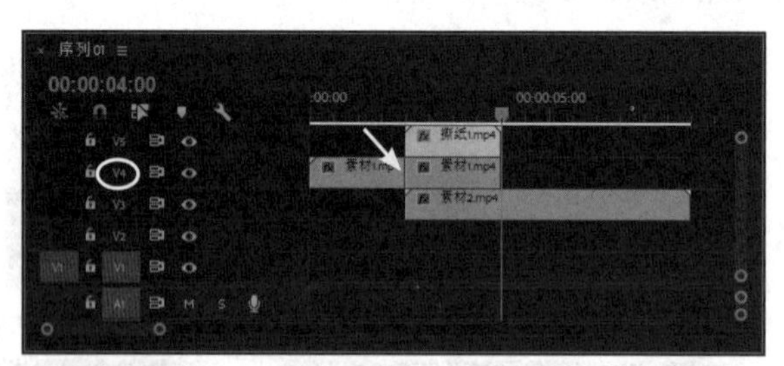

图 5-36 利用（剃刀工具）将 V4 轨道上的“素材 1.mp4”素材一分为二

7）将 V5 轨道和 V4 轨道后面的素材进行嵌套。方法：同时选择 V5 轨道和 V4 轨道后面的素材，然后单击右键，从弹出的快捷菜单中选择“嵌套”命令，接着在弹出的图 5-37 所示的“嵌套序列名称”对话框中保持默认参数，单击“确定”按钮，即可将它们嵌套为一个新的序列，如图 5-38 所示。

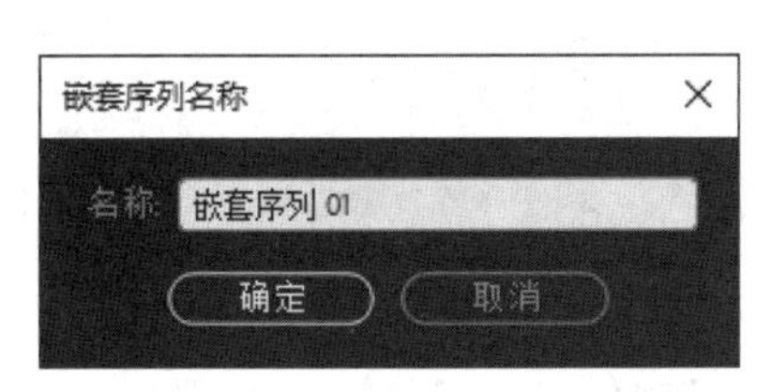

图 5-37 “嵌套序列名称”对话框

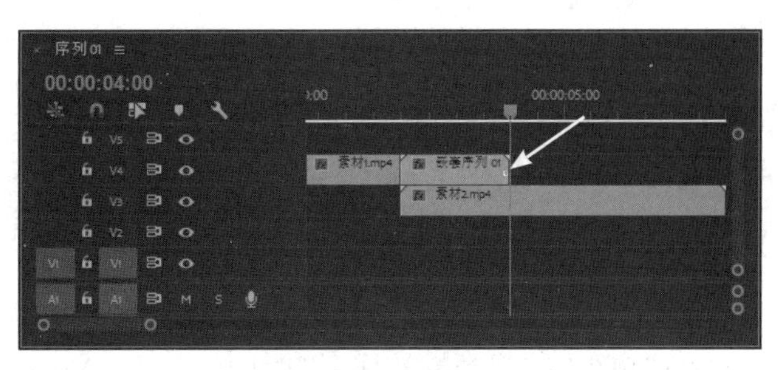

图 5-38 嵌套序列 01

8）将“超级键”视频特效拖到“时间线”面板 V4 轨道的“嵌套序列 01”上，然后在“效果控件”面板“超级键”中单击“主要颜色”后面的工具，再在“节目”监视器蓝色位置单击，即可抠去蓝色，从而显示出下方 V3 轨道上的“素材 2”，如图 5-39 所示。

图 5-39 抠去蓝色，从而显示出下方 V3 轨道上的“素材 2”

9）按键盘上的空格键进行预览，就可以看到“撕纸 1”的撕纸效果了，如图 5-40 所示。

图 5-40 “撕纸 1”的撕纸效果

2. 制作“撕纸2”的撕纸效果

1）将“项目”面板中的“撕纸 2.mp4”拖入 V4 轨道，出点与 V3 轨道的“素材 2.mp4”素材出点一致，如图 5-41 所示。然后将“项目”面板中的“素材 3.mp4”拖入“时间线”面板的 V2 轨道，入点与 V4 轨道的“撕纸 2.mp4”素材入点一致，如图 5-42 所示。

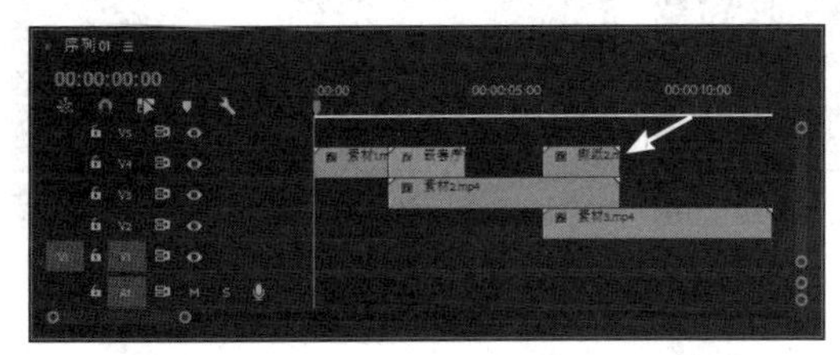

图 5-41 将“撕纸 2.mp4”拖入 V4 轨道

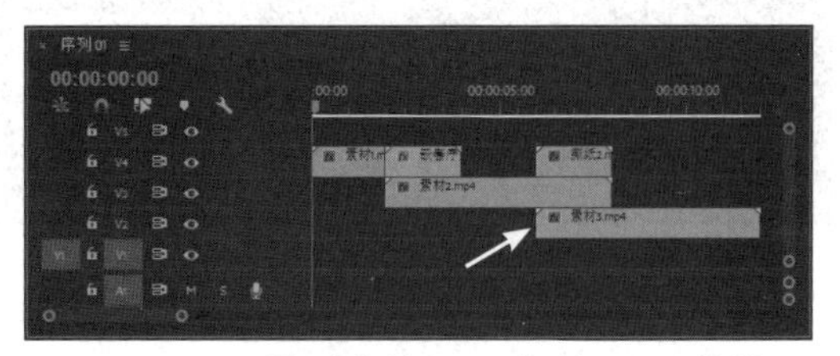

图 5-42 将“素材 3.mp4”拖入 V2 轨道

2）按空格键进行预览，此时“撕纸 2.mp4”的预览效果如图 5-43 所示。

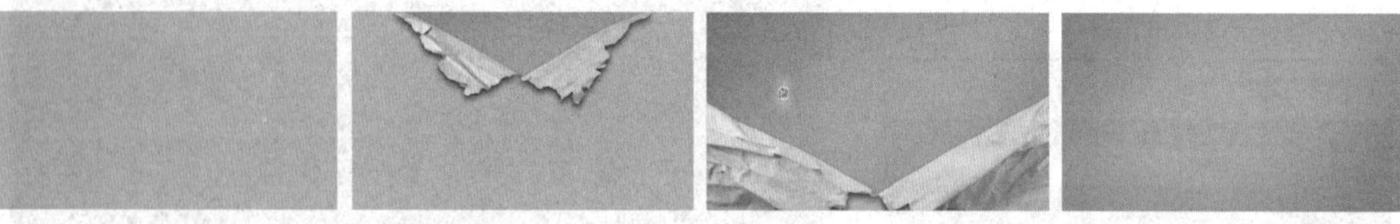

图 5-43 “撕纸 2.mp4”的预览效果

3）将“超级键”视频特效拖到“时间线”面板 V4 轨道的“撕纸 2.mp4”素材上，然后在“效果控件”面板“超级键”中单击“主要颜色”后面的工具，再在“节目”监视器蓝色位置单击，即可抠去绿色，从而显示出下方 V3 轨道上的“素材 2”，如图 5-44 所示。

4）利用工具箱中的（剃刀工具）将 V3 轨道上的“素材 2.mp4”素材一分为二，使其后面的素材与 V4 轨道上的“撕纸 2.mp4”素材等长，如图 5-45 所示。

图 5-44 抠去绿色，从而显示出下方 V3 轨道上的“素材 2”

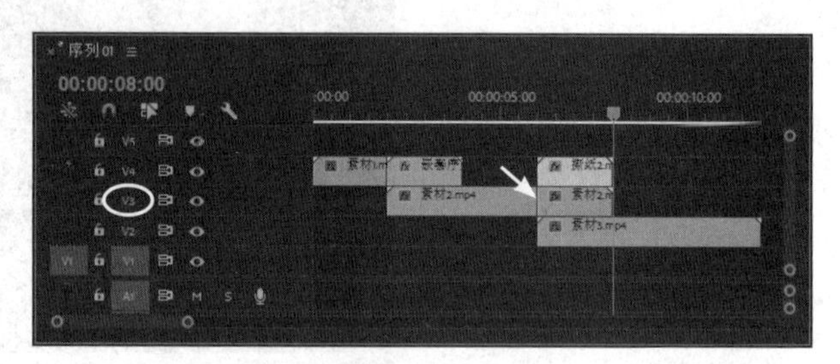

图 5-45 利用（剃刀工具）将 V3 轨道上的“素材 2.mp4”素材一分为二

5）同时选择 V4 轨道和 V3 轨道后面的素材，然后单击右键，从弹出的快捷菜单中选择“嵌套”命令，将它们嵌套为一个“嵌套序列 02”序列，如图 5-46 所示。

6）将“超级键”视频特效拖到“时间线”面板 V3 轨道的“嵌套序列 02”上，然后在“效果控件”面板“超级键”中单击“主要颜色”后面的工具，再在“节目”监视器蓝色位置单击，即可抠去蓝色，从而显示出下方 V2 轨道上的“素材 3”，如图 5-47 所示。

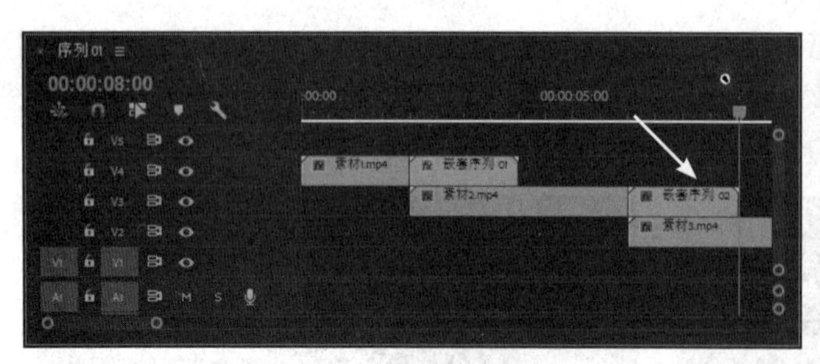

图 5-46 嵌套序列 02

图 5-47 抠去蓝色，从而显示出下方 V2 轨道上的“素材 3”

7）按键盘上的空格键进行预览，就可以看到“撕纸 2”的撕纸效果了，如图 5-48 所示。

图 5-48　“撕纸 2”的撕纸效果

3. 制作“撕纸3”的撕纸效果

1）将“项目”面板中的“撕纸 3.mp4”拖入 V3 轨道，出点与 V2 轨道的“素材 3.mp4”素材出点一致。然后将“项目”面板中的“素材 4.mp4”拖入“时间线”面板的 V1 轨道，入点与 V3 轨道的“撕纸 3.mp4”素材入点一致，如图 5-49 所示。

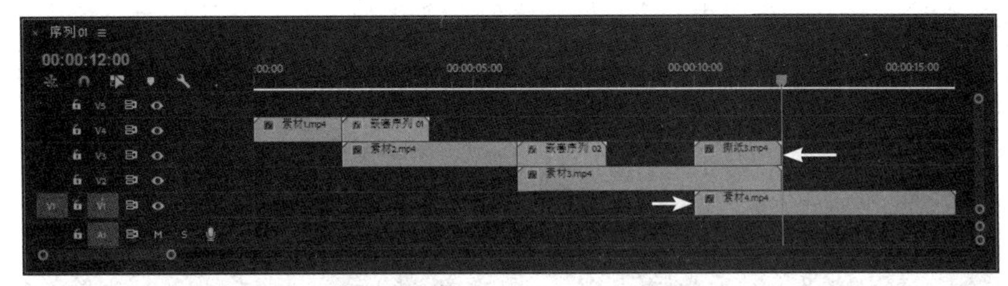

图 5-49　将“撕纸 3”拖入 V3 轨道，将“素材 4”拖入 V1 轨道

2）按空格键进行预览，此时“撕纸 3.mp4”的预览效果如图 5-50 所示。

 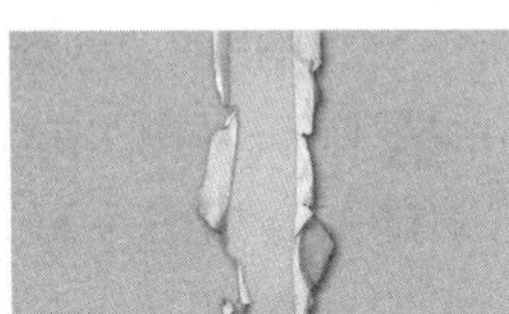  

图 5-50　“撕纸 3.mp4”的预览效果

3）将“超级键”视频特效拖到“时间线”面板 V3 轨道的“撕纸 3.mp4”素材上，然后在“效果控件”面板“超级键”中单击“主要颜色”后面的工具，再在“节目”监视器蓝色位置单击，即可抠去绿色，从而显示出下方 V2 轨道上的“素材 3”，如图 5-51 所示。

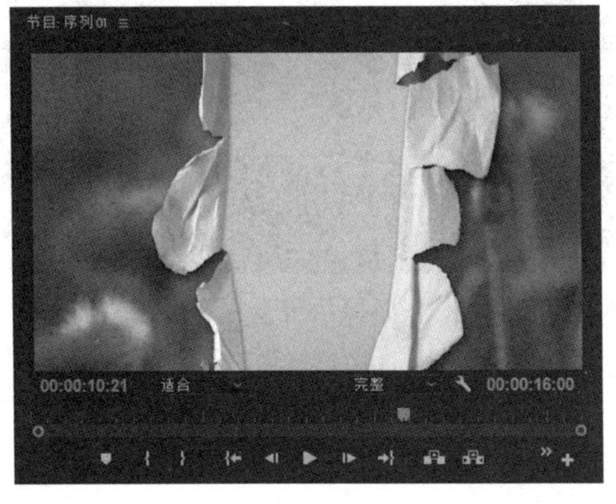

图 5-51　抠去绿色，从而显示出下方 V2 轨道上的“素材 3”

4）利用工具箱中的 （剃刀工具）将 V2 轨道上的“素材 3.mp4”素材一分为二，使其后面的素材与 V3 轨道上的“撕纸 3.mp4”素材等长，如图 5-52 所示。

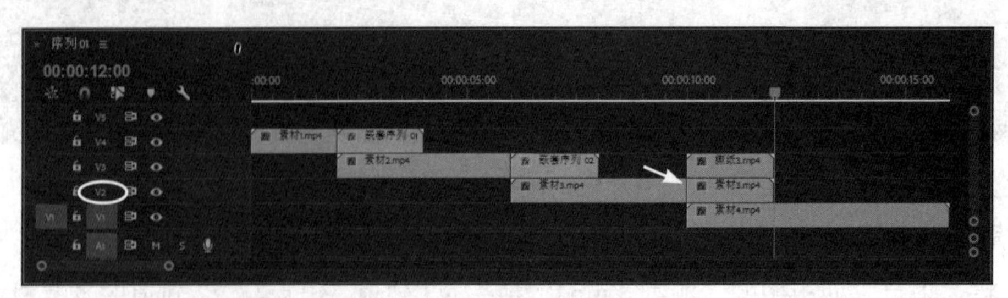

图 5-52　利用 （剃刀工具）将 V2 轨道上的“素材 3.mp4”素材一分为二

5）同时选择 V3 轨道和 V2 轨道后面的素材，然后单击右键，从弹出的快捷菜单中选择“嵌套”命令，将它们嵌套为一个“嵌套序列 03”序列，如图 5-53 所示。

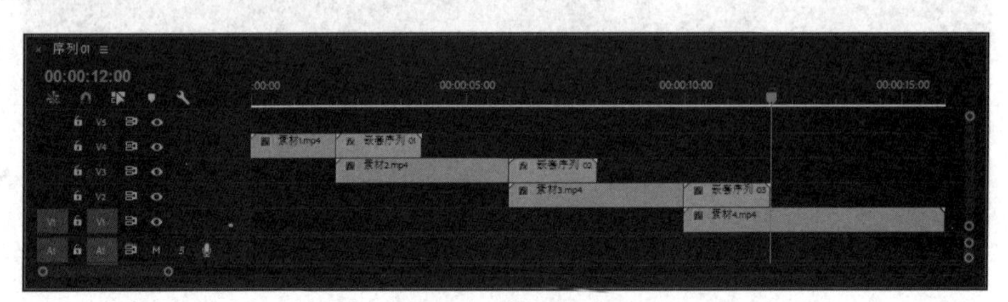

图 5-53　嵌套序列 03

6）将“超级键”视频特效拖到“时间线”面板 V2 轨道的“嵌套序列 03”上，然后在“效果控件”面板“超级键”中单击“主要颜色”后面的 工具，再在“节目”监视器黄色位置单击，即可抠去黄色，从而显示出下方 V1 轨道上的“素材 4”，如图 5-54 所示。

图 5-54　抠去黄色，从而显示出下方 V1 轨道上的“素材 4”

7）按空格键进行预览，此时“撕纸 1.mp4”的预览效果如图 5-55 所示。

图 5-55　“撕纸 1”的撕纸效果

4. 添加背景音乐

1）将“项目”面板中的“撕纸声音.mp3”拖入“时间线”面板的 A1 轨道，入点与 V4 轨道上的“嵌套序列 01”入点一致，如图 5-56 所示。然后按住〈Alt〉键，将 A1 轨道的“撕纸声音.mp3”音频素材向后复制到与 V3 轨道的“嵌套序列 02”和 V2 轨道的“嵌套序列 01”入点一致的位置，如图 5-56 所示。

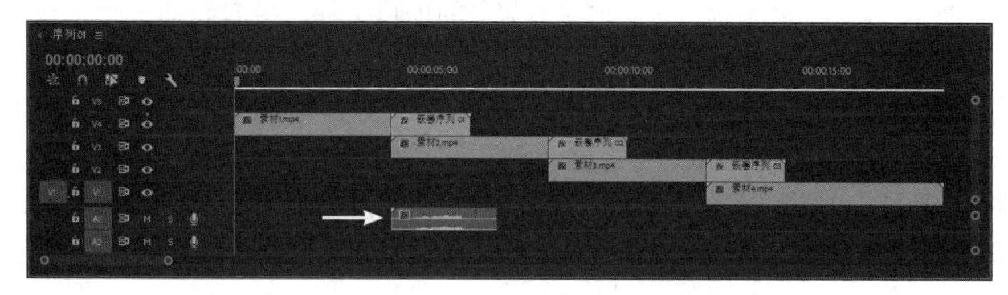

图 5-56　“撕纸声音”的撕纸效果

2）将“项目”面板中的“背景音乐 17.mp3”拖入“时间线”面板的 A2 轨道，入点为 00:00:00:00，如图 5-57 所示。

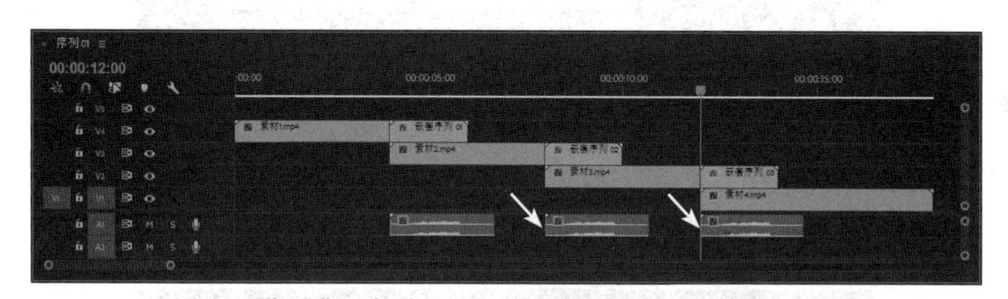

图 5-57　将“背景音乐 .mp3”拖入“时间线”面板的 A2 轨道

3）至此，整个撕纸效果制作完毕。接下来选择“文件 | 项目管理”命令，将文件打包。然后选择“文件 | 导出 | 媒体”命令，将其输出为“撕纸效果.mp4”文件。

5.4　制作文字飘散效果

要点：

本例将制作一个文字飘散的效果，如图 5-58 所示。通过本例的学习，读者应掌握文字工具，“波纹删除”命令，“粗糙边缘”和“色彩”视频特效的应用。

图 5-58　文字飘散效果

操作步骤：

1. 制作文字逐渐消失的效果

1）启动 Premiere CC 2018，然后执行菜单中的“文件 | 新建 | 项目”（快捷键是〈Ctrl+Alt+N〉）命令，新建一个名称为“文字飘散效果”的项目文件。接着新建一个预设为“ARRI 1080p 25”的“序列 01”序列文件。

2）导入素材。方法：选择“文件 | 导入”命令，导入网盘中的“源文件 \ 第 5 章 视频特效的应用 \5.4 制作文字飘散效果 \ 素材 .mp4”和“粒子 .mov”文件。

3）将“项目”面板中的“素材 .mp4”拖入“时间线”面板的 V1 轨道，入点为 00:00:00:00，然后按键盘上的〈\〉键，将其在时间线中最大化显示，如图 5-59 所示。

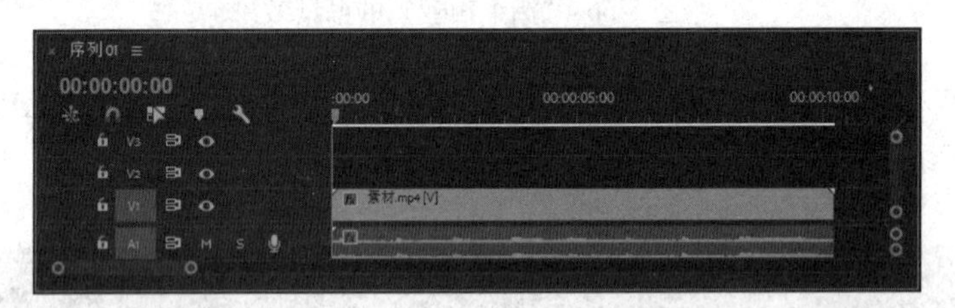

图 5-59　将“素材 .mp4”拖入“时间线”面板的 V1 轨道，并最大化显示

4）利用工具箱中的 T（文字工具），在“节目”监视器中单击鼠标，输入文字“落日余晖”，此时“时间线”面板的 V2 轨道上会添加一个文字素材，如图 5-60 所示。

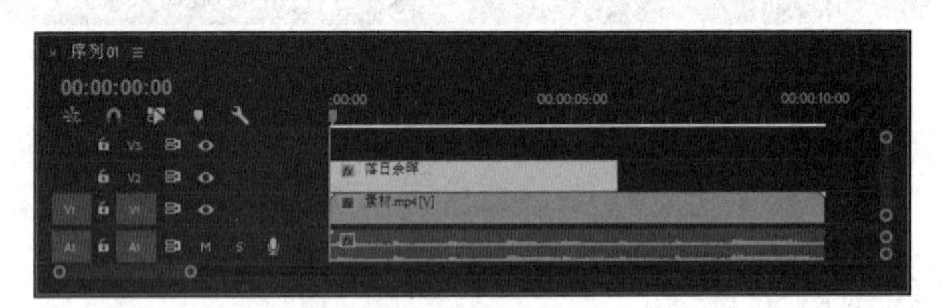

图 5-60　“时间线”面板的 V2 轨道上会添加一个文字素材

5）切换到“图形”界面，然后在“基本图形”面板“编辑”选项卡中将“字体”设置为 HYXueJunJ，“字号”设置为 260，接着单击（垂直居中对齐）和（水平居中对齐）按钮，如图 5-61 所示，将文字居中对齐，此时画面显示如图 5-62 所示。

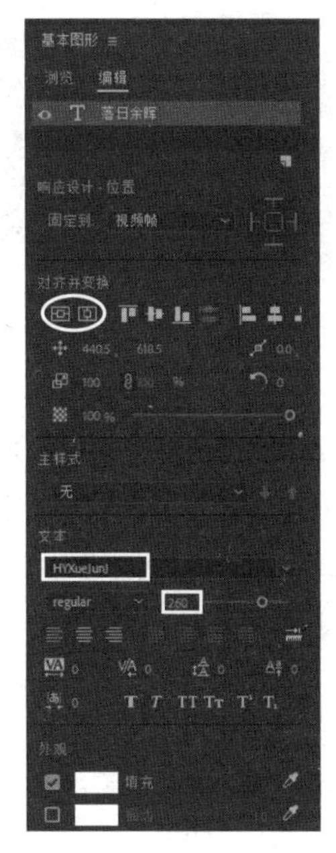

图 5-61　设置文字参数

图 5-62　设置文字参数后的效果

6）在“效果”面板搜索栏中输入“粗糙边缘”，如图 5-63 所示。然后将“粗糙边缘”视频特效拖给“时间线”面板 V2 轨道上的文字，接着在“效果控件”面板中将时间滑块移动到需要文字开始消失的 00:00:01:00 的位置，将“边框”的数值设置为 0.00，并单击“边框”前面的按钮，切换为状态，从而添加一个关键帧，如图 5-64 所示。最后将时间滑块移动到需要文字完全消失的 00:00:05:00 的位置，将“边框”的数值设置为 300.00，如图 5-65 所示。再拖动时间滑块，就可以看到在 00:00:01:00 ~ 00:00:05:00 之间文字逐渐消失的效果了，如图 5-66 所示。

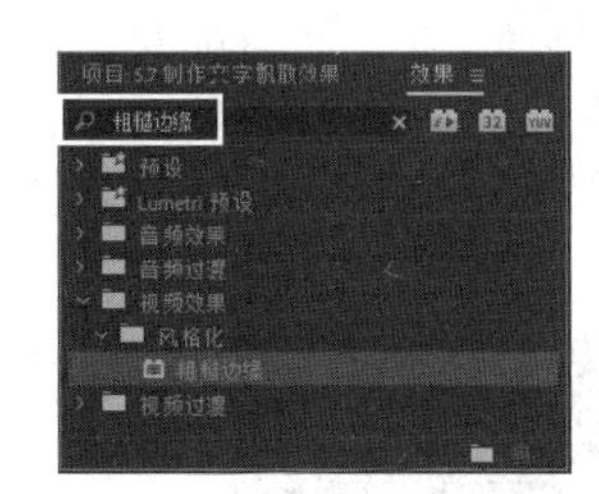

图 5-63　输入“粗糙边缘”

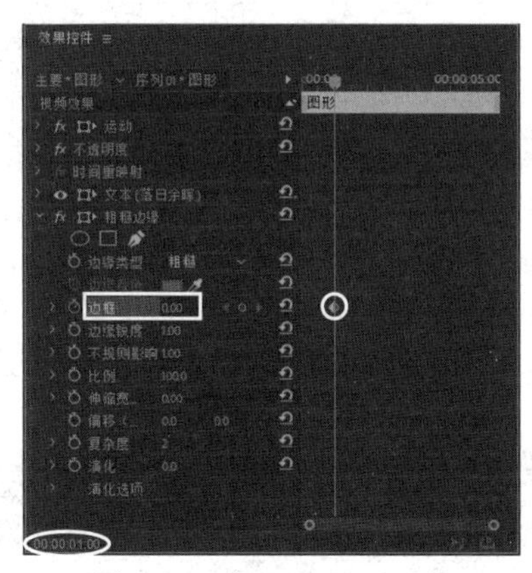

图 5-64　在 00:00:01:00 的位置将“边框”的数值设置为 0.00，并记录关键帧

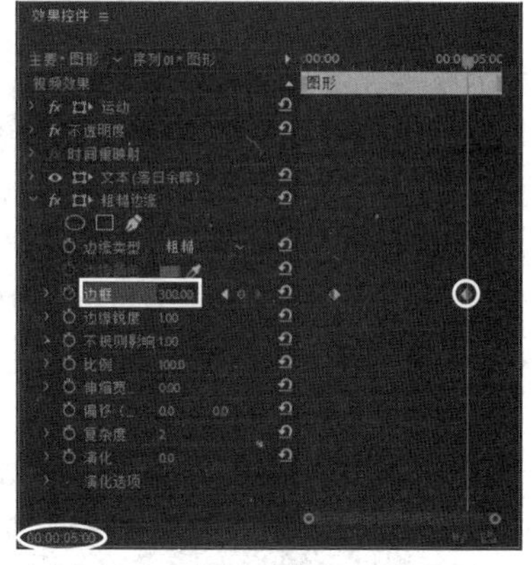

图 5-65　在 00:00:05:00 的位置将“边框”的数值设置为 300.00

图 5-66　在 00:00:01:00 ~ 00:00:05:00 之间文字逐渐消失的效果

2. 制作文字逐渐消失的同时粒子飘散的效果

1）将“项目”面板中的“粒子 .mov”拖入“时间线”面板的 V3 轨道，入点为 00:00:00:00。

2）按键盘上的空格键进行预览，会发现粒子开始飘散的时间与文字开始消失的时间不匹配。接下来对“粒子 .mov”素材进行处理，使之与文字开始消失的时间进行匹配。方法：将时间滑块移动到 00:00:00:05 的位置，然后利用工具箱中的 （剃刀工具）将 V3 轨道上的“粒子 .mov”从 00:00:00:05 的位置一分为二，如图 5-67 所示。接着右键单击 V3 轨道上 00:00:00:05 之前的“粒子 .mov”素材，从弹出的快捷菜单中选择“波纹删除”命令，将其删除，此时 V3 轨道上 00:00:00:05 之后的“粒子 .mov”素材会整体前移来填补删除后的素材的位置，如图 5-68 所示。

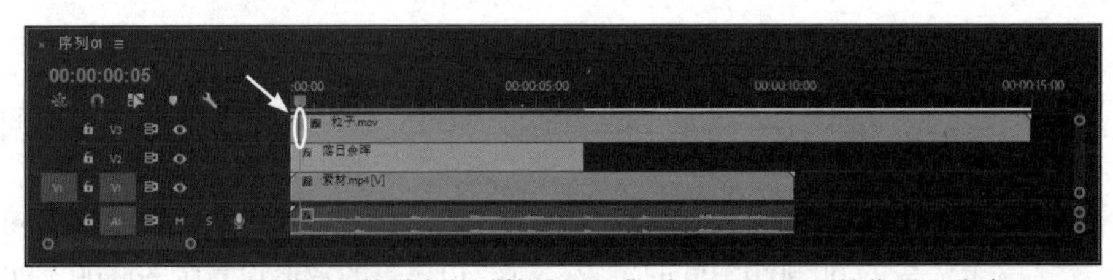

图 5-67　将 V3 轨道上的“粒子 .mov”从 00:00:00:05 的位置一分为二

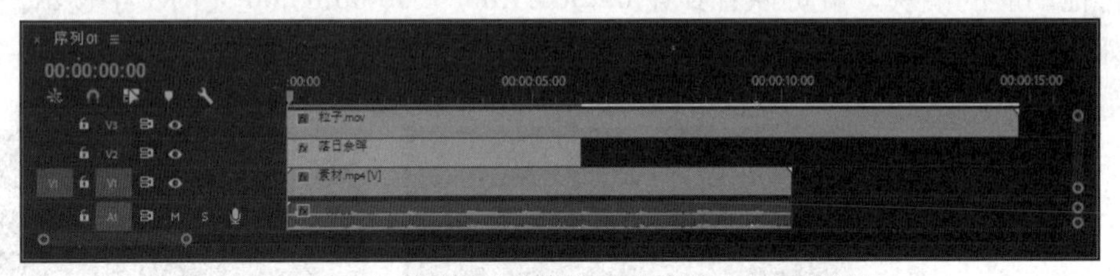

图 5-68　使用“波纹删除”命令删除素材后的效果

提示：如果选择00:00:00:05之前的“粒子.mov”素材，按〈Delete〉键进行删除，此时00:00:00:05之后的“粒子.mov”素材不会前移，效果如图5-69所示。而使用“波纹删除”命令删除00:00:00:05之前的“粒子.mov”素材，则00:00:00:05之后的“粒子.mov”素材会整体前移来填补删除后的素材的位置。

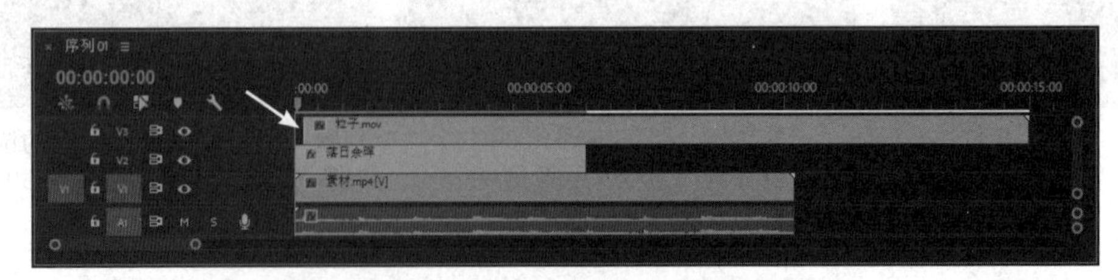

图 5-69　按〈Delete〉键删除素材后的效果

3）按键盘上的空格键进行预览，此时粒子开始飘散的时间与文字开始消失的时间就一致了。

4）此时“粒子.mov”中粒子的颜色是红色的，如图 5-70 所示，接下来将红色粒子的颜色修改为白色。方法：在“效果”面板搜索栏中输入“色彩”，如图 5-71 所示。然后将“色彩”视频特效拖给 V3 轨道上的“粒子.mov”，接着选择 V3 轨道上的“粒子.mov”，在“效果控件”面板“色彩”中将“将黑色映射到”的颜色设置为白色，如图 5-72 所示，此时粒子颜色就变为白色了，如图 5-73 所示。

图 5-70　红色的粒子

图 5-71　输入“色彩”

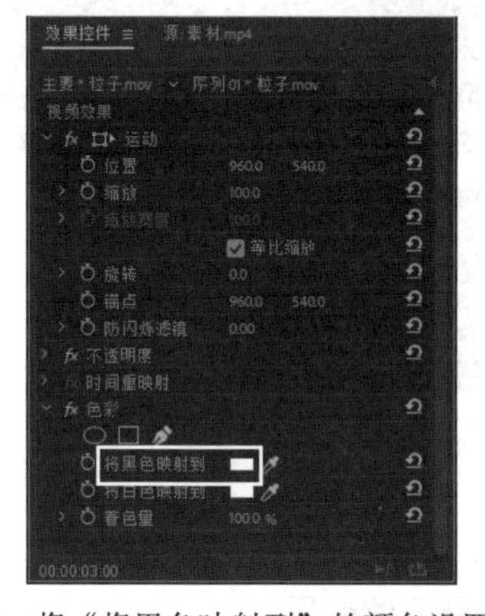

图 5-72　将“将黑色映射到”的颜色设置为白色

图 5-73　将粒子颜色改为白色的效果

5）此时粒子的位置和方向与文字的位置并不匹配，接下来选择 V3 轨道上的“粒子.mov”，然后在“效果控件”面板中将“位置”的数值设置为（820.0，570.0），“旋转”的数值设置为 15.0，如图 5-74 所示，此时粒子的位置和方向与文字的位置就匹配了，如图 5-75 所示。

6）按空格键进行预览。

7）至此，整个文字飘散效果制作完毕。接下来选择“文件 | 项目管理”命令，将文件打包。然后选择“文件 | 导出 | 媒体”命令，将其输出为“文字飘散效果.mp4”文件。

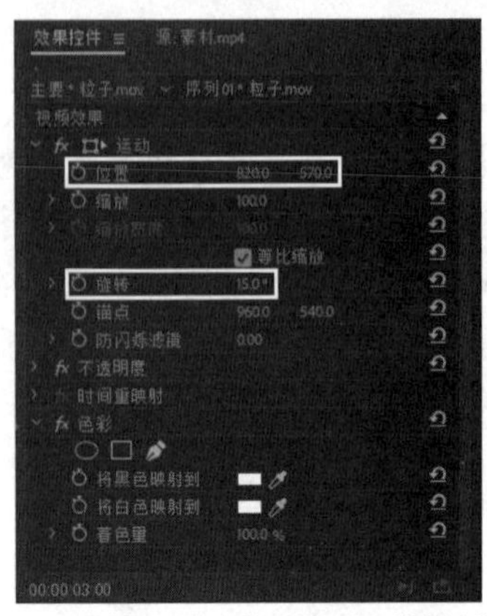

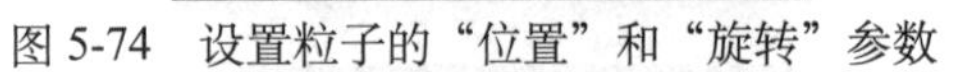

图 5-74 设置粒子的“位置”和“旋转”参数

图 5-75 设置粒子的“位置”和“旋转”参数后的效果

5.5 制作电影黑屏开场效果

要点：

本例将对一个黑白视频逐渐过渡到彩色视频效果，如图 5-76 所示。通过本例的学习，读者应掌握设置关键帧的缓入、缓出效果，文字工具，“颜色键”和“轨道遮罩键”视频特效的应用。

图 5-76 电影黑屏开场效果

操作步骤：

1. 制作00:00:00:00～00:00:03:00之间黑屏逐渐展开的效果

1）启动 Premiere CC 2018，然后执行菜单中的“文件 | 新建 | 项目”（快捷键是〈Ctrl+Alt+N〉）命令，新建一个名称为“电影黑屏开场效果”的项目文件。接着新建一个预设为“ARRI 1080p 25”的“序列 01”序列文件。

2）导入素材。方法：选择“文件 | 导入”命令，导入网盘中的“源文件 \ 第 5 章 视频特效的应用 \5.5 制作电影黑屏开场效果 \ 素材 .mp4”文件，然后在“项目”面板下方单击 （图标视图）按钮，将素材以图标视图的方式进行显示，如图 5-77 所示。

3）将“项目”面板中的“素材 .mp4”拖入“时间线”面板的 V1 轨道和 A1 轨道，入点为 00:00:00:00，然后按键盘上的〈\〉键，将其在时间线中最大化显示，接着激活 A1 轨道上的 （静音轨道）按钮，如图 5-78 所示，取消播放声音。

图 5-77　导入素材

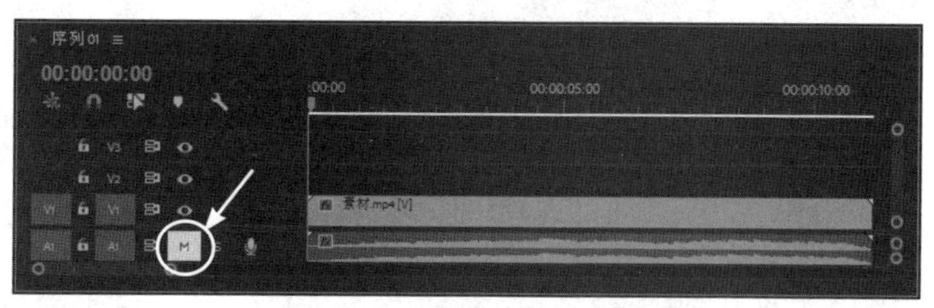

图 5-78　取消播放声音

4）制作在 00:00:00:00 ~ 00:00:03:00 之间黑屏逐渐展开的效果。方法：在“效果”面板搜索栏中输入“裁剪”，如图 5-79 所示，然后将“裁剪”视频特效拖给 V1 轨道上的“素材 .mp4”，接着将时间滑块移动到 00:00:00:00 的位置，在“效果控件”面板“裁剪”中将“顶部”和“底部”的数值均设置为 50%，并单击它们前面的按钮，切换为状态，从而给“顶部”和“底部”各添加一个关键帧，如图 5-80 所示，此时整个画面会呈现出黑屏效果，如图 5-81 所示。

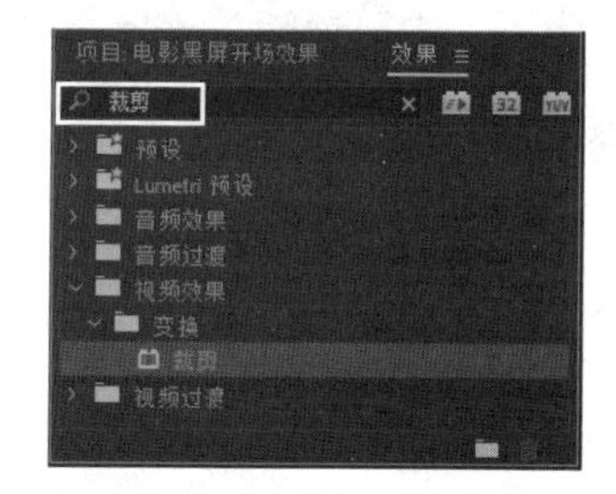

图 5-79　输入“裁剪”

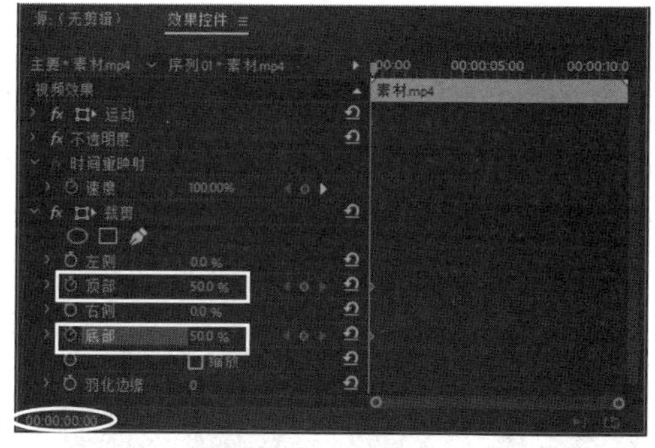

图 5-80　在 00:00:00:00 的位置将“顶部”和“底部”的数值均设置为 50%，并记录关键帧

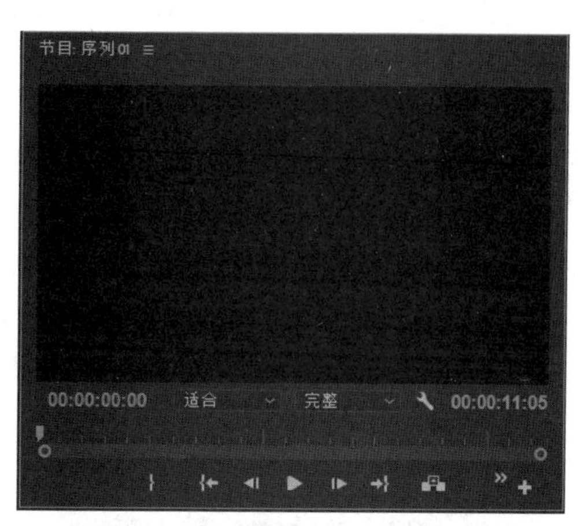

图 5-81　整个画面会呈现出黑屏效果

5）将时间滑块移动到 00:00:03:00 的位置，在“效果控件”面板“裁剪”中单击“顶部”和“底部”后面的（重置参数）按钮，重置参数，如图 5-82 所示，此时黑屏就消失了，从而显现出整个视频画面，如图 5-83 所示。

6）按键盘上的空格键进行预览，就可以看到在 00:00:00:00 ~ 00:00:03:00 之间黑屏逐渐展开的效果，如图 5-84 所示。

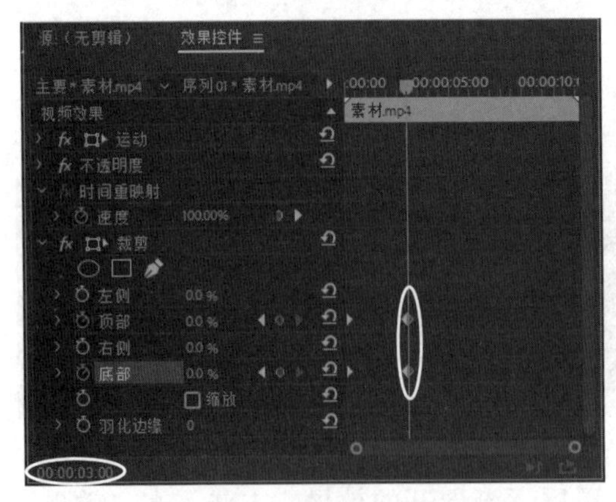

图 5-82　在 00:00:03:00 的位置重置“顶部”和“底部”的数值

图 5-83　黑屏消失显现出整个视频画面的效果

图 5-84　在 00:00:00:00 ～ 00:00:03:00 之间黑屏逐渐展开的效果

7）制作黑屏展开时的缓入缓出效果。方法：在“效果控件”面板中选择 00:00:00:00 时的“顶部”和“底部”的两个关键帧，单击右键，从弹出的快捷菜单中选择“缓入”命令，然后选择 00:00:00:00 时的“顶部”和“底部”的两个关键帧，单击右键，从弹出的快捷菜单中选择“缓出”命令。接着按键盘上的空格键进行预览，就可以看到黑屏展开时的缓入缓出效果了。

2. 制作00:00:07:00～00:00:09:00之间黑屏逐渐关闭的效果

1）将时间定位在 00:00:07:00 的位置，然后在“效果控件”面板“裁剪”中单击“顶部”和“底部”后面的 （添加 / 删除关键帧）按钮，从而在“顶部”和“底部”各添加一个关键帧，如图 5-85 所示。接着将时间定位在 00:00:09:00 的位置，将“顶部”的数值设置为 40.0%，“底部”的数值设置为 20.0%，如图 5-86 所示，此时画面效果如图 5-87 所示。

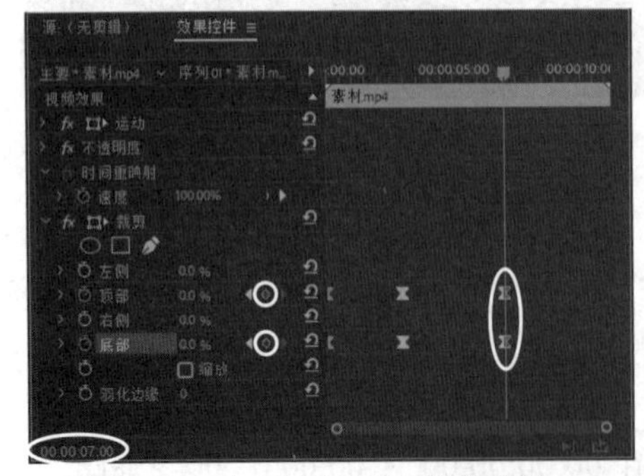

图 5-85　在 00:00:07:00 的位置添加“顶部”和“底部”关键帧

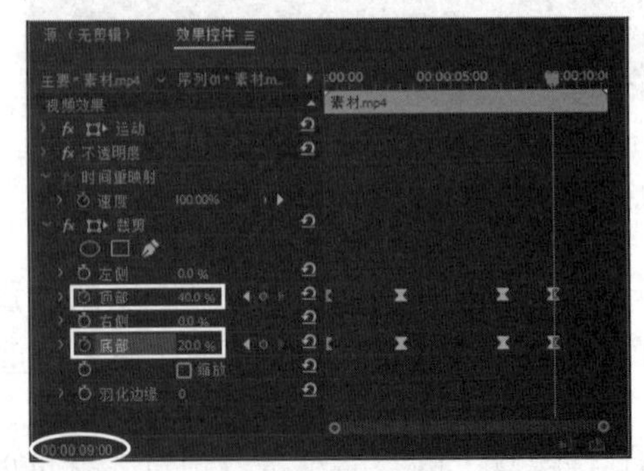

图 5-86　在 00:00:09:00 的位置将“顶部”的数值设置为 40.0%，“底部”的数值设置为 20.0%

图 5-87　在 00:00:09:00 的位置的画面效果

2）按键盘上的空格键进行预览，就可以看到在 00:00:07:00 ~ 00:00:09:00 之间黑屏逐渐关闭的效果，如图 5-88 所示。

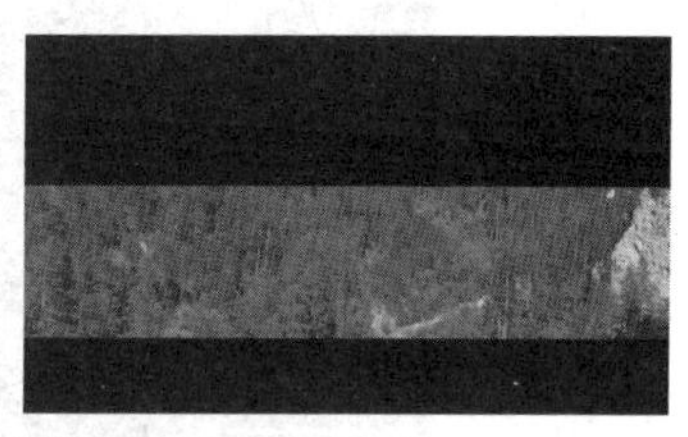

图 5-88　在 00:00:07:00 ~ 00:00:09:00 之间黑屏逐渐关闭的效果

3. **制作00:00:07:00～00:00:09:00之间黑屏上方镂空文字的显现效果**

1）按住键盘上的〈Alt〉键，将 V1 轨道上的“素材 .mp4”复制到 V2 轨道上，如图 5-89 所示。

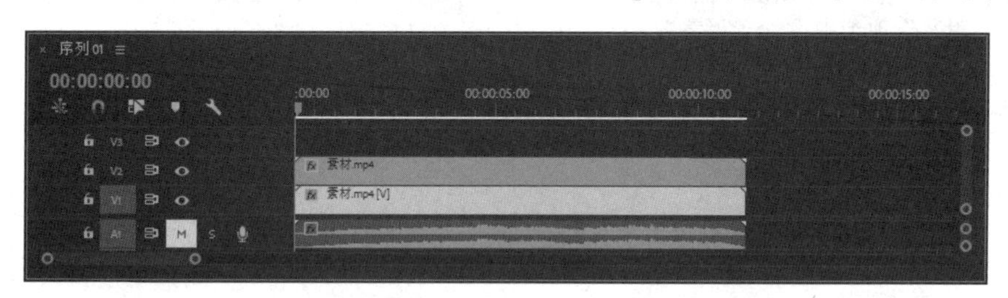

图 5-89　将 V1 轨道上的“素材 .mp4”复制到 V2 轨道上

2）选择 V2 轨道上的“素材 .mp4”，然后在“效果控件”面板中选择“裁剪”，按〈Delete〉键进行删除。

3）在 V2 轨道上单击按钮，切换为状态，从而隐藏 V2 轨道的显示，如图 5-90 所示。

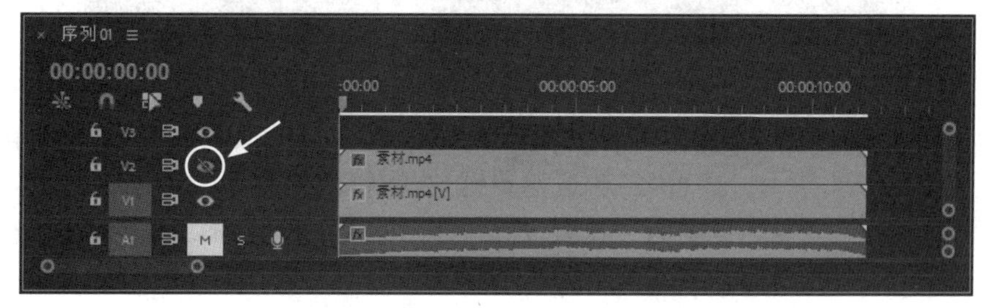

图 5-90　隐藏 V2 轨道的显示

4）将时间滑块移动到 00:00:09:00 的位置，然后利用工具箱中的 T（文字工具），在“节目”监视器上方黑屏位置单击鼠标输入文字“瑞士极美风景”，接着切换到“图形”界面，再在“基本图形”面板“编辑”选项卡中将“字体”设置为 HYFangDieJ，“字号”设置为 180，最后单击（水平居中对齐）按钮，将文字居中对齐，如图 5-91 所示，此时画面显示如图 5-92 所示。

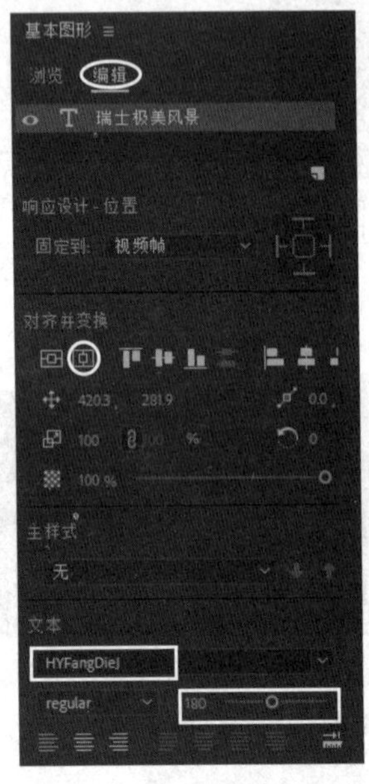

图 5-91　在“基本图形”面板“编辑”选项卡中设置文字参数

图 5-92　画面显示效果

5）在“时间轴”面板 V3 轨道中将文字的入点设置为 00:00:07:00，出点设置为与 V2 轨道等长，如图 5-93 所示。

提示：前面之所以在00:00:09:00的位置输入文字，而不是在00:00:07:00的位置，是因为在00:00:09:00的位置能完整地看到黑屏，从而便于观看最终的文字效果，而在00:00:07:00的位置无法看到黑屏。

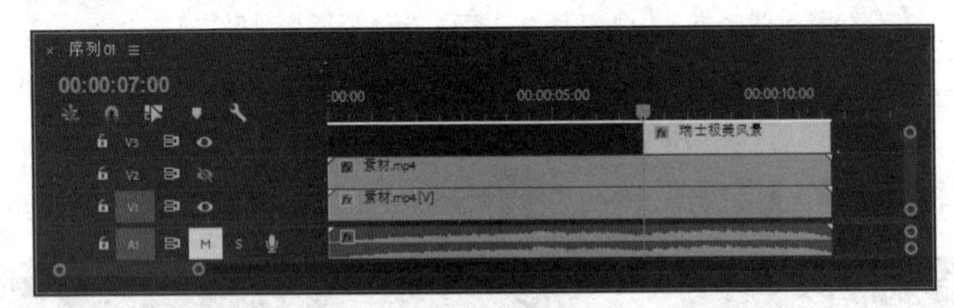

图 5-93　将 V3 轨道的文字的入点设置为 00:00:07:00，出点设置为与 V2 轨道等长

6）在 V2 轨道上单击按钮，切换为状态。然后在“效果”面板搜索栏中输入“轨道遮罩键”，如图 5-94 所示。接着将“轨道遮罩键”视频特效拖到 V2 轨道的素材上，再在“效果控件”面板中将“遮罩”设置为“视频 3”，“合成方式”设置为“亮度遮罩”，如图 5-95 所示。

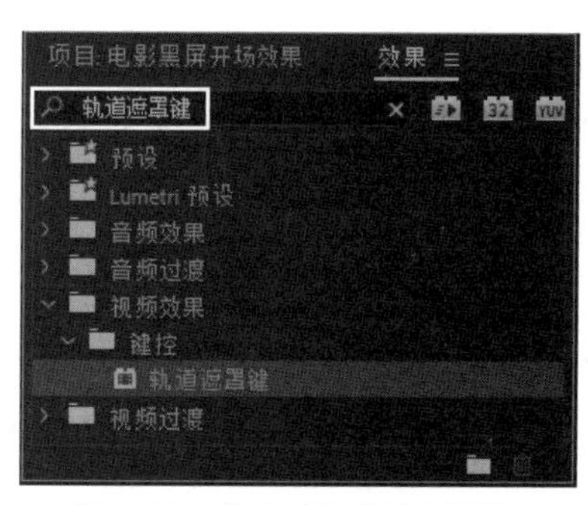

图 5-94　输入“轨道遮罩键”

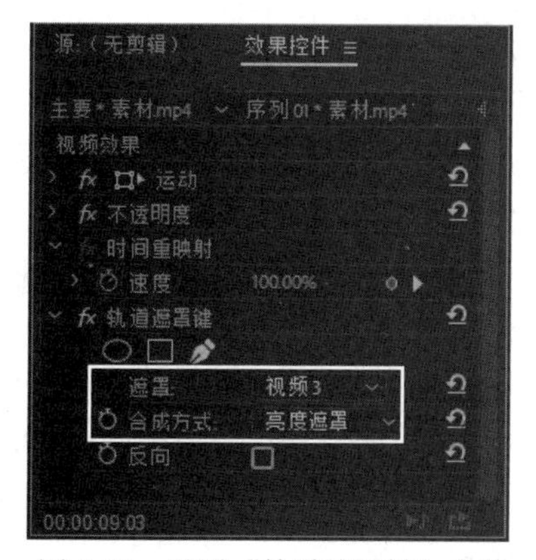

图 5-95　设置“轨道遮罩键”参数

7）单击 A1 轨道的（静音轨道）按钮，恢复声音的播放。然后按空格键进行预览，就可以看到 00:00:07:00 之后黑屏上方镂空文字的显现效果了，如图 5-96 所示。

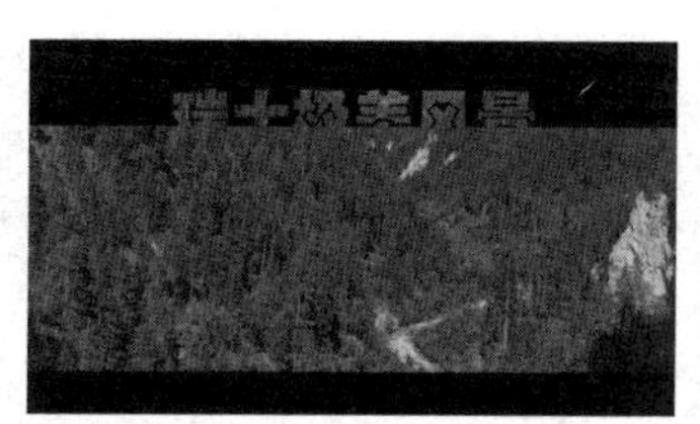

图 5-96　00:00:07:00 之后黑屏上方镂空文字的显现效果

8）至此，整个电影黑屏开场效果制作完毕。接下来选择“文件 | 项目管理”命令，将文件打包。然后选择“文件 | 导出 | 媒体”命令，将其输出为“电影黑屏开场效果 .mp4”文件。

5.6　制作水波纹转场效果

要点：

本例将制作一个视频中的动态气泡扭曲变形后切换到另一个风景视频的效果，如图 5-97 所示。通过本例的学习，读者应掌握自定义蒙版形状、调整素材的持续时间，“调整图层”“嵌套”“紊乱置换”视频特效，默认“交叉溶解”视频过渡和默认“恒定功率”音频过渡的应用。

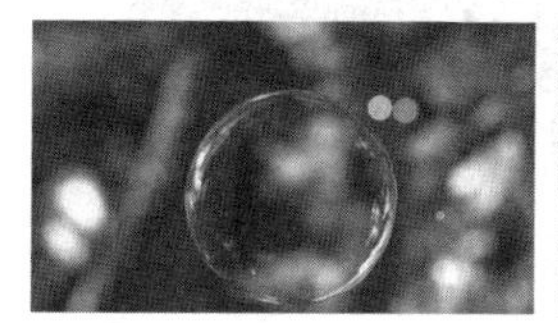
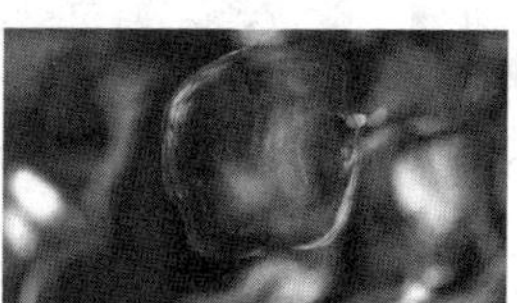
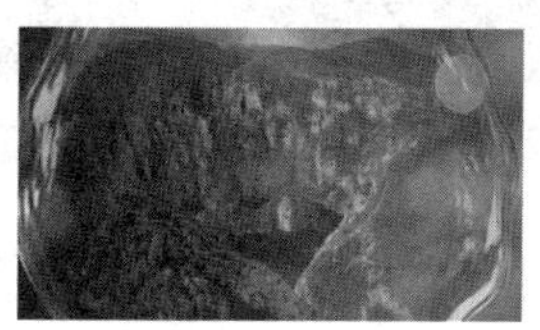
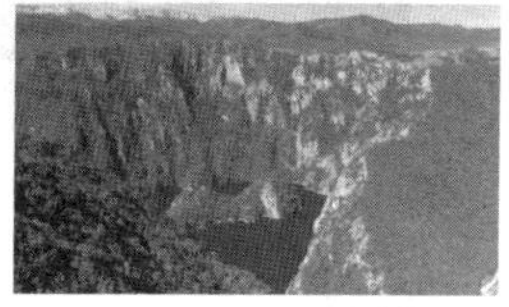

图 5-97　水波纹转场效果

操作步骤：

1）启动 Premiere CC 2018，然后执行菜单中的“文件 | 新建 | 项目”（快捷键是

〈Ctrl+Alt+N〉）命令，新建一个名称为“水波纹转场效果”的项目文件。接着新建一个预设为“ARRI 1080p 25”的“序列 01”序列文件。

2）导入素材。方法：选择“文件 | 导入”命令，导入网盘中的“源文件 \ 第 5 章 视频特效的应用 \5.6 制作水波纹转场效果 \ 素材 1.mp4”“素材 2.mp4”和“背景音乐 8.mp3”文件，接着在“项目”面板下方单击 （图标视图）按钮，将素材以图标视图的方式进行显示，如图 5-98 所示。

3）将“项目”面板中的“素材 1.mp4”拖入“时间线”面板的 V2 轨道中，入点为 00:00:00:00，然后将时间滑块移动到 00:00:03:05 的位置，再将“素材 2.mp4”拖入“时间线”面板的 V2 轨道中，入点为 00:00:03:05，接着按键盘上的〈\〉键，将其在时间线中最大化显示，如图 5-99 所示。

图 5-98　导入素材

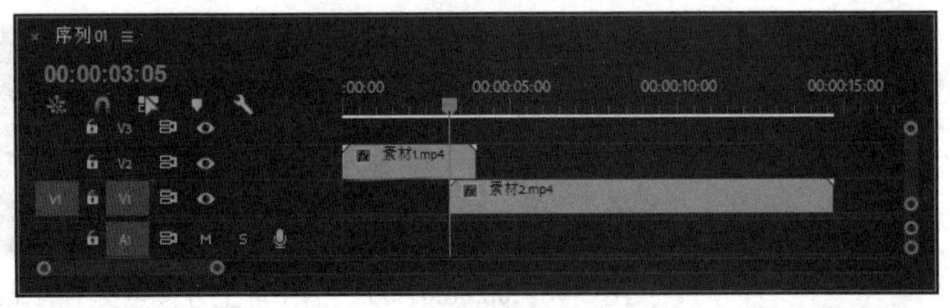

图 5-99　将“素材 1.mp4”拖入“时间线”面板并在时间线中最大化显示

4）利用工具箱中的 （剃刀工具），将 V2 轨道上的“素材 1.mp4”从 00:00:03:05 的位置一分为二。然后选择 V2 轨道上在 00:00:03:05 的位置后的素材，如图 5-100 所示，此时“节目”监视器显示如图 5-101 所示。

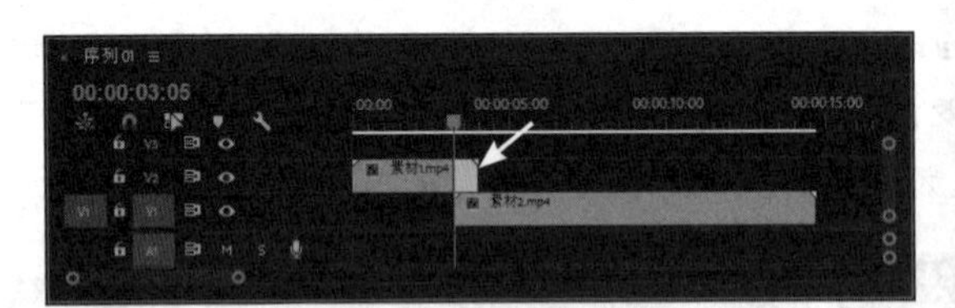

图 5-100　选择 V2 轨道上 00:00:03:05 后的素材

图 5-101　“节目”监视器显示效果

5）将时间滑块移动到 00:00:03:05 的位置，然后在“效果控件”面板的“不透明度”中选择 （自由绘制贝塞尔曲线）工具，如图 5-102 所示，再在“节目”监视器中的气泡内部绘制封闭的蒙版，如图 5-103 所示。接着在“效果控件”面板中勾选“已反转”复选框，再将“蒙版羽化”的数值设置为 200.0，最后单击“蒙版路径”前面的 按钮，切换为 状态，从而添加一个关键帧，如图 5-104 所示，效果如图 5-105 所示。

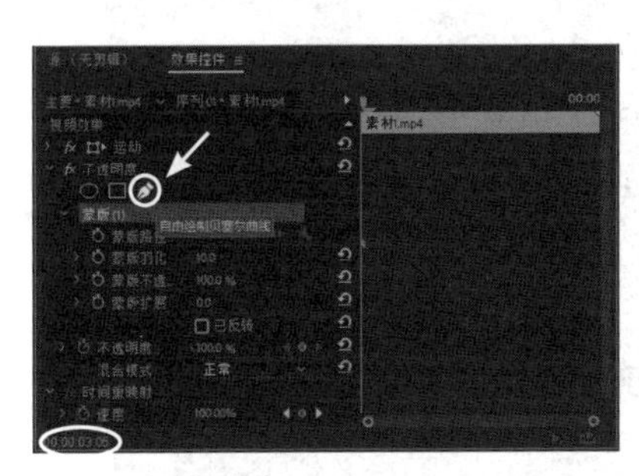

图 5-102　选择（自由绘制贝塞尔曲线）工具

图 5-103　绘制封闭的蒙版

图 5-104　将“蒙版羽化”的数值设置为 200.0

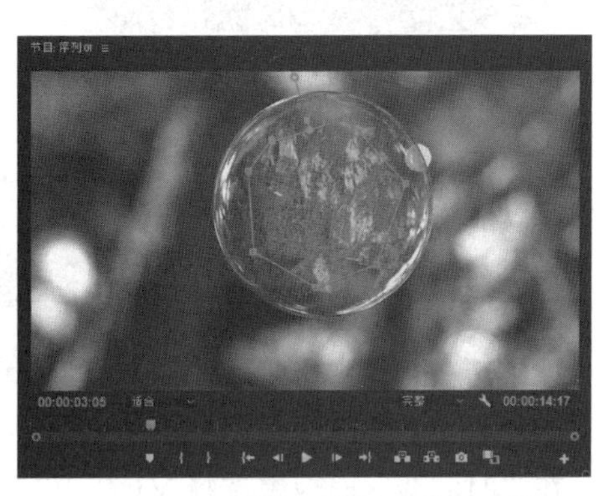

图 5-105　调整蒙版参数后的显示效果

6）将时间滑块移动到 00:00:03:23 的位置，然后根据气泡的位置调整蒙版的形状，如图 5-106 所示，此时“蒙版路径”会自动添加一个关键帧，如图 5-107 所示。

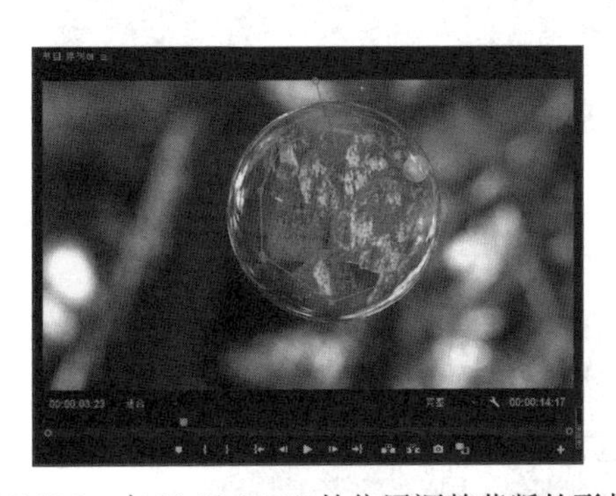

图 5-106　在 00:00:03:23 的位置调整蒙版的形状

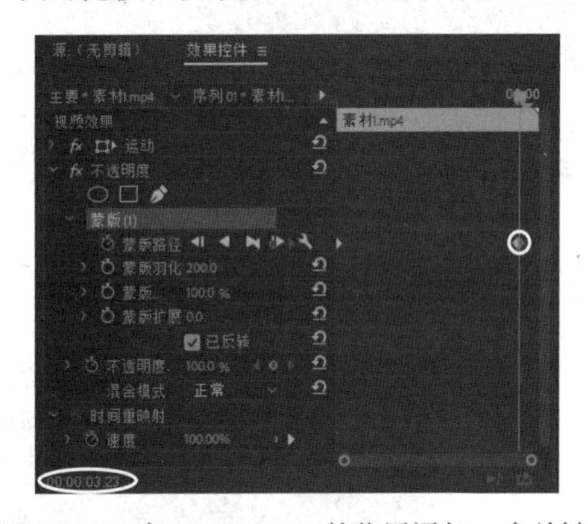

图 5-107　在 00:00:03:23 的位置添加一个关键帧

7）将时间滑块移动到 00:00:03:15 的位置，然后在“效果控件”面板中单击“位置”和“缩放”前面的按钮，切换为状态，从而添加一个“位置”和“缩放”关键帧，如图 5-108 所示。接着将时间滑块移动到 00:00:03:23 的位置，将“缩放”的数值设置为 500.0，将“位置”的数值设置为（300，1200），如图 5-109 所示。最后在 00:00:03:05 ～ 00:00:03:23 之间拖动时间滑块，就可以看到气泡逐渐放大，逐渐显示出下方的风景素材的效果，如图 5-110 所示。

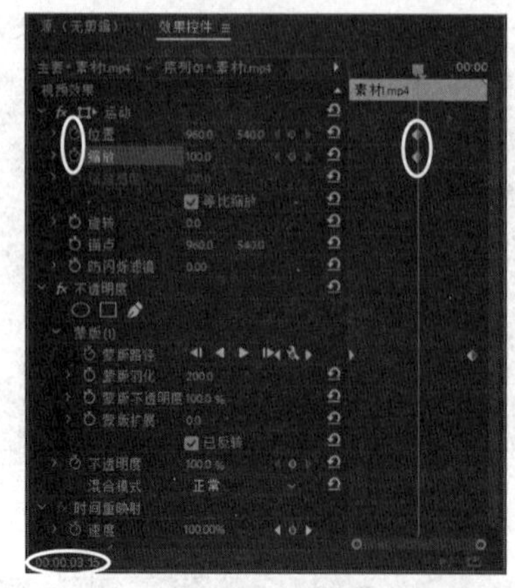

图 5-108　在 00:00:03:15 的位置添加一个“位置”和“缩放”关键帧

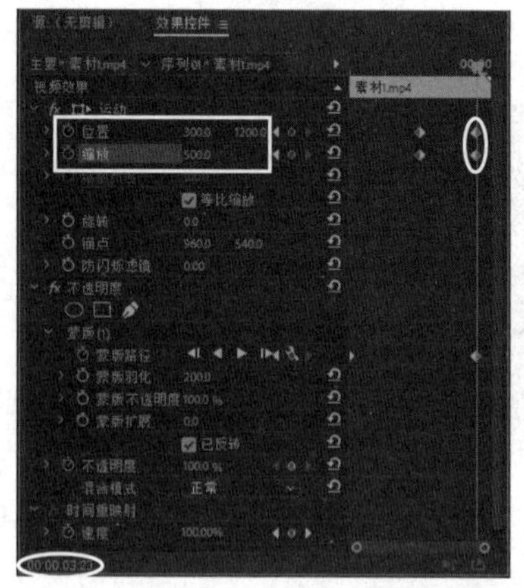

图 5-109　在 00:00:03:23 的位置调整“位置”和“缩放”关键帧参数后的效果

图 5-110　在 00:00:03:05 ~ 00:00:03:23 之间气泡逐渐放大，逐渐显示出下方的风景素材的效果

8）在“时间线”面板中选择 V1 和 V2 轨道 00:00:03:05 后的所有素材，如图 5-111 所示，然后单击右键，从弹出的快捷菜单中选择“嵌套”命令，将它们嵌套为一个新的序列，如图 5-112 所示。

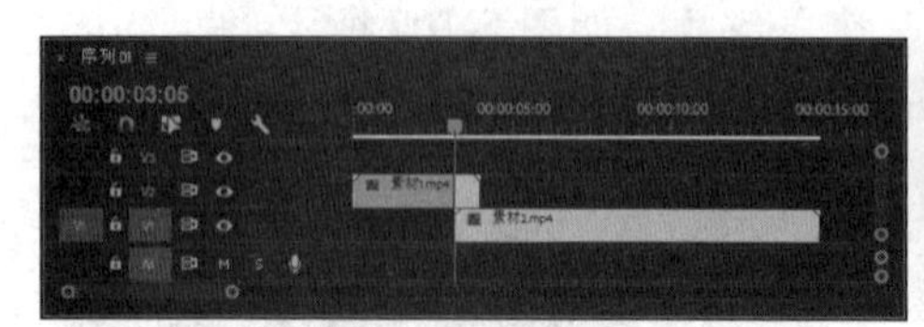

图 5-111　选择 00:00:03:05 后的所有素材

图 5-112　嵌套为一个新的序列

9）将 V2 轨道上的“素材 1.mp4”拖到 V1 轨道上，如图 5-113 所示。

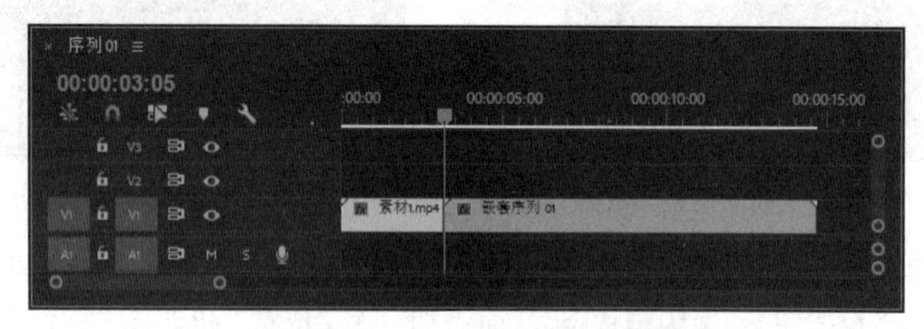

图 5-113　将 V2 轨道上的“素材 1.mp4”拖到 V1 轨道上

10）制作气泡的扭曲效果。方法：在“项目”面板中新建一个“调整图层”，然后将其拖到“时间线”面板的 V2 轨道中，入点为 00:00:02:00，出点为 00:00:04:00，如图 5-114 所示。接着在“效果”面板的搜索栏中输入“紊乱置换”，如图 5-115 所示，再将“紊乱置换”

视频特效拖给 V2 轨道上的“调整图层”，此时气泡就产生了扭曲效果，如图 5-116 所示。

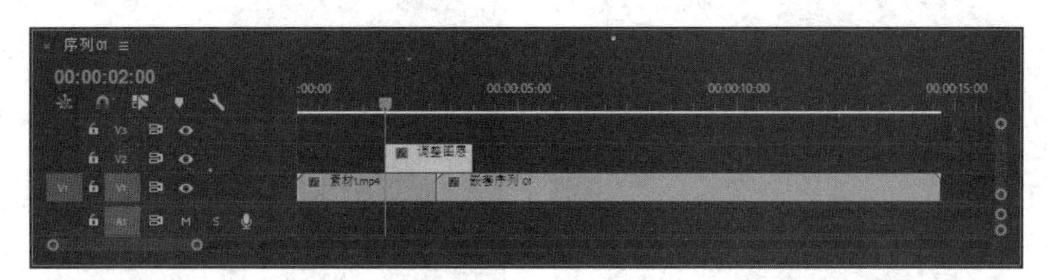

图 5-114　将“调整图层”拖到 V2 轨道上

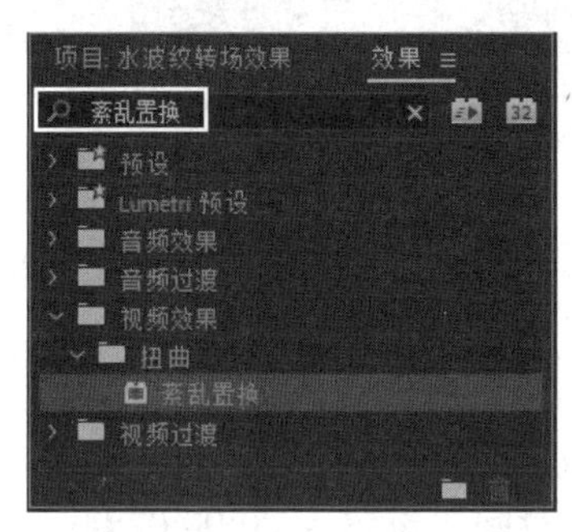

图 5-115　输入“紊乱置换”

图 5-116　气泡的扭曲效果

11）将时间滑块移动到 00:00:02:00 的位置，然后在“效果控件”面板的“紊乱置换”中将“数量”设置为 0.0，单击“数量”前面的按钮，切换为状态，从而添加一个关键帧，如图 5-117 所示。接着将时间滑块移动到 00:00:03:00 的位置，将“数量”设置为 100.0，最后将时间滑块移动到 00:00:04:00 的位置，再将“数量”设置为 0.0，如图 5-118 所示。

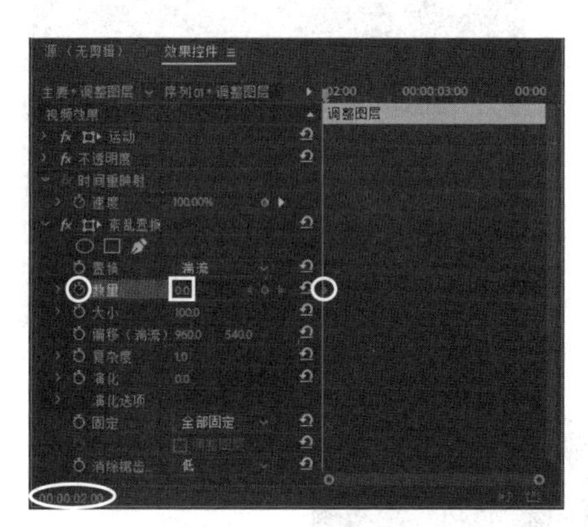

图 5-117　在 00:00:02:00 的位置将“数量”设置为 0.0，并添加关键帧

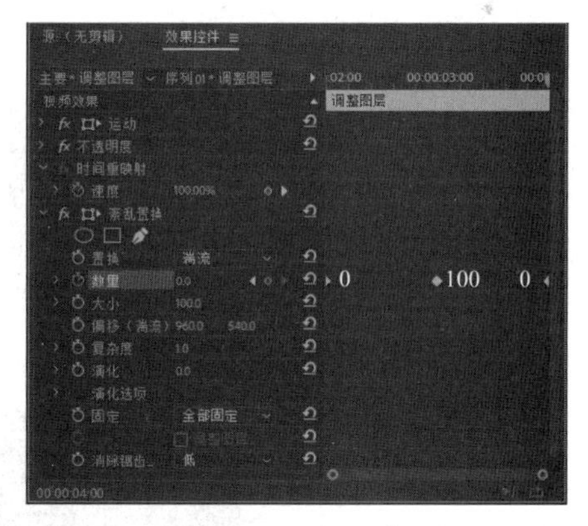

图 5-118　在 00:00:03:00 和 00:00:04:00 的位置调整“数量”的数值

12）将时间滑块移动到 00:00:02:20 的位置，在“效果控件”面板的“紊乱置换”中单击“演化”前面的按钮，切换为状态，从而添加一个“演化”关键帧，如图 5-119 所示。然后将时间滑块移动到 00:00:03:10 的位置，将“演化”的数值设置为 360，当输入“360”按〈Enter〉键确认后，数值会自动变为“1 × 0.0°”，如图 5-120 所示。

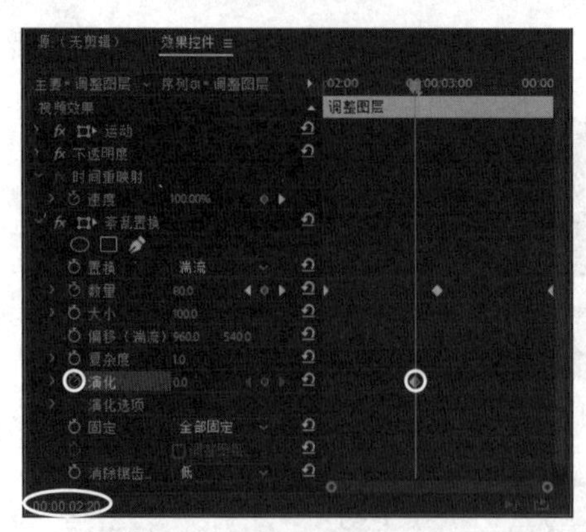

图 5-119　在 00:00:02:20 的位置添加“演化”关键帧

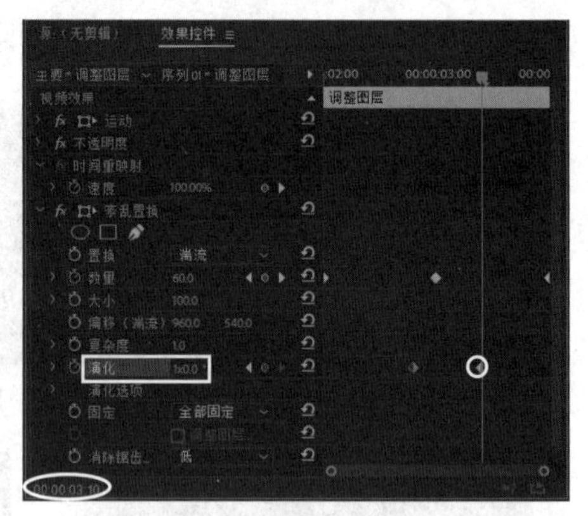

图 5-120　在 00:00:03:10 的位置将“演化”设置为“1×0.0°”

13）执行菜单中的“序列 | 渲染入点到出点”（快捷键是〈Enter〉）命令进行渲染，当渲染完成后会自动进行实时播放，此时可以看到两个视频素材之间的过渡很生硬。接下来在“效果”面板搜索栏中输入“交叉溶解”，然后将“交叉溶解”视频过渡拖到“时间线”面板 V1 轨道“嵌套序列 01”的开始处。接着选择添加的“交叉溶解”，如图 5-121 所示，在“效果控件”面板中将“对齐”设置为“中心切入”，“持续时间”设置为 00:00:02:00，如图 5-122 所示，效果如图 5-123 所示。

提示：当前时间线上方显示为红线，此时使用空格键预览会出现明显的卡顿情况，无法看到实时效果。而通过执行“渲染入点到出点”命令进行渲染，当渲染完成后时间线上方的红线会变为绿线，此时就可以看到实时播放效果了。

图 5-121　选择添加的“交叉溶解”

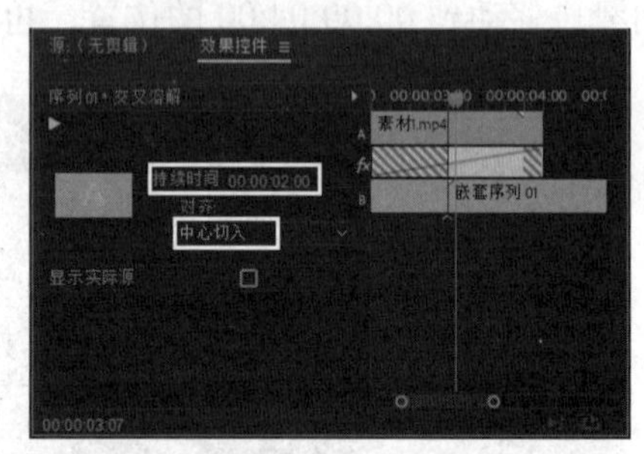

图 5-122　设置“交叉溶解”参数

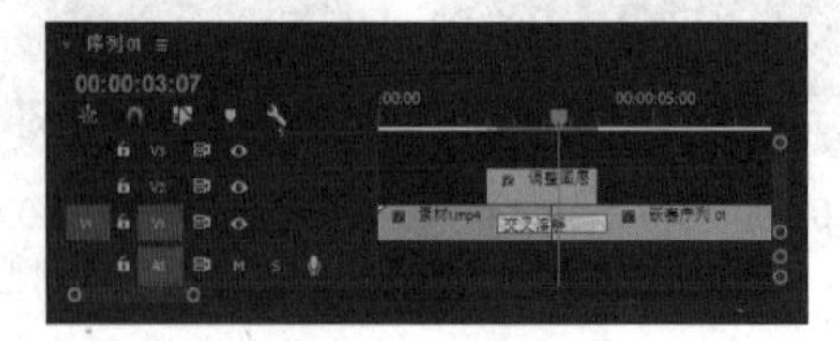

图 5-123　设置“交叉溶解”参数后的效果

14）执行菜单中的“序列 | 渲染入点到出点”（快捷键是〈Enter〉）命令进行渲染，当渲染完成后进行实时播放，此时两个视频素材之间的过渡就很自然了。

15）在“时间线”面板中选择 V1 轨道的“嵌套序列 01”，然后按快捷键〈Ctrl+D〉，从而在结尾处也添加一个“交叉溶解”视频过渡，如图 5-124 所示，从而产生结尾处的淡出效果。

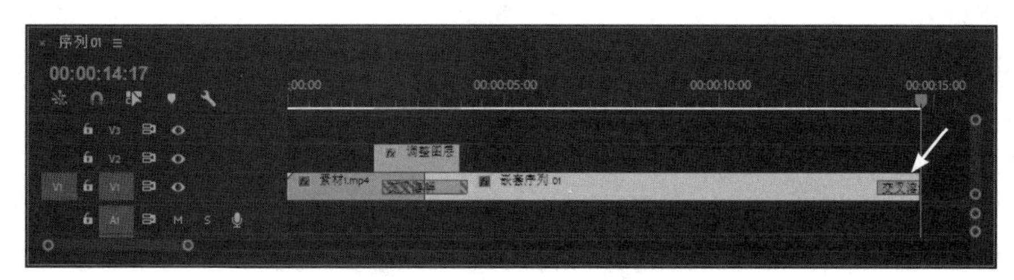

图 5-124　在结尾处添加一个“交叉溶解”视频过渡

16）添加背景音乐。方法：将“项目”面板中的“背景音乐 8.mp3”拖入“时间线”面板的 A1 轨道上，入点为 00:00:00:00，然后选择 A1 轨道上的音频素材，按快捷键〈Shift+D〉，从而在音频素材的开始和结束处都添加一个默认的“恒定功率”音频过渡，如图 5-125 所示。

图 5-125　在音频素材的开始和结束处都添加一个默认的“恒定功率”音频过渡

17）按空格键进行预览。

提示：此时使用空格键进行预览是因为当前时间线上方没有显示红线，表示预览时不会出现明显卡顿情况。

18）至此，整个水波纹转场效果制作完毕。接下来选择“文件 | 项目管理”命令，将文件打包。然后选择“文件 | 导出 | 媒体”命令，将其输出为“水波纹转场效果 .mp4”文件。

5.7　制作放大镜的放大效果

要点：

本例将制作一个放大镜跟随视频中骑手的放大效果，如图 5-126 所示。通过本例的学习，读者应掌握自定义蒙版形状、调整素材的持续时间，“调整图层”“嵌套”“紊乱置换”视频特效，默认“交叉溶解”视频过渡和默认“恒定功率”音频过渡的应用。

图 5-126　放大镜的放大效果

操作步骤：

1）启动 Premiere CC 2018，然后执行菜单中的“文件 | 新建 | 项目”（快捷键是〈Ctrl+Alt+N〉）命令，新建一个名称为“放大镜的放大效果”的项目文件。接着新建一个预设为“ARRI 1080p 25”的“序列 01”序列文件。

2）导入素材。方法：选择“文件 | 导入”命令，导入网盘中的“源文件 \ 第 5 章 视频特效的应用 \5.7 制作放大镜的放大效果 \ 素材 .mp4”和“放大镜 .png”文件，接着在“项目”面板下方单击（图标视图）按钮，将素材以图标视图的方式进行显示，如图 5-127 所示。

3）将“项目”面板中的“素材 .mp4”拖入“时间线”面板的 V1 轨道中，入点为 00:00:00:00，然后按键盘上的〈\〉键，将其在时间线中最大化显示，如图 5-128 所示。

图 5-127　导入素材

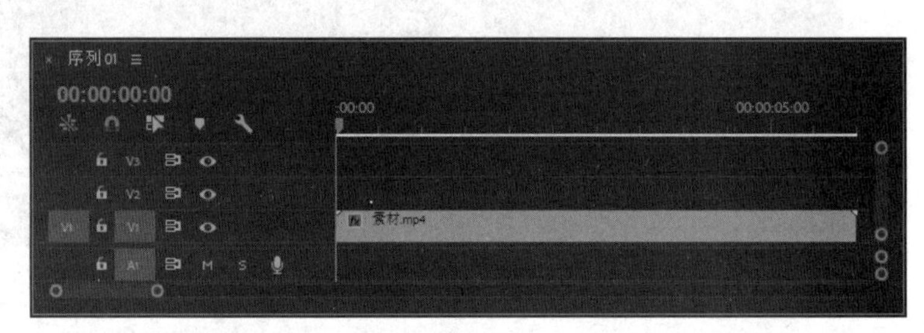

图 5-128　将“素材 .mp4”拖入“时间线”面板并在时间线中最大化显示

4）制作视频局部放大的效果。方法：在“效果”面板的搜索栏中输入“放大”，如图 5-129 所示，然后将“放大”视频特效拖到 V1 轨道上的“素材 .mp4”上，此时就可以看到画面中局部放大的效果了，如图 5-130 所示。接着将时间滑块移动到 00:00:00:00 的位置，在“效果控件”面板“放大”中将“大小”设置为 160.0，再将“中央”设置为（1730.0, 800.0），使局部放大的区域位于画面右下角，如图 5-131 所示。最后单击“中央”前面的按钮，切换为状态，从而添加一个“中央”关键帧，如图 5-132 所示。

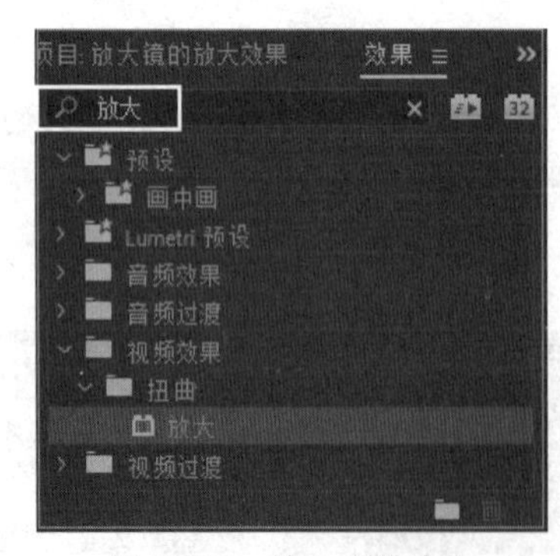

图 5-129　输入“放大”

图 5-130　局部放大效果

图 5-131　使局部放大的区域位于画面右下角

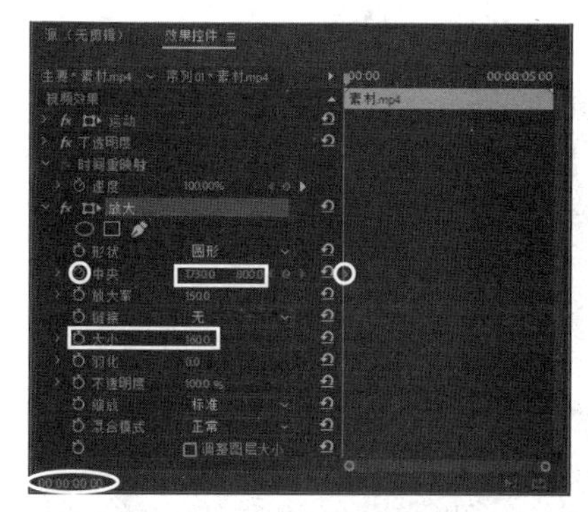

图 5-132　在 00:00:00:00 的位置添加一个“中央”关键帧

5）将“项目”面板中的“放大镜 .png”拖入“时间线”面板的 V2 轨道中，入点为 00:00:00:00，如图 5-133 所示。然后将时间滑块移动到 00:00:00:00 的位置，选择 V2 轨道的放大镜素材，再在“效果控件”面板中选择“运动”，接着在画面中将其移动到画面右下角，使放大镜的放大框与放大区域进行匹配，如图 5-134 所示。最后在“效果控件”面板中将“位置”设置为（1830.0, 960.0），单击“位置”前面的按钮，切换为状态，从而添加一个“位置”关键帧，如图 5-135 所示。

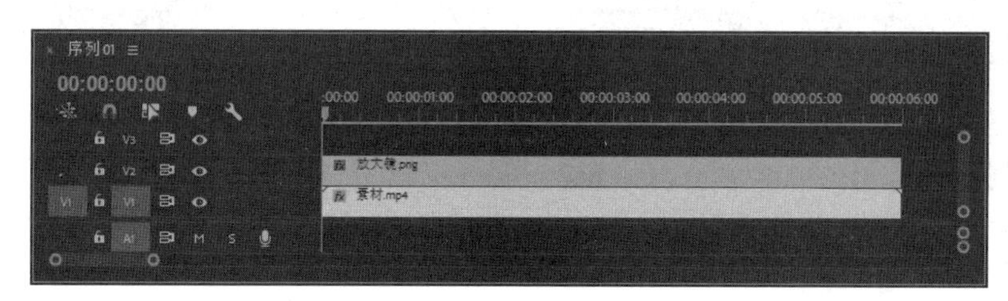

图 5-133　将“放大镜 .png”拖入“时间线”面板的 V2 轨道

图 5-134　使放大镜的放大框与放大区域进行匹配

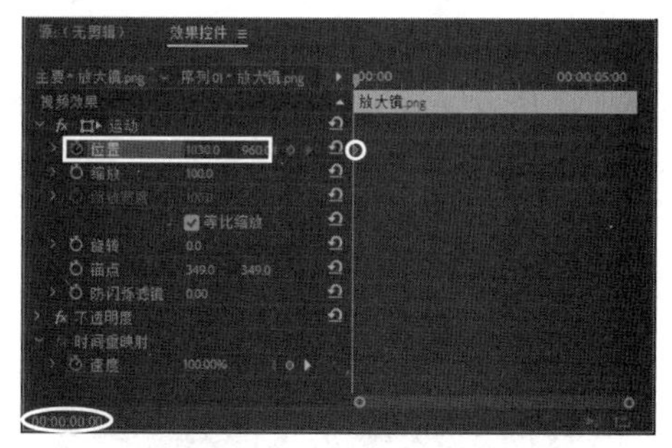

图 5-135　在 00:00:00:00 的位置添加一个“位置”关键帧

6）制作跟随左侧骑手的局部放大效果。方法：将时间滑块移动到 00:00:01:00 的位置，然后选择 V1 轨道上的“素材 .mp4”，在“效果控件”面板“放大”中将“中央”的数值设置为（1040.0，670.0），如图 5-136 所示，此时画面效果如图 5-137 所示。接着将时间滑块移动到 00:00:05:20 的位置，然后选择 V1 轨道上的“素材 .mp4”，在“效果控件”面板“放大”

中将“中央”的数值设置为（570.0，680.0），如图 5-138 所示，此时画面效果如图 5-139 所示。

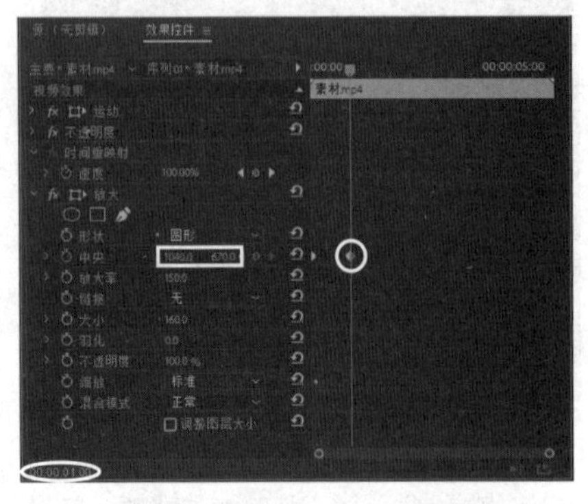

图 5-136　在 00:00:01:00 的位置将“中央”的数值设置为（1040.0，670.0）

图 5-137　画面效果 1

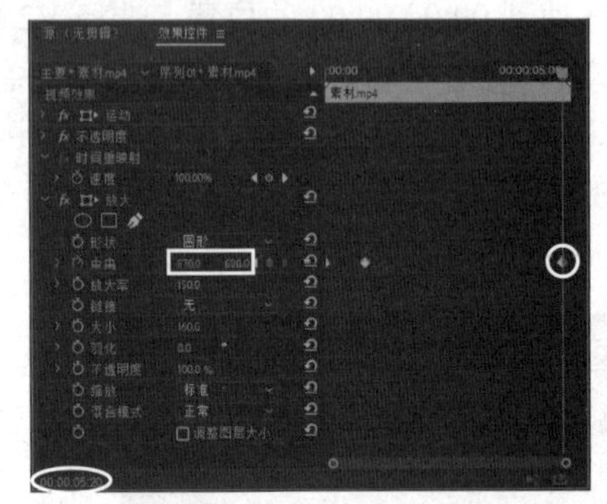

图 5-138　在 00:00:05:20 的位置将“中央”的数值设置为（570.0，680.0）

图 5-139　画面效果 2

7）制作放大镜跟随左侧骑手的效果。方法：将时间滑块移动到 00:00:01:00 的位置，然后选择 V2 轨道上的“放大镜 .png”，在“效果控件”面板中将“位置”的数值设置为（1145.0，830.0），如图 5-140 所示，使放大镜与放大区域进行匹配，此时画面效果如图 5-141 所示。接着将时间滑块移动到 00:00:05:20 的位置，然后将“位置”的数值设置为（670.0，830.0），如图 5-142 所示，此时画面效果如图 5-143 所示。

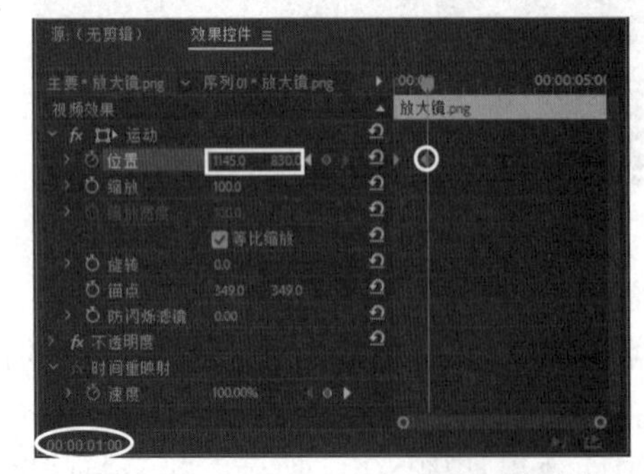

图 5-140　在 00:00:01:00 的位置将“位置”的数值设置为（1145.0，830.0）

图 5-141　画面效果 3

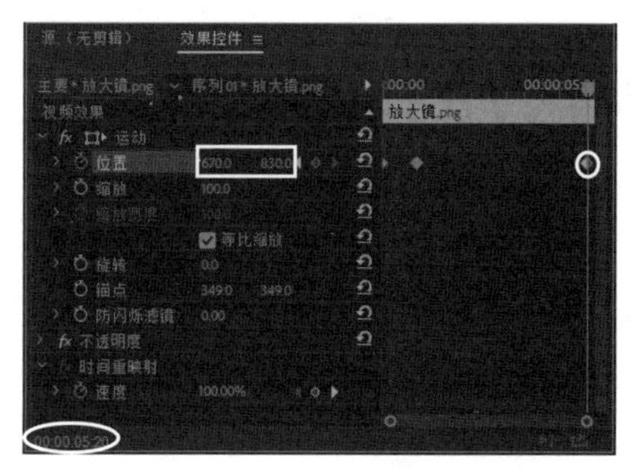

图 5-142　在 00:00:05:20 的位置将“位置”的数值设置为（670.0，830.0）

图 5-143　画面效果 4

8）执行菜单中的“序列 | 渲染入点到出点”（快捷键是〈Enter〉）命令，进行实时预览，在渲染完成后就可以看到实时播放效果了。

9）至此，整个放大镜的放大效果制作完毕。接下来选择“文件 | 项目管理”命令，将文件打包。然后选择“文件 | 导出 | 媒体”命令，将其输出为“放大镜的放大效果 .mp4”文件。

5.8　课后练习

1）利用网盘中的“源文件 \ 第 5 章 视频特效的应用 \ 课后练习 \ 练习 1\ 素材 .mp4”文件，制作影片中经常见到的线描效果，如图 5-144 所示。结果可参考网盘中的“素材及结果 \ 第 5 章 视频特效的应用 \ 课后练习 \ 练习 1\ 练习 1.prproj”文件。

图 5-144　练习 1 的效果

2）利用网盘中的“源文件 \ 第 5 章 视频特效的应用 \ 课后练习 \ 练习 2\ 素材 .mp4”文件，制作影片中玻璃划过效果，如图 5-145 所示。结果可参考网盘中的“素材及结果 \ 第 5 章 视频特效的应用 \ 课后练习 \ 练习 2\ 练习 2.prproj”文件。

图 5-145　练习 2 的效果

第6章　音频特效的应用

利用 Premiere CC 2018 的音频特效可以模拟出大喇叭广播声音、会议大厅中的声音、机器人说话声音和水中声音等各种自然界的声音效果。通过本章的学习，读者应掌握 Premiere CC 2018 中音频特效的使用方法和使用技巧。

6.1　制作大喇叭广播效果

要点：

本例将制作一个大喇叭广播声音效果。通过本例的学习，读者应掌握“模拟延迟”音频特效的应用。

操作步骤：

1）启动 Premiere CC 2018，然后执行菜单中的“文件 | 新建 | 项目”（快捷键是〈Ctrl+Alt+N〉）命令，新建一个名称为“大喇叭广播效果”的项目文件。接着新建一个预设为“ARRI 1080p 25”的“序列 01”序列文件。

2）导入素材。方法：选择“文件 | 导入”命令，导入网盘中的“源文件 \ 第 6 章　音频特效的应用 \6.1 制作大喇叭广播效果 \ 素材 .mp4”和“声音素材 .mp3”文件，如图 6-1 所示。

3）将“项目”面板中的“素材 .mp4”和“声音素材 .mp3”分别拖到“时间线”面板的 V1 轨道和 A1 轨道，入点为 00:00:00:00，然后按键盘上的〈\〉键，将其在时间线中最大化显示，如图 6-2 所示。

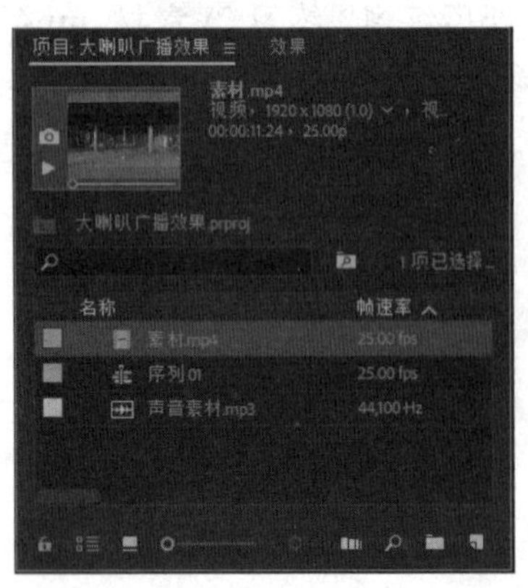

图 6-1　导入素材

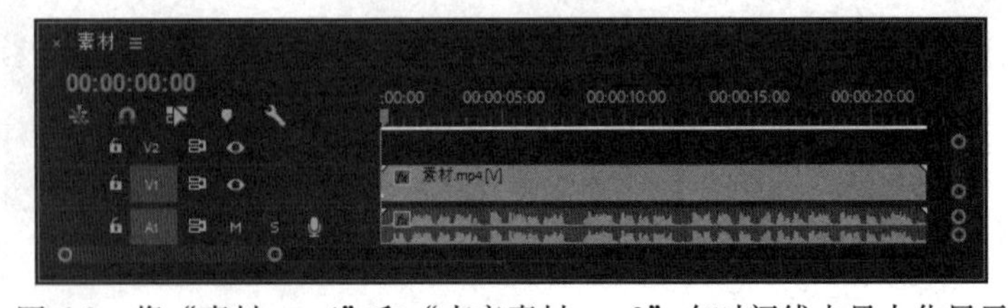

图 6-2　将“素材 .mp4”和“声音素材 .mp3”在时间线中最大化显示

4）按空格键进行预览，即可听到人正常说话的声音。

5）将正常人说话的声音处理为大喇叭的广播效果。方法：在“效果”面板搜索栏中输入“模拟延迟”，如图 6-3 所示。然后将其拖到“时间线”面板 A1 轨道上，接着在“效果控件”面板“模拟延迟”中单击 编辑... 按钮，如图 6-4 所示，最后在弹出的对话框中将“预设”设置为“疯狂列车”，再将“延迟”设置为 150ms，如图 6-5 所示，单击右上方的 × 按钮，关闭对话框。

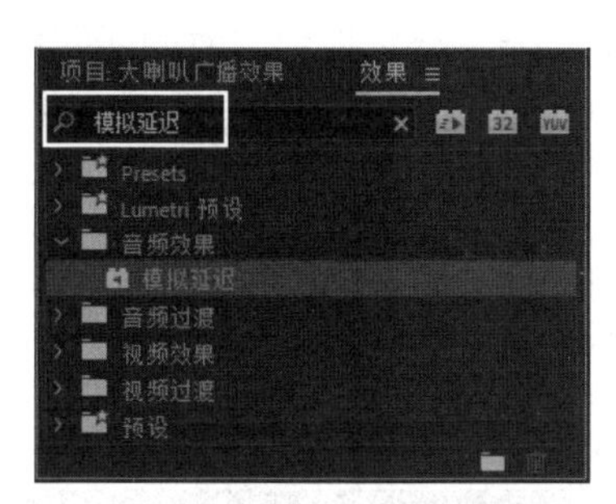

图 6-3　输入“模拟延迟”

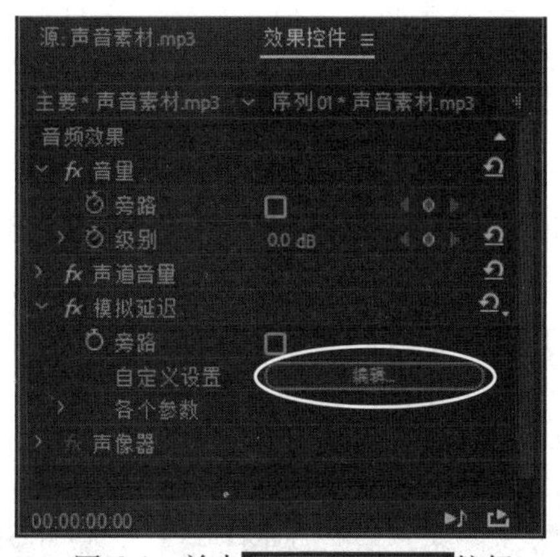

图 6-4　单击 编辑... 按钮

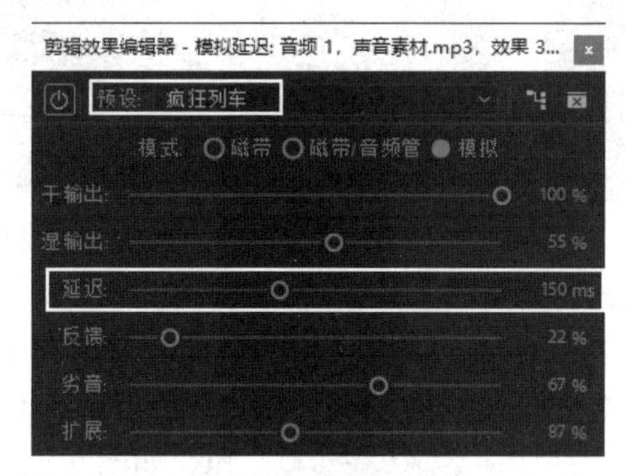

图 6-5　将“预设”设置为“疯狂列车”，再将“延迟”设置为 150ms

6）按空格键进行预览，此时人正常说话的声音就变为了大喇叭的广播效果。

7）至此，整个大喇叭广播效果制作完毕。接下来选择“文件 | 项目管理”命令，将文件打包。然后选择“文件 | 导出 | 媒体”命令，将其输出为“大喇叭广播效果 .mp4”文件。

6.2　制作会议大厅中的声音效果

要点：

本例将制作一个会议大厅中的声音效果。通过本例的学习，读者应掌握“室内混响”音频特效的应用。

**操作步骤：**

1）启动 Premiere CC 2018，然后执行菜单中的“文件 | 新建 | 项目”（快捷键是〈Ctrl+Alt+N〉）命令，新建一个名称为“会议大厅中的声音效果”的项目文件。接着新建一个预设为“ARRI 1080p 25”的“序列 01”序列文件。

2）导入素材。方法：选择“文件 | 导入”命令，导入网盘中的“源文件 \ 第 6 章　音频特效的应用 \6.2 制作会议大厅中的声音效果 \ 图片 .jpg”和“声音素材 .mp3”文件，如图 6-6 所示。

3）将“项目”面板中的“图片 .jpg”和“声音素材 .mp3”分别拖到“时间线”面板的 V1 轨道和 A1 轨道，入点为 00:00:00:00，然后按键盘上的〈\〉键，将其在时间线中最大化显示，如图 6-7 所示。

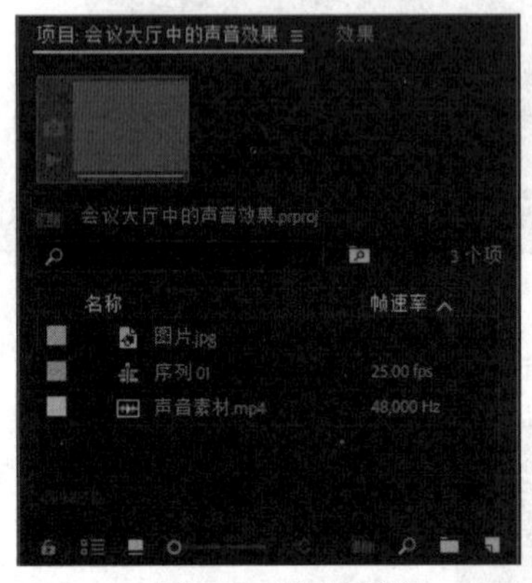

图 6-6　导入素材

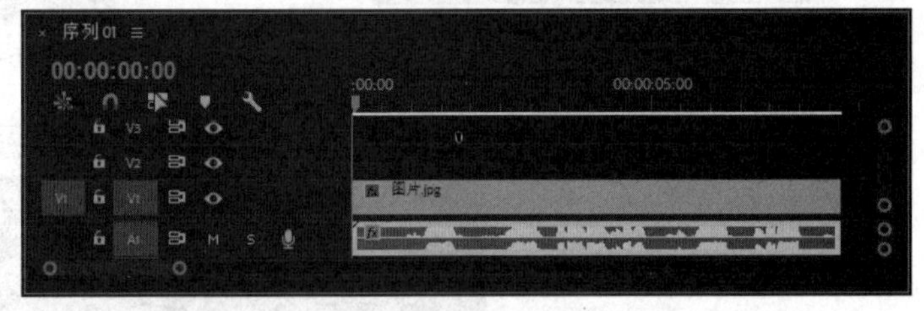

图 6-7　将“图片 .jpg”和“声音素材 .mp3”在时间线中最大化显示

4）按空格键进行预览，即可听到人正常说话的声音。

5）将正常人说话的声音处理为会议大厅中的声音效果。方法：在“效果”面板搜索栏中输入“室内混响”，如图 6-8 所示。然后将其拖到“时间线”面板 A1 轨道上，接着在“效果控件”面板“室内混响”中单击“编辑...”按钮，如图 6-9 所示，最后在弹出的对话框中将“预设”设置为“大厅”，再将“延迟”设置为 150ms，如图 6-10 所示，单击右上方的 × 按钮，关闭对话框。

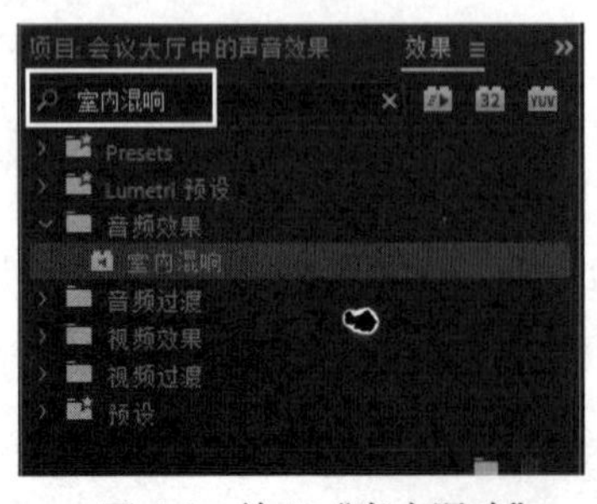

图 6-8　输入“室内混响”

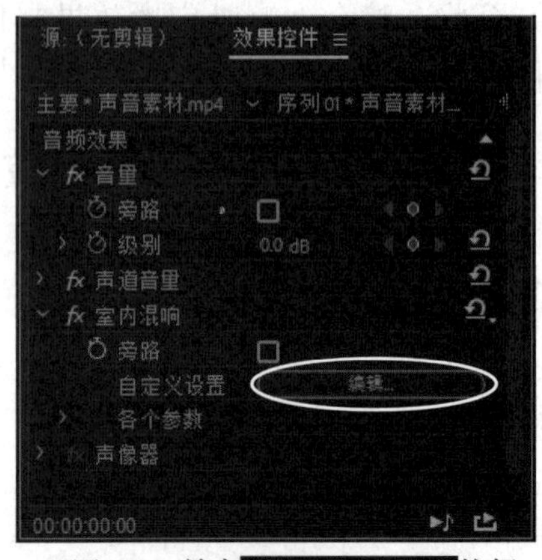

图 6-9　单击“编辑...”按钮

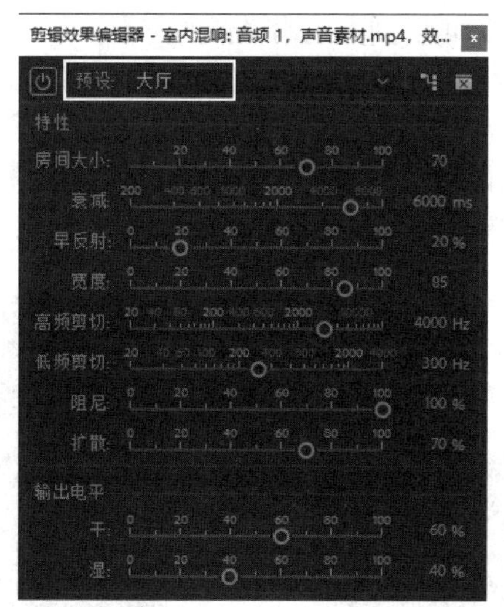

图 6-10　将“预设”设置为“大厅”，再将“延迟”设置为 150ms

6）按空格键进行预览，此时人正常说话的声音就变为了人在会议大厅中说话的声音效果。

7）至此，会议大厅中的声音效果制作完毕。接下来选择“文件 | 项目管理”命令，将文件打包。然后选择“文件 | 导出 | 媒体”命令，将其输出为“会议大厅中的声音效果 .mp4”文件。

6.3　制作机器人的变声效果

要点：

本例将制作一个将人正常说话的声音处理为机器人说话声音的效果。通过本例的学习，读者应掌握调节音量，“音频换挡器”和“模拟延迟”音频特效的应用。

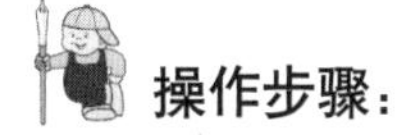

操作步骤：

1）启动 Premiere CC 2018，然后执行菜单中的“文件 | 新建 | 项目”（快捷键是〈Ctrl+Alt+N〉）命令，新建一个名称为“机器人变声效果”的项目文件。

2）导入素材。方法：选择“文件 | 导入”命令，导入网盘中的“源文件 \ 第 6 章　音频特效的应用 \6.3　制作机器人的变声效果 \ 素材 .mp4”文件。

3）将“项目”面板中的“素材 .mp4”拖到“时间线”面板的 V1 轨道上，入点为 00:00:00:00，然后按键盘上的〈\〉键，将其在时间线中最大化显示，如图 6-11 所示。

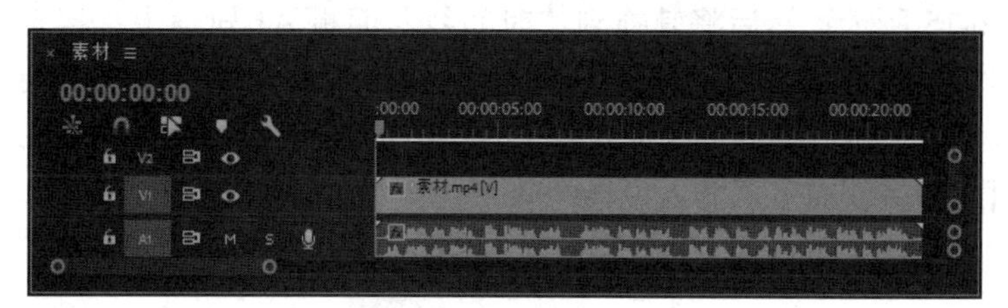

图 6-11　将“素材 .mp4”在时间线中最大化显示

4）按空格键进行预览，即可听到人正常说话的声音。

5）在“效果”面板搜索栏中输入“音高换挡器”，如图 6-12 所示。然后将其拖到“时间线”面板 A1 轨道上，接着在“效果控件”面板“音高换挡器”中单击 编辑... 按钮，如图 6-13 所示，最后在弹出的对话框中将“预设”设置为“愤怒的沙鼠”，再将“半音阶”设置为 8，如图 6-14 所示，单击右上方的 × 按钮，关闭对话框。

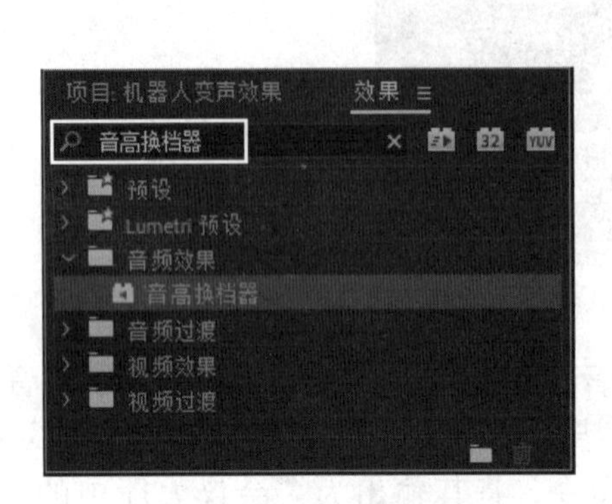

图 6-12　输入“音高换挡器”

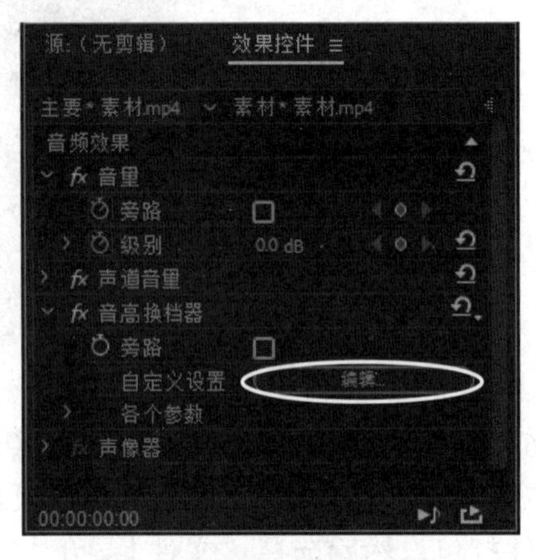

图 6-13　单击 编辑... 按钮

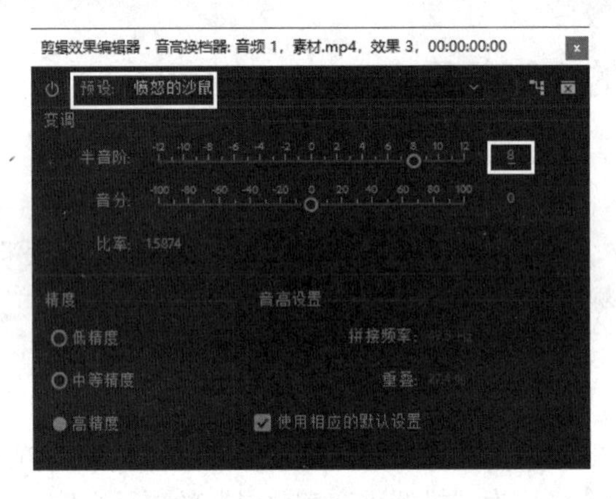

图 6-14　设置“音高换挡器”参数

6）按空格键进行预览，此时人正常说话的声音就会变尖，产生类似于磁带快放的效果。

7）将声音进一步处理为机器人说话的声音。方法：在“效果”面板搜索栏中输入“模拟延迟”，如图 6-15 所示。然后将其拖到“时间线”面板 A1 轨道上，接着在“效果控件”面板“模拟延迟”中单击 编辑... 按钮，如图 6-16 所示，再在弹出的对话框中将“预设”设置为“机器人声音”，如图 6-17 所示，单击右上方的 × 按钮，关闭对话框。最后按空格键进行预览，此时声音就变成了机器人说话的效果。

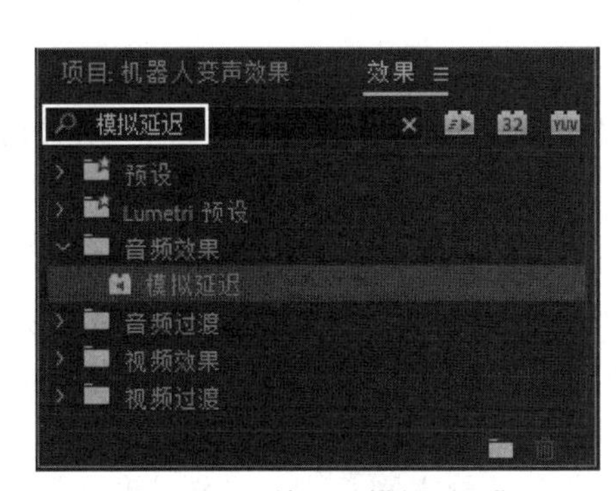

图 6-15　输入“模拟延迟”

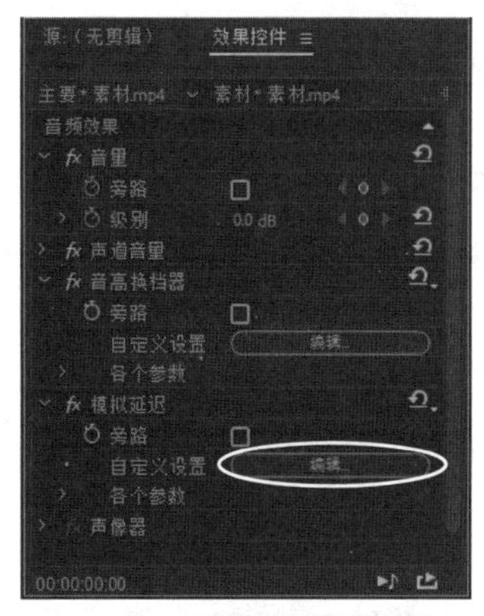

图 6-16　单击 编辑... 按钮

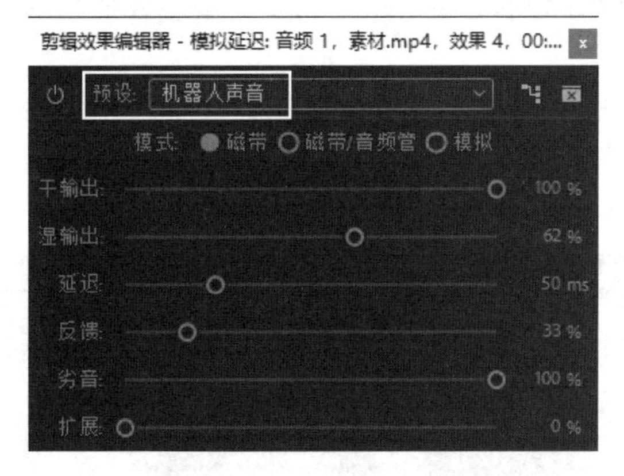

图 6-17　将“预设”设置为“机器人声音”

8) 提高音量。方法:在“效果控件”面板中将音量“级别”的数值设置为 2.0dB,如图 6-18 所示。然后按空格键进行预览，此时声音的音量就提高了。

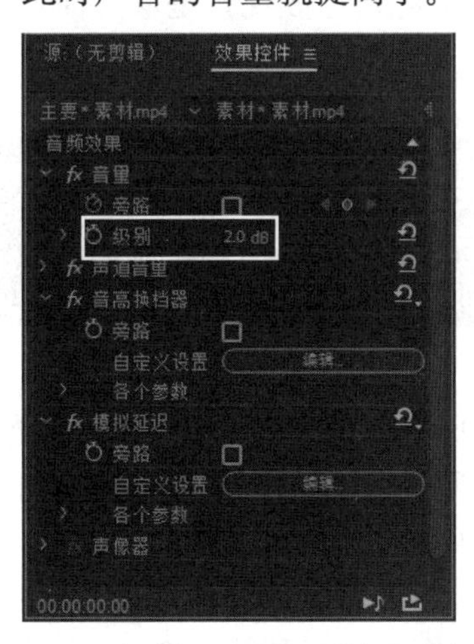

图 6-18　将音量“级别”的数值设置为 2.0dB

9) 至此，整个变声效果制作完毕。接下来选择“文件 | 项目管理”命令，将文件打包。然后选择“文件 | 导出 | 媒体”命令，将其输出为“机器人的变声效果 .mp4”文件。

6.4 制作水中声音效果

要点：

本例将制作一个水中的声音效果。通过本例的学习，读者应掌握“低通”音频特效的应用。

操作步骤：

1）启动 Premiere CC 2018，然后执行菜单中的“文件 | 新建 | 项目”（快捷键是〈Ctrl+Alt+N〉）命令，新建一个名称为“水中声音效果”的项目文件。接着新建一个预设为“ARRI 1080p 25”的“序列 01”序列文件。

2）导入素材。方法：选择“文件 | 导入”命令，导入网盘中的“源文件 \ 第 6 章 音频特效的应用 \6.4 制作水中声音效果 \ 素材 .mp4”“背景音乐 37.mp3”和“水中声音 .mp3”文件。

3）将“项目”面板中的“素材 .mp4”拖到“时间线”面板的 V1 轨道，入点为 00:00:00:00。然后将“水中声音 .mp3”拖入 A1 轨道，将“背景音乐 37.mp3”拖到时间线的 V2 轨道。接着按键盘上的〈\〉键，将它们在时间线中最大化显示，如图 6-19 所示。

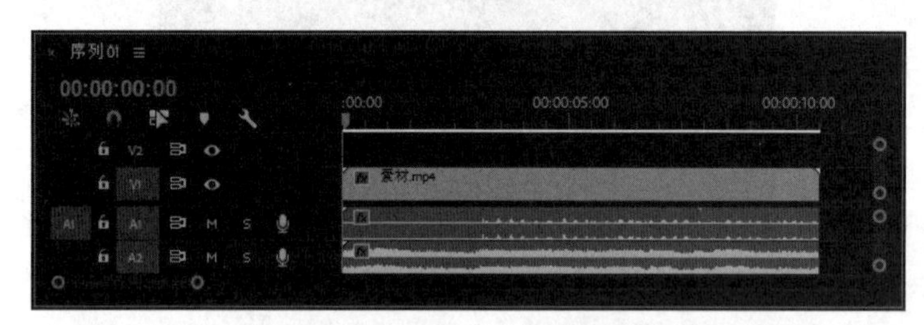

图 6-19 将“素材 .mp4”在时间线中最大化显示

4）按空格键进行预览，即可看到这段视频是从海面切换到潜水员潜入海水中的效果，如图 6-20 所示。

图 6-20 视频效果

5）将时间滑块移动到 00:00:02:18 的位置（潜水员潜入海水中的前一帧），然后在“效果”面板搜索栏中输入“低通”，如图 6-21 所示。然后将其拖到“时间线”面板 A2 轨道上，接着在“效果控件”面板“低通”中将“屏蔽度”的数值设置为最大 237700.0，并记录一个“屏蔽度”关键帧，如图 6-22 所示。接着将时间滑块移动到 00:00:02:19 的位置（潜水员潜入海水中的第一帧），再将“屏蔽度”的数值设置为 1000.0，如图 6-23 所示。

提示：“屏蔽度”的数值越小，声音会越沉闷。

图 6-21　输入“低通”

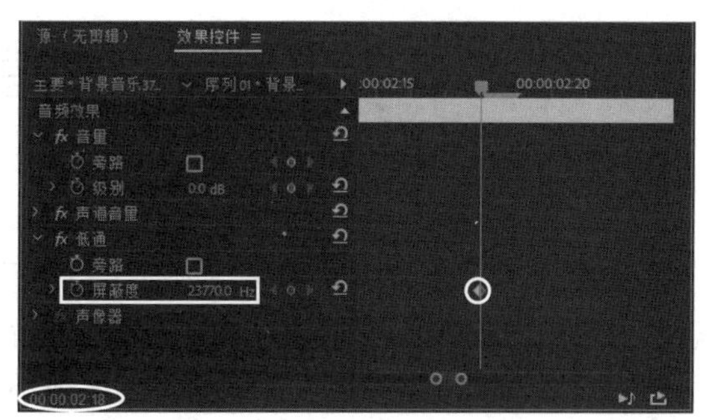

图 6-22　在 00:00:02:18 的位置将“屏蔽度”的数值设置为最大 237700.0，并记录一个“屏蔽度”关键帧

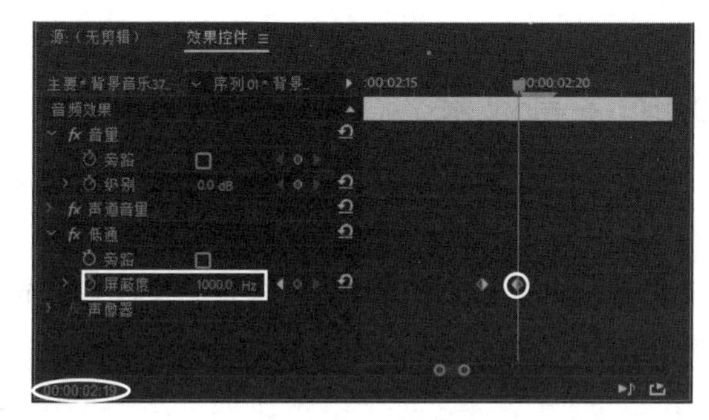

图 6-23　在 00:00:02:19 的位置将“屏蔽度”的数值设置为 1000.0

6）按空格键进行预览，此时可以听到潜水员潜入海水前后的声音变化了。

7）至此，整个水中声音效果制作完毕。接下来选择“文件 | 项目管理”命令，将文件打包。然后选择“文件 | 导出 | 媒体”命令，将其输出为“水中声音效果 .mp4”文件。

6.5　课后练习

1）利用网盘中的“源文件 \ 第 6 章 音频特效的应用 \ 课后练习 \ 练习 1\ 声音素材 .mp3”声音文件，制作旧电台声音效果。结果可参考网盘中的“素材及结果 \ 第 6 章 音频特效的应用 \ 课后练习 \ 练习 1\ 练习 1.prproj”文件。

2）利用网盘中的“源文件 \ 第 6 章 音频特效的应用 \ 课后练习 \ 练习 2\ 声音素材 .mp3”声音文件，制作左右声道互换效果。结果可参考网盘中的“素材及结果 \ 第 6 章 音频特效的应用 \ 课后练习 \ 练习 2\ 练习 2.prproj”文件。

3）利用网盘中的“源文件 \ 第 6 章 音频特效的应用 \ 课后练习 \ 练习 3\ 声音素材 .mp3”声音文件，制作电话声音效果。结果可参考网盘中的“素材及结果 \ 第 6 章 音频特效的应用 \ 课后练习 \ 练习 3\ 练习 3.prproj”文件。

4）利用网盘中的“源文件 \ 第 6 章 音频特效的应用 \ 课后练习 \ 练习 4\ 声音素材 .mp3”声音文件，制作音频断电效果。结果可参考网盘中的“素材及结果 \ 第 6 章 音频特效的应用 \ 课后练习 \ 练习 4\ 练习 4.prproj”文件。

第7章　字幕的应用

字幕是现代影视节目中的重要组成部分，其用途是向观众传递一些视频画面所无法表达或难以表现的内容，以使观众们能够更好地理解影片含义。比如，在如今各式各样的广告中，字幕的应用就越来越频繁，这些精美的字幕不仅能够起到为影片增色的作用，还能够直接向观众传递商品信息或消费理念。在 Premiere CC 2018 中，利用旧版标题和文字工具可以创建用户所需的各种字幕。通过本章的学习，读者应掌握 Premiere CC 2018 中字幕的具体使用方法和使用技巧。

7.1　制作风景视频的字幕效果

要点：

本例将制作一个风景视频的字幕效果，如图 7-1 所示。通过本例的学习，读者应掌握利用 T（文字工具）添加文字，添加默认“交叉溶解”视频过渡效果和默认“恒定功率”音频过渡效果的方法。

图 7-1　风景视频的字幕效果

操作步骤：

1）启动 Premiere CC 2018，然后执行菜单中的“文件 | 新建 | 项目”（快捷键是〈Ctrl+Alt+N〉）命令，新建一个名称为“风景视频的字幕效果”的项目文件。接着新建一个预设为“ARRI 1080p 25”的“序列 01”序列文件。

2）导入素材。方法：选择“文件 | 导入”命令，导入网盘中的“源文件 \ 第 7 章　字幕的应用 \7.1 制作风景视频的字幕效果 \ 素材 1 ～素材 5.mp4”和“背景音乐 3.mp3”文件，

如图 7-2 所示。

3）在“项目”面板中按住〈Ctrl〉键，依次选择“素材 1 ～素材 5.mp4”，然后将它们拖入“时间线”面板的 V1 轨道，入点为 00:00:00:00，此时软件会按照素材选择的先后顺序将素材在 V1 轨道上依次排列。接着按键盘上的〈\〉键，将素材在时间线中最大化显示，此时软件会按照素材选择的先后顺序将素材在 V1 轨道上依次排列。最后再将“项目”面板中的“背景音乐 3.mp3”拖入“时间线”面板的 V1 轨道，入点为 00:00:00:00，如图 7-3 所示。

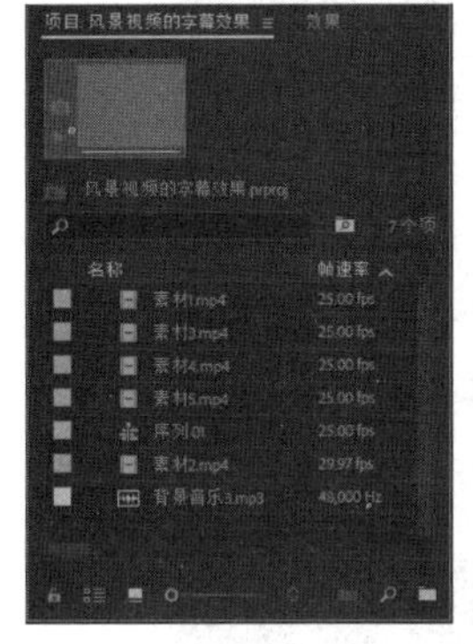

图 7-2　导入素材

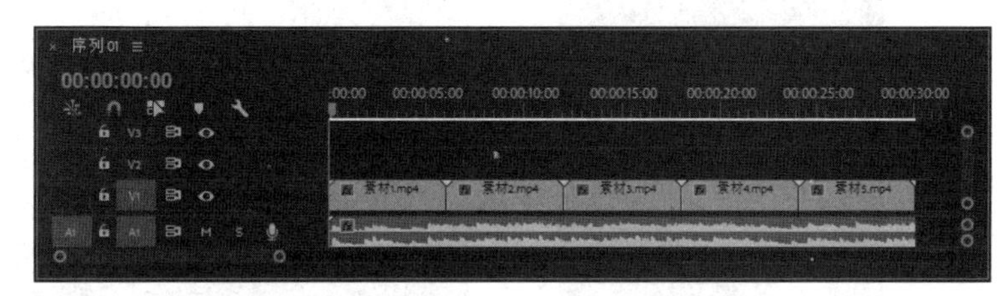

图 7-3　将素材拖入“时间线”面板 V1 轨道并在时间线中最大化显示

4）输入文字。方法：在工具箱中选择 T（文字工具），然后在“节目”监视器中单击鼠标，输入文字“瑞士”，此时“时间线”面板的 V2 轨道上会自动添加一个文字素材，如图 7-4 所示。

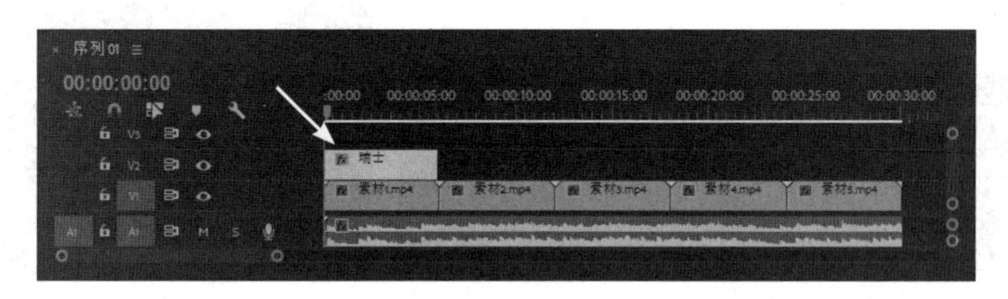

图 7-4　V2 轨道上会自动添加一个文字素材

5）切换到“图形”界面，然后在右侧“基本图形”面板“编辑”选项卡中将“字体”设置为 HYCuHeiJ，“字号”设置为 50，接着单击（居中对齐文本）按钮，将文本居中对齐，再单击（水平居中对齐）按钮，将文本在画面中水平居中对齐，最后再将文字的位置设置为 1020.0，如图 7-5 所示，使文字位于视频安全框和文字安全框之间，如图 7-6 所示。

提示：如果此时在“节目”监视器中没有显示出安全框，可以在“节目”监视器中下方单击（安全边距）按钮，即可显示出安全框。

6）将 V2 轨道上的文字素材的出点设置为与 V1 轨道等长，然后按向下方向键，从而将时间定位在第 2 段视频“素材 2.mp4”的起始处，接着利用工具箱中的（剃刀工具）将 V2 轨道上的文字素材从此处一分为二，如图 7-7 所示。最后在“节目”监视器中双击文字，将文字更改为“俄罗斯”，如图 7-8 所示。

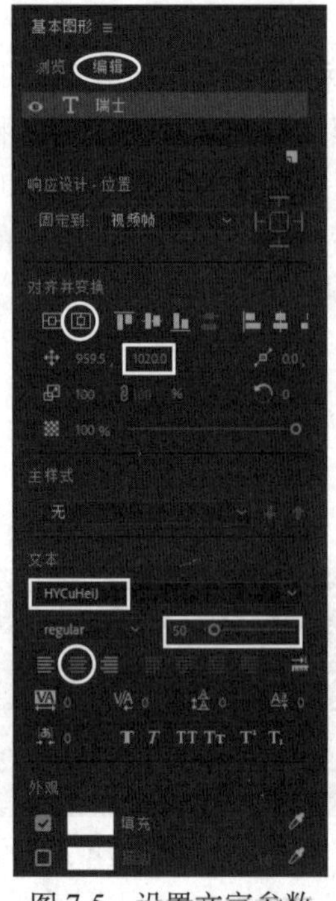

图 7-5　设置文字参数

图 7-6　设置文字参数后的效果

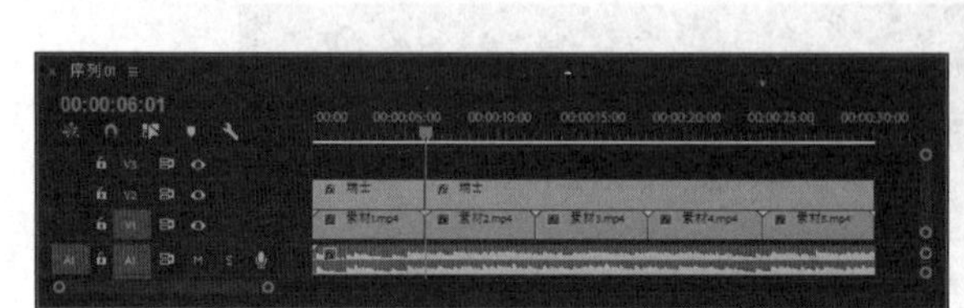

图 7-7　将文字素材在“素材 2.mp4”的起始处一分为二

图 7-8　更改文字

7）同理，按向下方向键，将时间分别定位在“素材 3”“素材 4”和“素材 5”的起始处，然后利用 (剃刀工具)，在这些位置对 V2 轨道上的文字素材进行裁剪，并在“节目”监视器中将文字分别更改为“马尔代夫”“迪拜”和“日本富士山”，此时“时间线”面板如图 7-9 所示。

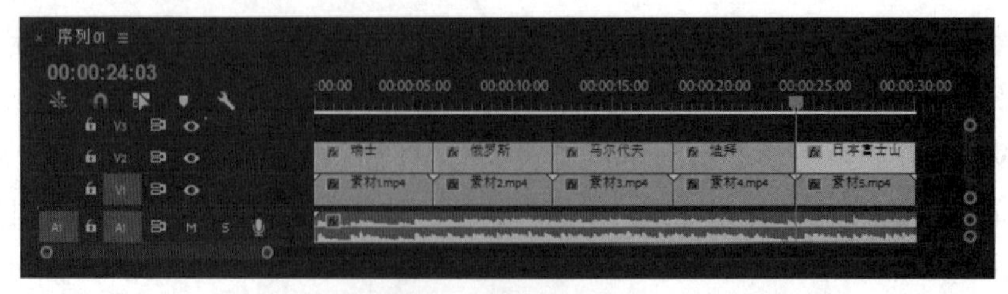

图 7-9　“时间线”面板

8）在“时间线”面板中框选 V1 和 V2 轨道上的所有素材，然后按快捷键〈Shift+D〉，从而在每段视频的起始和结束处添加默认的“交叉溶解”视频过渡，在音频的起始和结束处添加默认的“恒定功率”音频过渡，如图 7-10 所示。

提示：“交叉溶解”视频过渡可以制作出视频的淡入淡出效果，“恒定功率”音频过渡可以制作出音乐的淡入淡出效果。

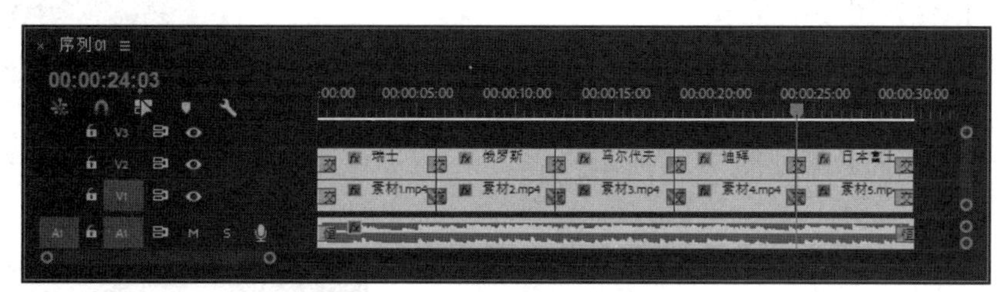

图 7-10　添加默认的视频和音频

9）将“恒定功率”的持续时间设置为两秒。方法：分别在音频的起始和结束处双击鼠标，然后在弹出的“设置过渡持续时间”对话框中将“持续时间”设置为 00:00:02:00，如图 7-11 所示，单击“确定”按钮。

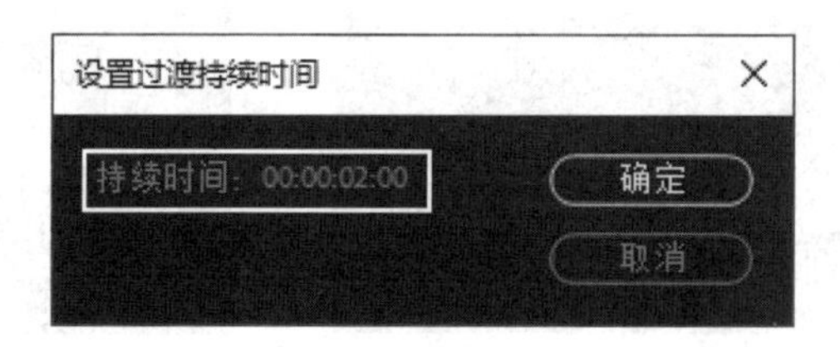

图 7-11　“设置过渡持续时间”对话框

10）按空格键进行预览。

11）至此，整个风景视频的字幕效果制作完毕。接下来选择“文件 | 项目管理”命令，将文件打包。然后选择“文件 | 导出 | 媒体”命令，将其输出为“风景视频的字幕效果 .mp4”文件。

7.2　制作沿路径弯曲的文字效果

要点：

本例将制作沿路径弯曲的文字效果，如图 7-12 所示。通过本例的学习，读者应掌握在旧版标题中利用（垂直路径输入工具）制作沿路径弯曲的文字的方法。

图 7-12　沿路径弯曲的文字效果

操作步骤：

1. 制作背景

1）启动 Premiere CC 2018，然后单击“新建

项目”按钮，新建一个名称为“沿路径弯曲的文字”的项目文件。接着新建一个 DV-PAL 制标准 48kHz 的“序列 01”序列文件。

2）导入素材。方法：选择“文件 | 导入”命令，导入网盘中的“源文件 \ 第 7 章　字幕的应用 \7.2 制作沿路径弯曲的文字效果 \ 背景 . jpg”文件，并将导入的素材以列表视图的方式显示，此时“项目”面板如图 7-13 所示。

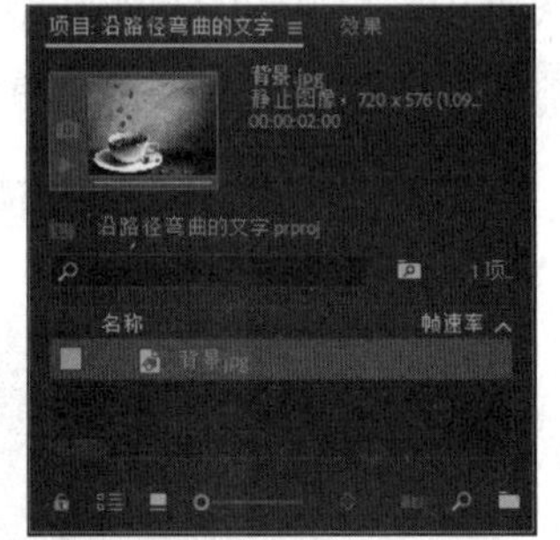

图 7-13　“项目”面板

3）将素材放入时间线。方法：将“项目”面板中的“背景 . jpg”素材拖入“时间线”面板的 V1 轨道中，入点为 00:00:00:00，如图 7-14 所示，画面效果如图 7-15 所示。

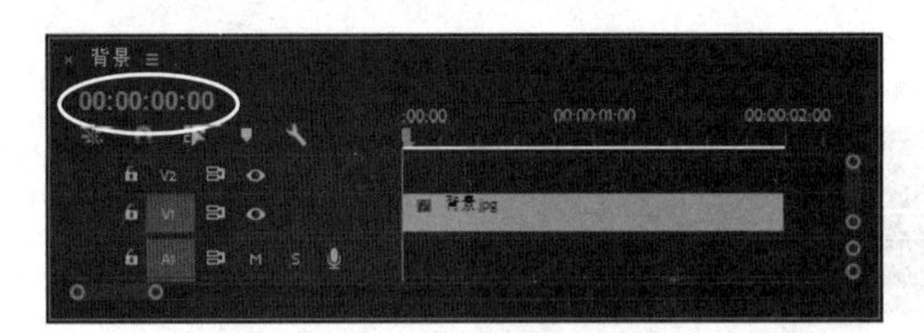

图 7-14　将“背景 . jpg”拖入 V1 轨道中

图 7-15　画面效果

2. 制作字幕

1）执行菜单中的“文件 | 新建 | 旧版标题”命令，然后在弹出的“新建字幕”对话框中保持默认参数，如图 7-16 所示，单击“确定”按钮，进入“字幕 01”的字幕设计窗口，如图 7-17 所示 。

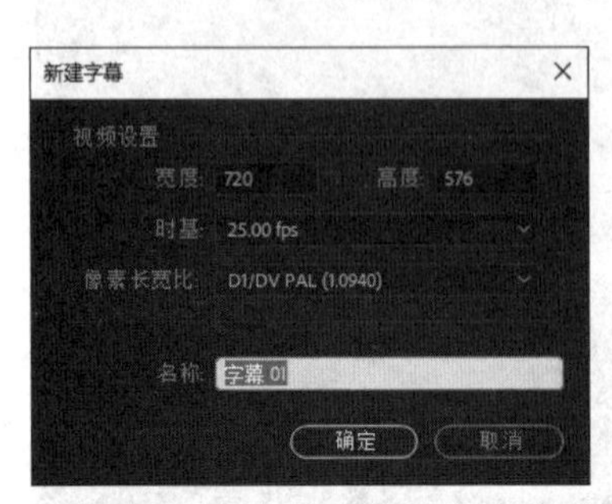

图 7-16　“新建字幕”对话框

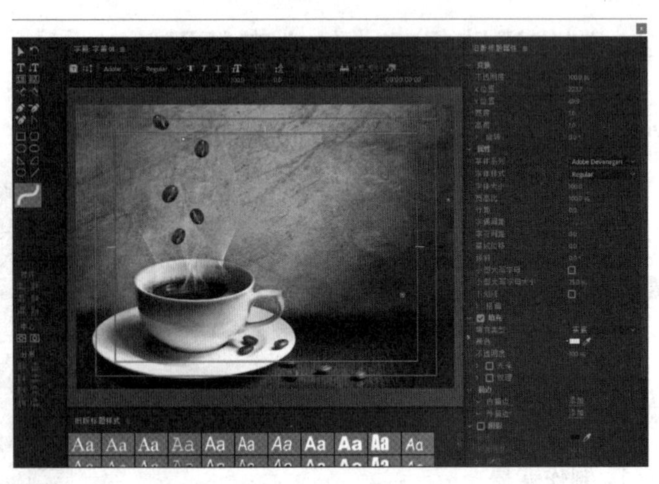

图 7-17　“字幕 01”的字幕设计窗口

2）输入沿路径弯曲的文字。方法：选择“字幕工具”面板中的（垂直路径输入工具），然后在“字幕面板”编辑窗口中绘制一条路径，如图 7-18 所示，接着再次选择（垂直路径输入工具）后，在绘制的路径上单击，此时路径上方会出现一个白色的光标，如图 7-19 所示，此时输入文字“粒粒香浓的咖啡”。最后在“旧版标题属性”面板中设置“字体系列”为“汉仪水波体简”，“字体大小”为 35.0，“字符间距”为 15.0。再将“填充”区域下的“色彩”设置为白色（RGB（255，255，255）），如图 7-20 所示。

图 7-18　绘制一条路径

图 7-19　路径上方出现一个白色的光标

图 7-20　输入文字“粒粒香浓的咖啡”并设置属性

3）对文字进行进一步设置。方法：单击“描边”区域中“外描边”右侧的“添加”命令，然后在添加的外侧边中将“类型”设置为“深度”“大小”设置为 10.0。接着勾选“阴影”复选框，保持默认的参数，效果如图 7-21 所示。

图 7-21　对文字进行进一步设置后的效果

4）输入垂直排列的文字。方法：选择“字幕工具”面板中的（垂直文字工具），然后在“字幕面板”编辑窗口中输入文字“哥伦比亚咖啡”。接着在“字幕属性”面板中设置“字体系列”为“汉仪圆叠体简”，“字体大小”为 55.0，“字符间距”为 25.0，其余参数设置与文字“粒粒香浓的咖啡”相同，如图 7-22 所示。

图 7-22　输入文字“哥伦比亚咖啡”并设置属性

5）单击字幕设计窗口右上角的■按钮，关闭字幕设计窗口，此时创建的“字幕 01”字幕会自动添加到“项目”面板中，如图 7-23 所示。

6）从“项目”面板中将“字幕 01”拖入“时间线”面板的 V2 轨道中，入点为 00:00:00:00，此时“时间线”面板如图 7-24 所示，效果如图 7-25 所示。

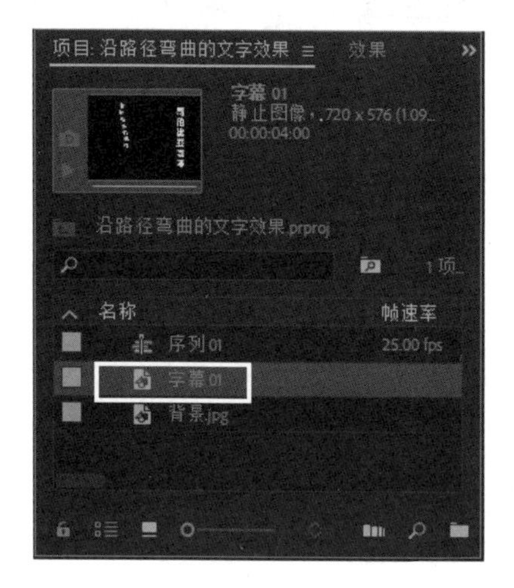

图 7-23　“项目”面板

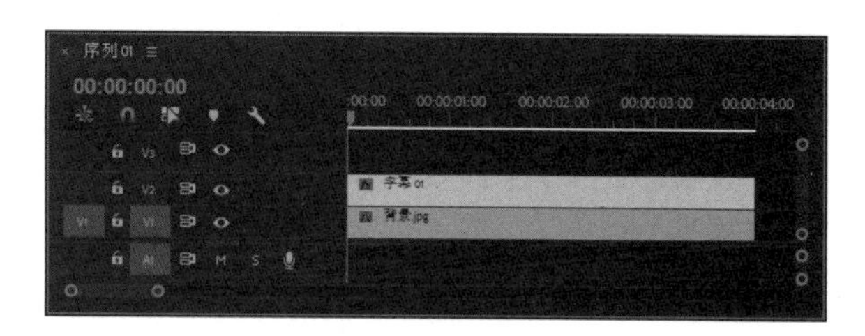

图 7-24　“时间线”面板

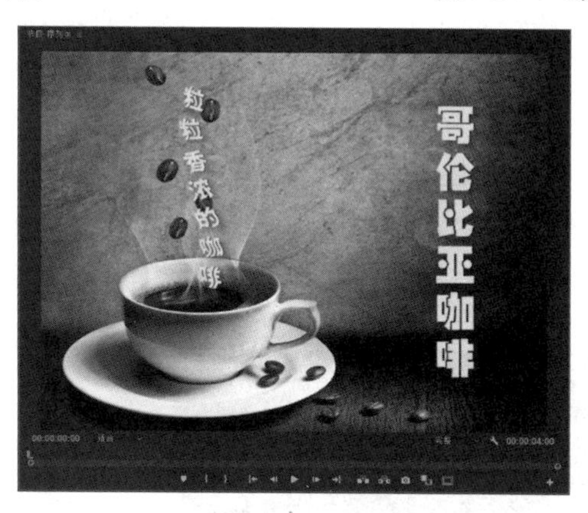

图 7-25　最终效果

7）至此，沿路径弯曲的文字效果制作完毕。接下来选择“文件 | 项目管理”命令，将文件打包。

7.3　制作渐变字幕效果

要点：

本例将制作一个渐变字幕作品展示效果，如图 7-26 所示。通过本例的学习，读者应掌握在旧版标题中制作渐变文字，“嵌套”命令，创建“颜色遮罩”“页面剥落”“翻页”和“圆划像”视频过渡的综合应用。

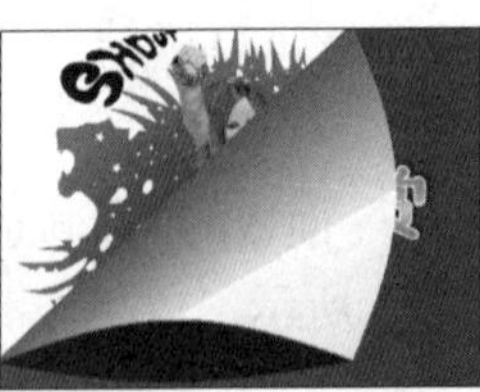

图 7-26　渐变字幕效果

操作步骤：

1. 设置静止图片的持续时间

1）启动 Premiere CC 2018，然后执行菜单中的“文件 | 新建 | 项目”（快捷键是〈Ctrl+Alt+N〉）命令，新建一个名称为“渐变字幕效果”的项目文件。接着新建一个预设为“ARRI 1080p 25”的“序列 01”序列文件。

2）设置静止图片默认持续时间为 3s。方法：选择“编辑 | 首选项 | 时间轴”命令，在弹出的对话框中将“静止图像默认持续时间”设置为 3.00s，如图 7-27 所示，单击“确定”按钮。

3）导入图片素材。方法：选择“文件 | 导入”命令，导入网盘中的“素材及结果 \ 第 7 章　字幕的应用 \7.3　制作渐变字幕效果 \ 人物插画 .jpg”“折页 .jpg”“汽车 .jpg”和“背景音乐 36.mp3”文件，并将它们以图标视图的方式进行显示，如图 7-28 所示。

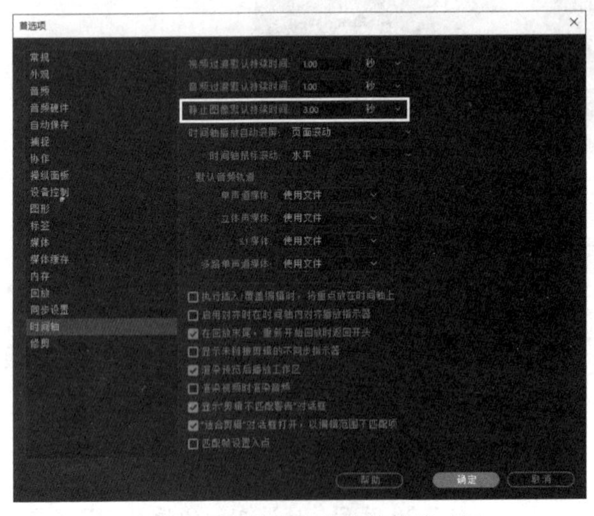

图 7-27　设置静止图片默认持续时间

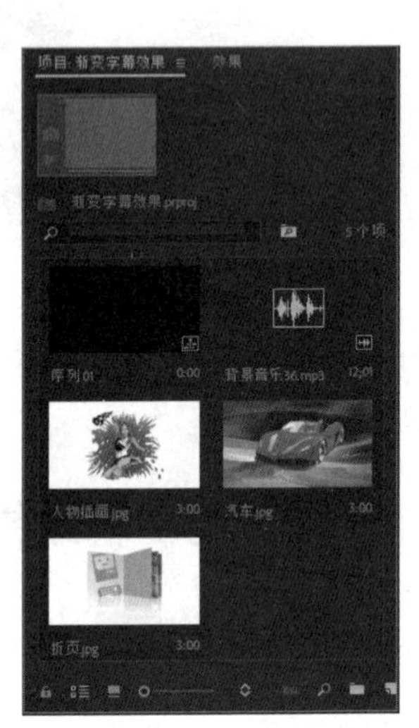

图 7-28　导入图片素材

2. 创建标题画面

1）执行菜单中的“文件 | 新建 | 旧版标题”命令，然后在弹出的“新建字幕”对话

框中保持默认参数，如图 7-29 所示，单击“确定”按钮，进入“字幕 01”的字幕设计窗口，如图 7-30 所示 。

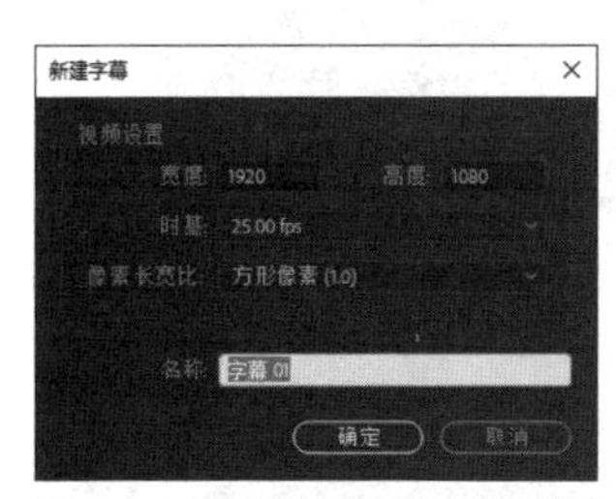

图 7-29　“新建字幕”对话框

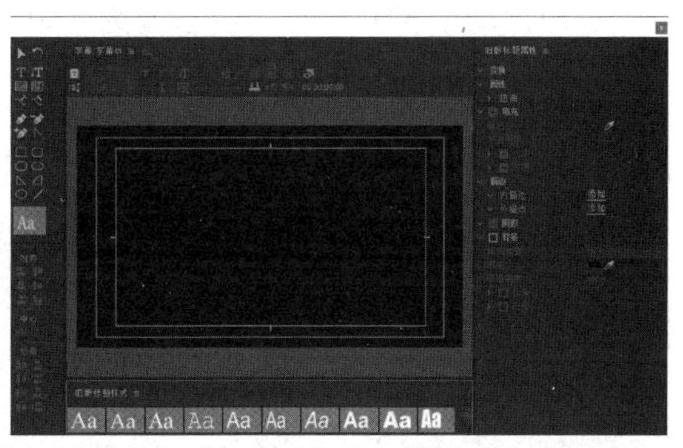

图 7-30　“字幕 01”的字幕设计窗口面板

2）选择“字幕工具”面板中的 T （文字工具），在“字幕面板”编辑窗口中输入文字“作品欣赏”。此时文字会出现乱码的情况，如图 7-31 所示，这是因为字体不正确的缘故。接下来在右侧“旧版标题属性”面板中将“字体”设置为“汉仪方隶简”，“字号”设置为 200，再在“字幕动作”面板中单击 （垂直居中对齐）和 （水平居中对齐）按钮，将文字居中对齐，效果如图 7-32 所示。

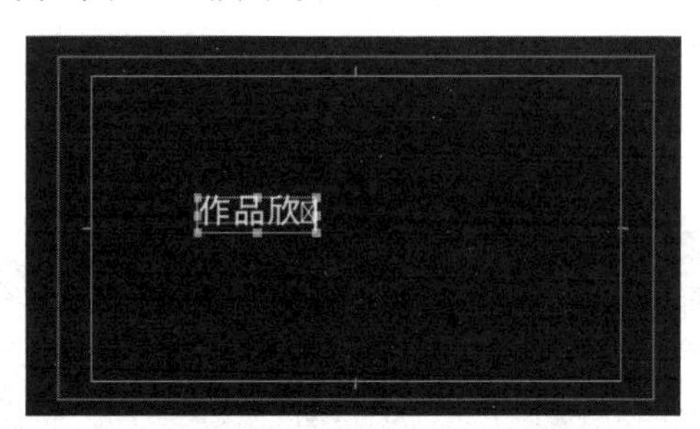

图 7-31　文字会出现乱码的情况

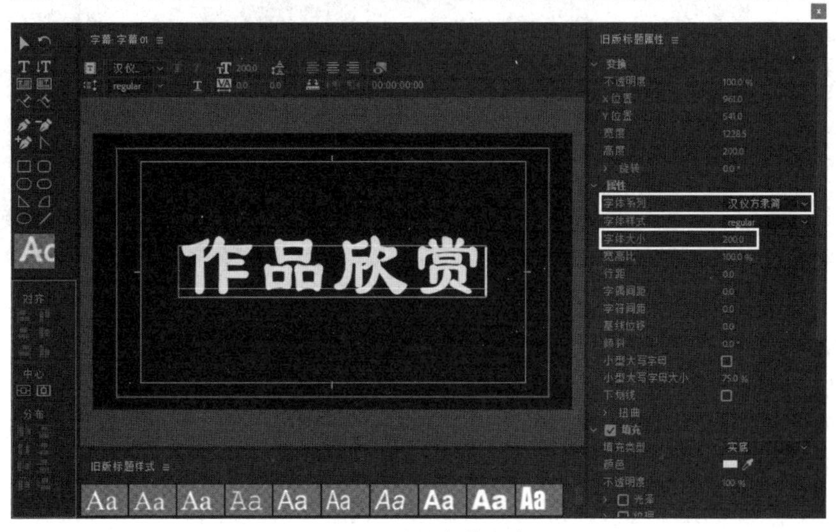

图 7-32　设置字体和字号

3）制作渐变文字。方法：将“填充类型”设置为“实底”，填充“颜色”设置为一种橘黄色（RGB（235，135，0）），然后勾选“光泽”复选框，将光泽“颜色”设置为一种浅黄色（RGB（250，230，80）），“大小”设置为80.0，“偏移”设置为25.0，如图7-33所示。

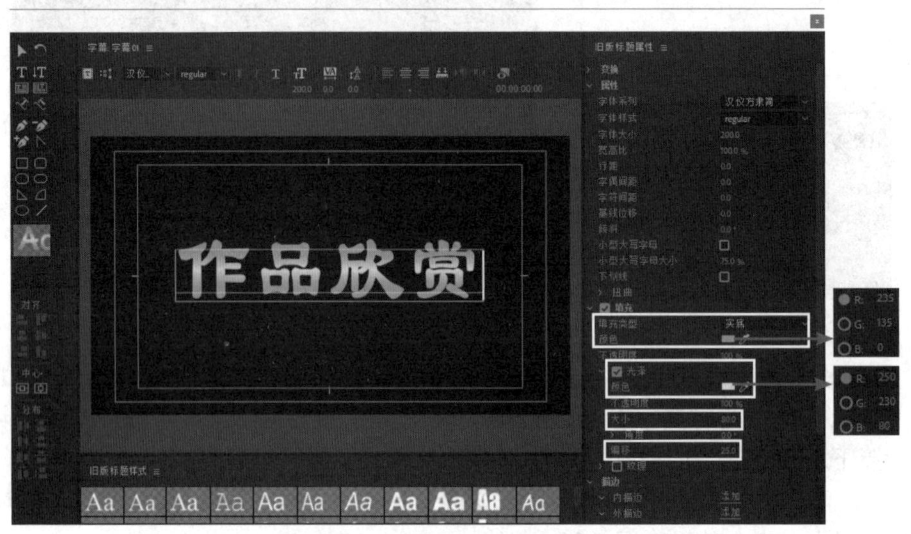

图 7-33　设置“填充”参数

4）对文字添加白色描边。方法：单击“描边”区域中“外描边”右侧的“添加”命令，然后将“大小”设置为20.0，外描边“颜色”设置为白色，效果如图7-34所示。

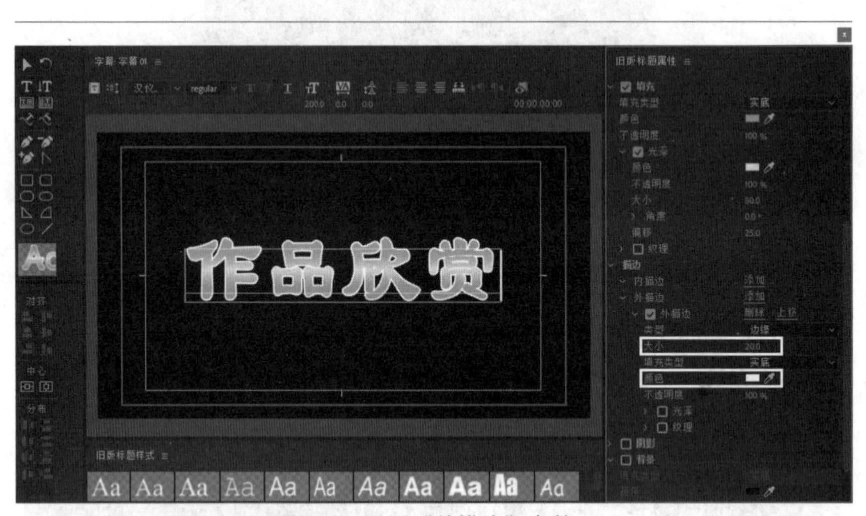

图 7-34　设置“外描边”参数

5）单击字幕设计窗口右上角的■按钮，关闭字幕设计窗口，此时创建的“字幕01”会自动添加到“项目”面板中，如图7-35所示。

6）制作蓝色背景。方法：单击“项目”面板下方的■（新建项）按钮，然后从弹出的下拉菜单中选择“颜色遮罩”命令。接着在弹出的“新建颜色遮罩”对话框中保持默认参数，如图7-36所示，单击“确定”按钮。再在弹出的“拾色器”对话框中设置一种蓝色(RGB为(0,0,

225))，如图 7-37 所示，单击“确定”按钮。最后在弹出的“选择名称”对话框中保持默认名称，如图 7-38 所示，单击“确定”按钮，即可完成蓝色背景的创建。此时“项目”面板如图 7-39 所示。

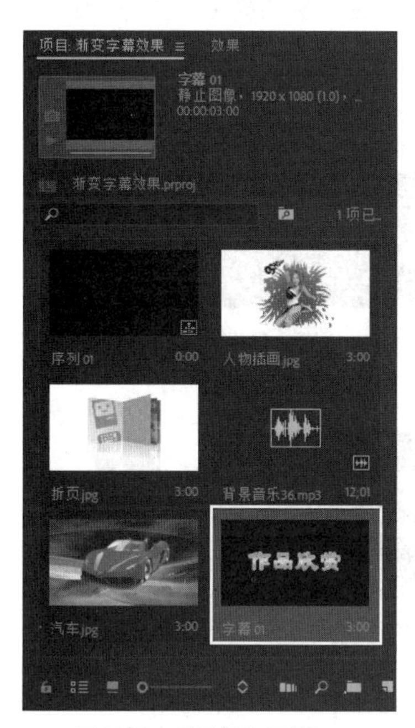

图 7-35　“项目”面板

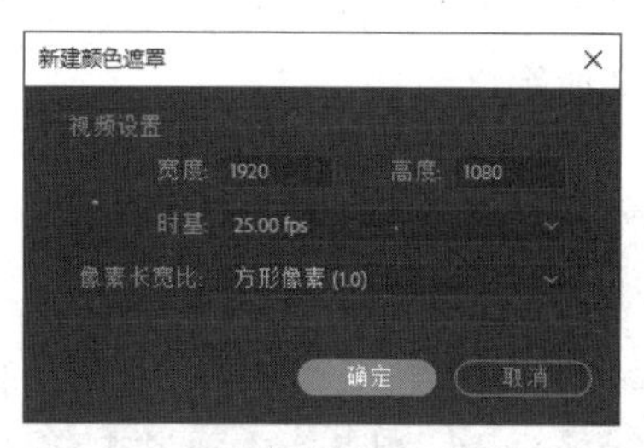

图 7-36　“新建颜色遮罩”对话框

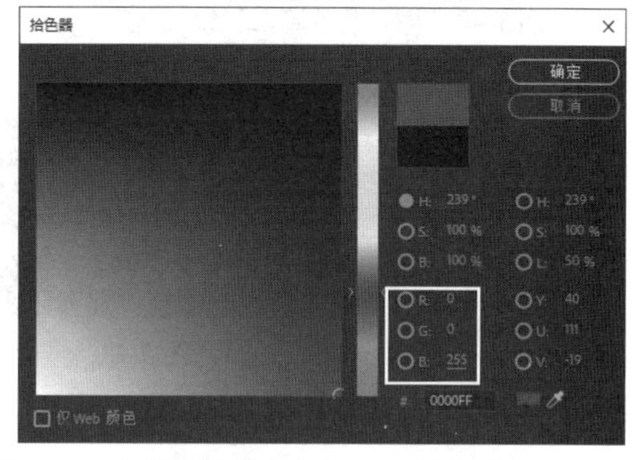

图 7-37　将颜色设置为蓝色（RGB 为（0，0，225））

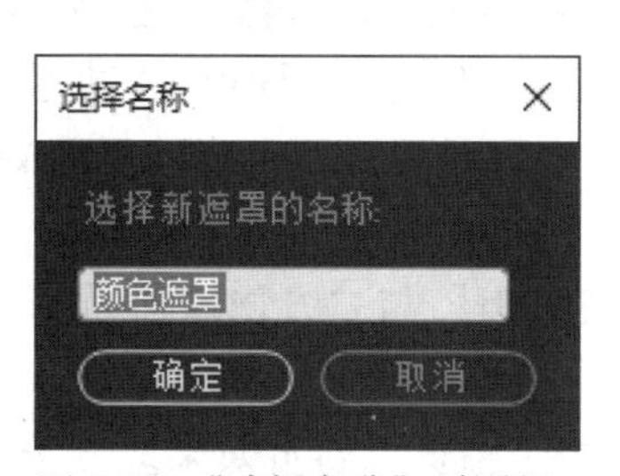

图 7-38　“选择名称”对话框

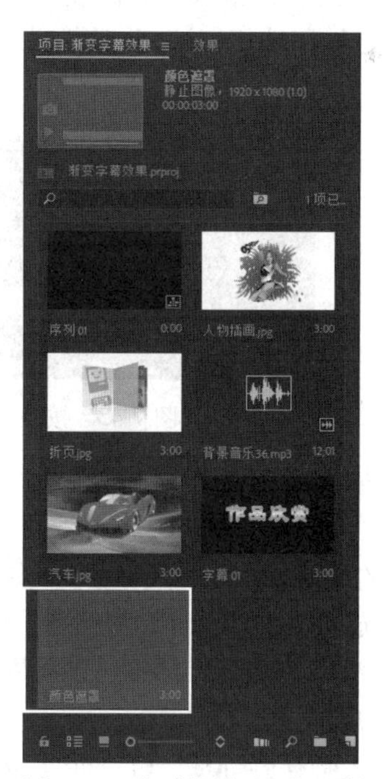

图 7-39　此时的“项目”面板

7）分别将“项目”面板中的“颜色遮罩”和“字幕 01”素材拖入“时间线”面板的 V1 和 V2 轨道中，入点均为 00:00:00:00，如图 7-40 所示。然后同时选择 V1 和 V2 轨道上的素材，单击右键，从弹出的快捷菜单中选择“嵌套”命令，再在弹出的“嵌套序列名称”对话框中保持默认参数，如图 7-41 所示，单击“确定”按钮，从而将它们嵌套为一个新的序列，如图 7-42 所示。

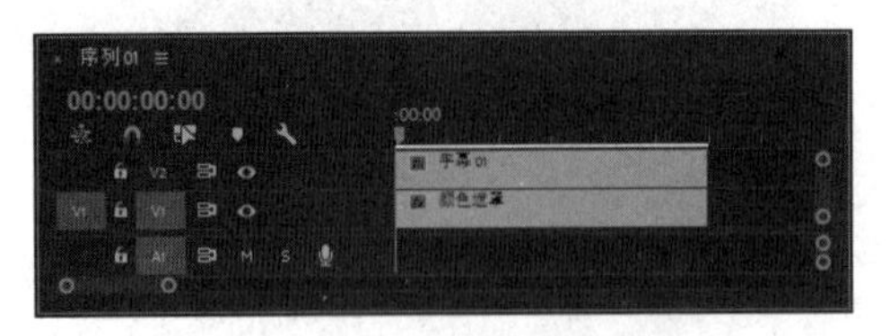

图 7-40　将“颜色遮罩”和“字幕 01”拖入“时间线”面板

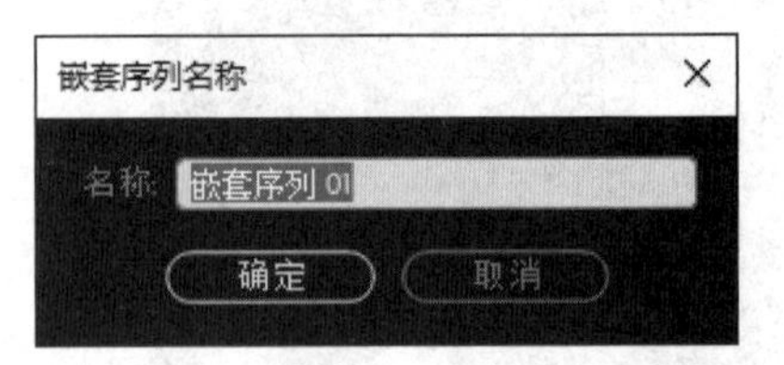

图 7-41　“嵌套序列名称”对话框

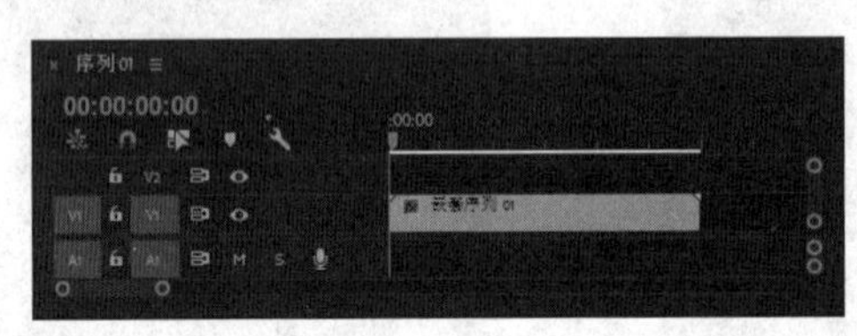

图 7-42　嵌套为新的序列

3. 添加图片之间的过渡效果

1）在“项目”面板中按住〈Ctrl〉键，依次选择“人物插画 .jpg”“折页 .jpg”和“汽车 .jpg”，然后将它们拖入“时间线”面板的 V1 轨道中，入点为 00:00:03:00（即与“嵌套序列 01”素材结尾处相接）。此时“时间线”面板会按照素材选择的先后顺序依次排列，如图 7-43 所示。

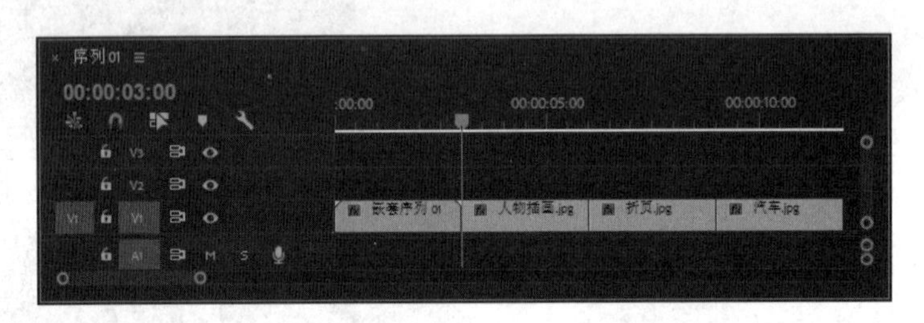

图 7-43　按照素材选择的先后顺序将素材依次排列

2）在“嵌套序列 01”结尾处添加“页面剥落”卷页效果。方法：在“效果”面板搜索栏中输入“页面剥落”，如图 7-44 所示，然后将其拖入“时间线”面板 V1 轨道中的“嵌套序列 01”素材的结尾处，此时鼠标会变为形状，接着松开鼠标，即可将“页面剥落”视频过渡添加到“嵌套序列 01”素材的结尾位置，如图 7-45 所示。

3）此时按空格键进行预览，即可看到“嵌套序列 01”与“人物插画 .jpg”素材之间的卷页效果，如图 7-46 所示。

4）在“人物插画 .jpg”和“折页 .jpg”之间添加“翻页”卷页效果。方法：将“效果”面板中的“翻页”视频过渡拖入“时间线”面板 V1 轨道的“人物插画 .jpg”和“折页 .jpg”

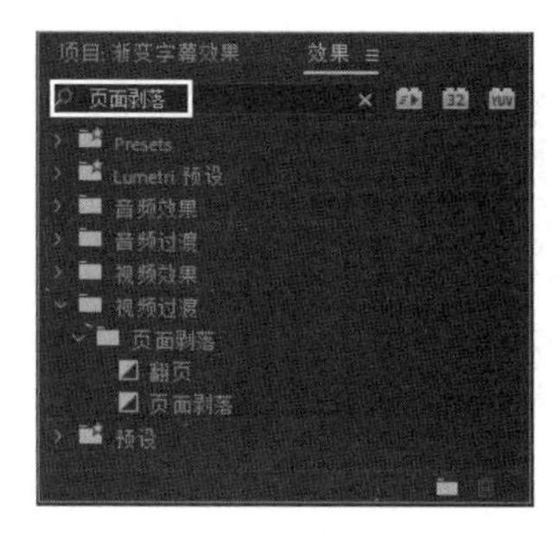

图 7-44　输入“页面剥落”

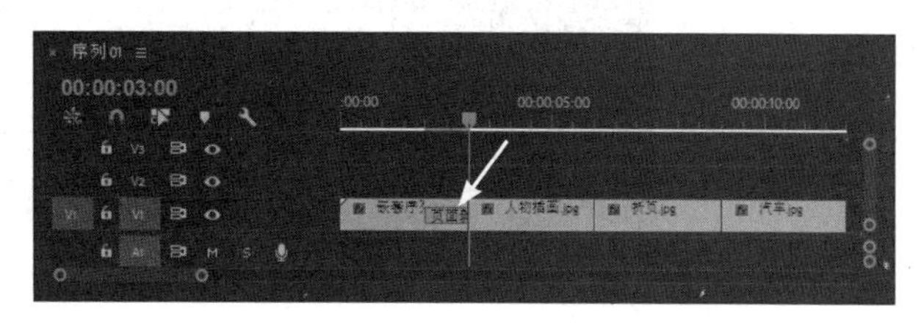

图 7-45　将“页面剥落”视频过渡添加到“嵌套序列 01”素材的结尾位置

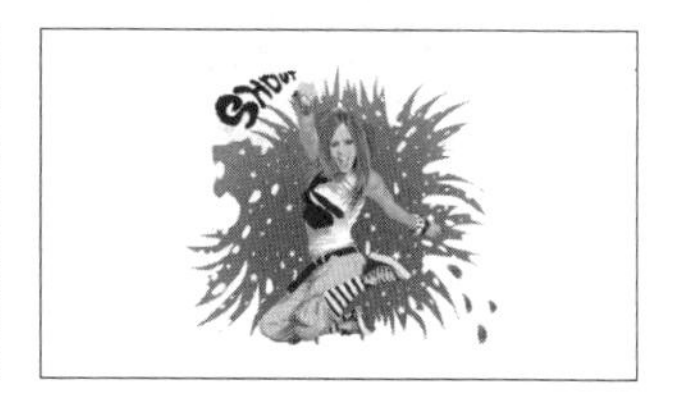

图 7-46　预览效果

之间的位置，此时鼠标会变为形状，再松开鼠标，即可将“翻页”视频过渡添加到“人物插画 .jpg”和“折页 .jpg”之间的位置，如图 7-47 所示。此时按空格键进行预览，即可看到“人物插画 .jpg”与“折页 .jpg”素材之间的卷页效果，如图 7-48 所示。

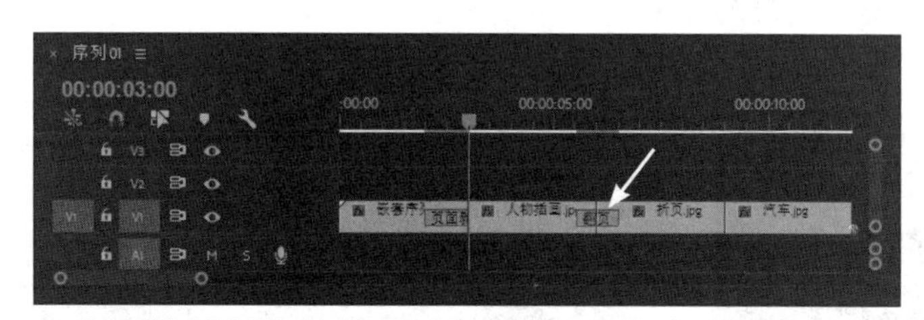

图 7-47　将“翻页”视频过渡添加到“人物插画 .jpg”和“折页 .jpg”之间的位置

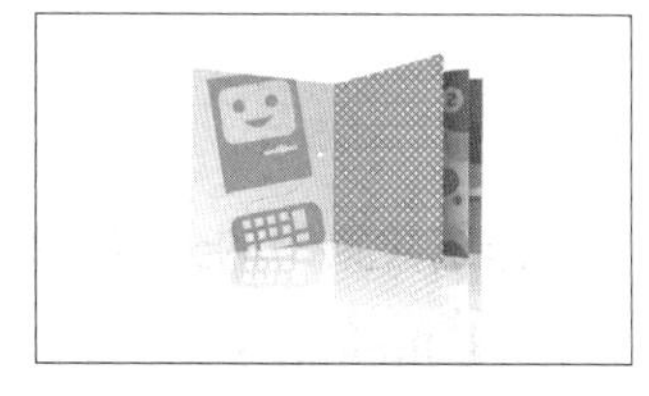

图 7-48　“人物插画 .jpg”与“折页 .jpg”素材之间的卷页效果

5）同理，在“折页 .jpg”和“汽车 .jpg”之间添加“圆划像”视频过渡，如图 7-49 所示。然后按空格键进行预览，即可看到“折页 .jpg”与“汽车 .jpg”素材之间的圆划像过渡效果，如图 7-50 所示。

6）至此，整个渐变字幕效果制作完毕。接下来选择“文件 | 项目管理”命令，将文件打包。然后选择“文件 | 导出 | 媒体”命令，将其输出为“渐变字幕效果 .mp4”文件。

图 7-49 “圆划像”视频过渡

图 7-50 最终效果

7.4 制作分屏效果

要点：

本例将制作一个三段视频的分屏效果，如图 7-51 所示。通过本例的学习，读者应掌握“线性擦除”视频过渡和绘制矩形的应用。

图 7-51 分屏效果

操作步骤：

1. 制作三段素材的分屏效果

1）启动 Premiere CC 2018，然后执行菜单中的“文件 | 新建 | 项目”（快捷键是〈Ctrl+Alt+N〉）命令，新建一个名称为“分屏效果”的项目文件。接着新建一个预设为“ARRI 1080p 25”的“序列 01”序列文件。

2）导入素材。方法：选择“文件 | 导入”命令，导入网盘中的“源文件 \ 第 7 章 字幕的应用 \7.4 制作分屏效果 \ 素材 1.mp4 ～素材 3.mp4”和“背景音乐 28.mp3”文件，如图 7-52 所示。

3）将“项目”面板中的“素材 1.mp4 ～素材 3.mp4”分别拖入“时间线”面板的 V1 ～ V3 轨道，入点为 00:00:00:00，然后按键盘上的〈\〉键，将素材在时间线中最大化显示，如图 7-53 所示。

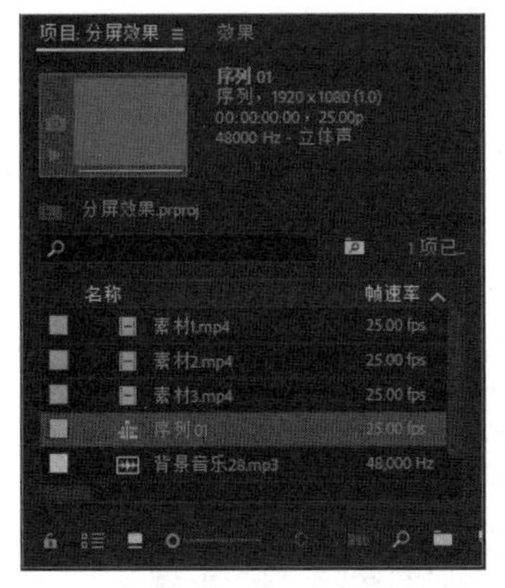

图 7-52　导入素材

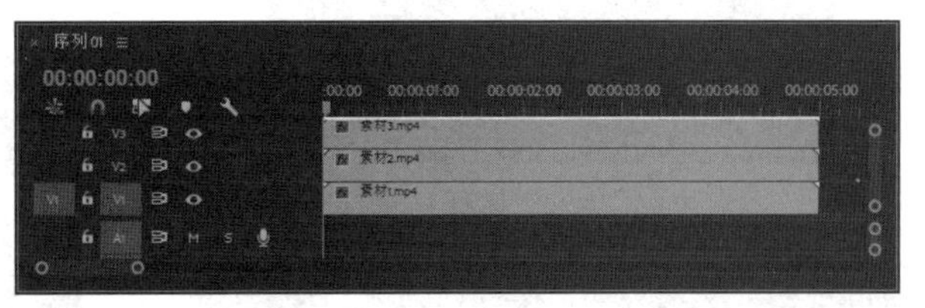

图 7-53　将素材拖入“时间线”面板并最大化显示

4）制作“素材 3.mp4”素材的分屏效果。方法：选择 V3 轨道上的“素材 3.mp4”素材，然后在“效果控件”面板中将“缩放”的数值设置为 80.0，“位置”的数值设置为（1150.0，700.0），如图 7-54 所示，此时画面效果如图 7-55 所示。

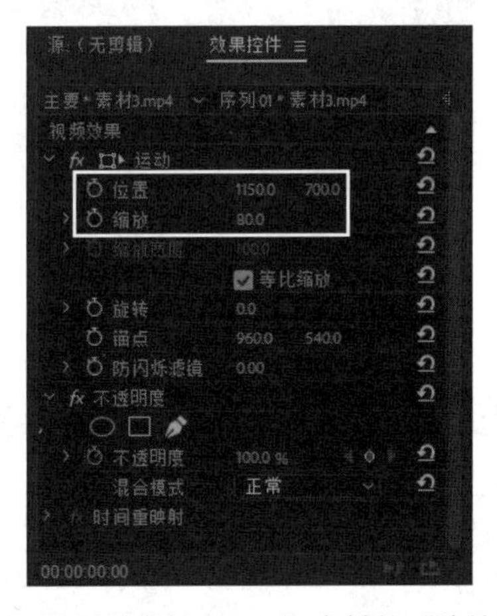

图 7-54　设置“素材 3.mp4”素材的“缩放”和“位置”参数

图 7-55　画面效果

5）在“效果”面板搜索栏中输入“线性擦除”，如图 7-56 所示，再将“线性擦除”视频特效拖给 V3 轨道上的“素材 3.mp4”素材。接着在“效果控件”面板“线性擦除”中将“过渡完成”的数值设置为 50%，将“擦除角度”设置为 155.0°，如图 7-57 所示，效果如图 7-58 所示。

6）制作“素材 2.mp4”素材的分屏效果。方法：选择 V2 轨道上的“素材 2.mp4”素材，然后在“效果控件”面板中将“缩放”的数值设置为 85.0，“位置”的数值设置为（600.0，620.0），如图 7-59 所示，此时画面效果如图 7-60 所示。

7）将“线性擦除”视频特效拖给 V2 轨道上的“素材 2.mp4”素材。接着在“效果控件”面板“线性擦除”中将“过渡完成”的数值设置为 50%，“擦除角度”设置为 210.0°，如图 7-61 所示，此时画面效果如图 7-62 所示。

8）制作“素材 1.mp4”素材的分屏效果。方法：选择 V1 轨道上的“素材 1.mp4”素材，

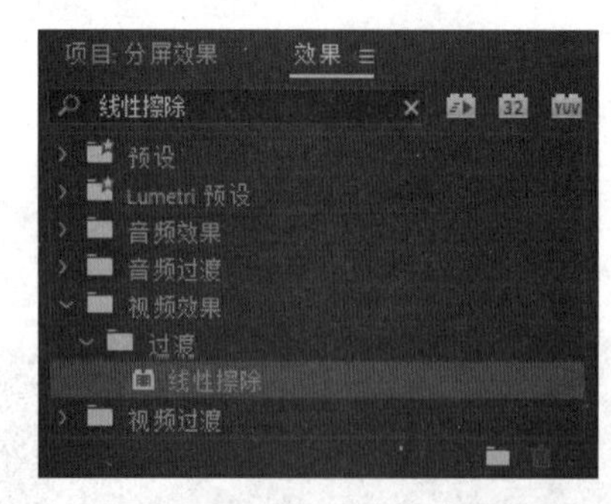

图 7-56　输入“线性擦除”

图 7-58　“线性擦除”效果

图 7-57　设置“线性擦除”参数

图 7-59　设置“素材 2.mp4”素材的“缩放”和“位置”参数

图 7-60　画面效果

然后在“效果控件”面板中将“位置”的数值设置为（960.0，450.0），如图 7-63 所示，从而将“素材 1.mp4”素材往上移动一段距离，此时画面效果如图 7-64 所示。

2. 制作分屏之间的白线和画面四周的白色边框

1）切换到“图形”界面，然后在右侧“基本图形”面板的“编辑”选项卡中单击 （新

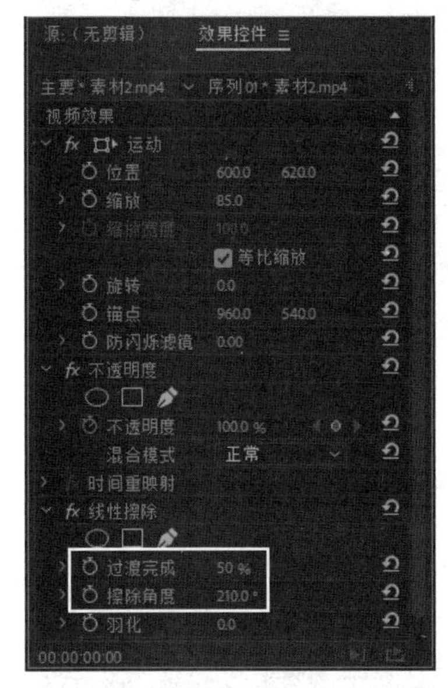

图 7-61　设置“线性擦除”参数

图 7-62　“线性擦除”效果

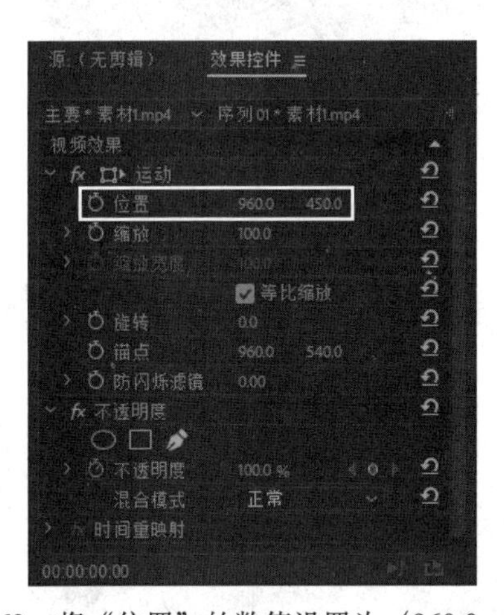

图 7-63　将“位置”的数值设置为（960.0，450.0）

图 7-64　画面效果

建图层）按钮，从中选择“矩形”，接着将矩形的“填充”设置为白色，如图 7-65 所示，此时画面效果如图 7-66 所示。最后在“节目”监视器中调整矩形的角度和大小，并将其放置到“素材 3.mp4”素材的斜边位置，如图 7-67 所示。

2）同理，新建一个矩形，然后调整其角度和大小，并将其放置到“素材 2.mp4”素材的斜边位置，如图 7-68 所示。

3）同理，分别创建四个白色矩形，然后将它们放置到画面的边缘，从而形成白色边框效果，如图 7-69 所示。

提示：通过绘制一个只有描边颜色的白色矩形，也可以制作出边框效果。具体步骤可参见“7.5　制作电子相册效果”。

图 7-66　此时的画面效果

图 7-65　将矩形的“填充”设置为白色

图 7-67　调整矩形的位置、角度和大小

图 7-68　调整另一个矩形的位置、角度和大小

图 7-69　白色边框效果

4）将 V4 轨道上的图形素材设置为与其余轨道的素材等长，如图 7-70 所示。

5）将“项目”面板中的“背景音乐 28.mp3”拖入“时间线”面板的 A1 轨道，入点为 00:00:00:00，如图 7-71 所示。

6）此时“时间线”面板上方会显示一条红线，表示此时按空格键预览会出现明显的卡顿。为了能够看到实时预览的效果，接下来执行菜单中的“序列 | 渲染入点到出点的效果”的命令，从而渲染入点到出点，当渲染完成后就可以看到实时播放效果了。此时“时间线”面板上方的红线会变为绿线，如图 7-72 所示。

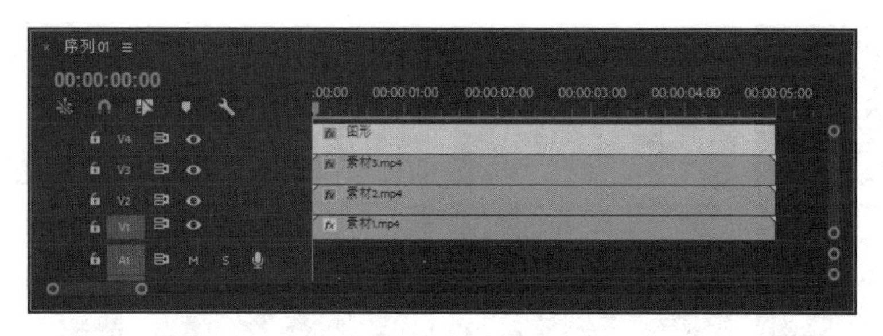

图 7-70　将 V4 轨道上的图形素材设置为与其余轨道的素材等长

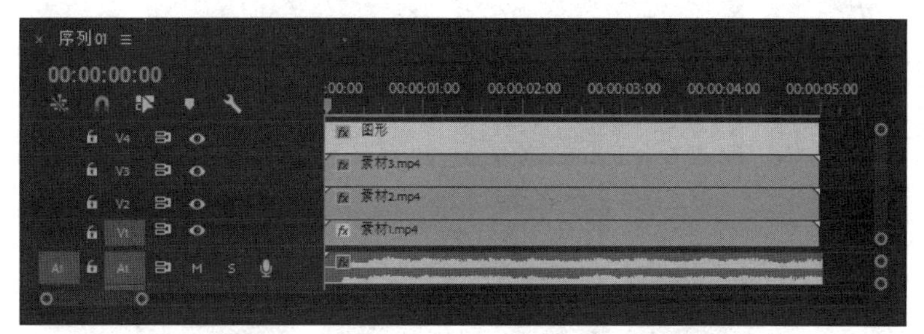

图 7-71　将“背景音乐 28.mp3”拖入 A1 轨道，入点为 00:00:00:00

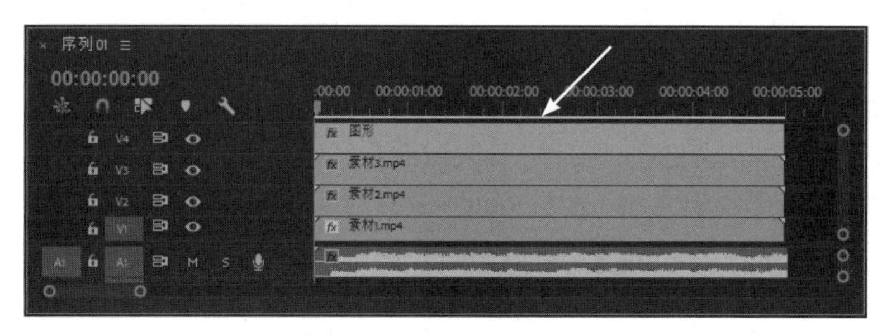

图 7-72　渲染完成后“时间线”面板上方的红线变为绿线

7）至此，整个分屏效果制作完毕。接下来选择“文件 | 项目管理”命令，将文件打包。然后选择“文件 | 导出 | 媒体”命令，将其输出为“分屏效果 .mp4”文件。

7.5　制作电子相册效果

要点：

本例将制作一个电子相册效果，如图 7-73 所示。通过本例的学习，读者应掌握“高斯模糊”和“基本 3D”视频过渡，“嵌套”命令，调整关键帧属性，复制粘贴属性，绘制矩形边框和添加文字的应用。

操作步骤：

1. 制作模糊背景效果

1）启动 Premiere CC 2018，然后执行菜单中的“文件 | 新建 | 项目”（快捷键是〈Ctrl+

图 7-73　电子相册效果

Alt+N〉）命令，新建一个名称为“分屏效果”的项目文件。接着新建一个预设为“ARRI 1080p 25”的“序列 01”序列文件。

2）导入素材。方法：选择“文件 | 导入”命令，导入网盘中的“源文件 \ 第 7 章　字幕的应用 \7.5　制作电子相册效果 \ 素材 1.mp4 ～素材 5.mp4”和“背景音乐 18.mp3”文件，接着在“项目”面板下方单击（图标视图）按钮，将素材以图标视图的方式进行显示，如图 7-74 所示。

3）将“项目”面板中按住〈Ctrl〉键，依次选择“素材 1.mp4 ～素材 5.mp4”，然后将它们拖入“时间线”面板的 V1 轨道，入点为 00:00:00:00，此时软件会按照素材选择的先后顺序将素材在 V1 轨道上依次排列。接着按键盘上的〈\〉键，将素材在时间线中最大化显示，如图 7-75 所示。

4）按住键盘上的〈Alt〉键，将 V1 轨道上的素材复制到 V2 轨道，然后在 V2 轨道上单击按钮，切换为状态，从而隐藏 V2 轨道的显示，如图 7-76 所示。

5）将时间滑块移动到 00:00:00:00 的位置，此时画面效果如图 7-77 所示。接下来制作“素材 1”背景的模糊效果。方法：在“效果”面板搜索栏中输入“高斯模糊”，如图 7-78 所示，然后将“高斯模糊”视频特效拖给 V1 轨道上的“素材 1.mp4”素材。接着在“效果控件”面板“高斯模糊”中将“模糊度”的数值设置为 50.0，并勾选“重复边缘像素”复选框，如图 7-79 所示，此时“素材 1.mp4”就产生了模糊效果如图 7-80 所示。

6）制作其余素材背景的模糊效果。方法：右键单击 V1 轨道上的“素材 1.mp4”素材，从弹出的快捷菜单中选择“复制”命令，接着框选 V1 轨道上的“素材 2.mp4 ～素材 5.mp4”，单击右键，从弹出的快捷菜单中选择“粘贴属性”命令，再在弹出的图 7-81 所示的对话框中保持默认参数，单击“确定”按钮，此时拖动时间滑块就可以看到“素材 2.mp4 ～素材 5.mp4”

图 7-74　导入素材

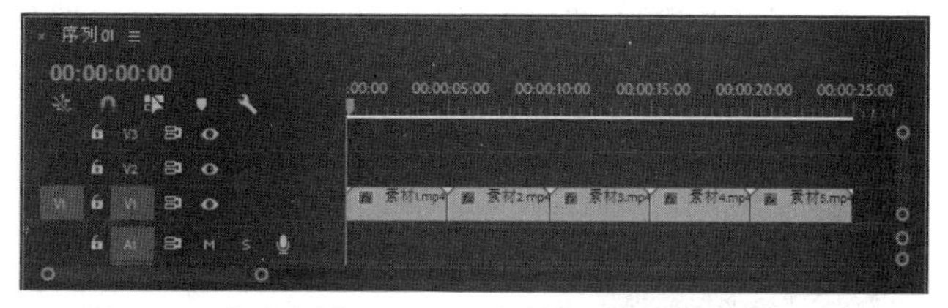

图 7-75　将“素材 1.mp4 ～素材 5.mp4”拖入 V1 轨道

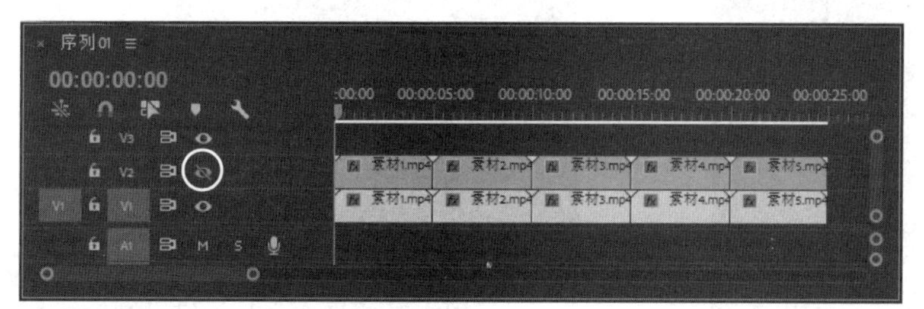

图 7-76　将 V1 轨道上的素材复制到 V2 轨道，并隐藏 V2 轨道的显示

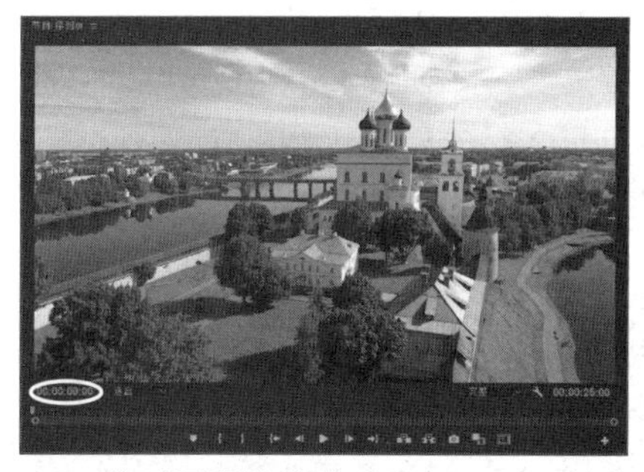

图 7-77　将时间滑块移动到 00:00:00:00 的位置

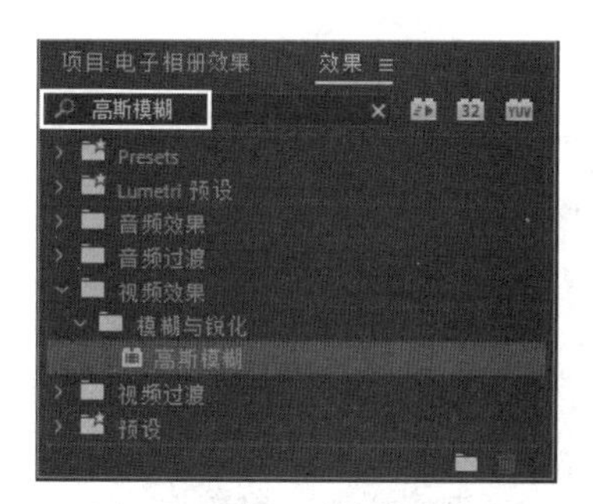

图 7-78　输入“高斯模糊”

也产生了背景模糊效果，如图 7-82 所示。

2. 制作带有白色相框的相片效果

1）在 V2 轨道上单击按钮，切换为状态，恢复 V2 轨道的显示。

2）将时间滑块移动到 00:00:00:00 的位置，然后选择 V2 轨道上的“素材 1.mp4”素材，接着在“效果控件”面板中将“缩放”设置为 75.0，如图 7-83 所示，画面效果如图 7-84 所示。

3）制作其余素材的缩小效果。方法：右键单击 V2 轨道上的“素材 1.mp4”素材，从

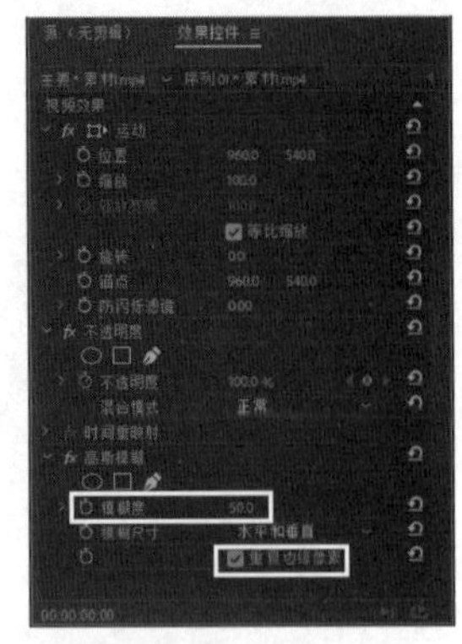

图 7-79 将“模糊度”的数值设置为 50.0

图 7-80 “高斯模糊”效果

图 7-81 “粘贴属性”对话框

图 7-82 “素材 2.mp4 ~素材 5.mp4”也产生了背景模糊效果

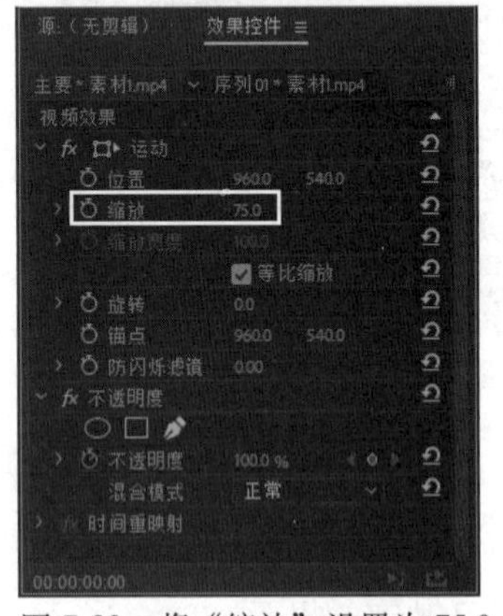

图 7-83 将“缩放”设置为 75.0

图 7-84 画面效果

弹出的快捷菜单中选择“复制”命令，接着框选 V2 轨道上的“素材 2.mp4 ~素材 5.mp4”，单击右键，从弹出的快捷菜单中选择“粘贴属性”命令，再在弹出的对话框中保持默认参数，单击“确定”按钮，此时拖动时间滑块就可以看到“素材 2.mp4 ～素材 5.mp4”也产生了缩小效果，如图 7-85 所示。

图 7-85　“素材 2.mp4 ～素材 5.mp4”也产生了缩小效果

4）制作相片的白色边框。方法：切换到“图形”界面，然后在右侧“基本图形”面板的“编辑”选项卡中单击（新建图层）按钮，从中选择“矩形”，如图 7-86 所示，接着在“外观”选项组中取消勾选“填充”，勾选“描边”，并将“描边”颜色设置为白色，“描边”宽度设置为 15.0，如图 7-87 所示，此时“时间线”面板的 V3 轨道上会自动添加一个图形素材，“节目”监视器中会显示出一个矩形，如图 7-88 所示。最后在“节目”监视器中调整矩形的大小，使其正好位于包裹住缩小的相片，如图 7-89 所示。

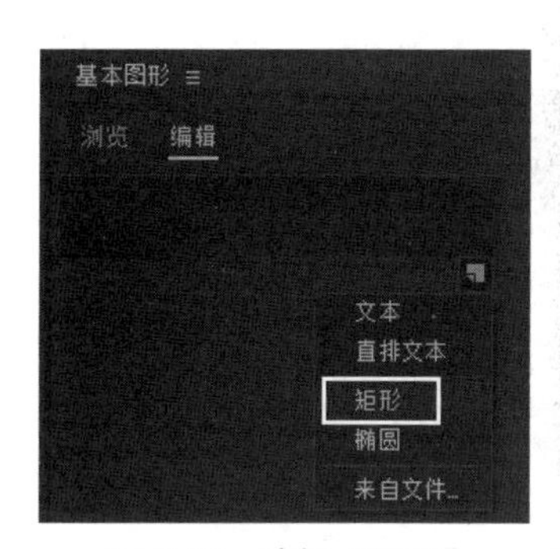

图 7-86　选择“矩形”

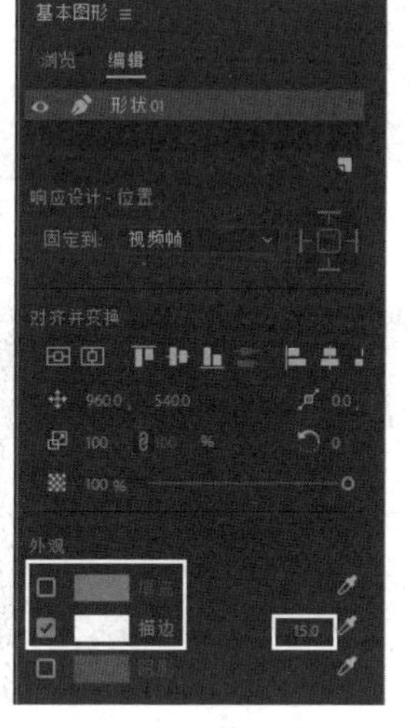

图 7-87　设置“矩形”属性

图 7-88　“节目”监视器中会显示出一个矩形

图 7-89　使矩形正好位于包裹住缩小的相片

5）输入文字。方法：选择工具箱中的（文字工具），然后在“节目”监视器中单击鼠标，输入文字“凡凡的视频日记”，接着在“基本图形”面板的“编辑”选项卡中将“字体”设置为 HYXueJunJ，“字号”设置为 50，并将文字的位置数值设置为（1280.0，900.0），如图 7-90 所示，使之位于相框的右下方，效果如图 7-91 所示，最后在“时间线”面板中将 V3 轨道上的素材的长度设置为与 V2 轨道等长，如图 7-92 所示。

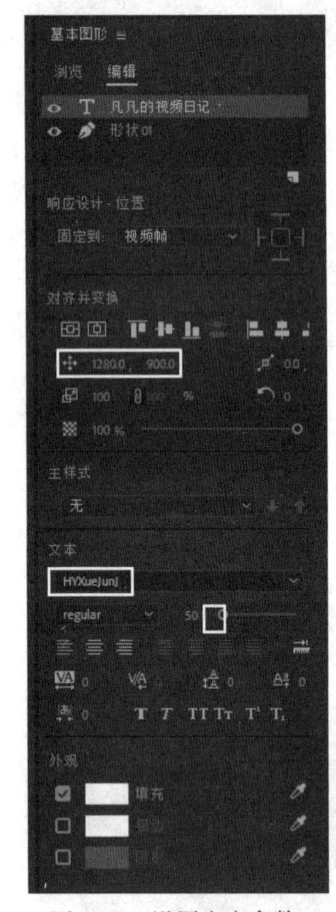

图 7-91　使之位于相框的右下方

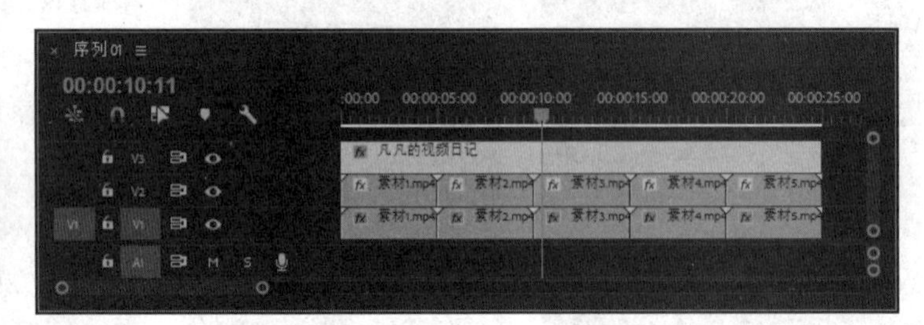

图 7-90　设置文字参数　　　　图 7-92　将 V3 轨道上的素材的长度设置为与 V2 轨道等长

6）利用工具箱中的（剃刀工具）根据 V2 轨道上素材相接的位置，将 V3 轨道上的素材分为 5 段，如图 7-93 所示。

7）利用工具箱中的（选择工具）同时选择 V3 轨道上的第一段素材和 V2 轨道上的“素

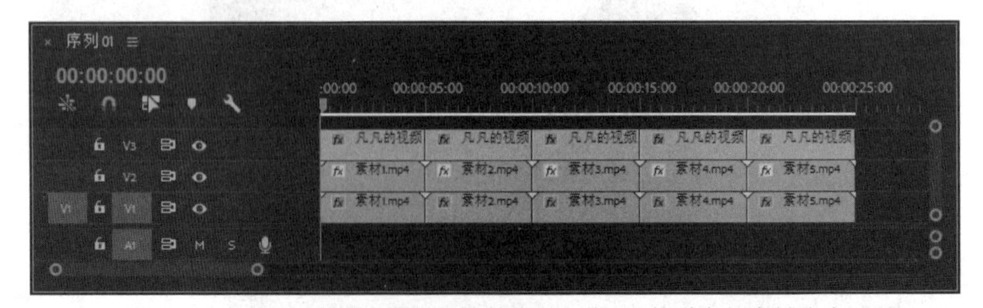

图 7-93　根据 V2 轨道上素材相接的位置，将 V3 轨道上的素材分为 5 段

材 1.mp4”素材，单击右键，从弹出的快捷菜单中选择“嵌套”命令，接着在弹出的图 7-94 所示的“嵌套序列名称”对话框中保持默认参数，单击“确定”按钮，从而将它们嵌套为一个新的序列，如图 7-95 所示。

8）同理，分别将 V3 轨道和 V2 轨道对应位置的素材进行嵌套，如图 7-96 所示。

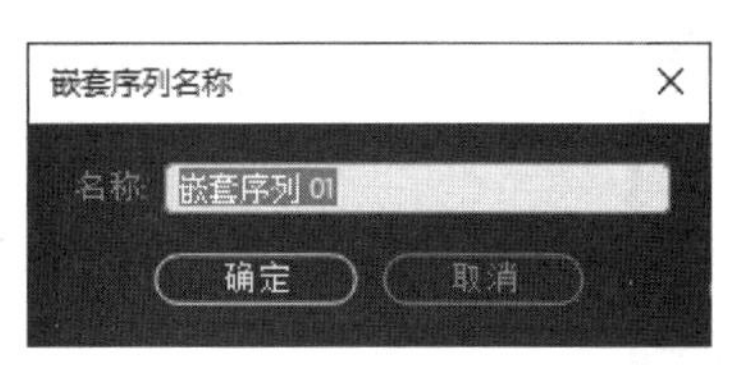

图 7-94　“嵌套序列名称”对话框

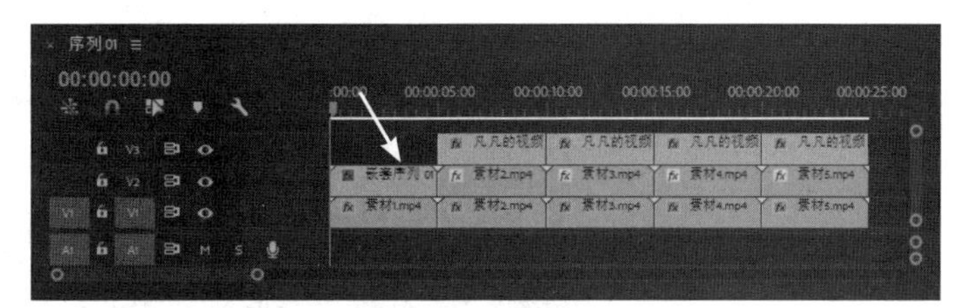

图 7-95　嵌套为新的序列

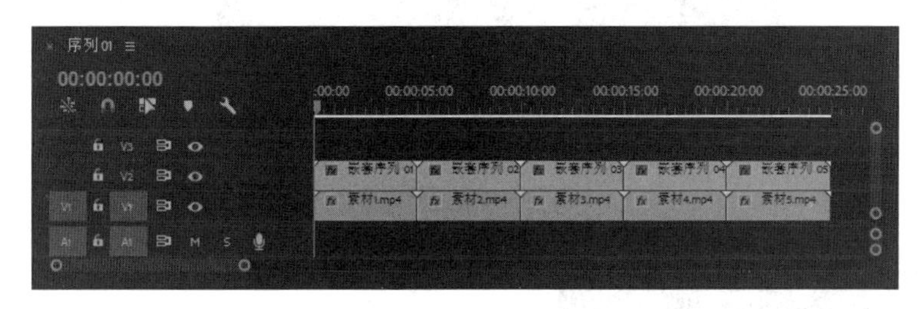

图 7-96　将 V3 轨道和 V2 轨道对应位置的素材进行嵌套

3. 制作相片的动画效果

1）制作“嵌套序列 01”从下往上旋转倾斜的运动效果。方法：在“效果”面板中搜索栏中输入“基本 3D”，如图 7-97 所示。然后将“基本 3D”视频特效拖给 V2 轨道上的“嵌套序列 01”。接着将时间滑块移动到 00:00:00:00 的位置，在“效果控件”面板中将“缩放”设置为 85.0，再单击“缩放”前面的按钮，切换为状态，从而添加一个关键帧。最后在“效果控件”面板的“基本 3D”中将“旋转”设置为 -25.0，“倾斜”设置为 -15.0，并添加一个关键帧，再将“位置”的数值设置为（960.0，1500.0），并添加一个关键帧如图 7-98 所

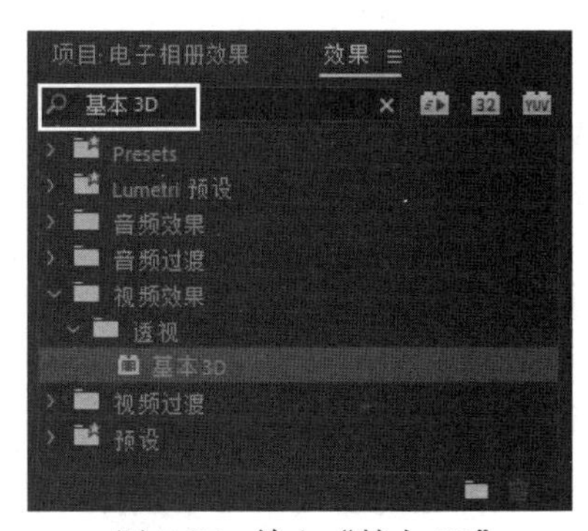

图 7-97　输入“基本 3D”

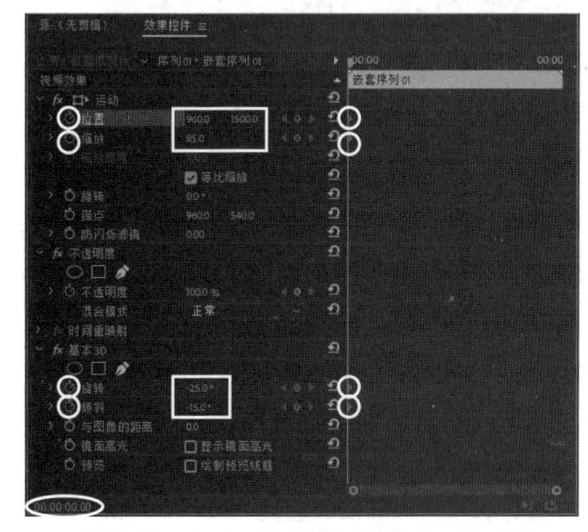

图 7-98　在 00:00:00:00 的位置，在“效果控件”面板中设置参数并添加关键帧

示，此时“嵌套序列 01”就会移动到画面下方，效果如图 7-99 所示。

2）将时间滑块移动到 00:00:04:24 的位置，在“效果控件”面板中单击“位置”和“缩放”后面的 (重置参数）按钮，重置参数。然后在“基本 3D”中将“旋转”和“倾斜”均设置为 -20.0，如图 7-100 所示，此时画面效果如图 7-101 所示。

图 7-99 “嵌套序列 01”移动到画面下方

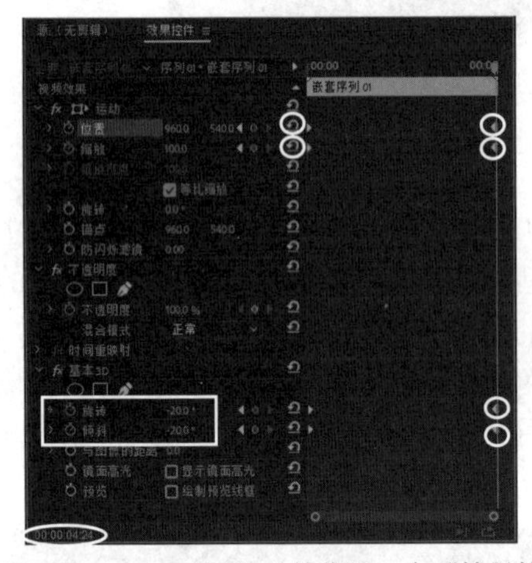

图 7-100 在 00:00:04:24 的位置，在“效果控件”面板中设置参数

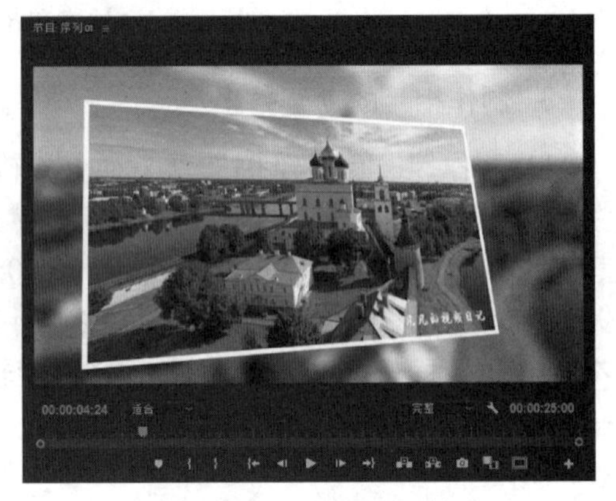

图 7-101 此时的画面效果

3）为了使“嵌套序列 01”从下往上旋转倾斜的运动过程中多些变化，接下来将时间滑块移动到 00:00:02:20 的位置，在“效果控件”面板“基本 3D”中将“旋转”设置为 5.0，“倾斜”设置为 20.0，如图 7-102 所示，此时画面效果如图 7-103 所示。

4）此时拖动时间画面，就可以看到在 00:00:00:00 ~ 00:00:04:24 之间，“嵌套序列 01”从下往上旋转倾斜的运动效果了，如图 7-104 所示。

5）制作“嵌套序列 01”的缓入缓出效果。方法：在“效果控件”面板中选择 00:00:00:00 位置的所有关键帧，单击右键，从弹出的快捷菜单中选择“临时插值 | 缓入”命令。然后选择 0:00:04:24 位置的所有关键帧，单击右键，从弹出的快捷菜单中选择“临时插值 | 缓出”命令。此时按空格键预览，就可以看到“嵌套序列 01”的缓入缓出效果了。

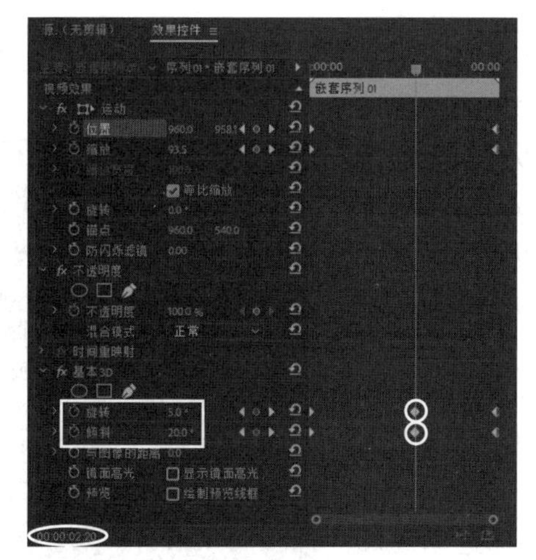

图 7-102　在 00:00:02:20 的位置，在“效果控件”面板“基本 3D”中设置参数

图 7-103　在 00:00:02:20 的画面效果

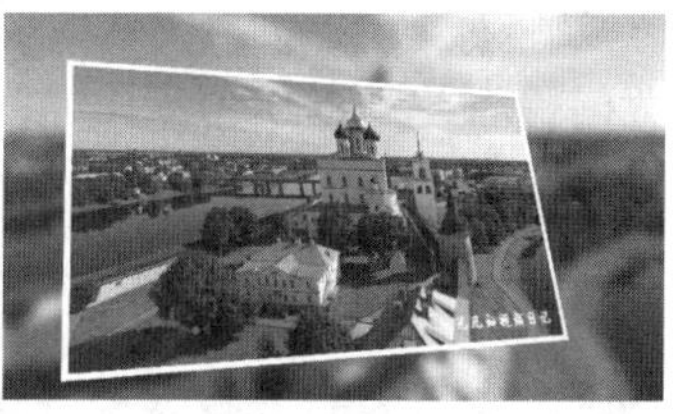

图 7-104　“嵌套序列 01”从下往上旋转倾斜的运动效果

6）制作“嵌套序列 01”在运动过程中由慢变快再变慢的效果。方法：在“效果控件”面板中展开“位置”属性，如图 7-105 所示，然后通过调整关键帧控制柄来改变曲线的形状，如图 7-106 所示。此时按空格键预览，就可以看到“嵌套序列 01”在运动过程中由慢变快再变慢的效果了。

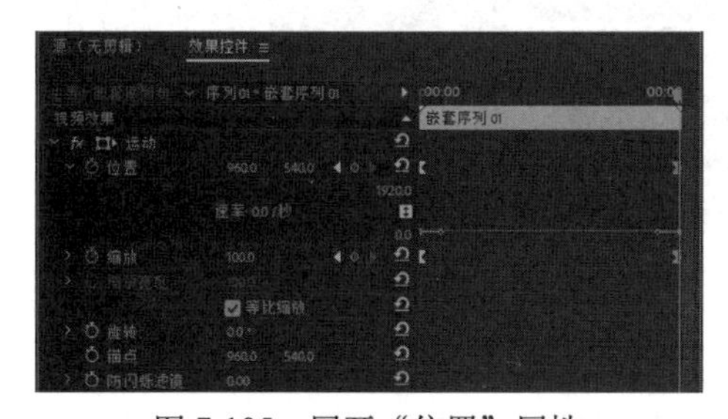

图 7-105　展开“位置”属性

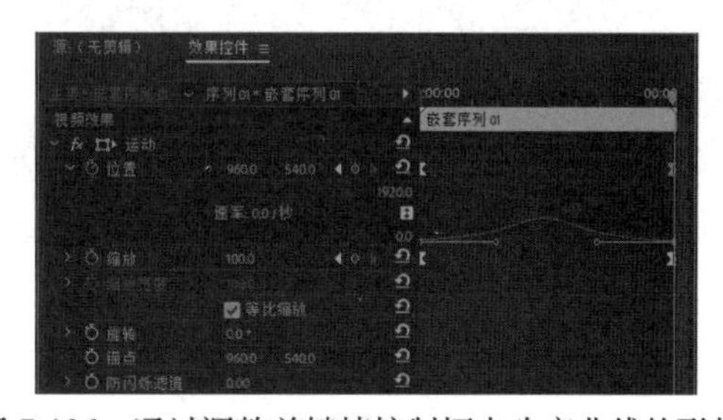

图 7-106　通过调整关键帧控制柄来改变曲线的形状

7）将“嵌套序列 01”的属性复制给其他嵌套序列。方法：右键单击 V1 轨道上的“嵌套序列 01”，从弹出的快捷菜单中选择“复制”命令，然后框选 V1 轨道上的“嵌套序列 02”～“嵌套序列 05”，从弹出的快捷菜单中选择“粘贴属性”命令，接着在弹出的图 7-107 所示的“粘贴属性”对话框中保持默认参数，单击“确定”按钮，即可将“嵌套序列 01”的属性复制给其他嵌套序列。此时按空格键进行预览，就可以看到所有的嵌套序列都产生了

同样的运动效果。

8）制作“嵌套序列 02”从上往下旋转倾斜的运动效果。方法：选择 V2 轨道上的“嵌套序列 02”，然后将时间滑块移动到 00:00:05:00 的位置，在“效果控件”面板的“基本 3D”中将“旋转”设置为 -45.0，“倾斜”设置为 15.0，再将“位置”的数值设置为（960.0，-450.0），如图 7-108 所示。接着将时间滑块移动到 00:00:09:24 的位置，在“效果控件”面板的“基本 3D”中将“旋转”设置为 20.0，如图 7-109 所示。

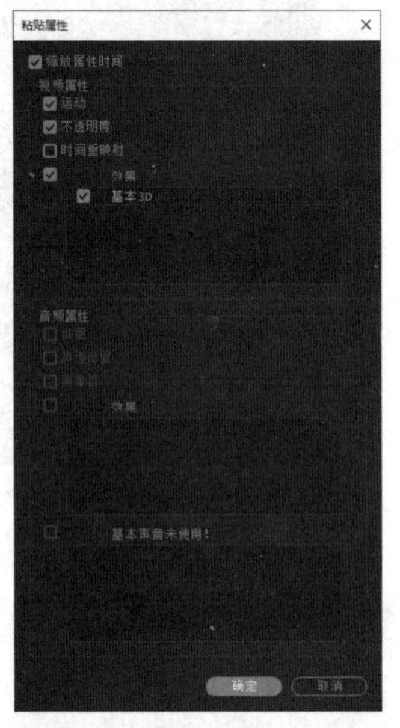

图 7-107 “粘贴属性”对话框

9）此时拖动时间画面，就可以看到在 00:00:05:00 ~ 00:00:09:24 之间，“嵌套序列 02”从上往下旋转倾斜的运动效果了，如图 7-110 所示。

10）制作“嵌套序列 04”从上往下旋转倾斜的运动效果。方法：选择 V2 轨道上的“嵌套序列 04”，然后将时间滑块移动到 00:00:15:00 的位置，在“效果控件”面板的“基本 3D”中将“旋转”设置为 -10.0，“倾斜”设置为 15.0，再将“位置”的数值设置为（2600.0，540.0），如图 7-111 所示。接着将时间滑块移动到 00:00:19:24 的位置，在“效果控件”面板的“基本 3D”中将“旋转”设置为 20.0，如图 7-112 所示。

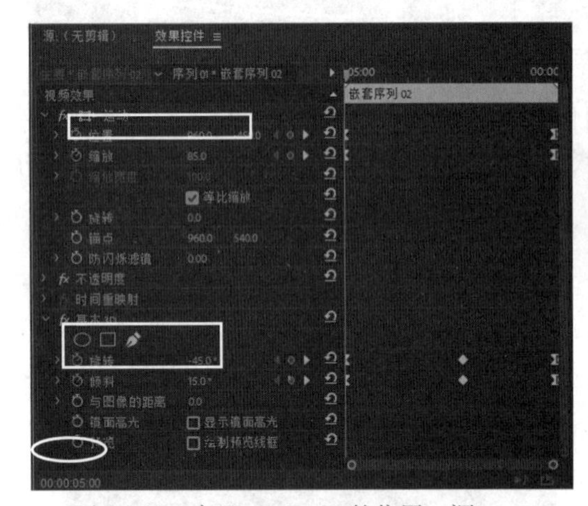

图 7-108 在 00:00:05:00 的位置，调整“基本 3D”的参数

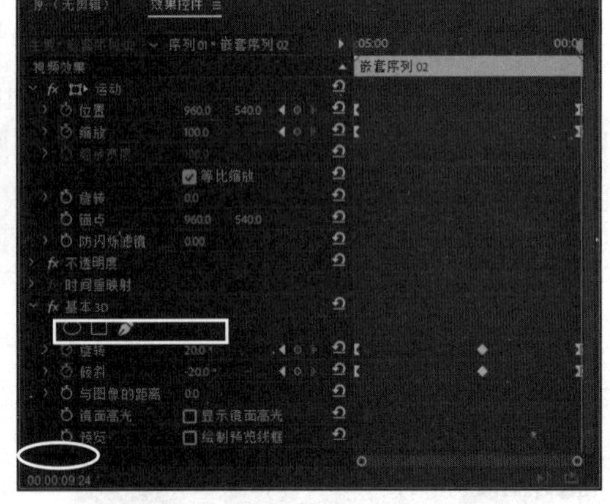

图 7-109 在 00:00:09:24 的位置，将“基本 3D”中的“旋转”设置为 20.0

图 7-110 “嵌套序列 02”从上往下旋转倾斜的运动效果

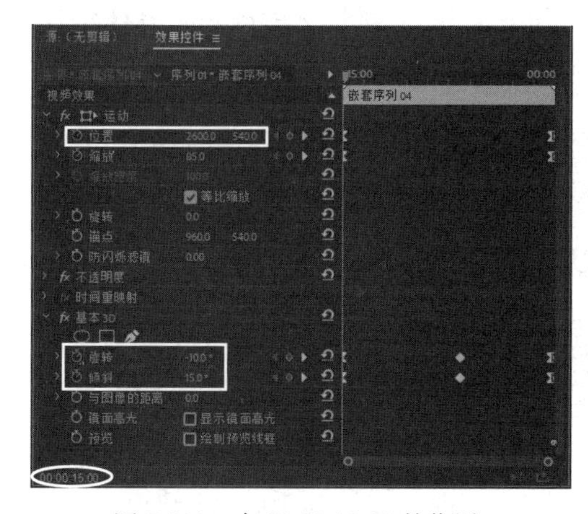

图 7-111　在 00:00:15:00 的位置，调整“基本 3D”的参数

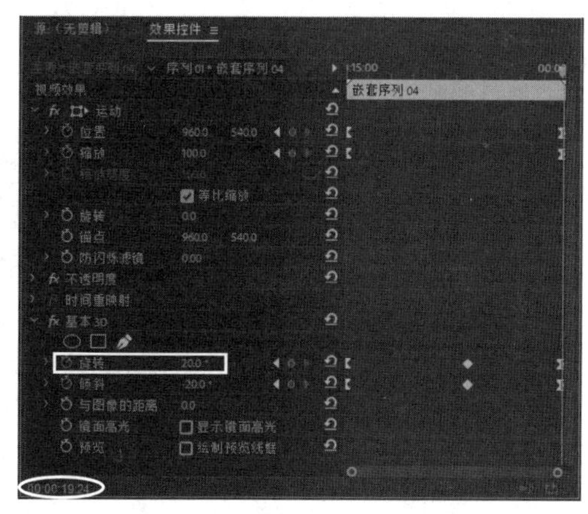

图 7-112　在 00:00:19:24 的位置，将“基本 3D”中的“旋转”设置为 20.0

11）此时拖动时间画面，就可以看到在 00:00:15:00 ～ 00:00:19:24 之间，“嵌套序列 04”从上往下旋转倾斜的运动效果了，如图 7-113 所示。

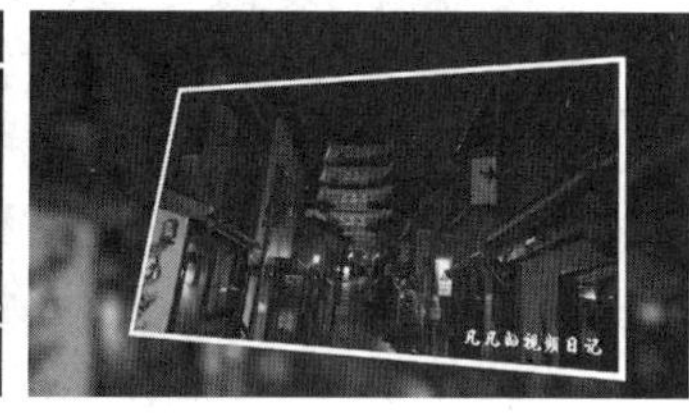

图 7-113　“嵌套序列 04”从上往下旋转倾斜的运动效果

4. 添加视频过渡和背景音乐

1）将视频过渡的默认持续时间设置为 2s。方法：执行菜单中“编辑 | 首选项 | 时间轴”命令，然后在弹出的“首选项”对话框中将“视频过渡默认持续时间”设置为 2 秒，如图 7-114 所示，单击“确定”按钮。

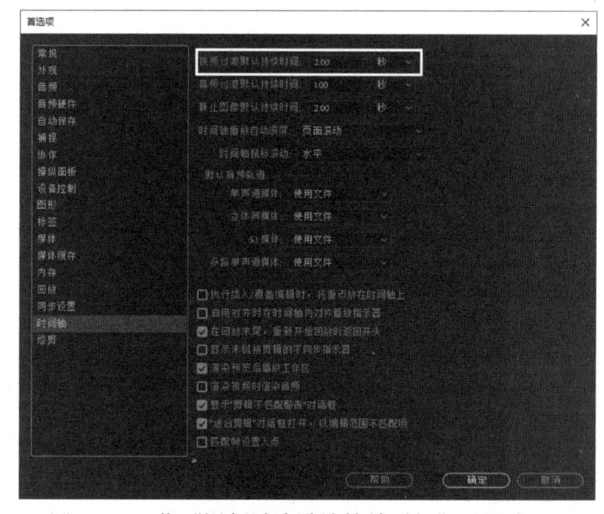

图 7-114　将“视频过渡默认持续时间”设置为 2s

2）在“时间线”面板中按快捷键〈Ctrl+A〉，选择所有的视频素材，然后按快捷键〈Ctrl+D〉，从而在所有的视频素材之间添加默认的“交叉溶解”视频过渡，如图 7-115 所示。

图 7-115　在所有的视频素材之间添加默认的“交叉溶解”视频过渡

3）将“项目”面板中的“背景音乐 18.mp3”拖入“时间线”面板的 A1 轨道，入点为 00:00:00:00，如图 7-116 所示。

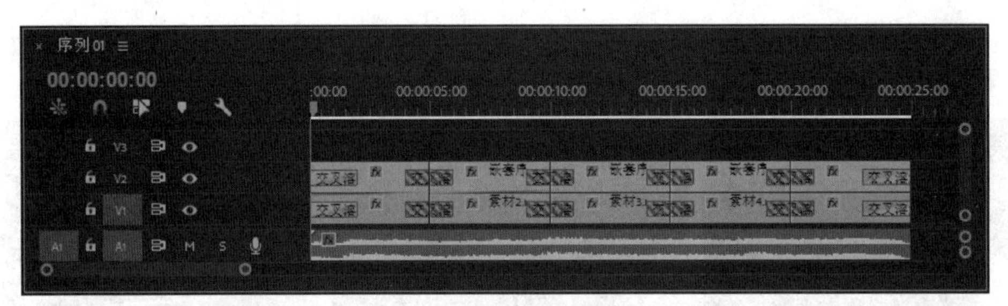

图 7-116　将“背景音乐 18.mp3”拖入“时间线”面板的 A1 轨道，入点为 00:00:00:00

4）按空格键进行预览。

5）至此，整个电子相册效果制作完毕。接下来选择“文件 | 项目管理”命令，将文件打包。然后选择“文件 | 导出 | 媒体”命令，将其输出为“电子相册效果 .mp4”文件。

7.6　制作雾化字幕效果

要点：

本例将制作一个两段视频的雾化字幕效果，如图 7-117 所示。通过本例的学习，读者应掌握在画面中添加带阴影的文字，“高斯模糊”视频特效，默认“交叉溶解”视频过渡和默认“恒定功率”音频过渡的应用。

操作步骤：

1. 制作第1段视频的雾化字幕效果

1）启动 Premiere CC 2018，然后执行菜单中的“文件 | 新建 | 项目”（快捷键是〈Ctrl+Alt+N〉）命令，新建一个名称为“雾化字幕效果”的项目文件。接着新建一个预设为“ARRI 1080p 25”的“序列 01”序列文件。

图 7-117　雾化字幕效果

2）导入素材。方法：选择“文件 | 导入”命令，导入网盘中的“源文件 \ 第 6 章　字幕的应用 \7.6　制作雾化字幕效果 \ 素材 1.mp4”“素材 2.mp4”和“背景音乐 20.mp3”文件，如图 7-118 所示。

3）将“项目”面板中的“素材 1.mp4”拖入“时间线”面板的 V1 轨道，入点为 00:00:00:00，如图 7-119 所示。

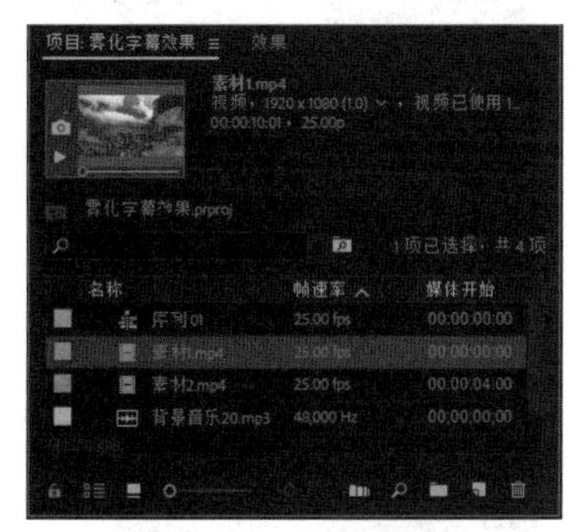

图 7-118　导入素材

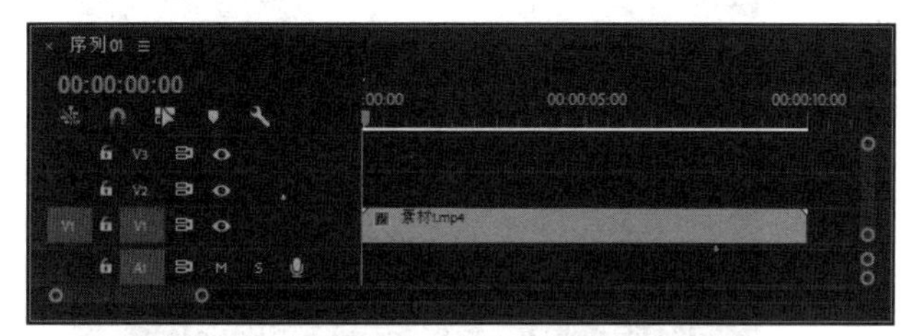

图 7-119　将“素材 1.mp4”拖入“时间线”面板的 V1 轨道，入点为 00:00:00:00

4）输入文字。方法：选择工具箱中的 （文字工具），然后在“节目”监视器中单击鼠标，输入文字“THE ALPS”，此时“时间线”面板的 V2 轨道上会自动添加一个文字素材，如图 7-120 所示。接着在右侧“基本图形”面板“编辑”选项卡中将“字体”设置为 Times New Roman，字母“T”和“A”的“字号”设置为 200，其余字母的“字号”设置为 150，再单击 （居中对齐文本）按钮，将文本居中对齐，再单击 （水平居中对齐）按钮，将文本在画面中水平居中对齐，最后勾选“投影”复选框，如图 7-121 所示，从而使文字产生投影效果，效果如图 7-122 所示。

5）将鼠标定位在字母“S”的后面，然后按〈Enter〉键切换到下一行，输入文字“阿尔卑斯山”，此时中文文字会显示为乱码，如图 7-123 所示，这是因为字体不正确的缘故。接下来框选乱码文字“阿尔卑斯山”，然后在“基本图形”面板的“编辑”选项卡中将“字体”设置为“HYZHongSongJ”，“字号”设置为 100，再单击 （垂直居中对齐）按钮，如图 7-124 所示，将文字垂直居中对齐，效果如图 7-125 所示。

6）制作文字从模糊到清晰再到模糊的效果。方法：将 V2 轨道上的文字素材设置为与 V1 轨道上的素材等长，如图 7-126 所示。然后在“效果”面板搜索栏中输入“高斯模糊”，如图 7-127 所示，再将“高斯模糊”视频特效拖给 V2 轨道上的文字素材。接着在“效果控件”面板中将时间滑块移动到 00:00:02:00 的位置，将“高斯模糊”的“模糊度”设置为 200.0，

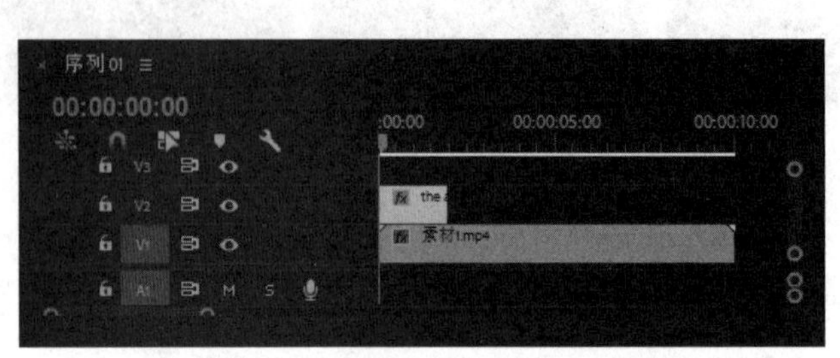

图 7-120　V2 轨道上会自动添加一个文字素材

图 7-122　文字产生投影效果

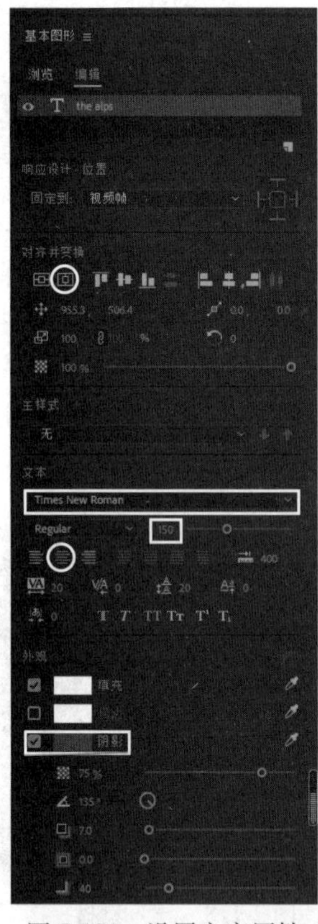

图 7-121　设置文字属性

图 7-123　中文文字显示为乱码

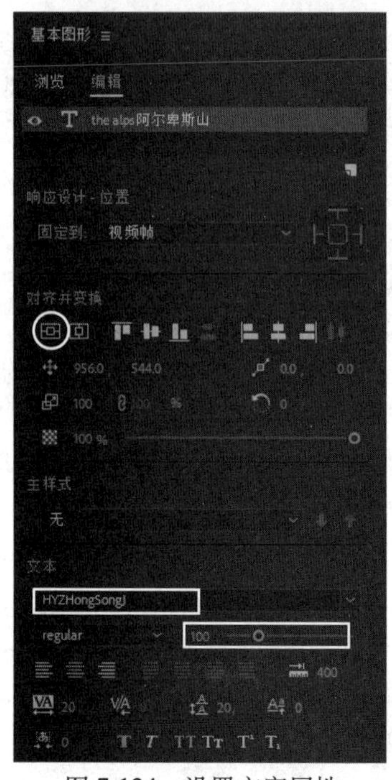

图 7-124　设置文字属性

图 7-125　设置文字属性后的效果

图 7-126　将 V2 轨道上的文字素材设置为与 V1 轨道上的素材等长

图 7-127　输入“高斯模糊”

再单击“模糊度”前面的按钮，切换为状态，从而添加一个关键帧，如图 7-128 所示。最后分别在 00:00:03:00、00:00:06:00 和 00:00:07:00 的位置，将“模糊度”的数值分别设置为 0.0、0.0、200.0，如图 7-129 所示。

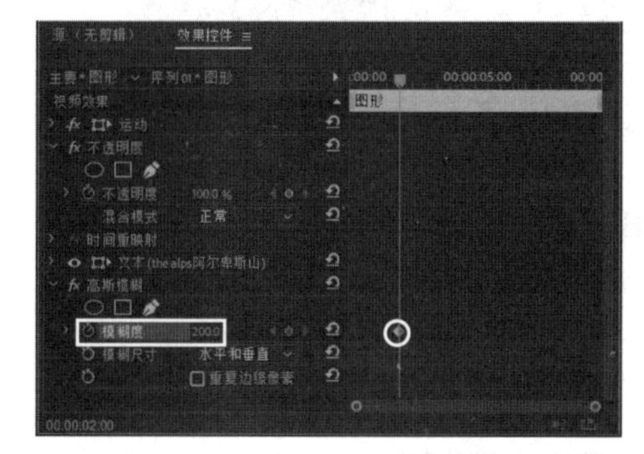

图 7-128　在 00:00:02:00 的位置，将“高斯模糊”的“模糊度”设置为 200.0，并添加一个关键帧

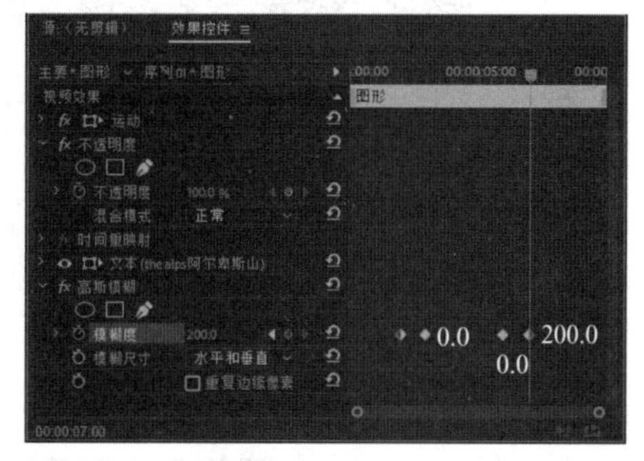

图 7-129　分别在 00:00:03:00、00:00:06:00 和 00:00:07:00 的位置调整“模糊度”的数值

7）按键盘上的空格键进行预览，就可以看到字幕从模糊到清晰再到模糊后消失的效果了，如图 7-130 所示。

图 7-130　字幕从模糊到清晰再到模糊后消失的效果

8）制作字幕淡入淡出的效果。方法：在“效果控件”面板中分别在 00:00:02:00、00:00:03:00、00:00:06:00 和 00:00:07:00 的位置添加“不透明度”关键帧，并将“不透明度”的数值分别设置为 0.0%、100.0%、100% 和 0.0%，如图 7-131 所示。接着按键盘上的空格键进行预览，就可以看到字幕的淡入淡出效果了。

2. 制作第2段视频的雾化字幕效果

1）将“项目”面板中的“素材 2.mp4”拖入“时间线”面板的 V1 轨道，并与“素材

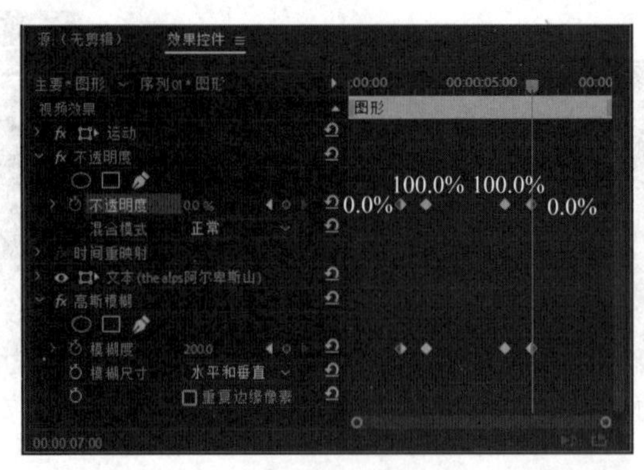

图 7-131 添加“不透明度”关键帧

1.mp4”素材首尾相接。然后按住〈Alt〉键，将 V2 轨道上的文字素材，往后复制出一个副本，并将其与前面的文字素材也首尾相接，如图 7-132 所示。

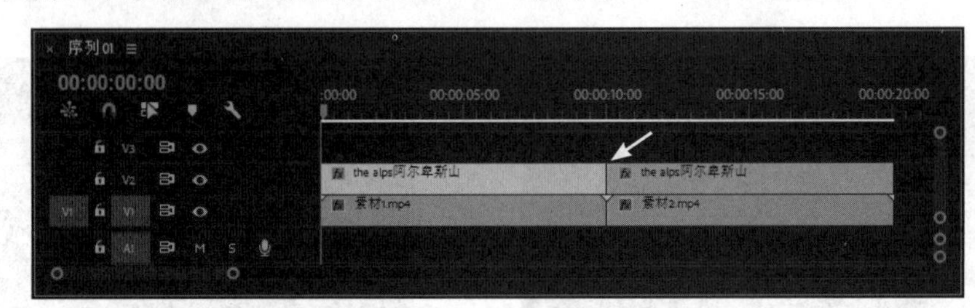

图 7-132 将“素材 2.mp4”拖入“时间线”面板，并复制文字素材

2）在“节目”监视器中修改第 2 个视频上的文字，如图 7-133 所示。

图 7-133 在“节目”监视器中修改第 2 个视频上的文字

3. 添加背景音乐和视音频过渡效果

1）将“项目”面板中的“背景音乐 20.mp3”拖入“时间线”面板的 A1 轨道，入点为 00:00:00:00，如图 7-134 所示。

2）在“时间线”面板中按快捷键〈Ctrl+A〉，从而选中所有的素材。然后按快捷键〈Shift+D〉，从而在所有视频素材的起始和结束处添加默认的“交叉溶解”视频过渡，在音频的起始和结束处添加默认的“恒定功率”音频过渡，如图 7-135 所示。

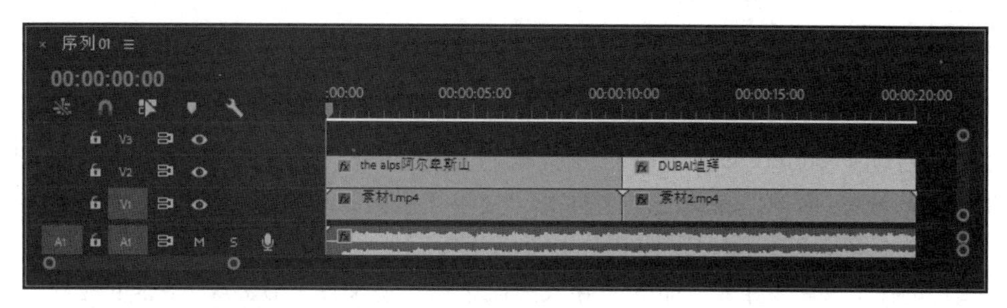

图 7-134　将“背景音乐 20.mp3”拖入 A1 轨道，入点为 00:00:00:00

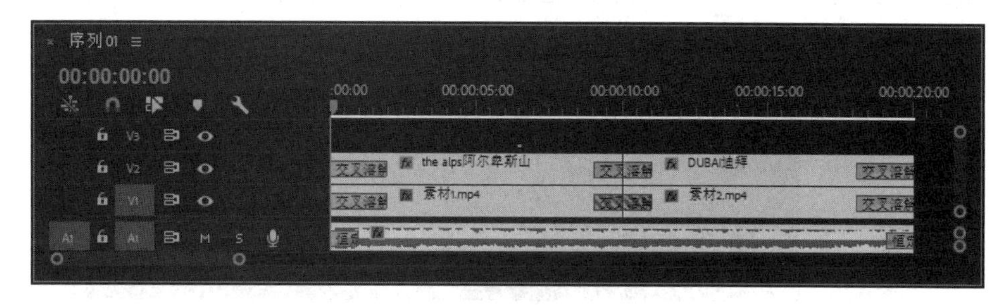

图 7-135　添加视频、音频过渡效果

3）按空格键进行预览。

4）至此，整个雾化字幕效果制作完毕。接下来选择“文件 | 项目管理”命令，将文件打包。然后选择“文件 | 导出 | 媒体”命令，将其输出为“雾化字幕效果 .mp4”文件。

7.7　制作文字飞散效果

要点：

本例将制作两段文字由飞散状态逐渐组成文字，然后再飞散的效果，如图 7-136 所示。通过本例的学习，读者应掌握利用 T（文字工具）添加文字、“紊乱置换”视频特效和“交叉溶解”视频过渡的应用。

图 7-136　文字飞散效果

操作步骤：

1. 制作第1段文字由飞散状态逐渐组成文字，然后再飞散的效果

1）启动 Premiere CC 2018，然后执行菜单中的“文件 | 新建 | 项目”（快捷键是〈Ctrl+Alt+N〉）命令，新建一个名称为“文字飞散效果”的项目文件。接着新建一个预设为“ARRI 1080p 25”的“序列 01”序列文件。

2）选择“文件 | 导入”命令，导入网盘中的“源文件 \ 第 7 章 字幕的应用 \7.7 制作文字飞散效果 \ 素材 .mp4”，然后将“项目”面板中的“素材 .mp4”拖入“时间线”面板的 V1 轨道，入点为 00:00:00:00，接着按键盘上的〈\〉键，将素材在时间线中最大化显示，如图 7-137 所示。

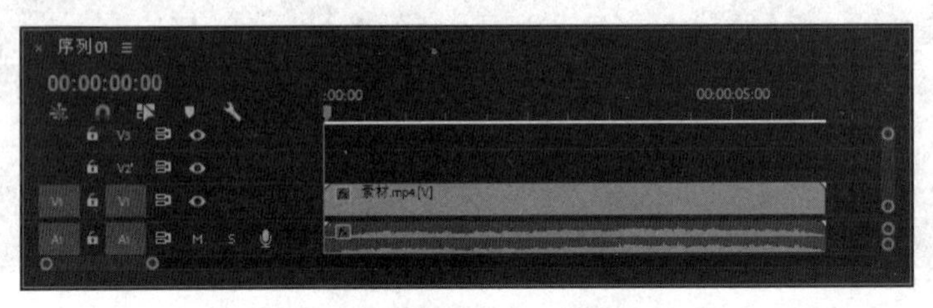

图 7-137　将素材在时间线中最大化显示

3）打开网盘中的“源文件 \ 第 7 章 字幕的应用 \7.7 制作文字飞散效果 \ 文字 .txt”，然后选中第 1 段文字，如图 7-138 所示，按快捷键〈Ctrl+C〉进行复制，接着回到 Premiere CC 2018 中，利用工具箱中的▣（文字工具）在“节目”监视器中单击鼠标，再按快捷键〈Ctrl+V〉粘贴文字，效果如图 7-139 所示。

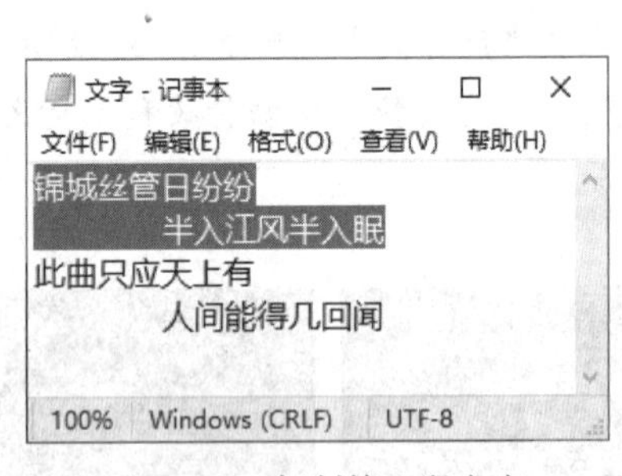

图 7-138　复制第 1 段文字

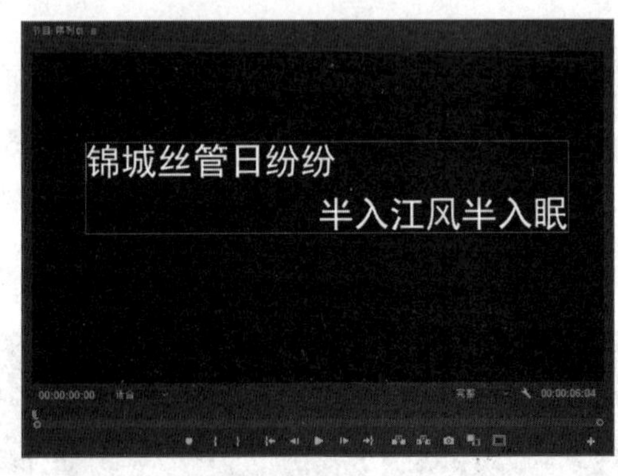

图 7-139　粘贴文字

4）切换到“图形”界面，然后在右侧“基本图形”面板的“编辑”选项卡中将“字体”设置为 HYXueJunJ，“字号”设置为 120，激活▣（左对齐文本）按钮，接着勾选“阴影”复选框，并将阴影颜色设置为紫色（RGB（255，255，255））。最后单击▣（垂直居中对齐）和▣（水平居中对齐）按钮，如图 7-140 所示，效果如图 7-141 所示。

5）将第 1 段文字素材的持续时间设置为 3s。方法：右键单击“时间线”面板 V2 轨道

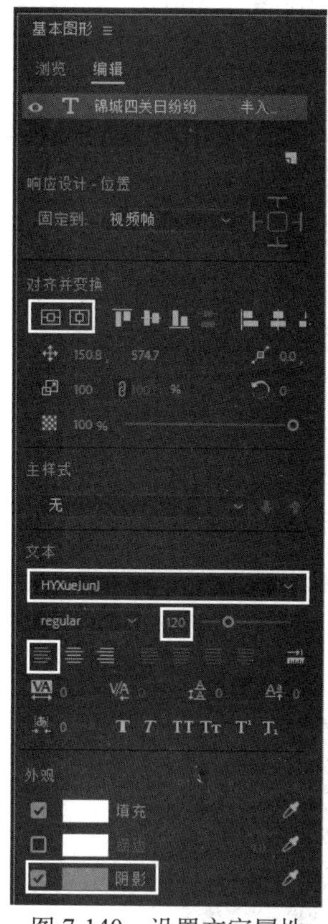

图 7-140　设置文字属性

图 7-141　设置文字属性后的效果

上的文字素材，然后在弹出的快捷菜单中选择“速度 / 持续时间”命令，接着在弹出的“剪辑速度 / 持续时间”对话框中将“持续时间”设置为 00:00:03:00，如图 7-142 所示，单击“确定”按钮，此时“时间线”面板如图 7-143 所示。

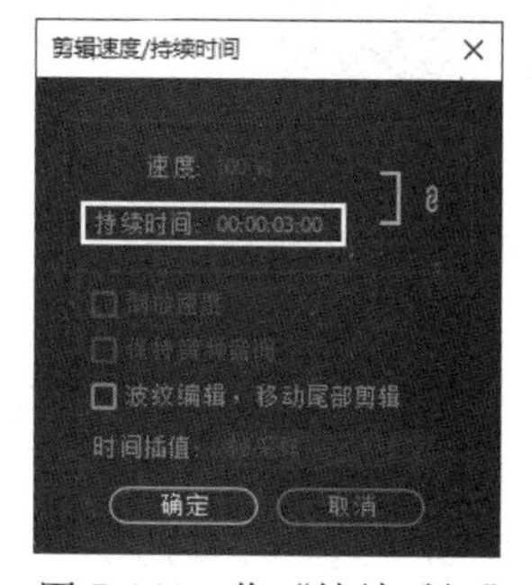

图 7-142　将“持续时间”设置为 00:00:03:00

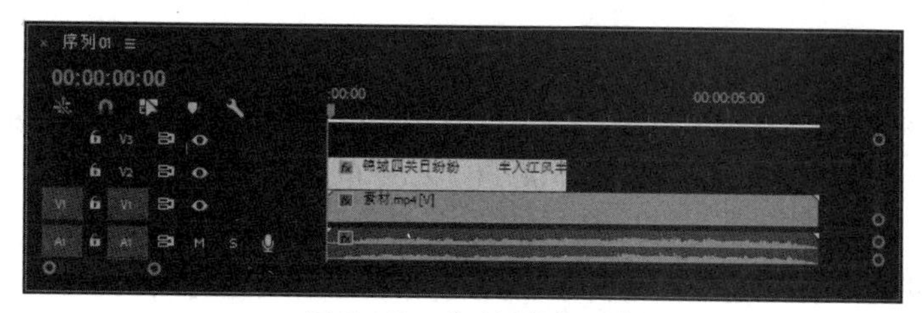

图 7-143　“时间线”面板

6）切换到原来的界面，然后在“效果”面板搜索栏中输入“紊乱置换”，如图 7-144 所示，再将“紊乱置换”视频特效拖给 V2 轨道上的文字素材。接着将时间滑块移动到 00:00:00:05 的位置，在“效果控件”面板“紊乱置换”中将“数量”的数值设置为 4500.0，并记录一个关键帧。最后将“大小”设置为 170.0,“复杂度”设置为 10.0,“演化”设置为 100.0°,如图 7-145 所示，此时文字就变为了飞散状态，效果如图 7-146 所示。

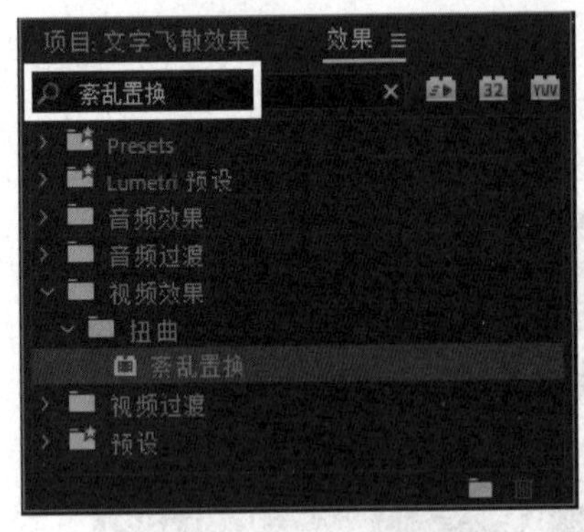

图 7-144　输入“紊乱置换”

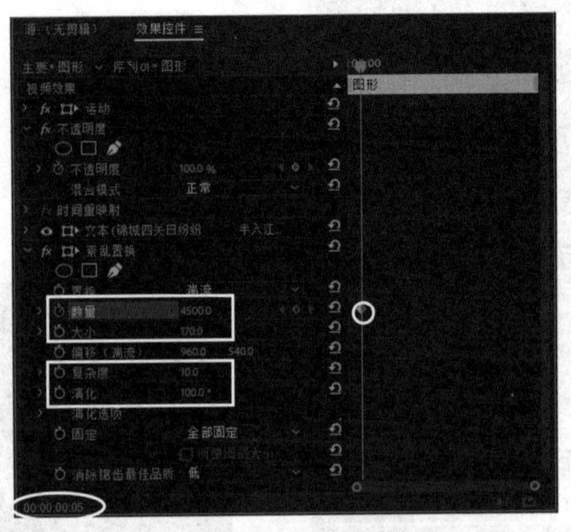

图 7-145　在 00:00:00:05 的位置设置“紊乱置换”的参数

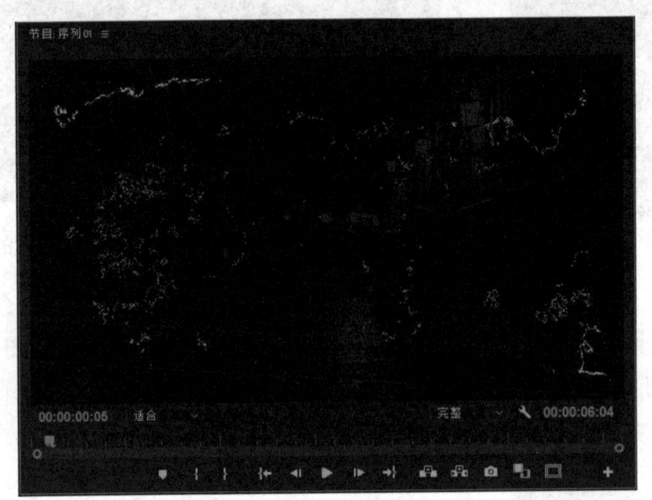

图 7-146　在 00:00:00:05 的位置设置“紊乱置换”的参数后的效果

7）将时间滑块移动到 00:00:00:20 的位置,在“效果控件”面板“紊乱置换”中将“数量”的数值设置为 0.0,如图 7-147 所示,此时文字就恢复到正常显示状态了,效果如图 7-148 所示。

8）将时间滑块移动到 00:00:02:09 的位置，在“效果控件”面板“紊乱置换”中记录一个“数量”的关键帧。然后将时间滑块移动到 00:00:02:24 的位置，将“数量”的数值设置为 4500.0，如图 7-149 所示，此时文字又呈现出飞散状态，效果如图 7-150 所示。

9）制作文字飞散后逐渐淡出的效果。方法：在“效果控件”面板中将时间滑块移动到 00:00:02:09 的位置，然后记录一个“不透明度”关键帧，接着将时间滑块移动到 00:00:02:24 的位置，将“不透明度”的数值设置为 0.0%，如图 7-151 所示。此时拖动时间滑块就可以看到在 00:00:02:09 ~ 00:00:02:24 之间文字飞散后逐渐淡出的效果了，如图 7-152 所示。

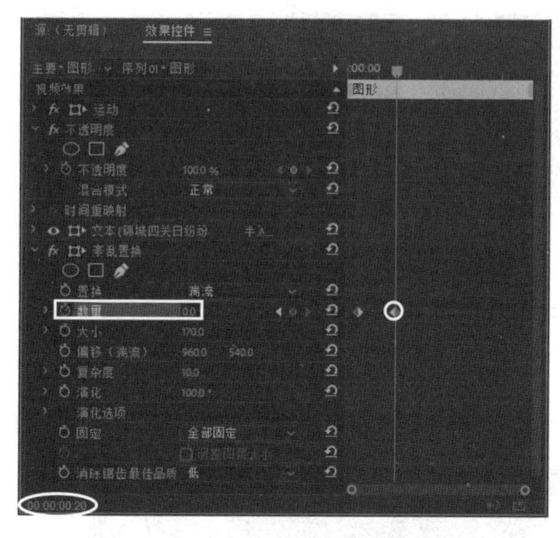

图 7-147　在 00:00:00:20 的位置将“数量”的数值设置为 0.0

图 7-148　文字恢复到正常显示状态

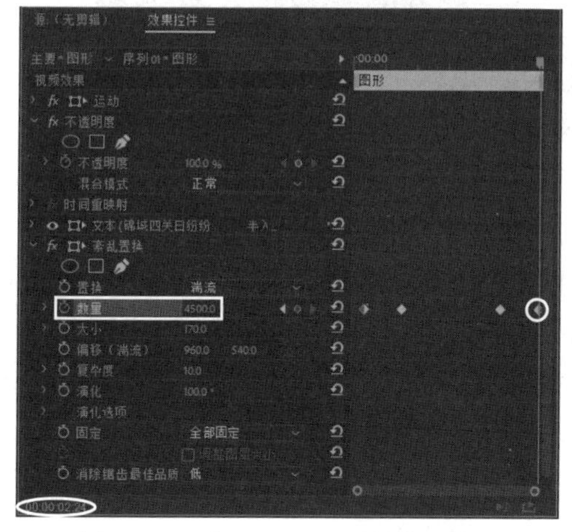

图 7-149　在 00:00:02:24 的位置将“数量”的数值设置为 4500.0

图 7-150　文字又呈现出飞散状态

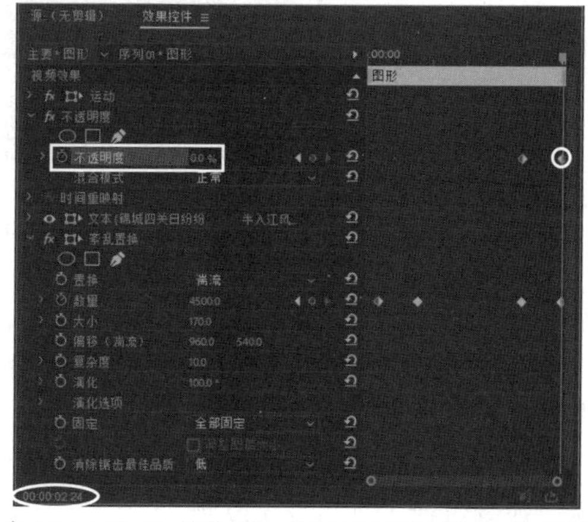

图 7-151　在 00:00:02:24 的位置，将“不透明度”的数值设置为 0.0%

图 7-152　文字飞散后逐渐淡出的效果

2. 制作第2段文字由飞散状态逐渐组成文字，然后再飞散的效果

1）将时间滑块移动到 00:00:03:00 的位置，然后按住〈Alt〉键，将 V2 轨道上的文字素材往后复制一个副本，并将文字素材副本的出点设置为与 V1 轨道的素材一致，如图 7-153 所示。

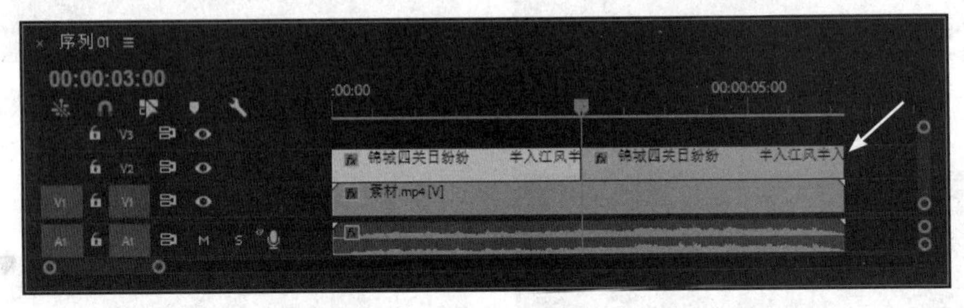

图 7-153　将文字素材副本的出点设置为与 V1 轨道的素材一致

2）打开网盘中的“源文件 \ 第 7 章　字幕的应用 \7.7　制作文字飞散效果 \ 文字 .txt”，然后选中第 2 段文字，如图 7-154 所示，按快捷键〈Ctrl+C〉进行复制，接着回到 Premiere CC 2018 中，选择 V2 轨道上复制后的文字素材，再将时间滑块移动到 00:00:04:15 的位置，如图 7-155 所示，利用工具箱中的 T（文字工具）在“节目”监视器中框选所有文字，如图 7-156 所示，最后按快捷键〈Ctrl+V〉粘贴文字，效果如图 7-157 所示。

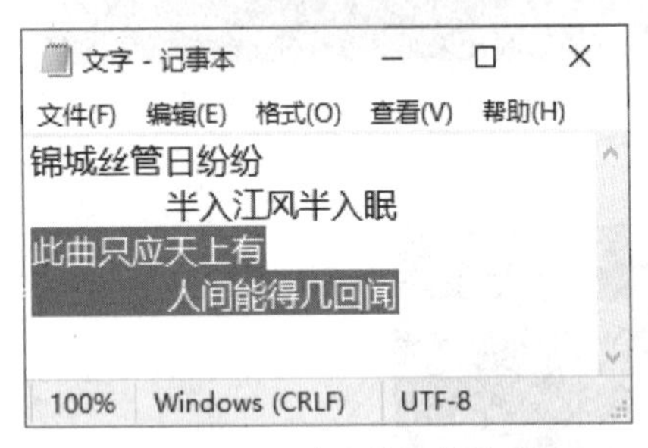

图 7-154　选中第 2 段文字

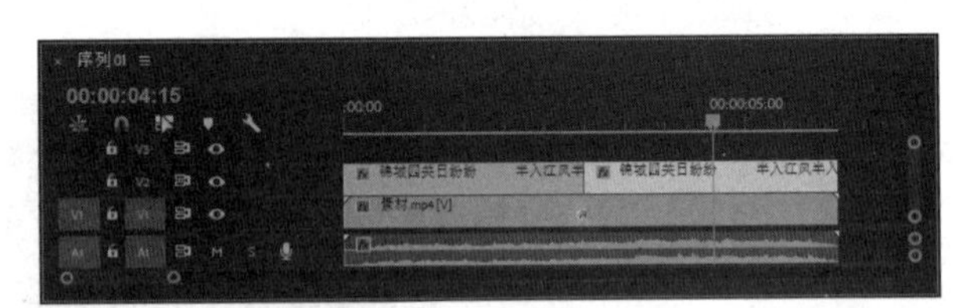

图 7-155　选择复制后的文字素材，将时间滑块移动到 00:00:04:15 的位置

3. 制作第1段文字淡入和第2段文字淡出的效果

1）选择 V2 轨道上复制后的文字素材，按快捷键〈Ctrl+D〉，从而在结尾位置添加一个默认的“交叉溶解”视频过渡，如图 7-158 所示。

2）同理，选择 V2 轨道上前面的文字素材，按快捷键〈Ctrl+D〉，从而在开始位置添加一个默认的“交叉溶解”视频过渡，如图 7-159 所示。

图 7-156　框选所有文字

图 7-157　粘贴文字

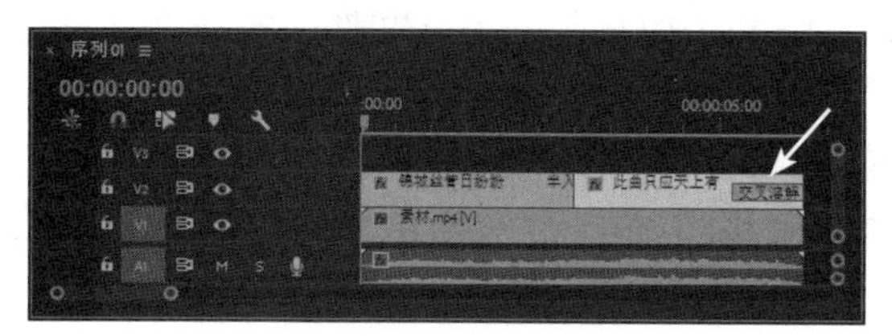

图 7-158　在结尾位置添加一个默认的“交叉溶解”视频过渡

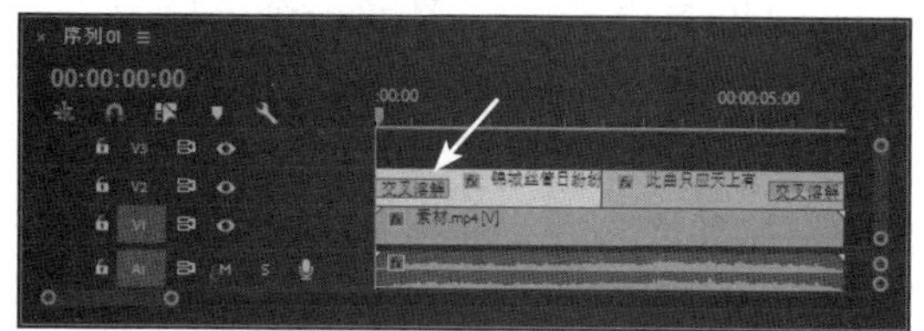

图 7-159　在开始位置添加一个默认的“交叉溶解”视频过渡

3）此时“时间线”面板上方会显示一条红线，表示此时按空格键预览会出现明显的卡顿。为了能够看到实时预览的效果，接下来执行菜单中的“序列 | 渲染入点到出点的效果”命令，从而渲染入点到出点，当渲染完成后就可以看到实时播放效果了。此时“时间线”面板上方的红线会变为绿线，如图 7-160 所示。

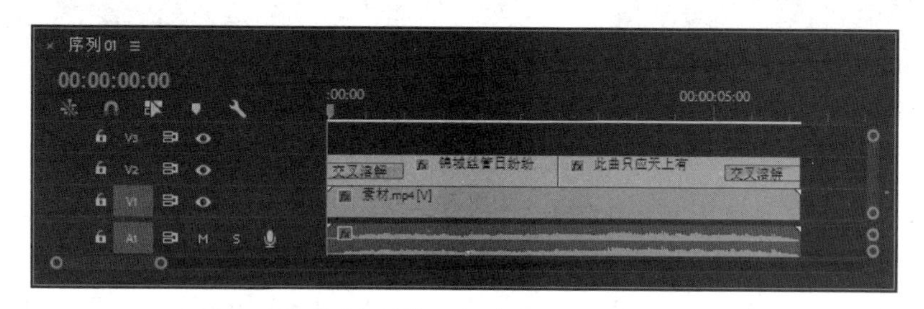

图 7-160　“时间线”面板上方的红线会变为绿线

4）至此，整个文字飞散效果制作完毕。接下来选择“文件 | 项目管理”命令，将文件打包。然后选择“文件 | 导出 | 媒体”命令，将其输出为“文字飞散效果 .mp4”文件。

7.8　制作动态彩虹文字效果

要点：

本例将制作一个动态彩虹文字效果，如图 7-161 所示。通过本例的学习，读者应掌握在旧版标题中添加文字和矩形、蒙版和“四色渐变”视频特效的应用。

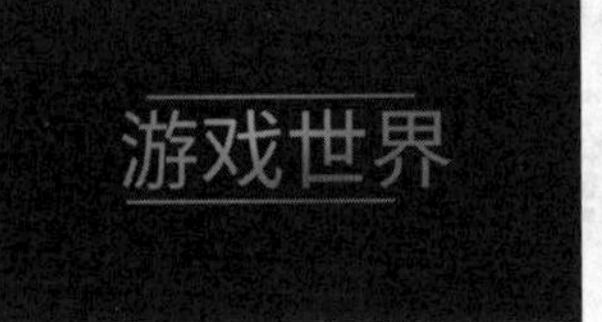

图 7-161　动态彩虹文字效果

操作步骤：

1. 制作带有白色边框的文字

1）启动 Premiere CC 2018，然后执行菜单中的“文件 | 新建 | 项目”（快捷键是〈Ctrl+Alt+N〉）命令，新建一个名称为“动态彩虹文字效果”的项目文件。接着新建一个预设为“ARRI 1080p 25”的“序列 01”序列文件。

2）执行菜单中的“文件 | 新建 | 旧版标题”命令，然后在弹出的“新建字幕”对话框中保持默认参数，如图 7-162 所示，单击“确定”按钮，进入“字幕 01”的字幕设计窗口，如图 7-163 所示。

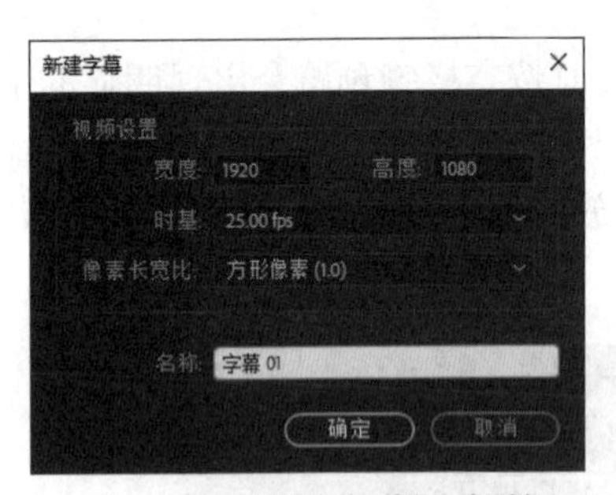

图 7-162　“新建字幕”对话框

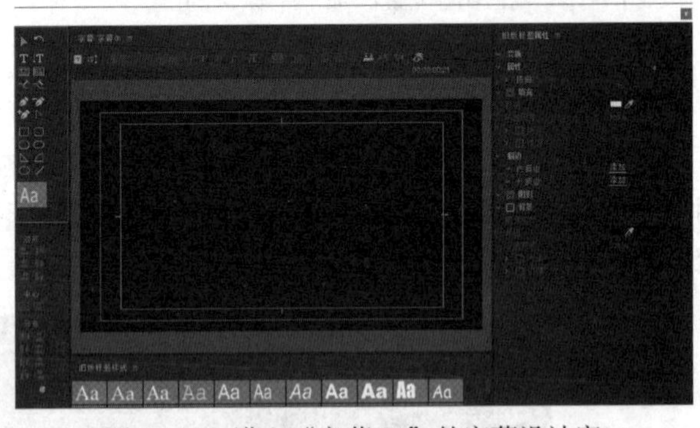

图 7-163　进入“字幕 01”的字幕设计窗口

3）选择“字幕工具”面板中的 T（文字工具），然后在“字幕面板”编辑窗口单击鼠标输入文字“游戏世界”，接着在右侧“字幕属性”面板中设置“字体系列”为“思源黑体旧字形”，“字体大小”为 100.0，再单击（垂直居中对齐）和（水平居中对齐）按钮，将文本居中对齐，如图 7-164 所示。

4）单击字幕设计窗口右上角的按钮，关闭字幕设计窗口，然后将“项目”面板中的“字幕 01”拖入“时间线”面板的 V1 轨道，入点为 00:00:00:00。

5）将“字幕 01”的持续时间设置为 4s。方法：右键单击“时间线”面板 V1 轨道上的“字幕 01”素材，然后在弹出的快捷菜单中选择“速度 / 持续时间”命令，接着在弹出的“剪辑速度 / 持续时间”对话框中将“持续时间”设置为 00:00:04:00，如图 7-165 所示，单击“确定”按钮，此时“时间线”面板如图 7-166 所示。

6）执行菜单中的“文件 | 新建 | 旧版标题”命令，然后在弹出的“新建字幕”对话框中保持默认参数，单击“确定”按钮，进入“字幕 02”的字幕设计窗口。接着选择“字

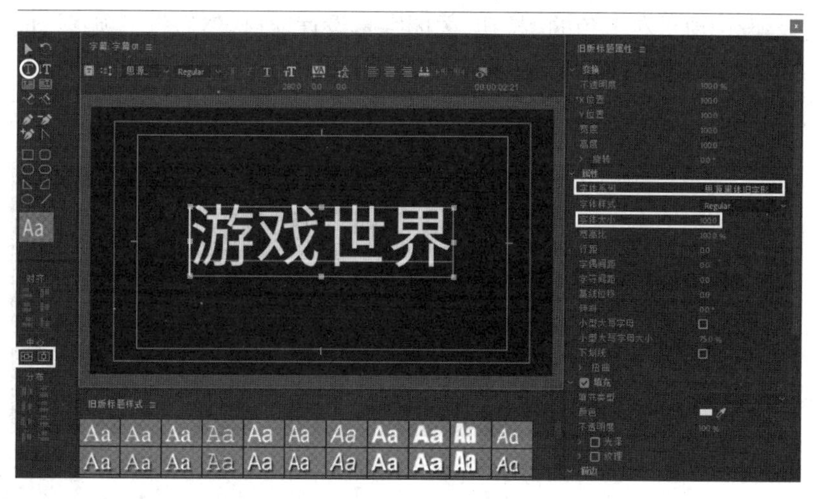

图 7-164　输入文字并设置文字属性

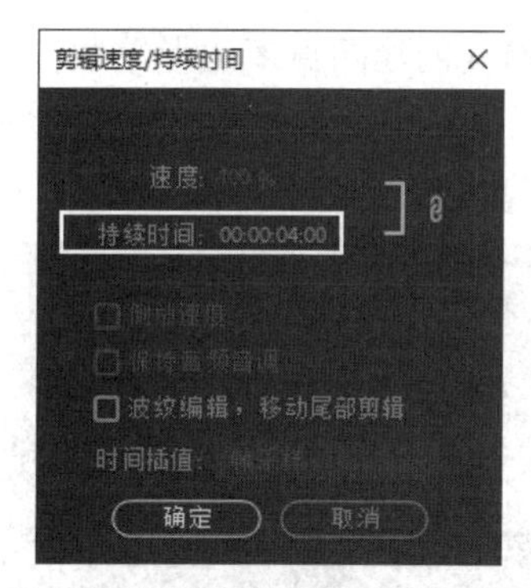

图 7-165　将“持续时间”设置为 00:00:04:00

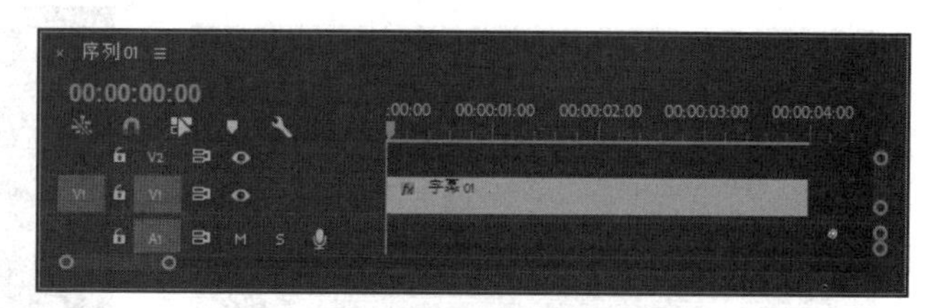

图 7-166　“时间线”面板

幕工具”面板中的（矩形工具），在“字幕面板”编辑窗口中绘制一个矩形，再在右侧“字幕属性”面板中取消勾选“填充”复选框，再单击“内描边”右侧的“添加”按钮，将内描边的“大小”设置为 10.0，“颜色”设置为白色，如图 7-167 所示。

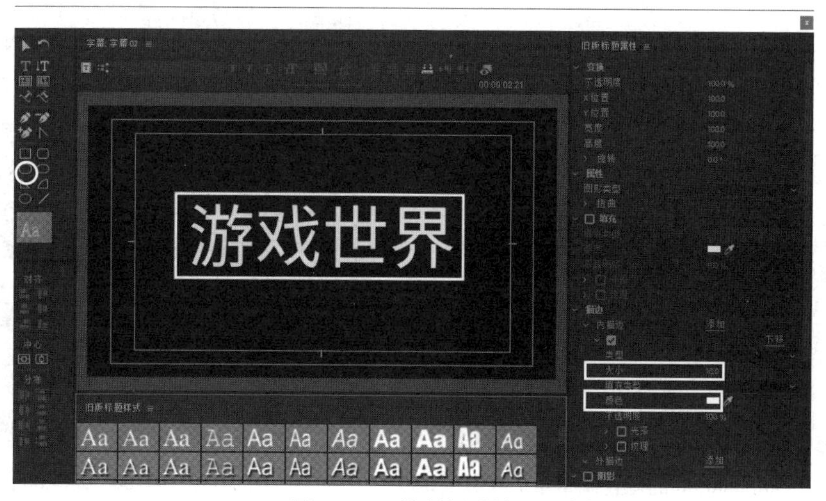

图 7-167　绘制矩形并设置参数

7）单击字幕设计窗口右上角的■按钮，关闭字幕设计窗口，然后将“项目”面板中的“字幕 02”拖入“时间线”面板的 V1 轨道，并将其长度设置为与 V1 轨道上的“字幕 01”素材等长，如图 7-168 所示。

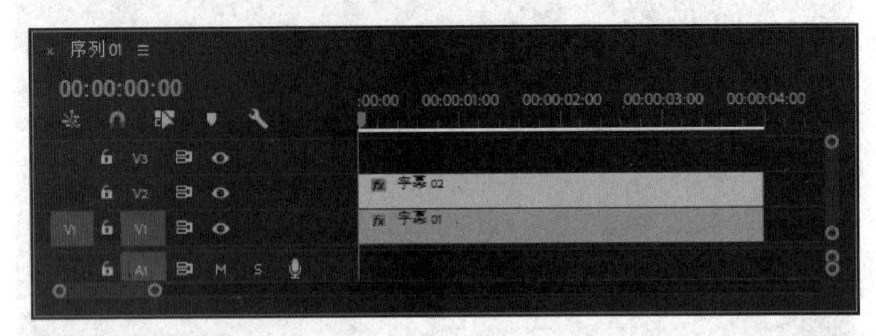

图 7-168　将“字幕 02”素材的长度设置为与 V1 轨道上的“字幕 01”素材等长

2. 制作白色边框的显现动画

1）在“效果控件”面板中展开“不透明度”，然后单击■（创建四点多边形蒙版）工具，此时会出现一个“蒙版 1”，如图 7-169 所示，在“节目”监视器中会显示出一个矩形蒙版，如图 7-170 所示。

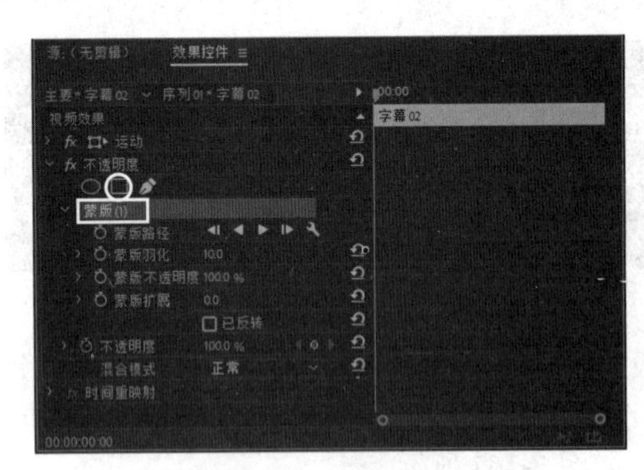

图 7-169　“效果控件”面板

图 7-170　在“节目”监视器中会显示出一个矩形蒙版

2）将时间滑块移动到 00:00:00:00 的位置，然后在“节目”监视器中调整矩形蒙版的形状，如图 7-171 所示，并记录一个“蒙版路径”的关键帧，如图 7-172 所示。接着将时间滑

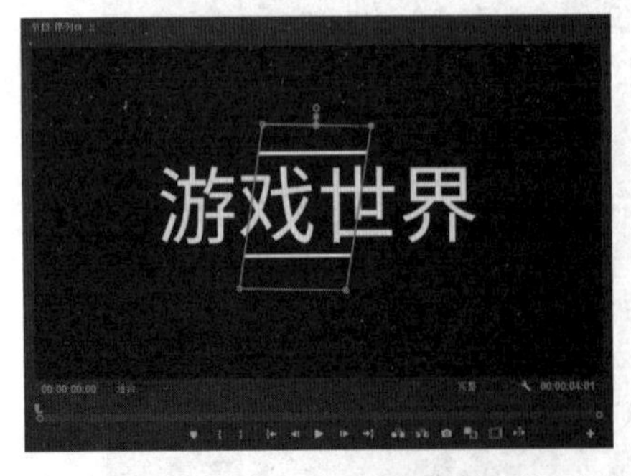

图 7-171　在 00:00:00:00 的位置调整矩形蒙版的形状

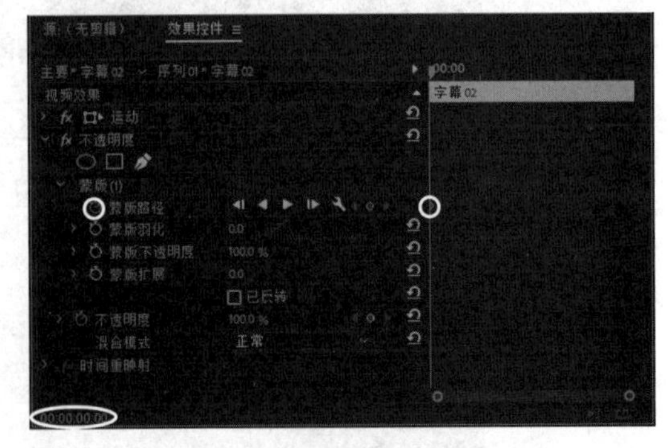

图 7-172　在 00:00:00:00 的位置记录一个“蒙版路径”的关键帧

块移动到 00:00:01:00 的位置，再在“节目”监视器中调整矩形蒙版的形状，如图 7-173 所示，此时会自动添加一个“蒙版路径”的关键帧，如图 7-174 所示。

图 7-173　在 00:00:01:00 的位置调整矩形蒙版的形状

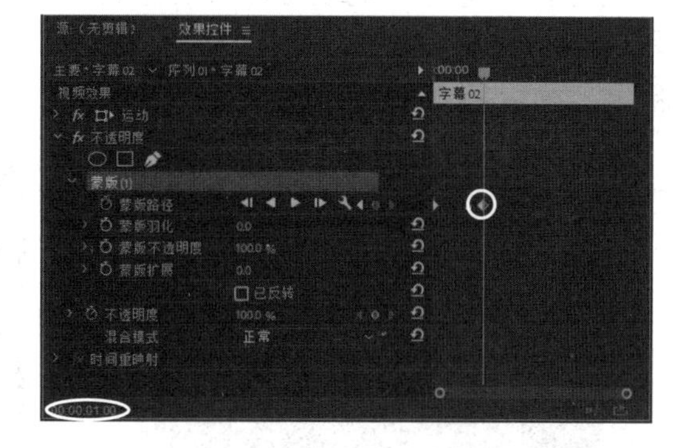

图 7-174　在 00:00:01:00 的位置添加一个“蒙版路径”的关键帧

3）在“效果控件”面板中框选“蒙版路径”的两个关键帧，单击右键，从弹出的快捷菜单中选择“复制”命令。然后将时间滑块移动到 00:00:02:00 的位置，单击右键，从弹出的快捷菜单中选择“粘贴”命令，此时“效果控件”面板的“蒙版路径”的关键帧分布如图 7-175 所示。

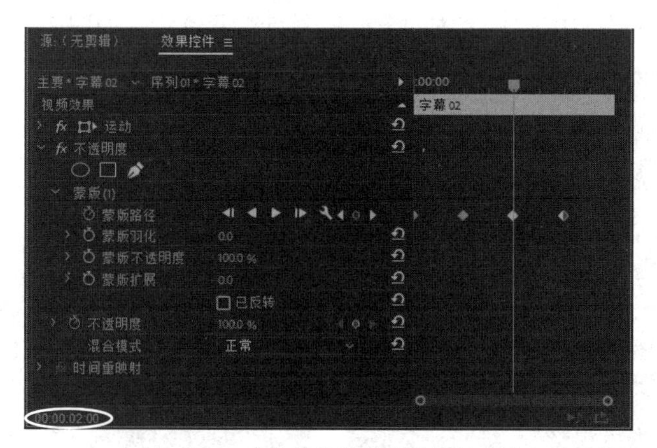

图 7-175　“蒙版路径”的关键帧分布

4）按空格键进行预览，就可以看到白色边框从局部显现到完全显现的两次循环效果了，如图 7-176 所示。

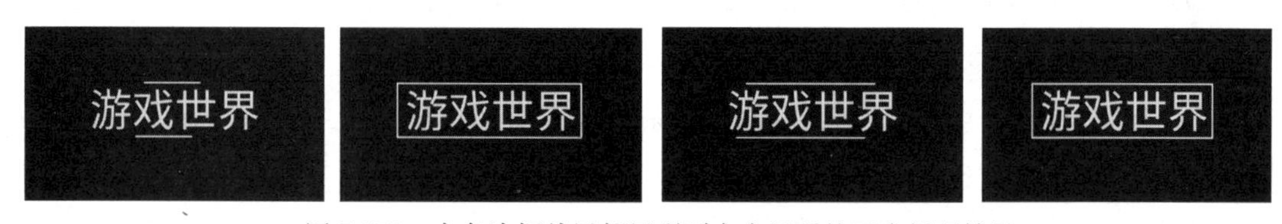

图 7-176　白色边框从局部显现到完全显现的两次循环效果

3. 制作边框和文字的动态彩虹效果

1）在“效果”面板搜索栏中输入“四色渐变”，如图 7-177 所示，再将“四色渐变”视频特效拖给 V2 轨道上的素材，此时“节目”监视器中的边框就会呈现出彩虹效果，如图 7-178 所示。

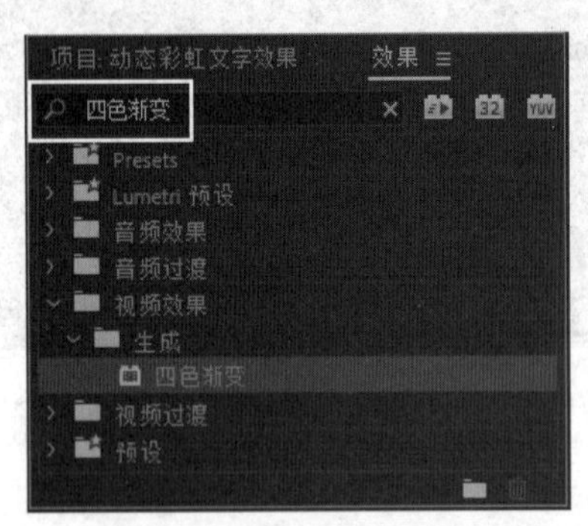

图 7-177 输入“四色渐变”

图 7-178 边框就会呈现出彩虹效果

2）将时间滑块移动到 00:00:00:00 的位置，在“效果控件”面板“四色渐变”中记录“点 1”“点 2”“点 3”和“点 4”的关键帧，如图 7-179 所示，此时画面中会出现四个渐变控制点，如图 7-180 所示。然后将时间滑块移动到 00:00:01:00 的位置，将左上方和右下方的渐变控制点对调位置，将左下方和右上方的渐变控制点对调位置，如图 7-181 所示。

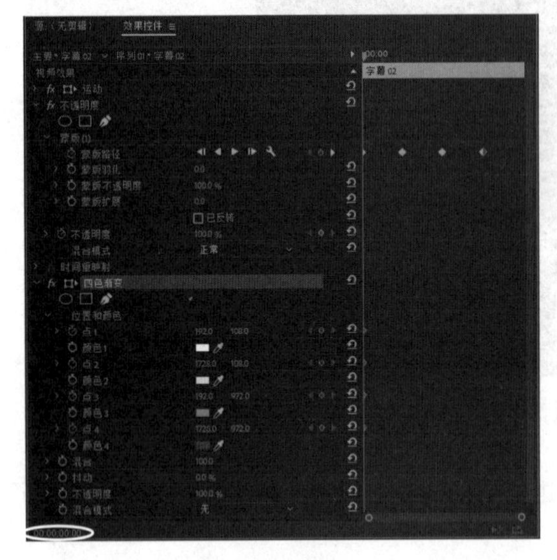

图 7-179 在 00:00:00:00 的位置记录“四色渐变”的“点 1”“点 2”“点 3”和“点 4”的关键帧

图 7-180 画面中会出现四个渐变控制点

3）在“效果控件”面板中框选“四色渐变”的所有关键帧，单击右键，从弹出的快捷菜单中选择“复制”命令。然后将时间滑块移动到 00:00:02:00 的位置，单击右键，从弹出的快捷菜单中选择“粘贴”命令，此时“效果控件”面板的“四色渐变”的关键帧分布如图 7-182

图 7-181　在 00:00:01:00 的位置对调渐变控制点的位置

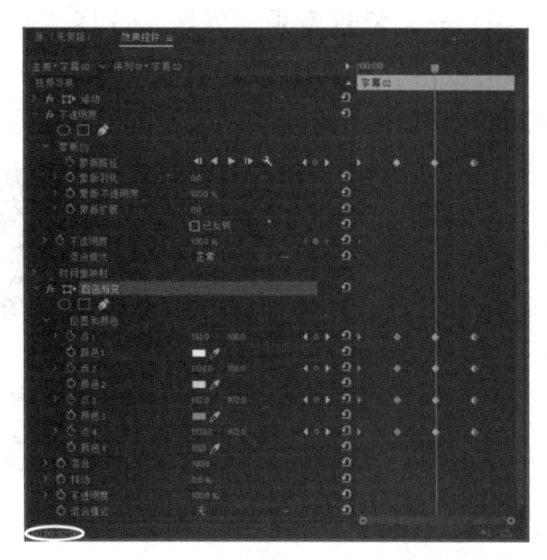

图 7-182　“四色渐变”的关键帧分布

所示。

4）按空格键进行预览，就可以看到动态彩虹边框从局部显现到完全显现的两次循环效果了，如图 7-183 所示。

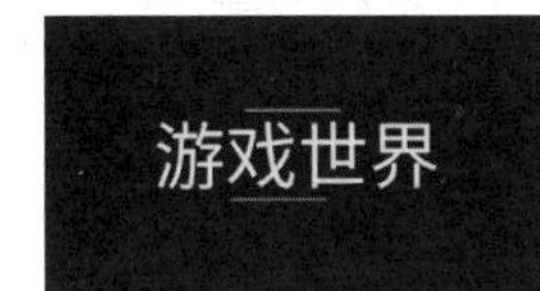

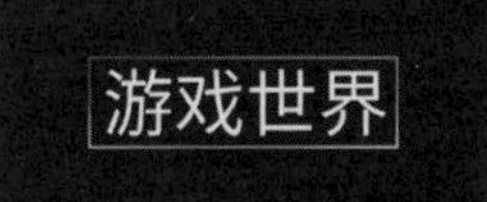

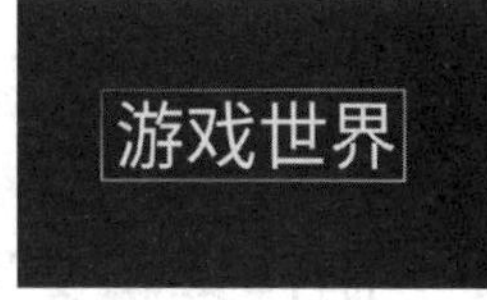

图 7-183　动态彩虹边框从局部显现到完全显现的两次循环效果

5）将动态彩虹边框效果复制给文字。方法：在“效果控件”面板中右键单击“四色彩虹”，从弹出的快捷菜单中选择“复制”命令，然后选择 V1 轨道上的“字幕 01”素材，再在“效果控件”面板中单击右键，从弹出的快捷菜单中选择“粘贴”命令，即可将动态彩虹边框效果复制给文字，此时“效果控件”面板如图 7-184 所示，“节目”监视器显示效果如图 7-185 所示。

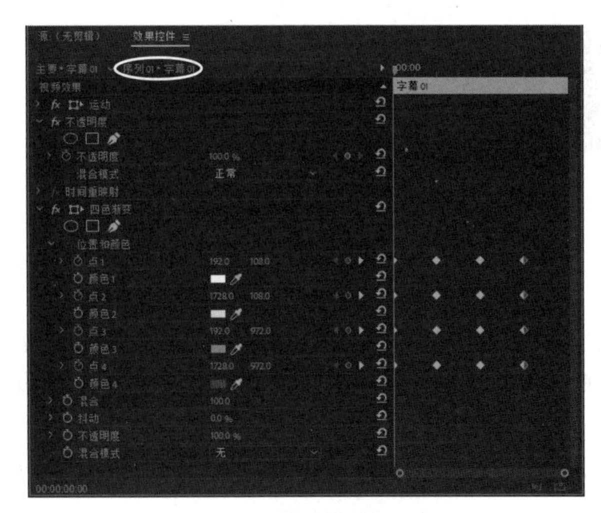

图 7-184　“效果控件”面板

图 7-185　“节目”监视器显示效果

6）导入背景音乐。方法：选择“文件 | 导入”命令，导入网盘中的“源文件 \ 第 7 章 字幕的应用 \7.7 制作动态彩虹文字效果 \ 背景音乐 33.mp3”，然后将“项目”面板中的“素材 .mp4”拖入“时间线”面板的 A1 轨道，入点为 00:00:00:00，如图 7-186 所示。

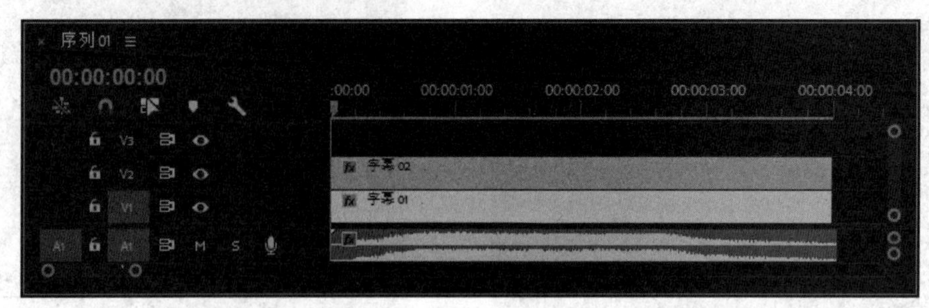

图 7-186　将“素材 .mp4”拖入“时间线”面板的 A1 轨道，入点为 00:00:00:00

7）此时“时间线”面板上方会显示一条红线，表示此时按空格键预览会出现明显的卡顿。为了能够看到实时预览的效果，接下来执行菜单中的“序列 | 渲染入点到出点的效果”的命令，从而渲染入点到出点，当渲染完成后就可以看到实时播放效果了。此时“时间线”面板上方的红线会变为绿线。

8）至此，整个动态彩虹文字效果制作完毕。接下来选择“文件 | 项目管理”命令，将文件打包。然后选择“文件 | 导出 | 媒体”命令，将其输出为“动态彩虹文字效果 .mp4”文件。

7.9　制作弹幕文字效果

要点：

本例将制作一个弹幕文字效果，如图 7-187 所示。通过本例的学习，读者应掌握在旧版标题中制作弹幕文字的方法。

  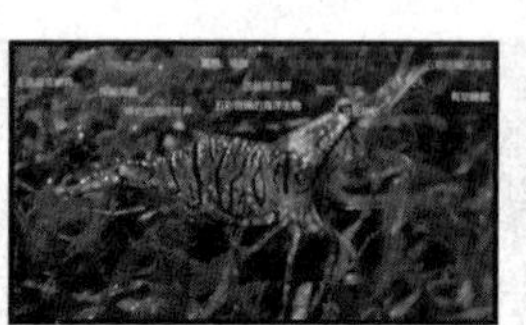 

图 7-187　弹幕文字效果

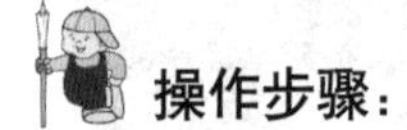

操作步骤：

1）启动 Premiere CC 2018，然后执行菜单中的“文件 | 新建 | 项目”（快捷键是〈Ctrl+Alt+N〉）命令，新建一个名称为“弹幕文字效果”的项目文件。接着新建一个预设为“ARRI 1080p 25”的“序列 01”序列文件。

2）选择“文件 | 导入”命令，导入网盘中的“素材及结果 \ 第 7 章 字幕的应用 \7.9 制作弹幕文字效果 \ 素材 .mp4”文件。

3）将“项目”面板中的“素材.mp4”拖入“时间线”面板的 V1 轨道，入点为 00:00:00:00，然后按键盘上的〈\〉键，将素材在时间线中最大化显示，如图 7-188 所示。

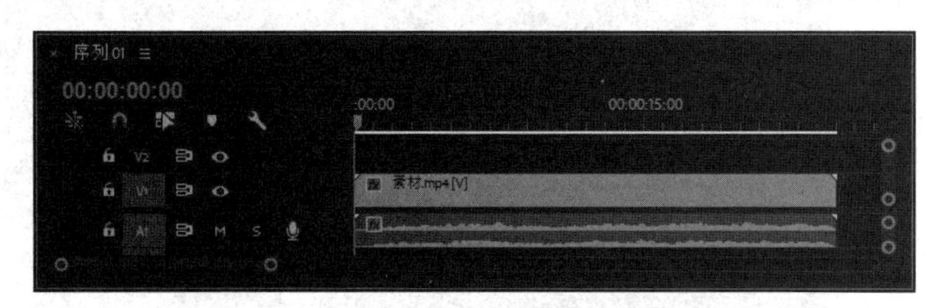

图 7-188　将“素材.mp4”拖入“时间线”，并最大化显示

4）执行菜单中的“文件 | 新建 | 旧版标题”命令，然后在弹出的“新建字幕”对话框中保持默认参数，如图 7-189 所示，单击“确定”按钮，进入“字幕 01”的字幕设计窗口。

5）选择“字幕工具”面板中的 T（文字工具），在“字幕面板”编辑窗口中输入文字“走进海底世界”，然后在右侧“旧版标题属性”面板中将“字体”设置为“微软雅黑”，“字号”设置为 40.0，再将文字移动到合适位置，如图 7-190 所示。

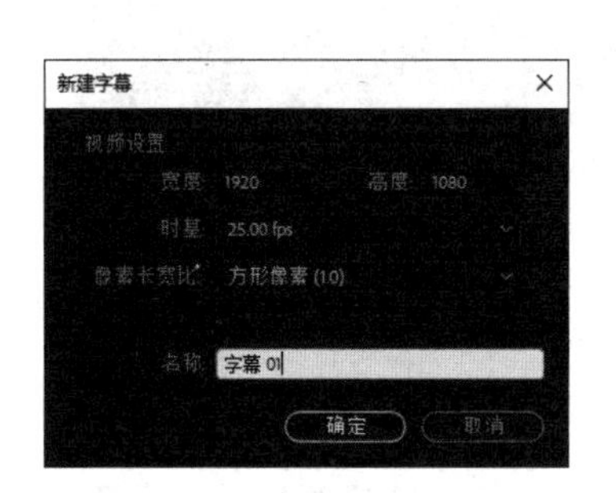

图 7-189　“新建字幕”对话框

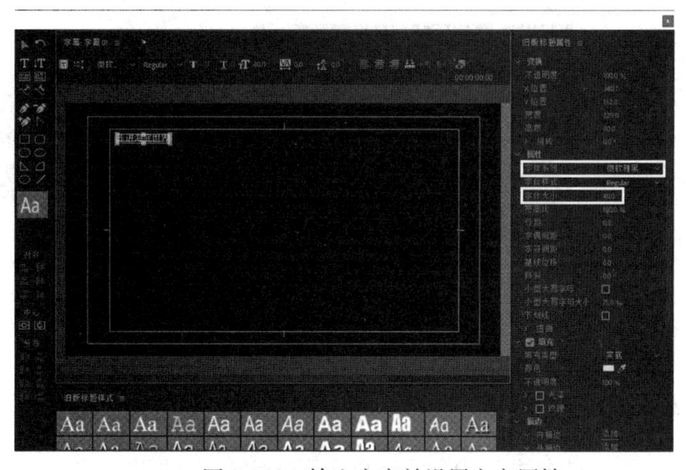

图 7-190　输入文字并设置文字属性

6）按住〈Alt〉键复制多个文字，然后更改文字的内容和颜色，如图 7-191 所示。

7）设置文字从右往左的移动效果。方法：在字幕设计窗口中单击上方的（滚动 / 游动选项）按钮，从弹出的“滚动 / 游动选项”对话框中单击“向左游动”，再勾选“开始于屏幕外”和“结束于屏幕外”复选框，如图 7-192 所示，单击“确定”按钮。

8）单击字幕设计窗口右上角的按钮，关闭字幕设计窗口。

9）将“项目”面板中的“字幕 01”素材拖入“时间线”面板的 V2 轨道，并将其长度设置为与 V1 轨道的素材等长，如图 7-193 所示。

10）按空格键进行预览，即可看到从右往左移动的弹幕文字效果了。

11）至此，整个弹幕文字效果制作完毕。接下来选择“文件 | 项目管理”命令，将文件打包。然后选择“文件 | 导出 | 媒体”命令，将其输出为“弹幕文字效果.mp4”文件。

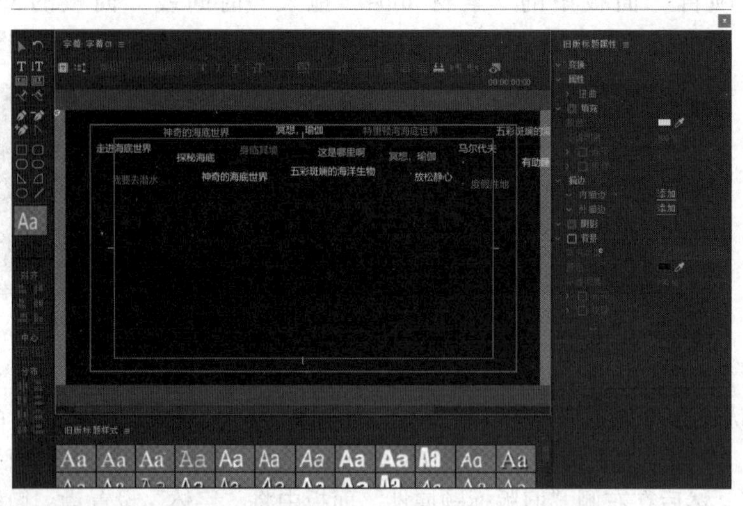

图 7-191　复制文字并更改文字的内容和颜色

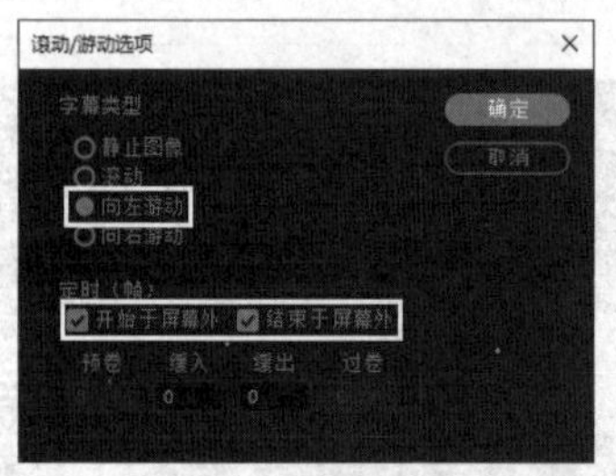

图 7-192　设置“滚动 / 游动选项”参数

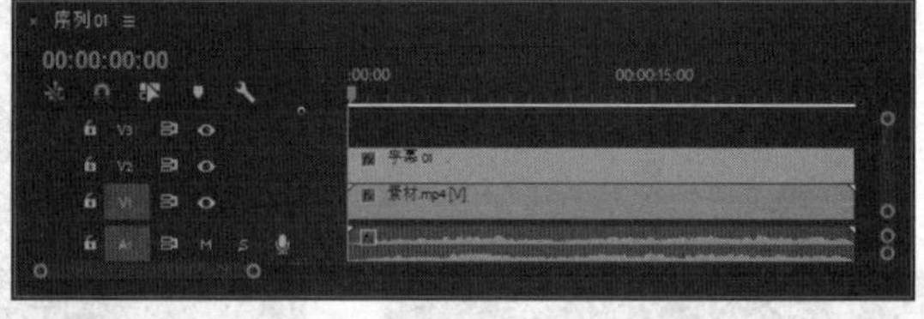

图 7-193　将“字幕 01”素材拖入“时间线”面板的 V2 轨道，并将其长度设置为与 V1 轨道的素材等长

7.10　课后练习

1）制作图 7-194 所示的金属文字扫光效果。结果可参考网盘中的“源文件 \ 第 7 章 字幕的应用 \7.10 课后练习 \ 练习 1\ 练习 1.prproj”文件。

图 7-194　练习 1 的效果

2）利用网盘中的“源文件 \ 第 7 章 字幕的应用 \7.10 课后练习 \ 练习 2\ 素材 1.mp4 ～素材 3.mp4”视频文件，制作在文字的不同位置显示不同视频的文字遮罩效果，如图 7-195 所示。结果可参考网盘中的“素材及结果 \ 第 7 章 字幕的应用 \ 课后练习 \ 练习 2\ 练习 2.prproj”文件。

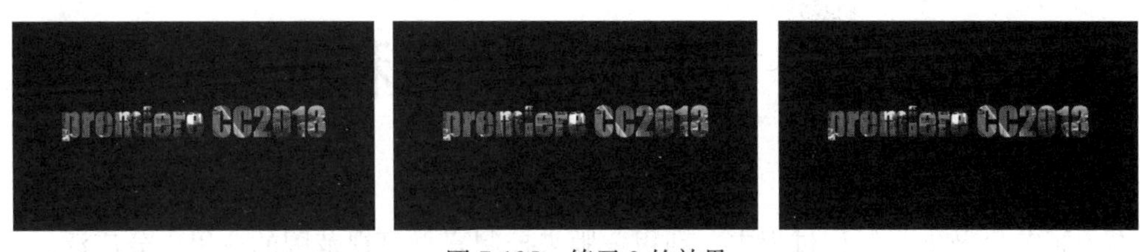

图 7-195　练习 2 的效果

3）制作图 7-196 所示的水波纹文字效果。结果可参考网盘中的“源文件 \ 第 7 章 字幕的应用 \7.10 课后练习 \ 练习 3\ 练习 3.prproj”文件。

图 7-196　练习 3 的效果

4）制作图 7-197 所示的文字片头动画效果。结果可参考网盘中的“源文件 \ 第 7 章 字幕的应用 \7.10 课后练习 \ 练习 4\ 练习 4.prproj”文件。

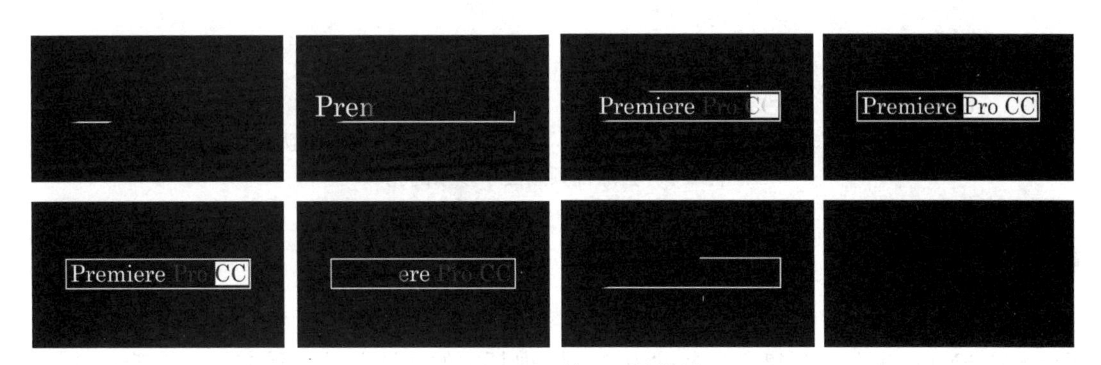

图 7-197　练习 4 的效果

第8章　蒙版、校色和光效

在电视节目及电影制作过程中，利用蒙版来控制素材可视范围的应用十分广泛。此外对拍摄的素材进行颜色校正也是必不可少的环节。通过本章学习，读者应掌握对素材进行蒙版、颜色校正和添加光效的方法。

8.1　去除视频中多余的驼队效果

要点：

本例将去除一段视频中多余的驼队画面，如图 8-1 所示。通过本例的学习，读者应掌握“蒙版”的应用。

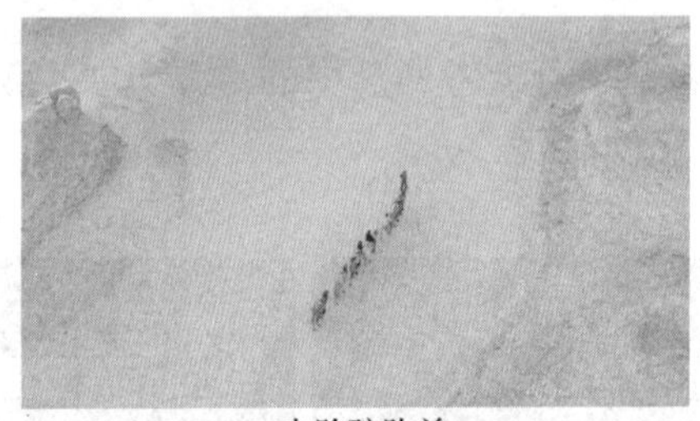

去除驼队前

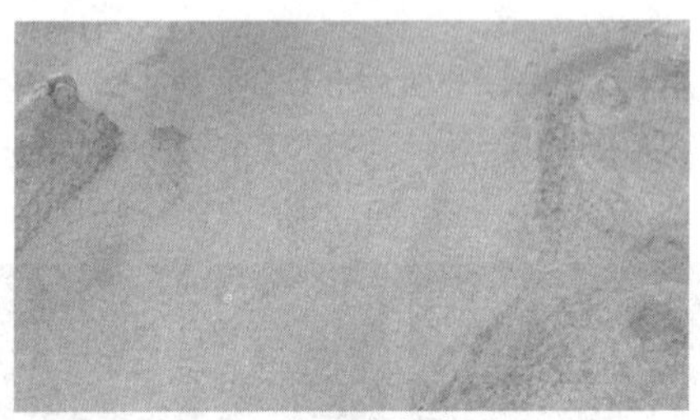

去除驼队后

图 8-1　去除视频画面中多余的驼队

操作步骤：

1）启动 Premiere CC 2018，然后执行菜单中的“文件 | 新建 | 项目”（快捷键是〈Ctrl+Alt+N〉）命令，新建一个名称为“去除视频中的驼队”的项目文件。接着新建一个预设为“ARRI 1080p 25”的“序列 01”序列文件。

2）导入素材。方法：选择“文件 | 导入”命令，导入网盘中的“源文件 \ 第 8 章 蒙版、校色和光效 \8.1 去除视频中多余的驼队效果 \ 素材 .mp4”文件，接着在“项目”面板下方单击▣（图标视图）按钮，将素材以图标视图的方式进行显示，如图 8-2 所示。

3）将“项目”面板中的“素材 .mp4”拖入“时间线”面板的 V1 轨道中，入点为 00:00:00:00，然后按键盘上的〈\〉键，将其在时间线中最大化显示，如图 8-3 所示。

4）按住键盘上的〈Alt〉键，将 V1 轨道上的素材复制到 V2 轨道，如图 8-4 所示。

5）选择 V2 轨道上的“素材 .mp4”素材，然后在“效果控件”面板中选择“不透明度”下的◉（创建椭圆形蒙版）工具，如图 8-5 所示，此时“节目”监视器中会显示出一个椭圆形蒙版，如图 8-6 所示。接着调整椭圆形蒙版的大小和角度，使之范围覆盖住驼队，如图 8-7 所示。最后将其移动到画面下方用来替换驼队的视频画面位置，如图 8-8 所示。

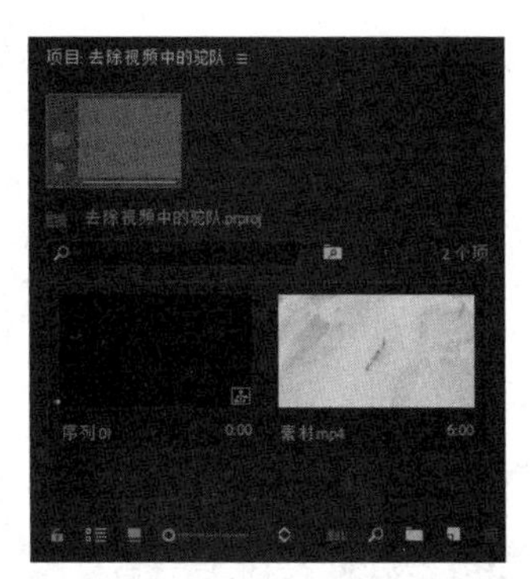

图 8-2　将素材以图标视图的方式进行显示

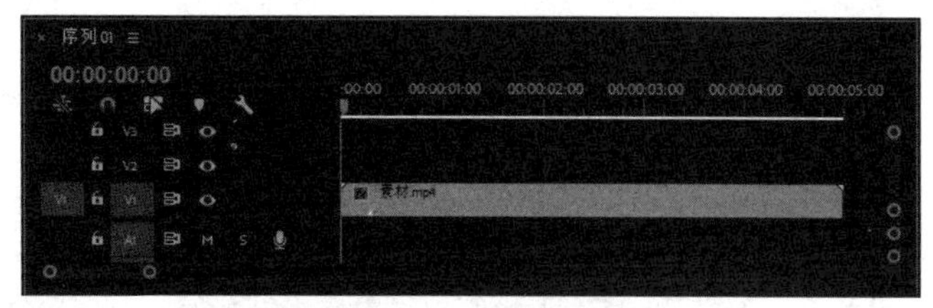

图 8-3　将“素材 .mp4”拖入“时间线”，入点为 00:00:00:00

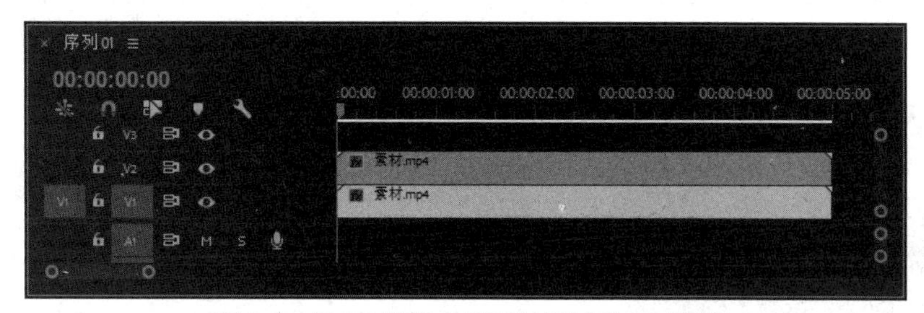

图 8-4　将 V1 轨道上的素材复制到 V2 轨道

图 8-5　选择（创建椭圆形蒙版）工具

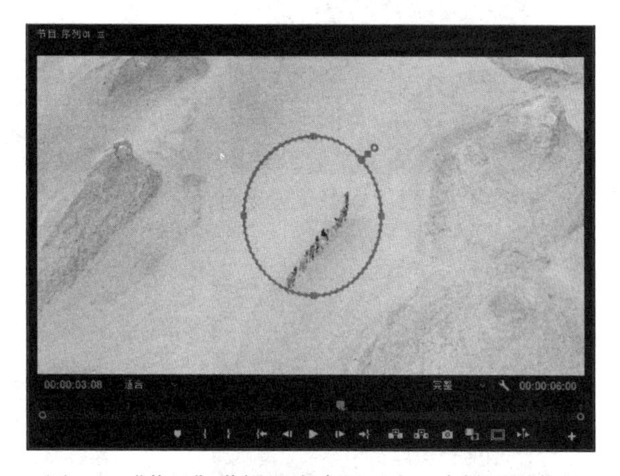

图 8-6　“节目”监视器中会显示出一个椭圆形蒙版

6）在“效果控件”面板中将 V2 轨道上素材“位置”的数值设置为（1300.0，300.0），如图 8-9 所示，从而使蒙版中的素材覆盖住人物，如图 8-10 所示。

7）为了使两段素材更好地融合在一起，接下来在“效果控件”面板中将 V2 轨道上素材“蒙版羽化”的数值设置为 80.0，如图 8-11 所示，效果如图 8-12 所示。

8）按空格键进行预览，此时两段素材融合就很自然了。

9）至此，去除视频中多余的驼队效果制作完毕。接下来选择“文件 | 项目管理”命令，

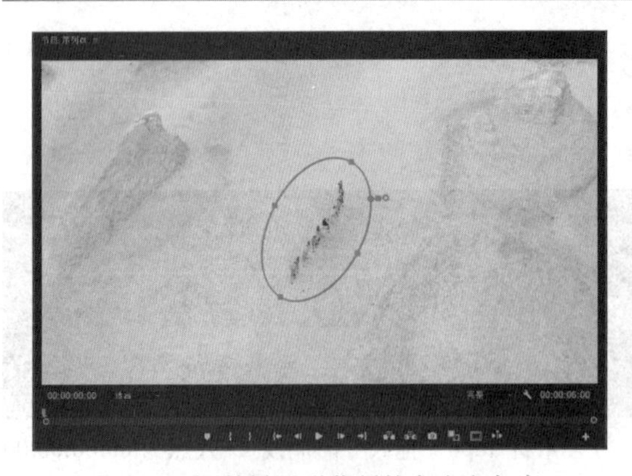

图 8-7　调整椭圆形蒙版的大小和角度

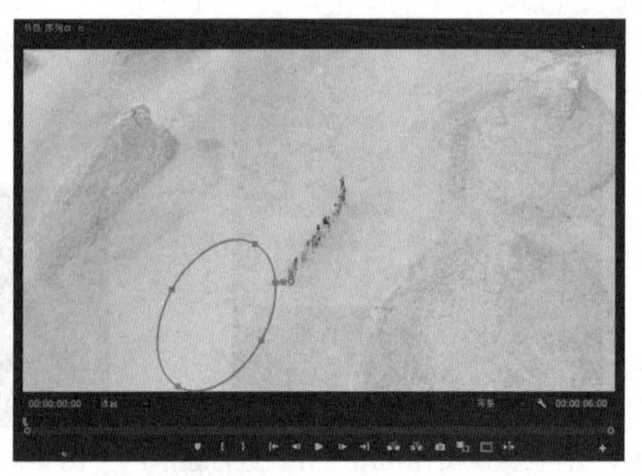

图 8-8　将蒙版移动到画面下方用来替换驼队的视频画面位置

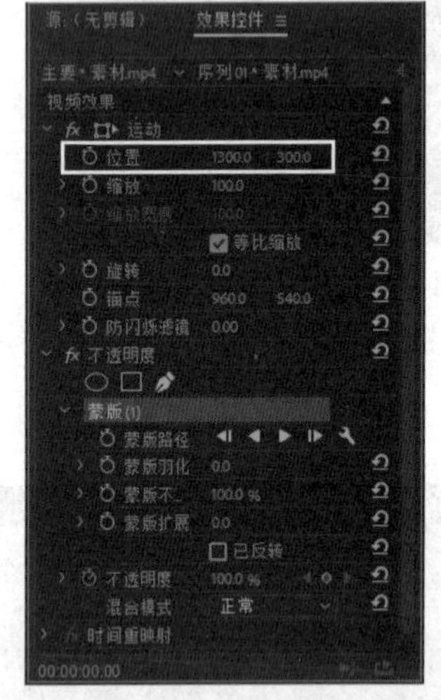

图 8-9　将“位置”的数值设置为（1300.0，300.0）

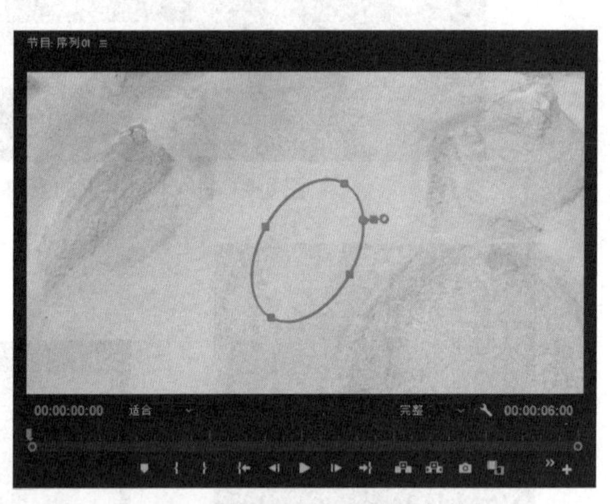

图 8-10　使蒙版完全遮盖住人物

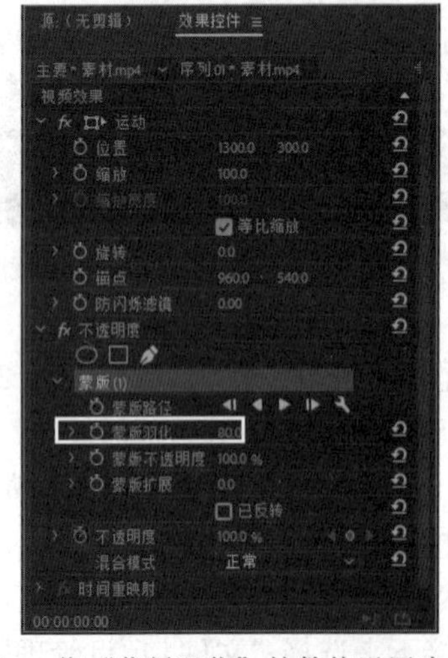

图 8-11　将“蒙版羽化”的数值设置为 80.0

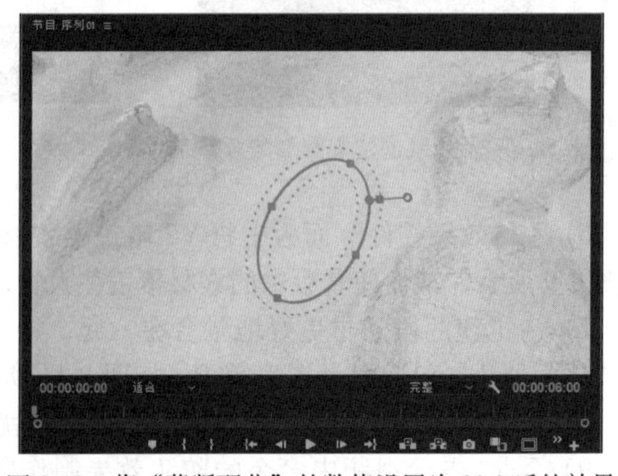

图 8-12　将“蒙版羽化”的数值设置为 80.0 后的效果

将文件打包。然后选择“文件 | 导出 | 媒体”命令，将其输出为“去除视频中的驼队 .mp4”文件。

8.2　制作变色的汽车效果

要点：

本例将制作不断变色的汽车效果，如图 8-13 所示。通过本例的学习，读者应掌握 Photoshop 中（快速选择工具）的使用，以及在 Premiere CC 2018 中分层导入 psd 文件、利用“颜色平衡 (HLS)”视频特效进行校色和添加默认“交叉溶解”视频过渡效果的方法。

图 8-13　变色的汽车效果

操作步骤：

1. 编辑图片素材

1）启动 Photoshop CC 2018，然后执行菜单中的“文件 | 打开”命令，打开网盘中的“素材及结果 \ 第 8 章 蒙版、校色和光效 \8.2 制作变色的汽车效果 \ 汽车 .jpg”图片，如图 8-14 所示。

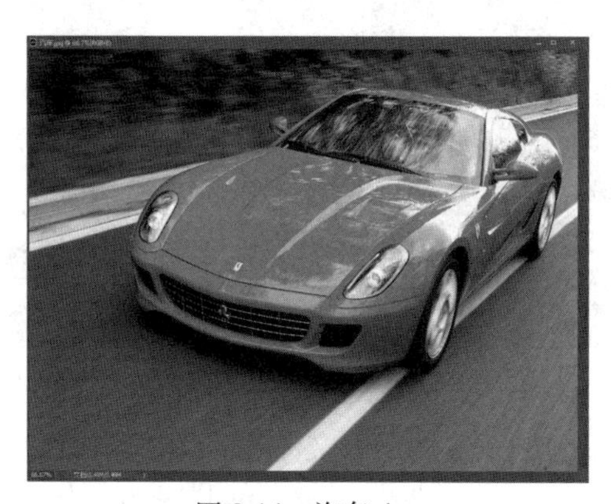

图 8-14　汽车 .jpg

2）将汽车从背景中分离出来，以便接下来在 Premiere CC 2018 中进行处理。方法：选择工具箱中的（快速选择工具），创建汽车选区，如图 8-15 所示。然后选择“选择 | 复制”命令，复制汽车选区，接着选择“编辑 | 粘贴”命令，将汽车选区粘贴到一个新的图层上，如图 8-16 所示。

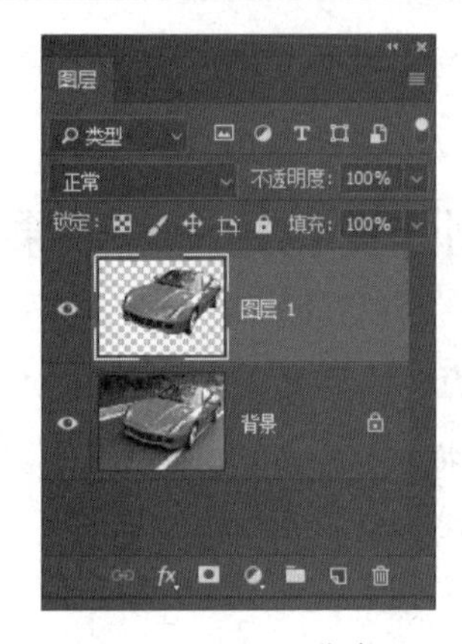

图 8-15　创建汽车选区

图 8-16　图层分布

3）选择“文件 | 存储为”命令，将其保存为“汽车 .psd”。

2. 制作汽车变色效果

1）启动 Premiere CC 2018，然后执行菜单中的“文件 | 新建 | 项目”（快捷键是〈Ctrl+Alt+N〉）命令，新建一个名称为“变色的汽车”的项目文件。接着新建一个预设为“ARRI 1080p 25”的“序列 01”序列文件。

2）导入素材。方法：选择“文件 | 导入”命令，然后在弹出的“导入”对话框中选择刚才保存的网盘中的“源文件 \ 第 8 章 蒙版、校色和光效 \8.2 制作变色的汽车效果 \ 汽车 .psd”文件，单击“打开”按钮。接着在弹出的“导入分层文件：汽车”对话框中设置参数如图 8-17 所示，单击“确定”按钮，此时“项目”面板如图 8-18 所示。

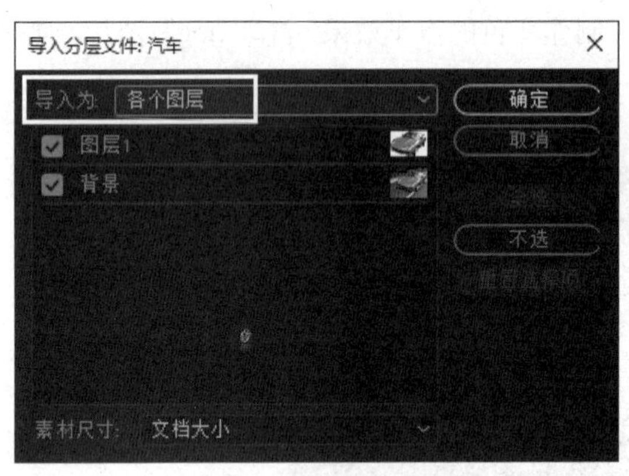

图 8-17　设置导入参数

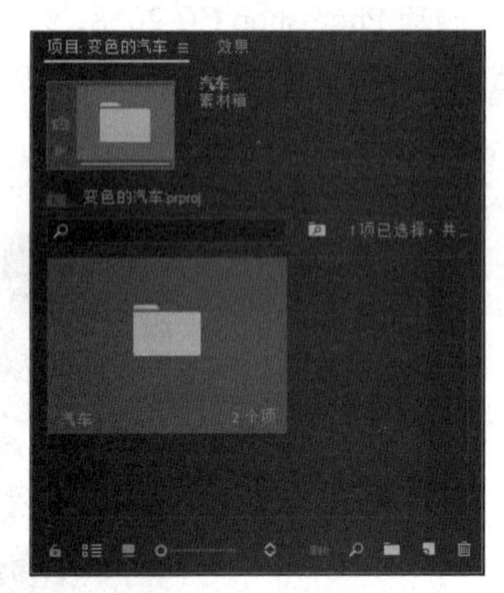

图 8-18　“项目”面板

3）在“项目”面板中双击打开“汽车”文件夹，此时会看到两个图片文件，如图 8-19 所示。接下来右键单击“项目”面板中“背景 / 汽车 .psd”素材，从弹出的快捷菜单中选择“速度 / 持续时间”命令，再在弹出的“剪辑速度 / 持续时间”对话框中将“持续时间”设置为 00:00:08:00，如图 8-20 所示，单击“确定”按钮。接着将“背景 / 汽车 .psd”素材拖到“时间线”面板的 V1 轨道，入点为 00:00:00:00，并按键盘上的〈\〉键，将其在时间线中最大化显示。最后锁定 V1 轨道，如图 8-21 所示。

4）右键单击“项目”面板中“图层 1/ 汽车 .psd”素材，从弹出的快捷菜单中选择“速

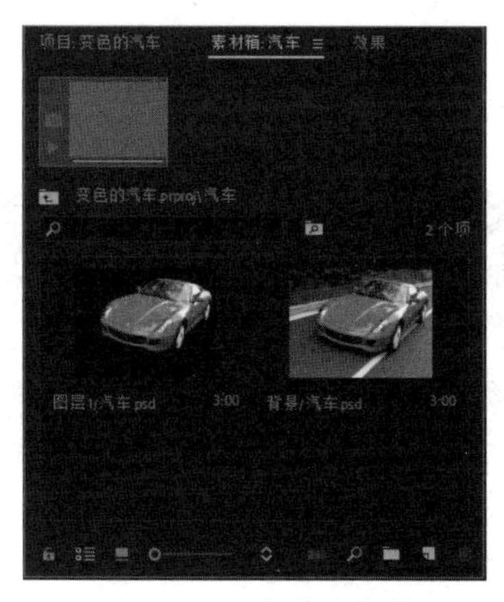

图 8-19　两个图片文件

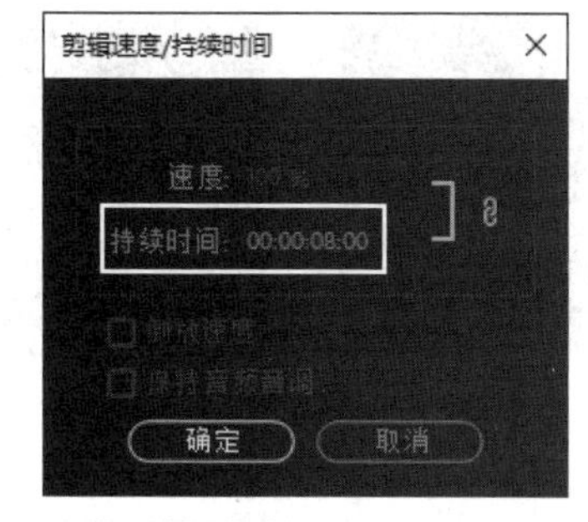

图 8-20　将“持续时间”设置为 00:00:08:00

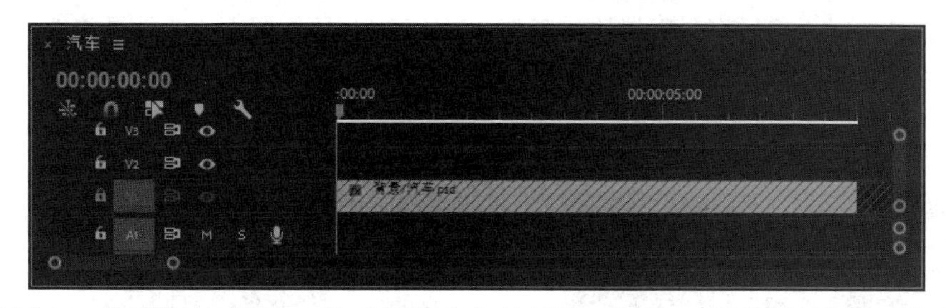

图 8-21　将“背景 / 汽车 .psd”素材拖到“时间线”面板的 V1 轨道，并锁定 V1 轨道

度 / 持续时间”命令，接着在弹出的“剪辑速度 / 持续时间”对话框中设置“持续时间”为 00:00:02:00，如图 8-22 所示，单击“确定”按钮。接着将“图层 1/ 汽车 .psd”素材拖到“时间线”面板的 V2 轨道，入点为 00:00:00:00，如图 8-23 所示。

5）选中 V2 轨道中的“图层 1/ 汽车 .psd”素材，然后按快捷键〈Ctrl+C〉进行复制，接着将时间滑块移动到 00:00:02:00 的位置，按快捷键〈Ctrl+V〉粘贴 3 次，从而复制出 3 个副本素材，此时“时间线”面板分布如图 8-24 所示。

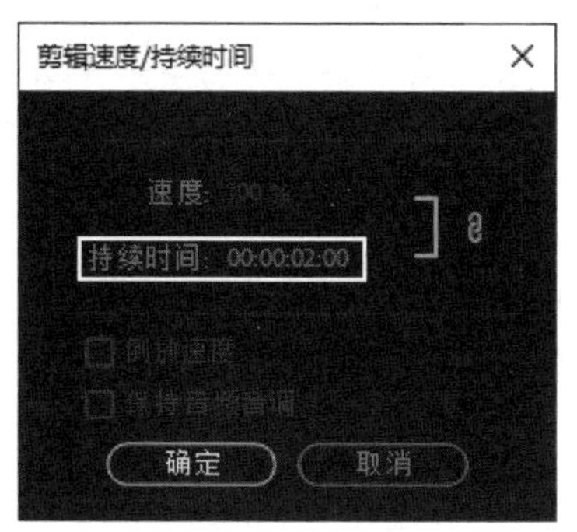

图 8-22　将“持续时间”设置为 00:00:02:00

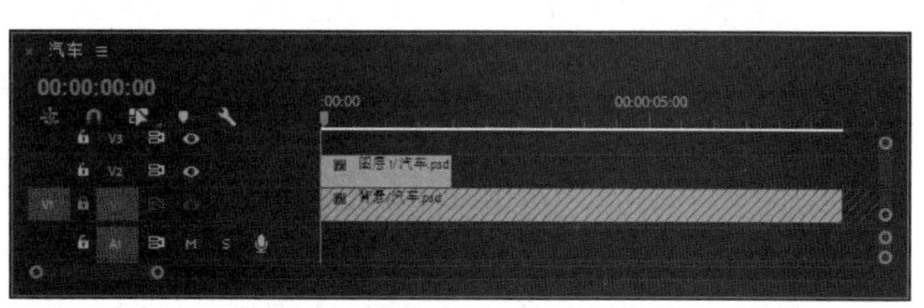

图 8-23　将“图层 1/ 汽车 .psd”素材拖到 V2 轨道，入点为 00:00:00:00

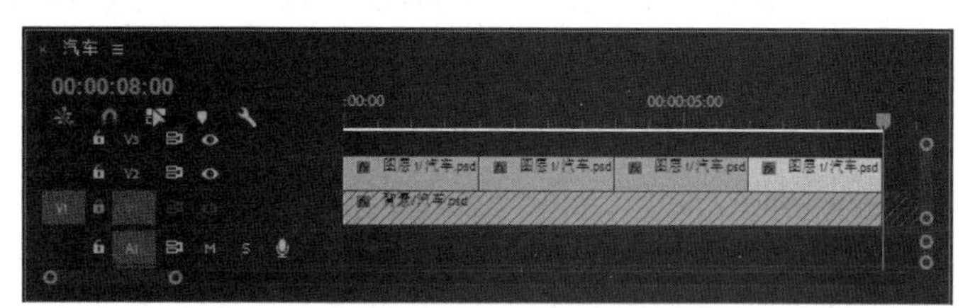

图 8-24　复制出 3 个副本素材

6）在“效果”面板的搜索栏中输入“颜色平衡（HLS）”，如图 8-25 所示。然后将“颜色平衡（HLS）”视频特效分别拖给 V2 轨道中的第 2～4 段素材上，如图 8-26 所示。

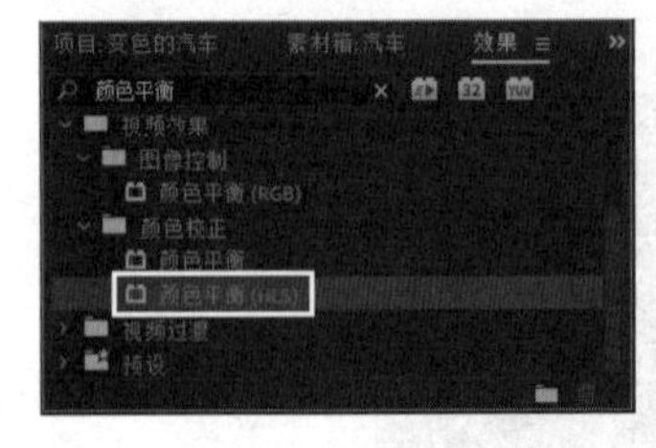

图 8-25　输入“颜色平衡（HLS）”

图 8-26　将“颜色平衡（HLS）”视频特效分别拖给 V2 轨道中的第 2～4 段素材上

7）将 V2 轨道中第 2 段素材的汽车颜色调整为蓝色。方法：选中 V2 轨道中第 2 段“图层 1/ 汽车 .psd”素材，然后将时间滑块移动到 00:00:02:00 的位置，在“效果控件”面板“颜色平衡（HLS）”中将“色相”的数值设置为 220.0°，如图 8-27 所示，效果如图 8-28 所示。

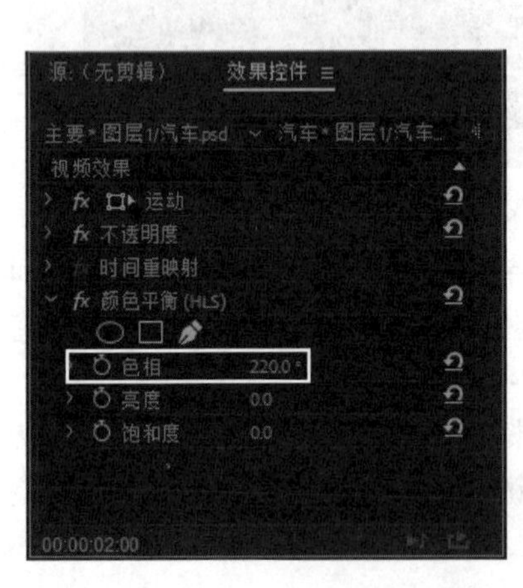

图 8-27　将“色相”的数值设置为 220.0°

图 8-28　将“色相”的数值设置为 220.0°后的效果

8）将 V2 轨道中第 3 段素材的汽车颜色调整为蓝色。方法：选中 V2 轨道中第 3 段“图层 1/ 汽车 .psd”素材，然后将时间滑块移动到 00:00:04:00 的位置，在“效果控件”面板“颜色平衡（HLS）”中将“色相”的数值设置为 50.0°，如图 8-29 所示，效果如图 8-30 所示。

9）将 V2 轨道中第 4 段素材的汽车颜色调整为蓝色。方法：选中 V2 轨道中第 4 段“图层 1/ 汽车 .psd”素材，然后将时间滑块移动到 00:00:06:00 的位置，在“效果控件”面板“颜色平衡（HLS）”中将“色相”的数值设置为 100.0°，如图 8-31 所示，效果如图 8-32 所示。

3. 在素材间添加视频过渡

1）选中 V2 轨道的所有素材，然后按〈Ctrl+D〉键，从而在素材的起始、结束处，以及素材之间添加默认的“交叉溶解”视频过渡，如图 8-33 所示。

2）分别选中起始、结束处的“交叉溶解”视频过渡，按〈Delete〉键进行删除，如图 8-34 所示。

3）按空格键进行预览，就可以看到不断变化颜色的汽车效果了。

4）至此，整个变色的汽车效果制作完毕。接下来选择“文件 | 项目管理”命令，将

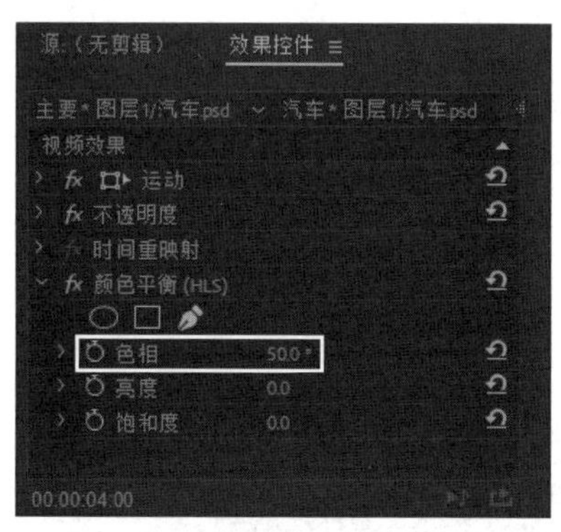

图 8-29　将“色相”的数值设置为 50.0°

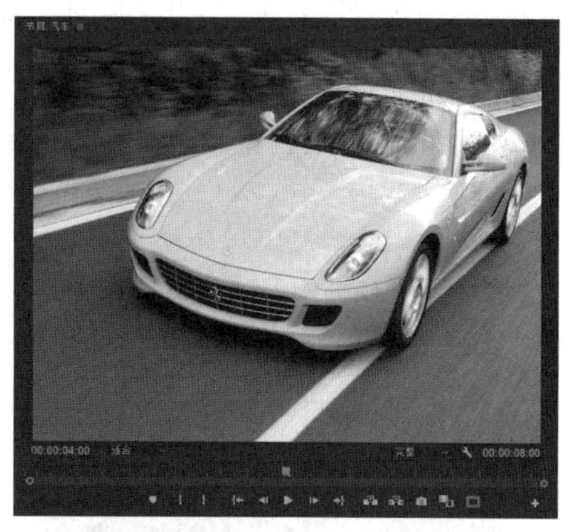

图 8-30　将“色相”的数值设置为 50.0° 后的效果

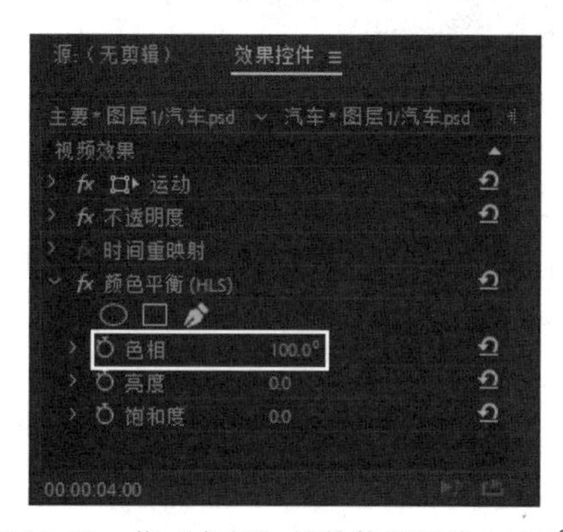

图 8-31　将“色相”的数值设置为 100.0°

图 8-32　将“色相”的数值设置为 100.0° 后的效果

图 8-33　在素材的起始、结束处，以及素材之间添加默认的“交叉溶解”视频过渡

图 8-34　删除起始、结束处“交叉溶解”视频过渡的效果

文件打包。然后选择“文件 | 导出 | 媒体”命令，将其输出为“变色的汽车效果 .mp4”文件。

8.3 制作视频基本校色1

要点：

本例将对一个视频素材进行校色处理，如图 8-35 所示。通过本例的学习，读者应掌握利用“Lumetri 范围”和“Lumetri 颜色”面板对素材进行校色的方法。

校色前

校色后

图 8-35　视频基本校色 1

操作步骤：

1）启动 Premiere CC 2018，然后执行菜单中的“文件 | 新建 | 项目”（快捷键是〈Ctrl+Alt+N〉）命令，新建一个名称为“视频基本校色”的项目文件。接着新建一个预设为“ARRI 1080p 25”的“序列 01”序列文件。

2）导入素材。方法：选择“文件 | 导入”命令，导入网盘中的“源文件 \ 第 8 章 蒙版、校色和光效 \8.3　制作视频基本校色 1 \ 素材 .mp4”文件，然后在“项目”面板下方单击（图标视图）按钮，将素材以图标视图的方式进行显示，如图 8-36 所示。

3）将“项目”面板中的“素材 .mp4”拖入“时间线”面板的 V1 轨道中，入点为 00:00:00:00，然后按键盘上的〈\〉键，将其在时间线中最大化显示，如图 8-37 所示。

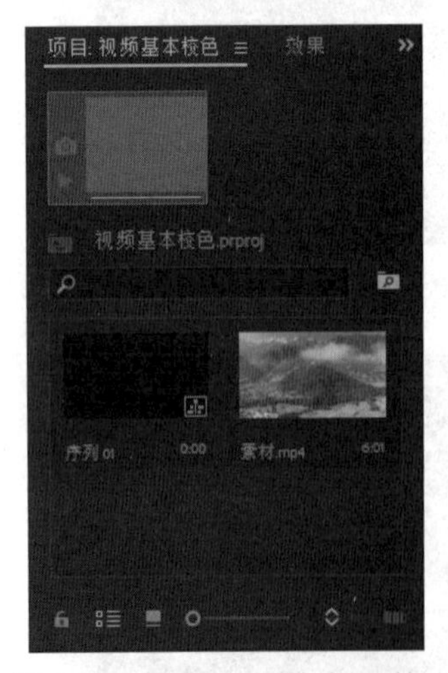

图 8-36　将素材以图标视图的方式进行显示

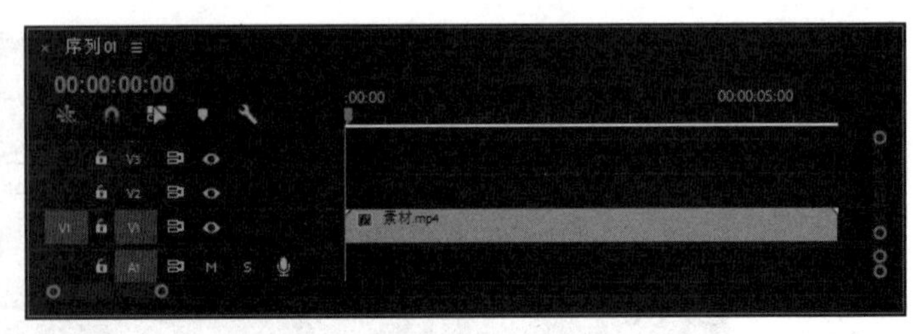

图 8-37　将“素材 .mp4”拖入“时间线”，入点为 00:00:00:00

4）在 Premiere CC 2018 工作界面上方单击“颜色”，进入“颜色”界面，如图 8-38 所示。此时在“颜色”界面左上方如图 8-39 所示的“Lumetri 范围”面板中间显示的是当前“素材 .mp4”的分形 RGB，左侧显示的是其明亮分布，右侧显示的是其颜色分布。

图 8-38 “颜色”界面

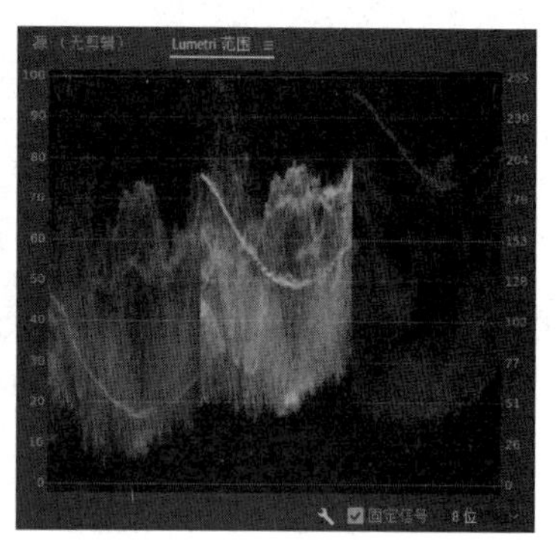

图 8-39 “Lumetri 范围”面板

5）在右侧“Lumetri 颜色”面板中将“高光”设置为 70.0，如图 8-40 所示，此时“Lumetri 范围”面板显示如图 8-41 所示，效果如图 8-42 所示。

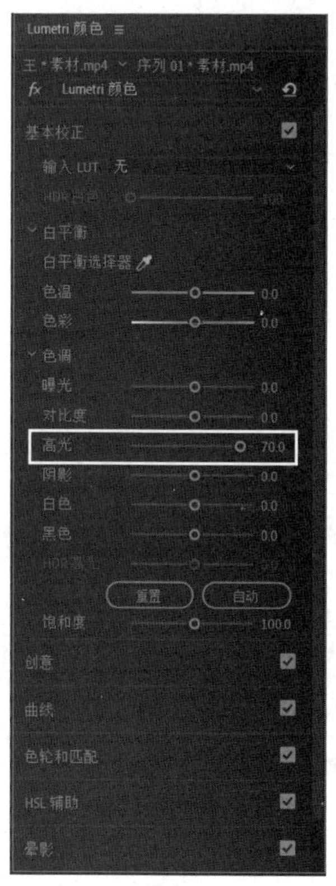

图 8-40 将“高光”设置为 70.0

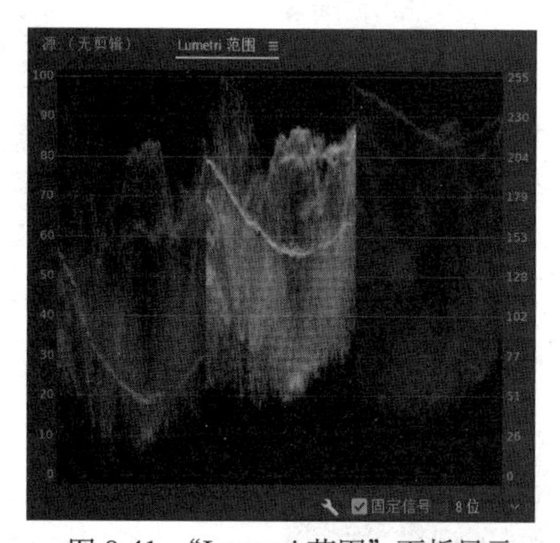

图 8-41 “Lumetri 范围”面板显示

图 8-42 将“高光”设置为 70.0 后的效果

6）在右侧“Lumetri 颜色”面板中将“阴影”设置为 -70.0，如图 8-43 所示，此时“Lumetri 范围”面板显示如图 8-44 所示，效果如图 8-45 所示。

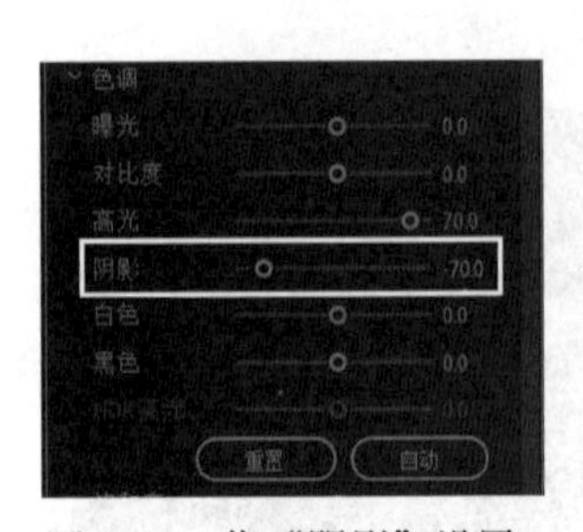

图 8-43　将“阴影”设置为 -70.0

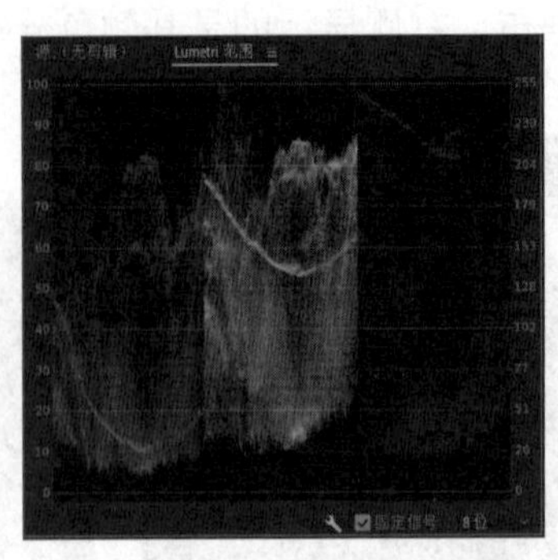

图 8-44　“Lumetri 范围”面板显示

图 8-45　将“阴影”设置为 -70.0 后的效果

7）此时从“Lumetri 范围”面板中可以看到红色、绿色的明亮度和蓝色相比整体偏低了。接下来在“Lumetri 颜色”面板中展开“曲线”，然后激活（红色），再调整曲线形状，如图 8-46 所示，从而提升红色的明亮度，此时“Lumetri 范围”面板如图 8-47 所示，效果如图 8-48 所示。

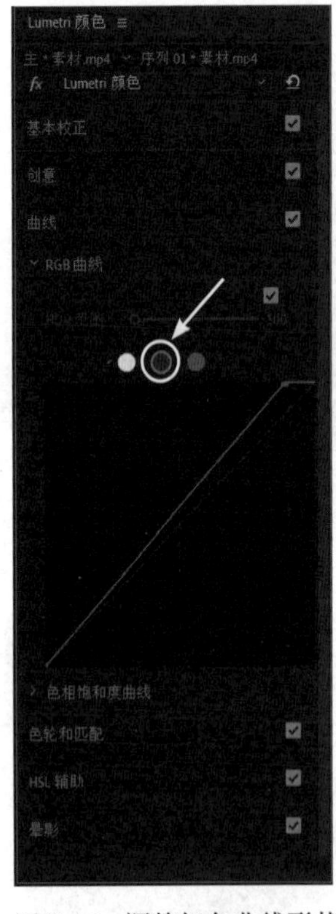

图 8-46　调整红色曲线形状

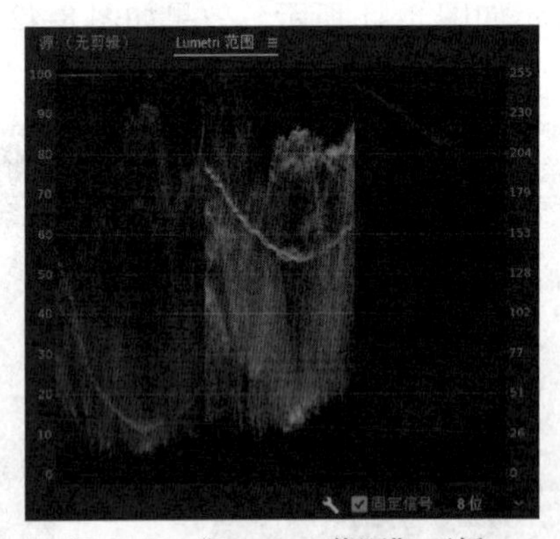

图 8-47　“Lumetri 范围”面板

图 8-48　调整红色曲线形状后的效果

8）同理在“Lumetri 颜色”面板中激活（绿色），再调整曲线形状，如图 8-49 所示，从而提升绿色的明亮度，此时“Lumetri 范围”面板如图 8-50 所示，效果如图 8-51 所示。

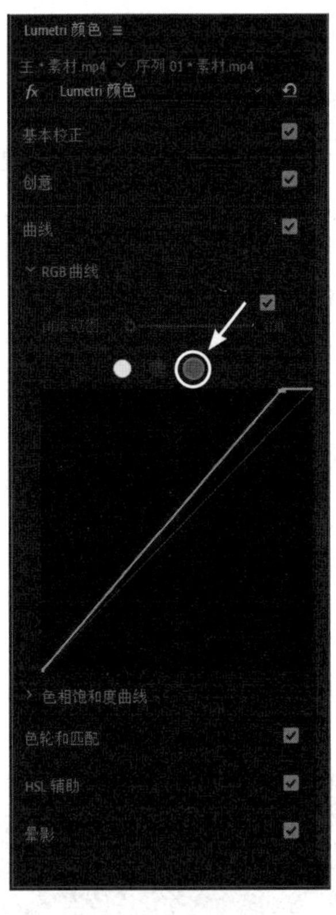

图 8-49　调整绿色曲线形状

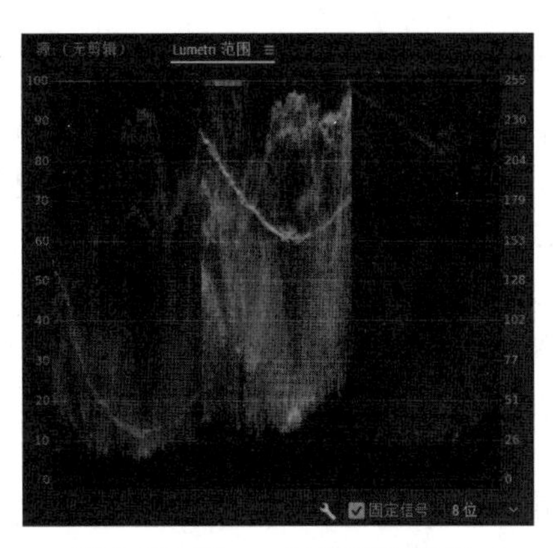

图 8-50　“Lumetri 范围”面板

图 8-51　调整绿色曲线形状后的效果

9）按空格键进行预览。

10）至此，整个视频校色制作完毕。接下来选择“文件 | 项目管理”命令，将文件打包。然后选择“文件 | 导出 | 媒体”命令，将其输出为“视频基本校色 1.mp4”文件。

8.4　制作视频基本校色2

要点：

本例将对一个视频素材进行校色处理，如图 8-52 所示。通过本例的学习，读者应掌握利用“Lumetri 颜色”面板对素材进行校色的方法。

校色前

校色后

图 8-52　视频基本校色 2

操作步骤：

1）启动 Premiere CC 2018，然后执行菜单中的“文件 | 新建 | 项目”（快捷键是〈Ctrl+Alt+N〉）命令，新建一个名称为“视频基本校色 2”的项目文件。接着新建一个预设为“ARRI 1080p 25”的“序列 01”序列文件。

2）导入素材。方法：选择“文件 | 导入”命令，导入网盘中的“源文件 \ 第 8 章 蒙版、校色和光效 \8.4 制作视频基本校色效果 2\ 素材 .mp4”文件，接着在“项目”面板下方单击■（图标视图）按钮，将素材以图标视图的方式进行显示，如图 8-53 所示。

3）将“项目”面板中的“素材 .mp4”拖入“时间线”面板的 V1 轨道中，入点为 00:00:00:00，然后按键盘上的〈\〉键，将其在时间线中最大化显示，如图 8-54 所示。

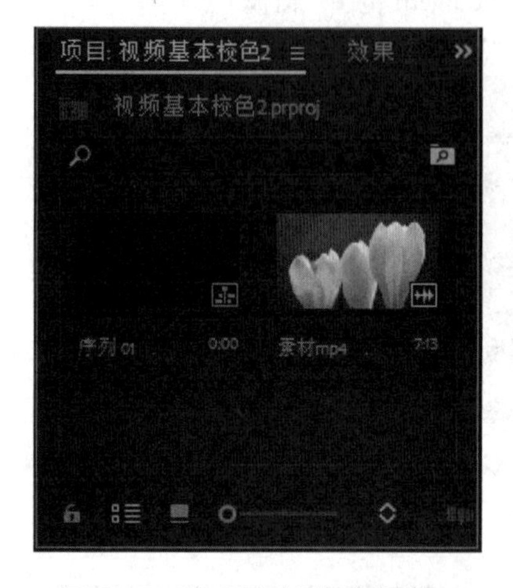

图 8-53　将素材以图标视图的方式进行显示

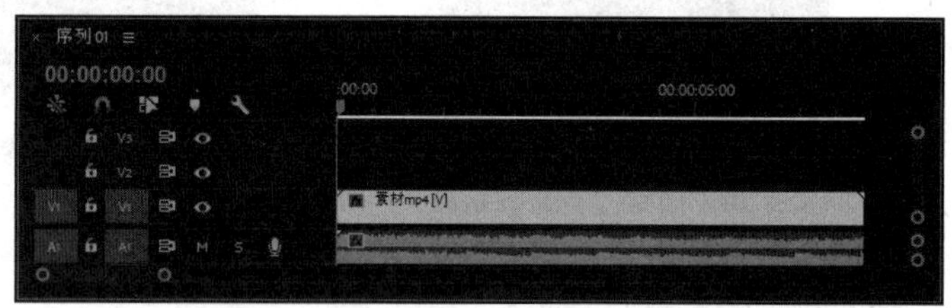

图 8-54　将“素材 .mp4”拖入“时间线”，入点为 00:00:00:00

4）在 Premiere CC 2018 工作界面上方单击“颜色”，进入“颜色”界面，然后在“时间线”面板中选择 V1 轨道上的素材，接着在右侧“Lumetri 颜色”面板中展开“HSL 辅助”选项组，单击“设置颜色”右侧的工具，如图 8-55 所示，再在“节目”监视器中吸取鲜花上的白色，最后为了便于观看，在“Lumetri 颜色”面板中勾选“彩色 / 灰色”复选框，此时“节目”监视器显示效果如图 8-56 所示。

5）在“Lumetri 颜色”面板中分别调整“H”“L”和“S”的范围，如图 8-57 所示，从而选中鲜花中要处理为黄色的白色部分，如图 8-58 所示。

6）在“Lumetri 范围”面板中取消勾选“彩色 / 灰色”复选框，然后在“更正”选项组中选择一种浅黄色，接着将“色温”设置为 30.0，“色彩”设置为 -30.0，“饱和度”设置为 100.0，如图 8-59 所示，此时白色鲜花就变为了浅黄色，如图 8-60 所示。

7）按空格键进行预览。

8）至此，整个视频校色制作完毕。接下来选择“文件 | 项目管理”命令，将文件打包。然后选择“文件 | 导出 | 媒体”命令，将其输出为“视频基本校色 2.mp4”文件。

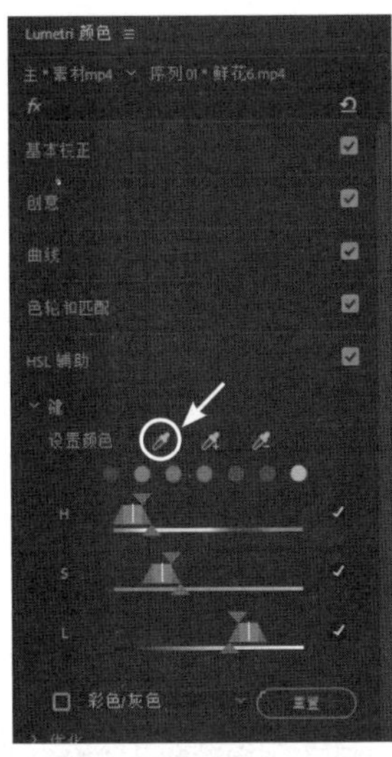

图 8-55　单击“设置颜色”右侧的工具

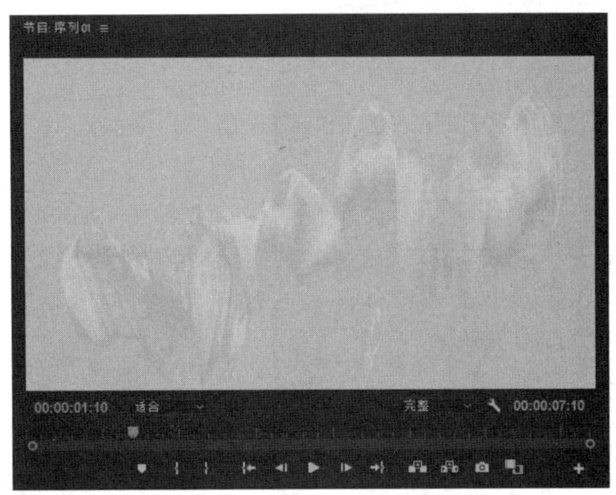

图 8-56　“节目”监视器显示效果

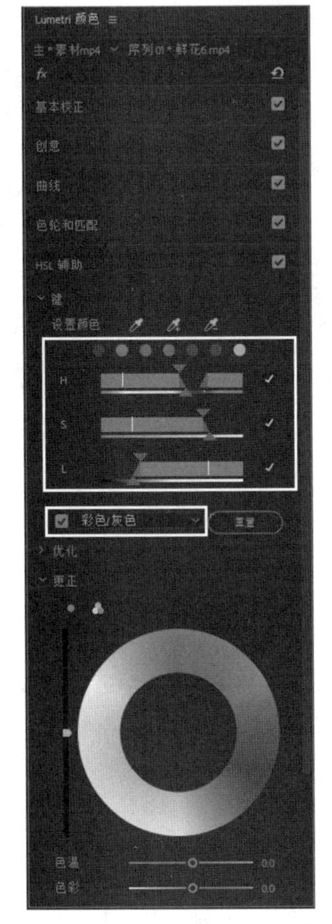

图 8-57　调整“H”“L”和“S”的范围

图 8-58　调整“H”“L”和“S”的范围后的效果

图 8-59　调整“更正”选项组参数

图 8-60　调整“更正”选项组参数后的效果

8.5　制作梦幻光效效果

要点：

本例将制作带有背景音乐的4段视频素材的梦幻光效效果，如图 8-61 所示。通过本例的学习，读者应掌握调整素材的混合模式、对视频添加默认“交叉溶解”视频过渡，以及对音频添加默认“恒定功率”音频过渡的方法。

操作步骤：

1）启动 Premiere CC 2018，然后执行菜单中的“文件 | 新建 | 项目”（快捷键是〈Ctrl+Alt+N〉）命令，新建一个名称为“梦幻光效效果”的项目文件。接着新建一个预设为“ARRI 1080p 25”的“序列 01”序列文件。

图 8-61　梦幻光效效果

2）导入素材。方法：选择“文件 | 导入”命令，导入网盘中的“源文件 \ 第 8 章 蒙版、校色和光效 \8.5 制作梦幻光效效果 \ 素材 1.mp4”～“素材 5.mp4”和“背景音乐 4.mp3”文件，接着在“项目”面板下方单击（图标视图）按钮，将素材以图标视图的方式进行显示，如图 8-62 所示。

3）在“项目”面板中按住〈Ctrl〉键，依次选择“素材 1.mp4”～“素材 4.mp4”素材，然后将它们拖入“时间线”面板的 V1 轨道中，入点为 00:00:00:00。此时“时间线”面板会按照素材选择的先后顺序将素材依次排列，如图 8-63 所示。

图 8-62　将素材以图标视图的方式进行显示

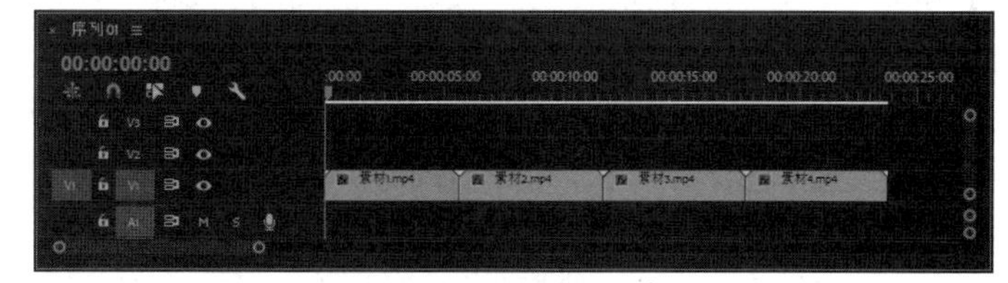

图 8-63　将“素材 1.mp4”～“素材 4.mp4”拖入时间线 V1 轨道

4）将“项目”面板中的“素材 5.mp4”拖入“时间线”面板的 V2 轨道中，入点为 00:00:00:00，如图 8-64 所示。

5）此时 V2 轨道的“素材 5.mp4”会遮挡 V1 轨道上的其余素材，如图 8-65 所示。接下来解决这个问题。方法：在 V2 轨道上选择“素材 5.mp4”，然后在“效果控件”面板中将“混合模式”设置为“滤色”，再单击“不透明度”前面的按钮，取消设置“不透明度”关键帧。

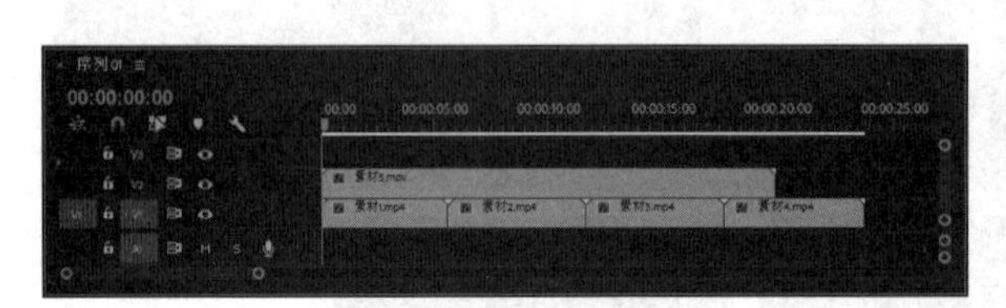

图 8-64　将“素材 5.mp4”拖入时间线 V2 轨道

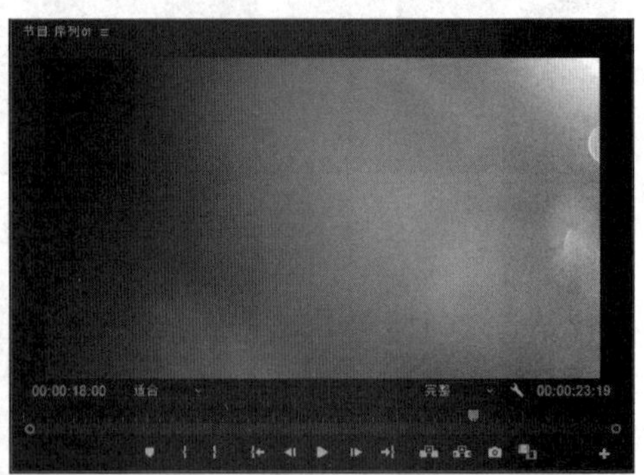

图 8-65　V2 轨道的“素材 5.mp4”遮挡 V1 轨道上的其余素材

接着将“不透明度”设置为 30.0%，此时 V2 轨道上的素材就和 V1 轨道上的素材形成了叠加效果，如图 8-66 所示。

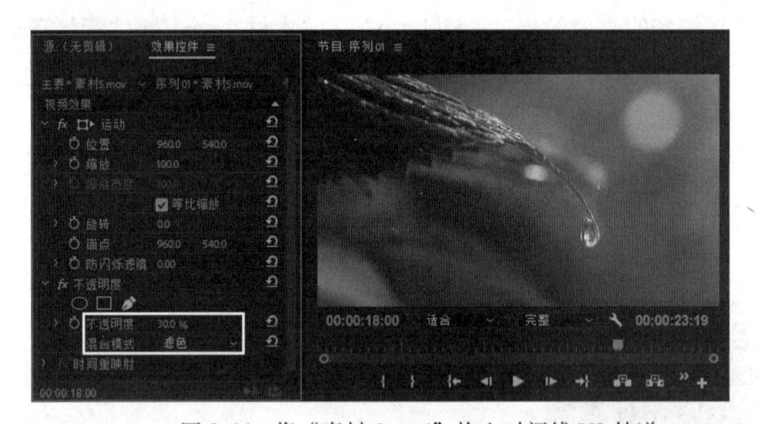

图 8-66　将“素材 5.mp4”拖入时间线 V2 轨道

6）此时 V2 轨道上的“素材 5.mp4”过短，接下来按住〈Alt〉键，在 V2 轨道上复制“素材 5.mp4”，并将其向后移动，使之与前面的“素材 5.mp4”的结尾处相接，如图 8-67 所示。然后利用（剃刀工具）将 V2 轨道上的“素材 5.mp4”从 V1 轨道所有素材结束的位置一分为二，再按〈Delete〉键，将分离出来的多余的视频进行删除，从而使 V2 轨道上的素材与 V1 轨道上的素材等长，如图 8-68 所示。

7）在所有素材上添加“交叉溶解”视频过渡。方法：按快捷键〈Ctrl+A〉，选择 V1 和 V2 轨道上的所有素材，然后按快捷键〈Ctrl+D〉，给所有素材添加默认的“交叉溶解”视频

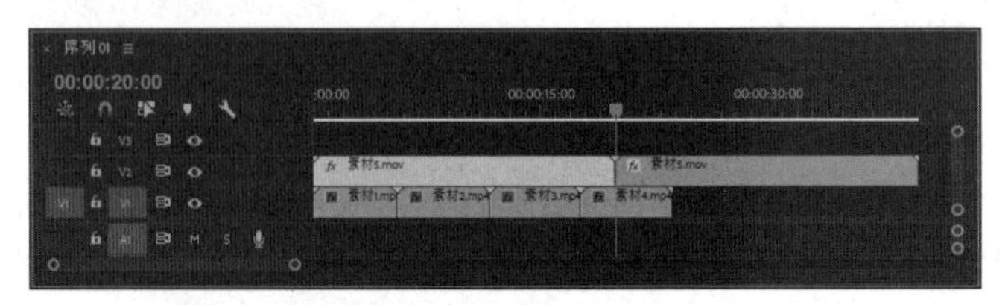

图 8-67　在 V2 轨道上复制“素材 5.mp4”

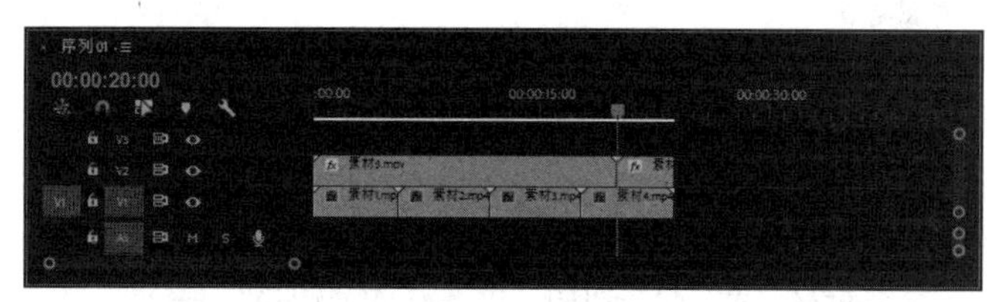

图 8-68　使 V2 轨道上的素材与 V1 轨道上的素材等长

过渡，如图 8-69 所示。接着选择 V2 轨道复制的“素材 5.mp4”起始处的“交叉溶解”视频过渡，按〈Delete〉键删除，如图 8-70 所示。

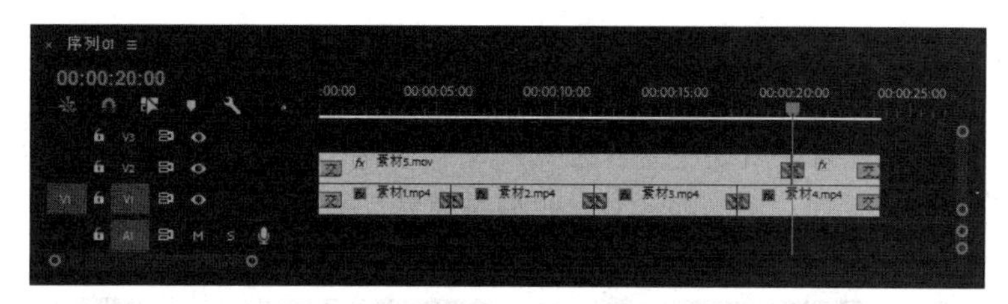

图 8-69　给所有素材添加默认的“交叉溶解”视频过渡

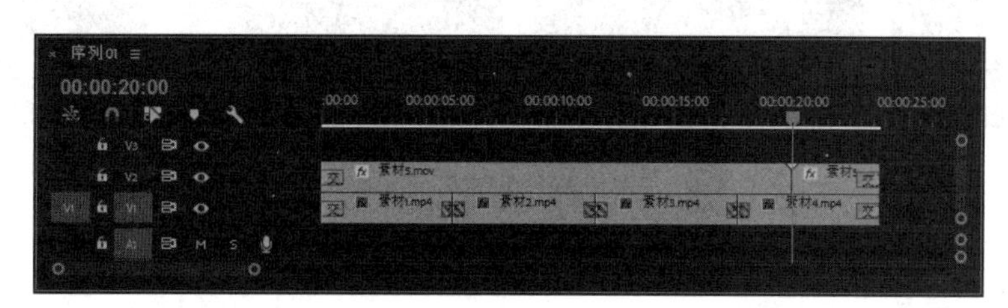

图 8-70　删除“素材 5.mp4”起始处的“交叉溶解”视频过渡的效果

8）将“项目”面板中的“背景音乐 4.mp3”拖入“时间线”面板的 A1 轨道中，入点为 00:00:00:00，然后选择 A1 轨道上的音频素材，按快捷键〈Ctrl+Shift+D〉，从而在音频的起始和结束处都添加默认的“恒定功率”音频过渡，如图 8-71 所示。

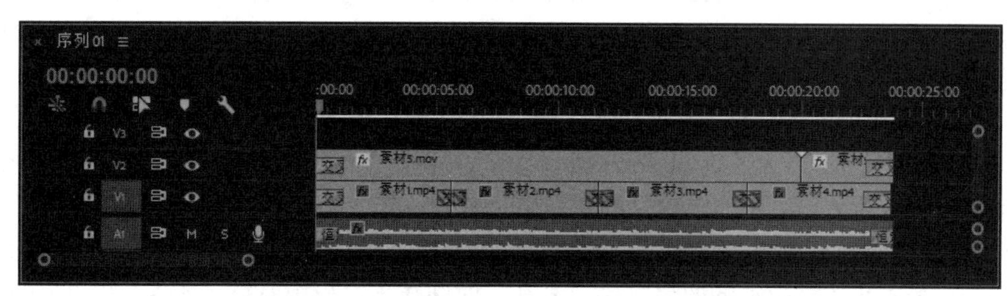

图 8-71　在音频的起始和结束处都添加默认的“恒定功率”音频过渡

9）双击音频结尾处的“恒定功率”音频过渡，然后在弹出的“设置过渡持续时间”对话框中将“持续时间”设置为 00:00:02:00（2s），如图 8-72 所示，单击“确定”按钮。

10）按空格键进行预览。

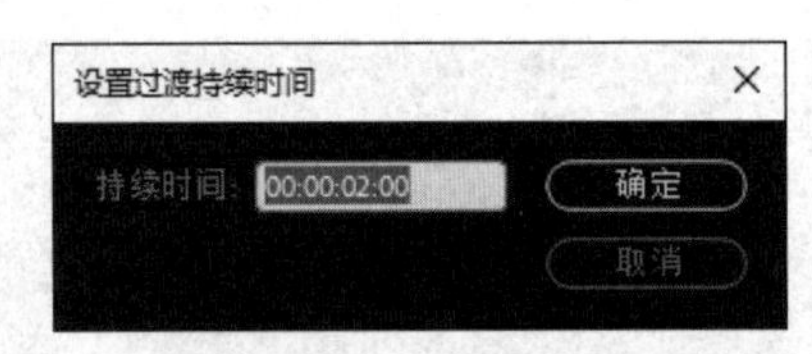

图 8-72　将“持续时间”设置为 00:00:02:00（2s）

11）至此，整个淡入淡出效果制作完毕。接下来选择“文件 | 项目管理”命令，将文件打包。然后选择“文件 | 导出 | 媒体”命令，将其输出为“淡入淡出效果 .mp4”文件。

8.6　制作黑白视频逐渐过渡到彩色视频效果

要点：

本例将对一个黑白视频逐渐过渡到彩色视频效果，如图 8-73 所示。通过本例的学习，读者应掌握利用视频倒放，“黑白”和“颜色键”视频特效的应用。

图 8-73　黑白视频逐渐过渡到彩色视频效果

操作步骤：

1）启动 Premiere CC 2018，然后执行菜单中的“文件 | 新建 | 项目”（快捷键是〈Ctrl+Alt+N〉）命令，新建一个名称为“黑白视频变为彩色视频”的项目文件。接着新建一个预设为“ARRI 1080p 25”的“序列 01”序列文件。

2）导入素材。方法：选择“文件 | 导入”命令，导入网盘中的“源文件 \ 第 8 章 蒙版、校色和光效 \8.6 制作黑白视频逐渐过渡到彩色视频效果 \ 素材 .mp4”和“背景音乐 10.mp3”文件，然后在“项目”面板下方单击（图标视图）按钮，将素材以图标视图的方式进行显示，如图 8-74 所示。

3）将“项目”面板中的“素材 .mp4”和“背景音乐 10.mp3”分别拖入“时间线”面板的 V1 轨道和 A1 轨道，入点为 00:00:00:00，然后按键盘上的〈\〉键，将其在时间线中最大化显示，接着激活 A1 轨道上的（静音轨道）按钮，如图 8-75 所示，取消播放声音。

4）按空格键预览动画，此时可以看到视频中镜头逐渐推近的效果，如图 8-76 所示。而我们需要的是镜头逐渐拉远的效果，接下来在“时间线”面板中右键单击 V1 轨道上的“素材 .mp4”，从弹出的快捷菜单中选择“速度 / 持续时间”命令，然后在弹出的“剪辑速度 / 持续时间”对话框中勾选“倒放速度”复选框，如图 8-77 所示，单击“确定”按钮。最后按空格键预览动画，就可以看到镜头逐渐拉远的效果了，如图 8-78 所示。

5）按住键盘上的〈Alt〉键，将 V1 轨道上的“素材 .mp4”复制到 V2 轨道。然后单击

图 8-74　将素材以图标视图的方式进行显示

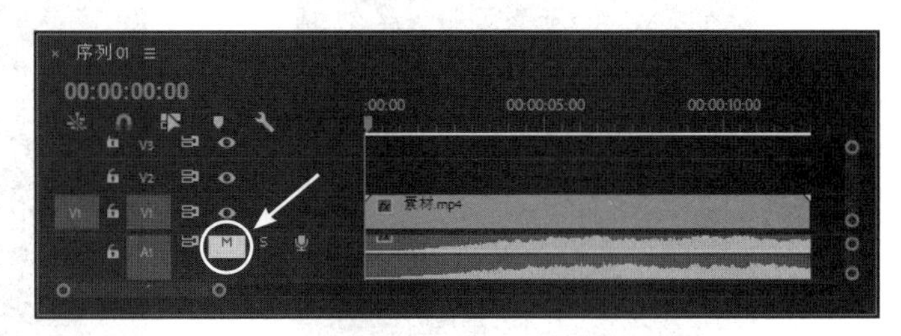

图 8-75　将“素材 .mp4”拖入“时间线”，入点为 00:00:00:00

图 8-76　镜头逐渐推近的效果

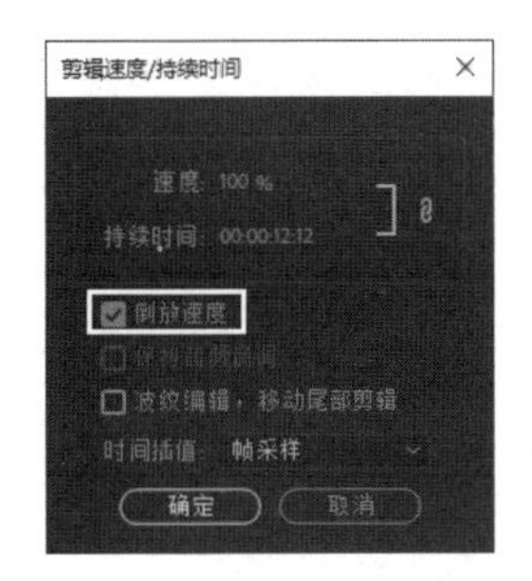

图 8-77　勾选“倒放速度”复选框

图 8-78　镜头逐渐拉远的效果

V2 轨道上的 ，切换为 状态，从而隐藏 V2 轨道的显示，如图 8-79 所示。

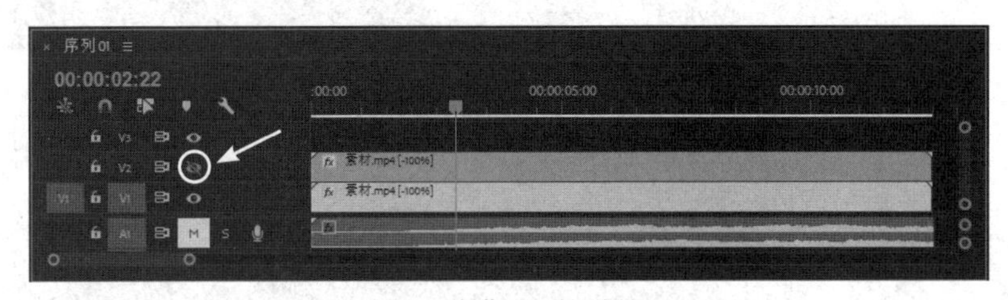

图 8-79　隐藏 V2 轨道的显示

6）制作视频的黑白效果。方法：在“效果”面板搜索栏中输入“黑白”，如图 8-80 所示，然后将“黑白”视频特效拖给 V1 轨道上的“素材 .mp4”，此时画面就呈现出“黑白”效果了，如图 8-81 所示。

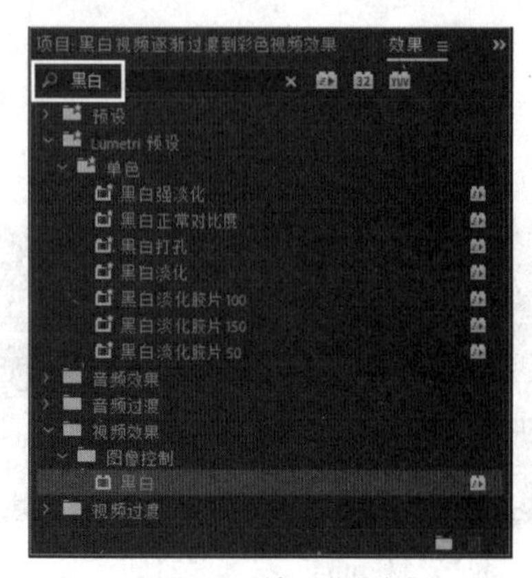

图 8-80　输入“黑白”

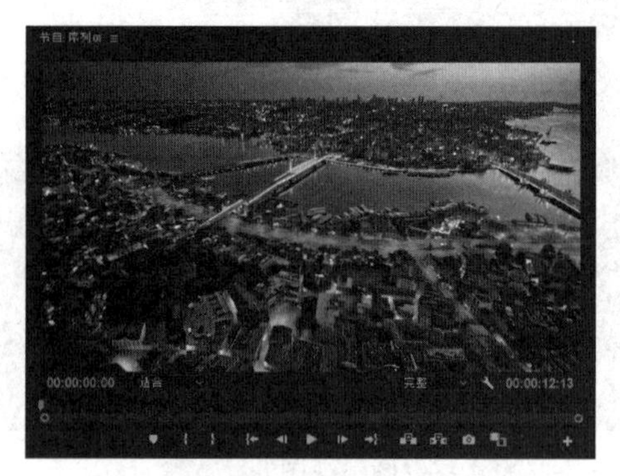

图 8-81　“黑白”效果

7）在“时间线”面板中单击 V2 轨道上的，切换为状态，从而恢复 V2 轨道的显示。然后在“效果”面板搜索栏中输入“颜色键”，如图 8-82 所示。接着将“颜色键”视频特效拖给 V2 轨道上的“素材 .mp4”。

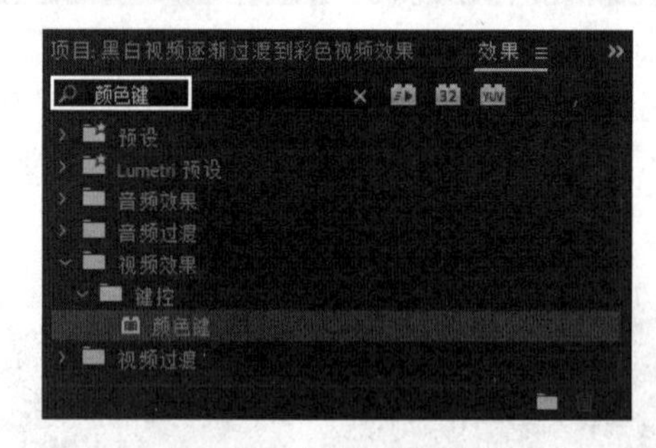

图 8-82　“颜色键”效果

8）选择 V2 轨道上的“素材 .mp4”，然后在“效果控件”面板“颜色键”中单击工具，再在“节目”监视器中吸取灯光的黄色，如图 8-83 所示。接着将“颜色容差”设置为 255，效果如图 8-84 所示。

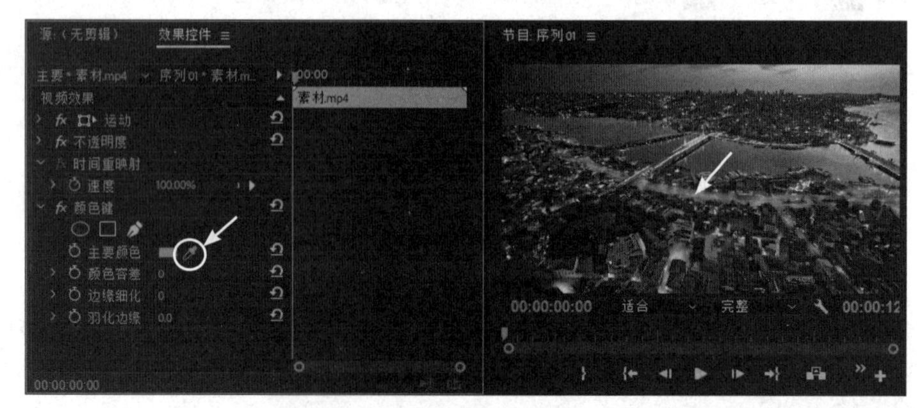

图 8-83　吸取灯光的黄色

图 8-84　将“颜色容差”设置为 255 后的效果

9）制作视频由黑白变为彩色的效果。方法：单击 A1 轨道上的 M（静音轨道）按钮，恢复播放声音。然后按住键盘上的〈Alt〉+〈+〉键，放大 A1 轨道的显示。接着将时间定位在音频开始的 00:00:00:20 的位置，如图 8-85 所示，选择 V2 轨道上的“素材 .mp4”，在“效果控件”面板“颜色键”中单击“颜色容差”前面的按钮，切换为状态，从而添加一个关键帧，如图 8-86 所示。

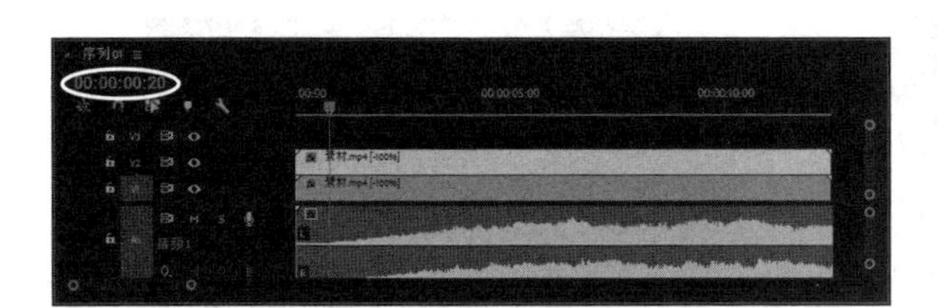

图 8-85　将时间定位在音频开始的 00:00:00:20 的位置

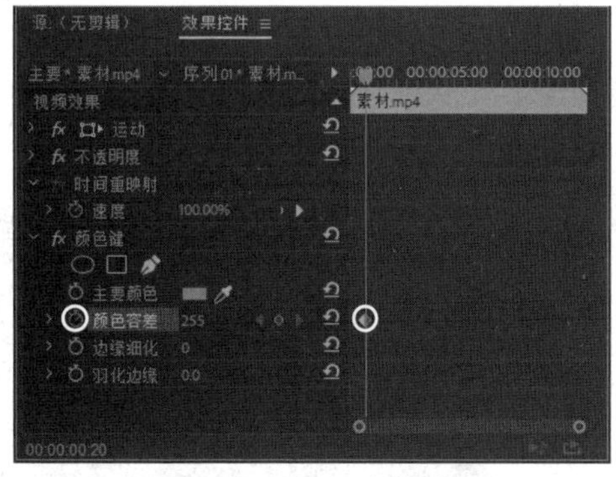

图 8-86　添加一个关键帧

10）将时间定位在 00:00:06:00 的位置，再在“效果控件”面板“颜色键”中单击“颜色容差”后面的（重置参数）按钮，重置参数，如图 8-87 所示，此时画面就变为了彩色，如图 8-88 所示。

11）此时时间线上方会显示一条红线，表示如果按空格键进行预览会出现明显卡顿。接下来执行菜单中的“序列 | 渲染入点到出点”（快捷键是〈Enter〉）命令进行渲染，当渲染完成后就可以进行实时预览了。

12）至此，整个黑白视频逐渐过渡到彩色视频效果制作完毕。接下来选择“文件 | 项目管理”命令，将文件打包。然后选择“文件 | 导出 | 媒体”命令，将其输出为“黑白视频逐渐过渡到彩色视频效果 .mp4”文件。

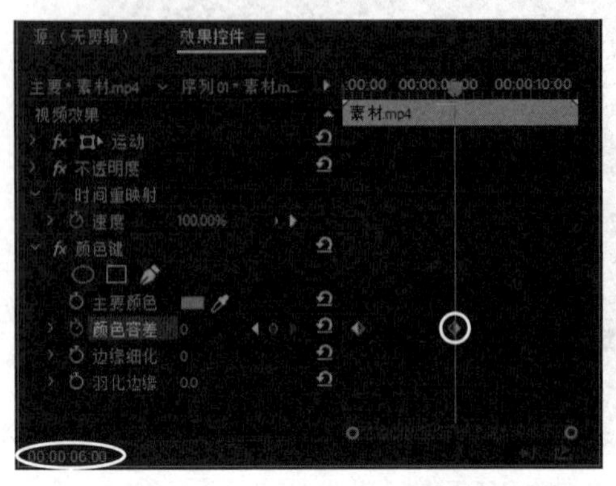

图 8-87　在 00:00:06:00 的位置重置参数

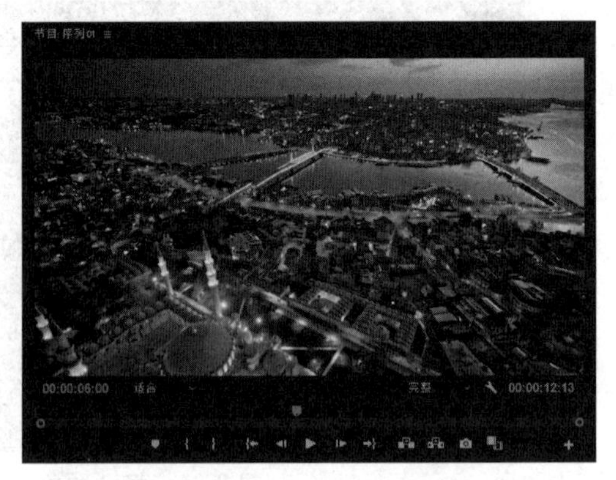

图 8-88　画面变为了彩色

8.7　课后练习

1）利用网盘中的“源文件\第 8 章 蒙版、校色和光效\课后练习\练习 1\素材.mp4”，通过蒙版去除视频中的人物，如图 8-89 所示。结果可参考网盘中的“素材及结果\第 8 章 蒙版、校色和光效\课后练习\练习 1\练习 1.prproj”文件。

2）利用网盘中的“源文件\第 8 章 蒙版、校色和光效\课后练习\练习 2\素材.mp4”，通过蒙版去除视频中的人物，如图 8-90 所示。结果可参考网盘中的“素材及结果\第 8 章 蒙版、校色和光效\课后练习\练习 2\练习 2.prproj”文件。

图 8-89　练习 1 的效果

图 8-90　练习 2 的效果

3）打开网盘中的“源文件\第 8 章 蒙版、校色和光效\课后练习\练习 3\素材.mp4”文件，对其进行校色处理，如图 8-91 所示。结果可参考网盘中的“素材及结果\第 8 章 蒙版、校色和光效\课后练习\练习 3\练习 3.prproj”文件。

4）利用网盘中的“源文件\第 8 章 蒙版、校色和光效\课后练习\练习 4\光芒 1.mp4、光芒 2.mp4、遮罩.mp4、背景音乐.mp3”文件，对其进行校色处理，如图 8-92 所示。结果可参考网盘中的“素材及结果\第 8 章 蒙版、校色和光效\课后练习\练习 4\练习 4.prproj”文件。

5）打开网盘中的“源文件\第 8 章 蒙版、校色和光效\课后练习\练习 5\素材.mp4”文件，对其进行校色处理。结果可参考网盘中的“素材及结果\第 8 章 蒙版、校色和光效\课后练习\练习 5\练习 5.prproj”文件。

校色前

校色后

图 8-91　练习 3 的效果

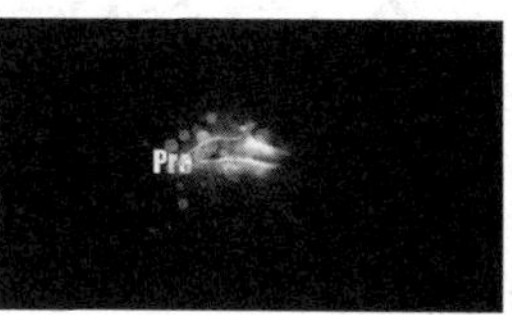

图 8-92　练习 4 的效果

第3部分　综合实例演练

■第9章　综合实例

第9章　综 合 实 例

通过前面 8 章的学习，读者已经基本掌握了 Premiere CC 2018 相关的基础知识。本章将综合运用前面 8 章的知识，展示 5 个综合实例。通过本章学习，读者应能够独立完成相关的剪辑操作。

9.1　制作伴随着打字声音的打字效果

要点：

本例将利用两种方法来制作影视中常见的伴随着打字声音的打字效果，如图 9-1 所示。通过本例学习，可掌握多序列和“裁剪”视频特效，以及添加音频的方法。

图 9-1　伴随着打字声音的打字效果

操作步骤：

1. 制作伴随着打字声音的打字效果方法1

1）启动 Premiere CC 2018，然后执行菜单中的“文件 | 新建 | 项目”（快捷键是〈Ctrl+Alt+N〉）命令，新建一个名称为“伴随着打字声音的打字效果”的项目文件。接着新建一个预设为“ARRI 1080p 25”的“序列 01”序列文件。

2）打开网盘中的“源文件 \ 第 9 章 综合实例 \9.1 制作伴随着打字声音的打字效果 \ 文字 .txt”文件，如图 9-2 所示。然后按快捷键〈Ctrl+A〉全选文字，再按快捷键〈Ctrl+C〉进行复制。接着回到 Premiere CC 2018，选择工具箱中的（文字工具），在“节目”监视器中拖出一个文字区域，最后按快捷键〈Ctrl+V〉进行粘贴，效果如图 9-3 所示。

3）切换到“图形”界面，然后选中文字，在右侧“基本图形”面板的“编辑”选项卡中将“字体”设置为 HYDaHeiJ，“字号”设置为 100，（字符调整）设置为 20，（行距）设置为 15，再单击（水平居中对齐）和（垂直居中对齐）按钮，如图 9-4 所示，将文字在画面中水平居中对齐，效果如图 9-5 所示。

4）将文字素材的持续时间设置为 12s。方法：右键单击“时间线”面板 V1 轨道上的文字素材，然后从弹出的快捷菜单中选择“速度 / 持续时间”命令，接着在弹出的“剪辑速度 / 持续时间”对话框中将“持续时间”设置为 00:00:12:00，如图 9-6 所示，单击“确定”按钮。最后按键盘上的〈\〉键，将文字素材在时间线中最大化显示，如图 9-7 所示。

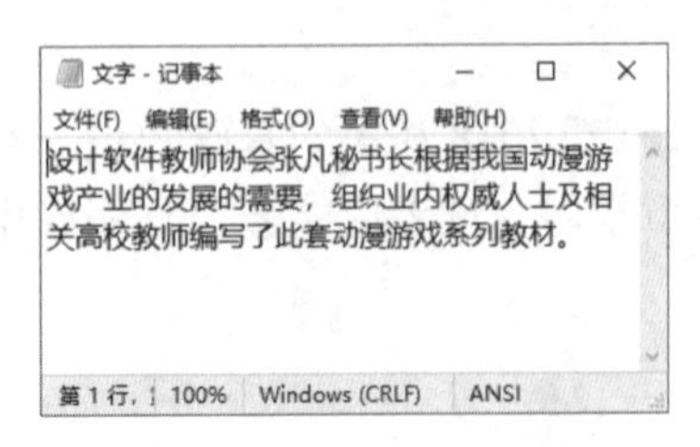

图 9-2　打开“文字 .txt”

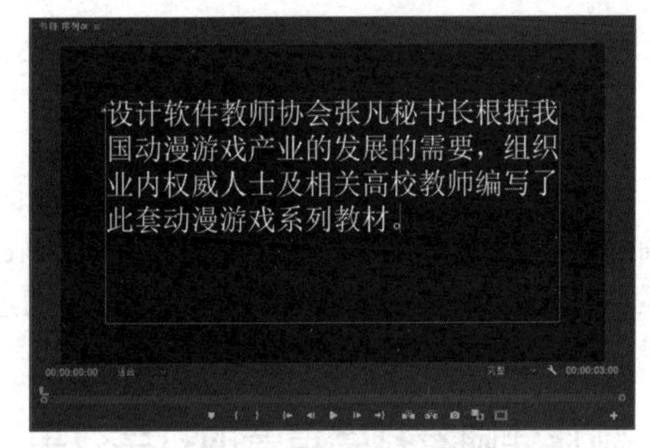

图 9-3　在“节目”监视器中粘贴文字

图 9-4　设置文字属性

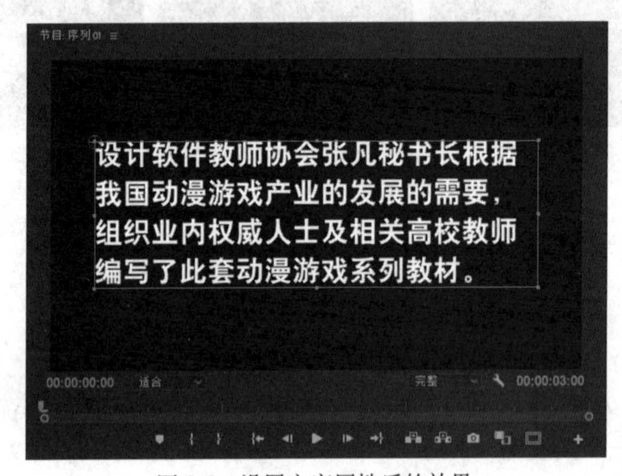

图 9-5　设置文字属性后的效果

图 9-6　将“持续时间”设置为 00:00:12:00

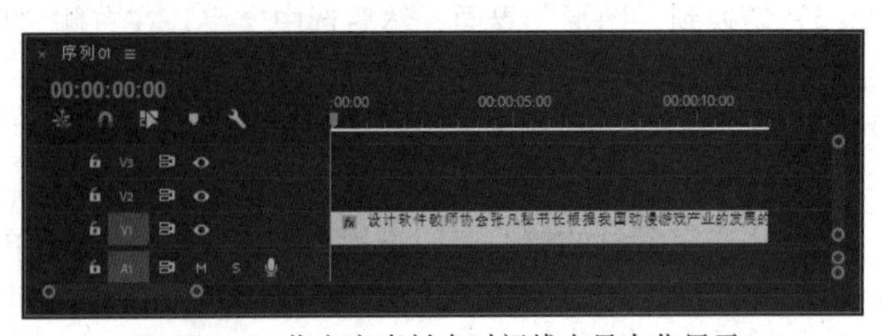

图 9-7　将文字素材在时间线中最大化显示

5）制作只显示第 1 行文字的效果。方法：在“效果”面板的搜索栏中输入“裁剪”，如图 9-8 所示。然后将“裁剪”视频特效拖给“时间线”面板 V1 轨道中的文字素材。接着切换到原来的界面，在“效果控件”面板“裁剪”中将“底部”的数值设置为 63.0%，如图 9-9 所示，此时“节目”监视器中就只会显示第 1 行文字，如图 9-10 所示。

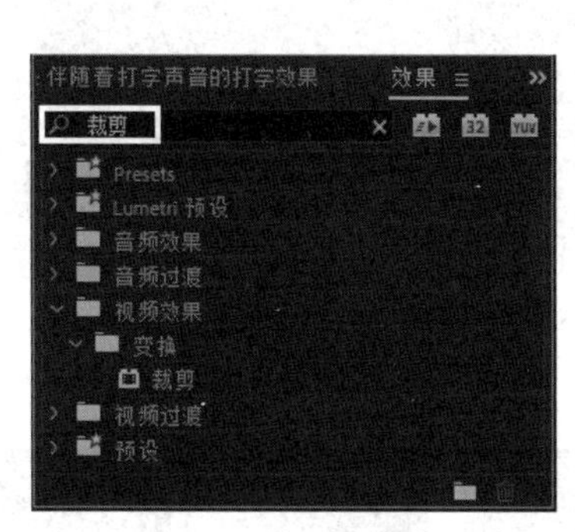

图 9-8　输入“裁剪”

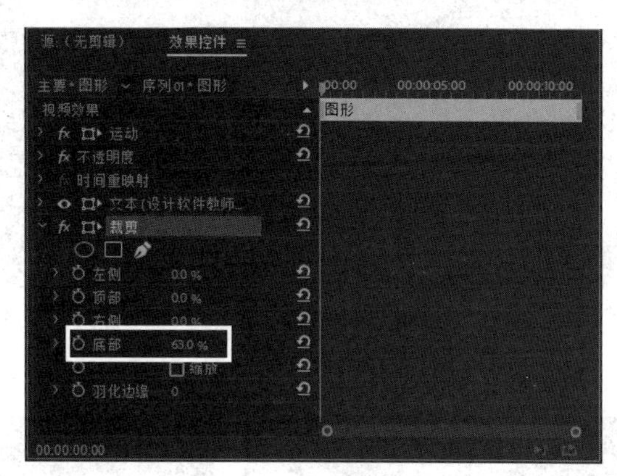

图 9-9　将“底部”的数值设置为 63.0%

图 9-10　将“底部”的数值设置为 63.0% 后的效果

6）制作第 1 行文字逐个出现的效果。方法：从“效果”面板中将“裁剪”视频特效再次拖给“时间线”面板 V1 轨道中的文字素材，从而给它添加第 2 个“裁剪”特效。然后将时间滑块移动到 00:00:00:00 的位置，在“效果控件”面板中单击第 2 个“裁剪”特效“右侧”前面的按钮，插入关键帧，并将“顶部”的数值设置为 92.0%，如图 9-11 所示。接着将时间滑块移动到 00:00:03:00 的位置，将“底部”的数值设置为 10.0%，如图 9-12 所示。

7）按空格键进行预览，即可看到第 1 行文字逐个出现的效果，如图 9-13 所示。

8）制作第 2 行文字的打字效果。方法：按住〈Alt〉键，将 V1 轨道上的文字素材复制到 V2 轨道，然后将时间滑块移动到 00:00:09:00 的位置，将 V2 轨道中文字素材的出点设置为 00:00:09:00，如图 9-14 所示。接着将 V2 轨道上的文字素材往后移动，使之结尾位置与 V1 轨道中的文字素材结尾位置对齐，如图 9-15 所示。

9）制作第 2 行文字逐个出现的效果。方法：选择 V2 轨道中的文字素材，然后在“效

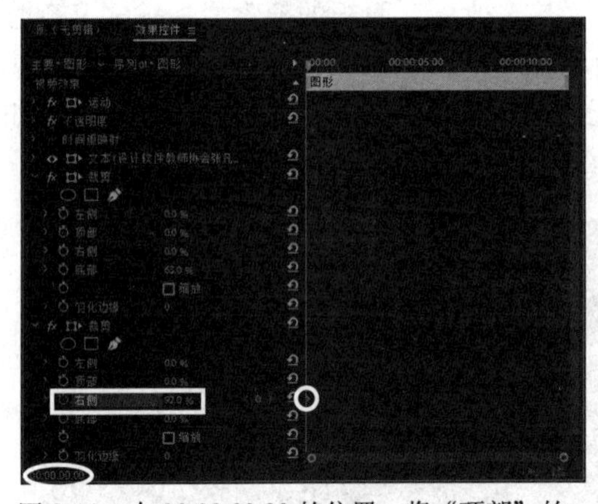

图 9-11　在 00:00:00:00 的位置，将“顶部”的数值设置为 92.0%

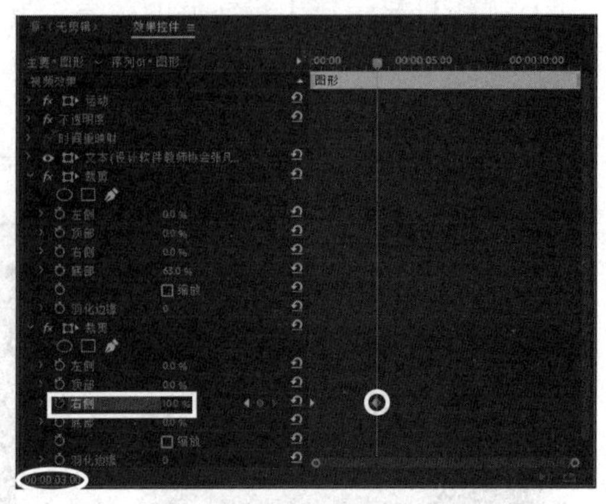

图 9-12　在 00:00:03:00 的位置，将“底部”的数值设置为 10.0% 的效果

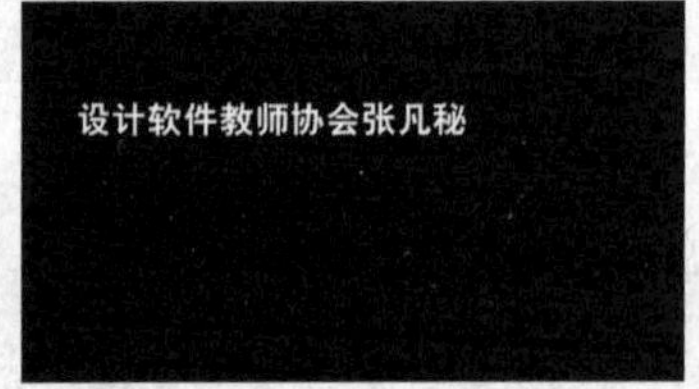

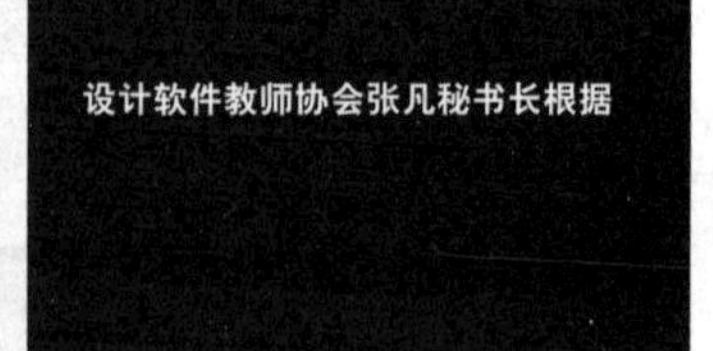

图 9-13　第 1 行文字逐个出现的效果

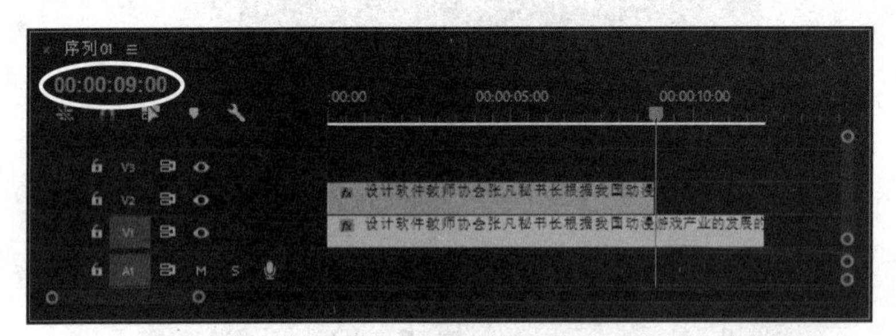

图 9-14　将 V2 轨道中文字素材的出点设置为 00:00:09:00

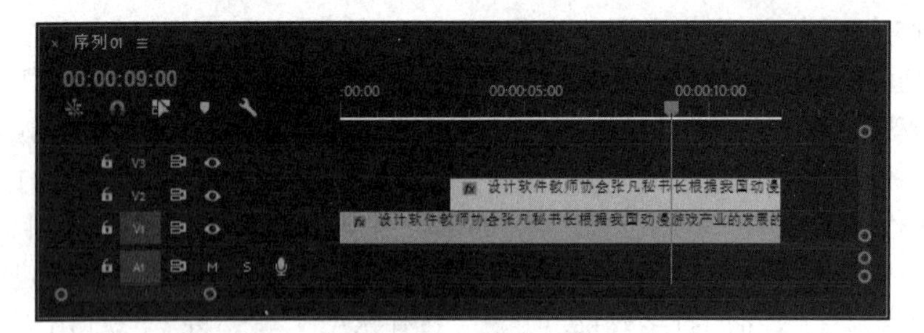

图 9-15　使 V2 轨道和 V1 轨道的文字素材的结尾位置对齐

果控件”面板中选择第 1 个“裁剪”，将“顶部”的数值设置为 35.0%，“底部”的数值设置为 50.0%，如图 9-16 所示。此时“节目”监视器中就会显示第 2 行文字，如图 9-17

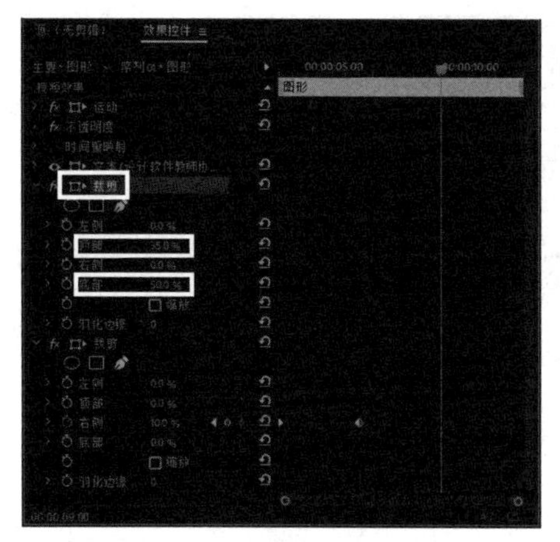

图 9-16　将“顶部”的数值设置为 35.0%，“底部”的数值设置为 50.0%

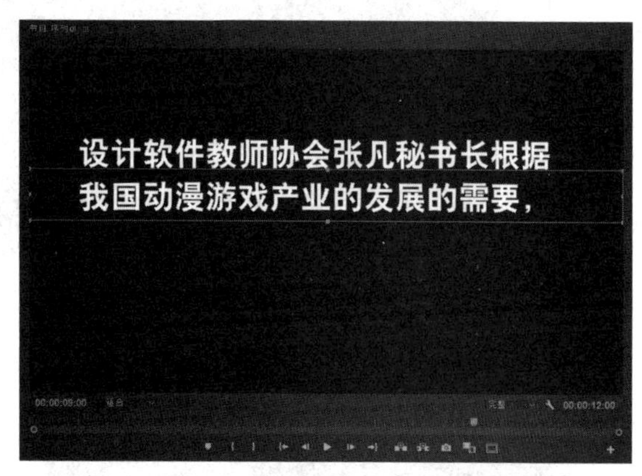

图 9-17　“节目”监视器中显示第 2 行文字

所示。

10）按空格键进行预览，即可看到第 2 行文字逐个出现的效果，如图 9-18 所示。

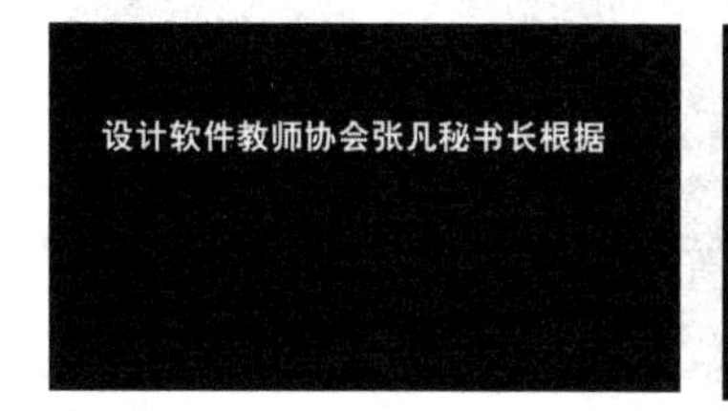

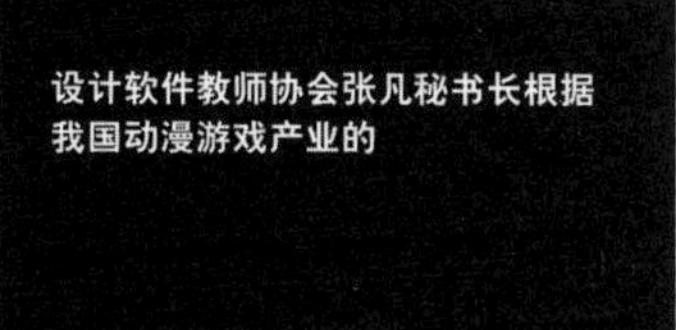

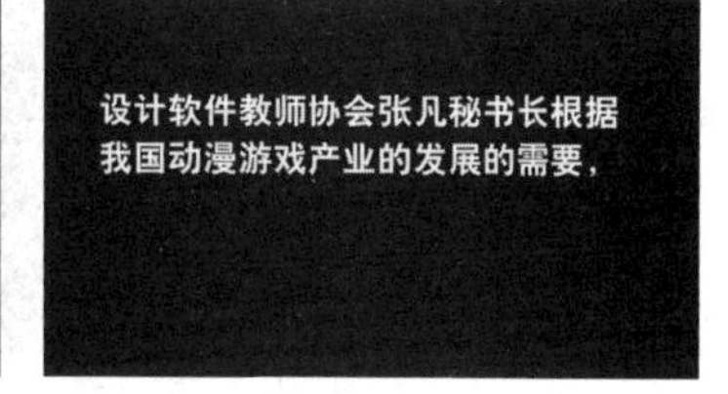

图 9-18　第 2 行文字逐个出现的效果

11）制作第 3 行文字的打字效果。方法：按住〈Alt〉键，将 V2 轨道上的文字素材复制到 V3 轨道，然后将 V3 轨道中文字素材的出点设置为 00:00:09:00，如图 9-19 所示。接着将 V3 轨道上的文字素材往后移动，使之结尾位置与 V2 轨道中的文字素材结尾位置对齐，如图 9-20 所示。

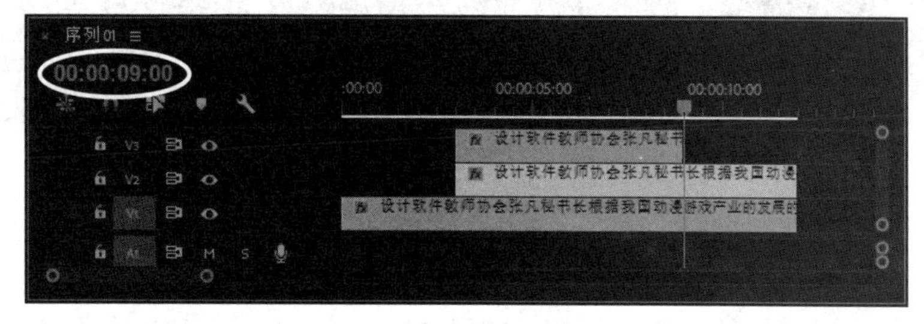

图 9-19　将 V3 轨道中文字素材的出点设置为 00:00:09:00

12）制作第 3 行文字逐个出现的效果。方法：选择 V3 轨道中的文字素材，然后在“效果控件”面板中选择第 1 个“裁剪”，将“顶部”的数值设置为 48.0%，“底部”的数值设置

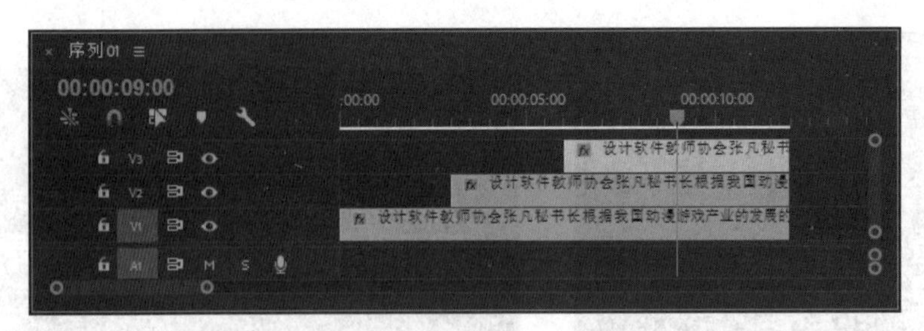

图 9-20 使 V3 轨道和 V2 轨道的文字素材的结尾位置对齐

为 38.0%，如图 9-21 所示。此时“节目”监视器中就会显示第 3 行文字，如图 9-22 所示。

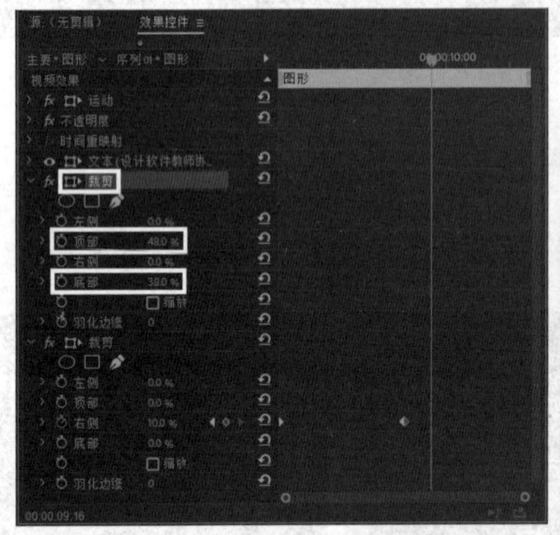

图 9-21 将“顶部”的数值设置为 48.0%，“底部”的数值设置为 38.0%

图 9-22 “节目”监视器中显示第 3 行文字

13）按空格键进行预览，即可看到第 3 行文字逐个出现的效果，如图 9-23 所示。

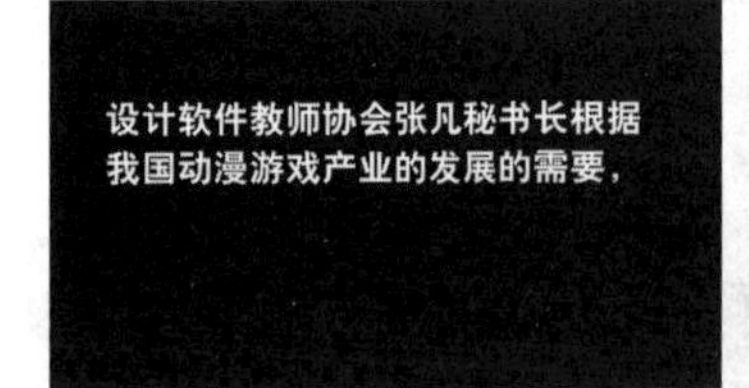

图 9-23 第 3 行文字逐个出现的效果

14）制作第 4 行文字的打字效果。方法：按住〈Alt〉键，将 V3 轨道上的文字素材复制到 V4 轨道，然后将 V4 轨道中文字素材的出点设置为 00:00:09:00，如图 9-24 所示。接着将 V4 轨道上的文字素材往后移动，使之结尾位置与 V3 轨道中的文字素材结尾位置对齐，如图 9-25 所示。

15）制作第 4 行文字逐个出现的效果。方法：选择 V4 轨道中的文字素材，然后在“效果控件”面板中选择第 1 个“裁剪”，将“顶部”的数值设置为 60.0%，“底部”的数值

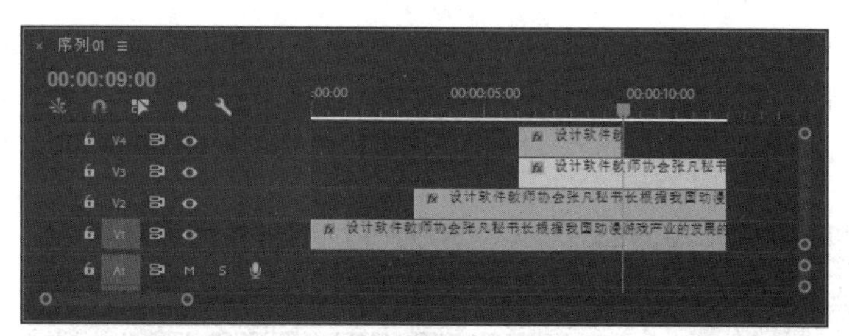

图 9-24　将 V4 轨道中文字素材的出点设置为 00:00:09:00

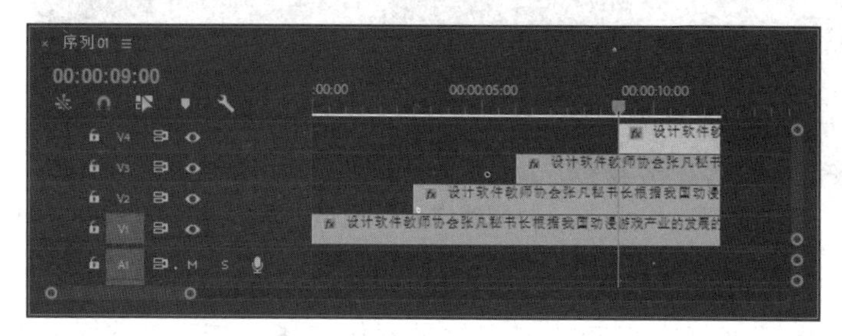

图 9-25　使 V4 轨道和 V3 轨道的文字素材的结尾位置对齐

设置为 26.0%，如图 9-26 所示。此时“节目”监视器中就会显示第 4 行文字，如图 9-27 所示。

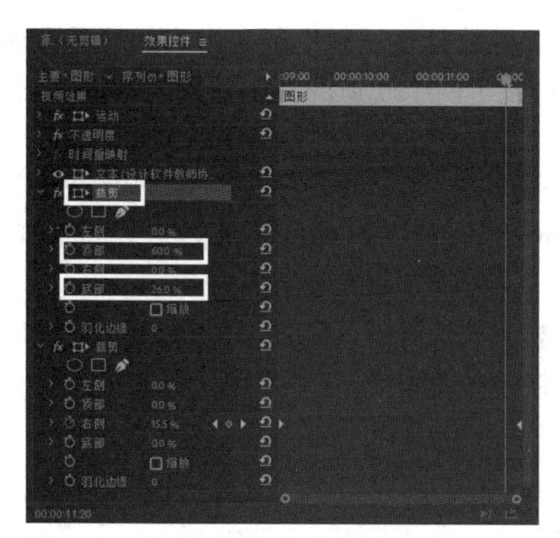

图 9-26　将“顶部”的数值设置为 60.0%，“底部”的数值设置为 26.0%

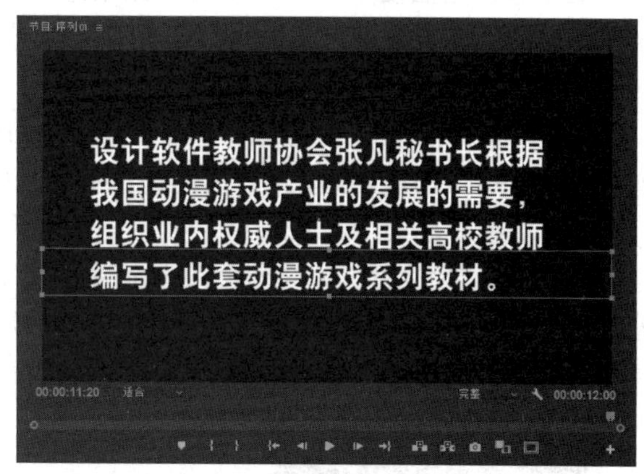

图 9-27　“节目”监视器中显示第 4 行文字

16）按空格键进行预览，即可看到第 4 行文字逐个出现的效果，如图 9-28 所示。

图 9-28　第 4 行文字逐个出现的效果

17）添加打字声音。方法：选择“文件 | 导入”命令，导入网盘中的“素材及结果\第9章 综合实例\9.1 制作伴随着打字声音的打字效果\打字声音.wav”文件。然后将“项目”面板中的“打字声音.wav”拖入时间线“A1”轨道上，入点为00:00:00:00，如图9-29所示。

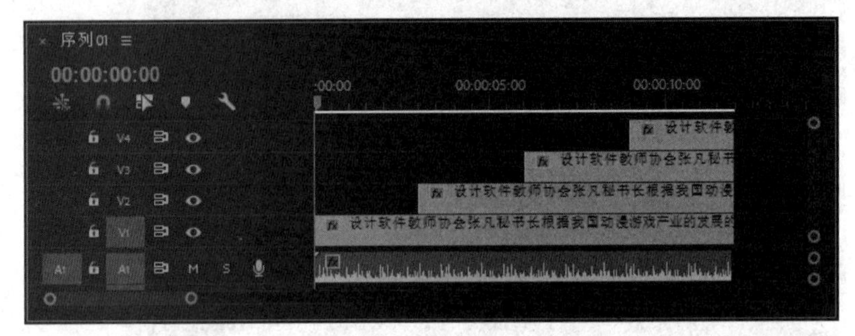

图9-29　将“打字声音.wav”拖入时间线“A1”轨道上，入点为00:00:00:00

18）按空格键进行预览，即可看到伴随着打字声音的逐行打字的效果了。

19）至此，整个伴随着打字声音的打字效果制作完毕。接下来选择“文件 | 项目管理”命令，将文件打包。然后选择“文件 | 导出 | 媒体”命令，将其输出为“伴随着打字声音的打字效果1.mp4”文件。

2. 制作伴随着打字声音的打字效果方法2

上面这种方法使用了4个轨道，如果遇到文字的行数较多，制作起来占用的轨道数会很多，这样不是很方便。此时可以采用接下来这种只使用两个轨道的打字效果的制作方法，具体制作步骤如下。

1）创建“序列02”。方法：单击“项目”面板下方的■（新建项）按钮，从弹出的快捷菜单中选择“序列”命令，新建一个预设为“ARRI 1080p 25”的“序列02”序列文件。此时“项目”面板如图9-30所示 。

2）进入 “序列01”， 选择V1轨道中的文字素材，按快捷键〈Ctrl+C〉进行复制。然后进入 “序列02”， 按快捷键〈Ctrl+V〉进行粘贴。接着按键盘上的〈\〉键，将文字素材在时间线中最大化显示，如图9-31所示。

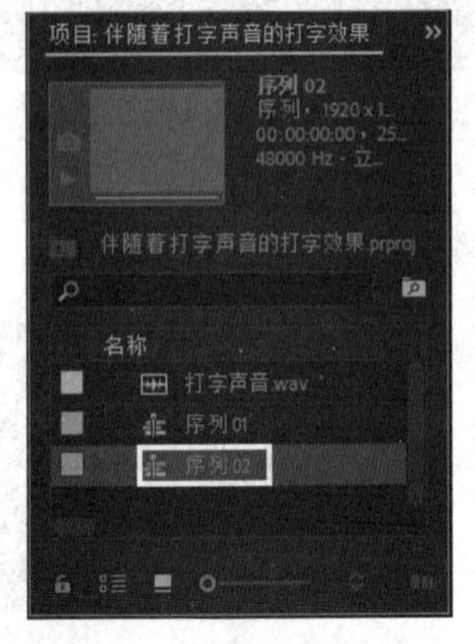

图9-30　创建“序列02”

图9-31　将V1轨道的文字素材复制到V2轨道，并最大化显示

3）利用工具箱中的 （剃刀工具）将 V1 轨道的文字素材从 00:00:03:00 的位置一分为二，然后选择 00:00:03:00 之后的文字素材，按〈Delete〉键进行删除，此时“时间线”面板如图 9-32 所示。

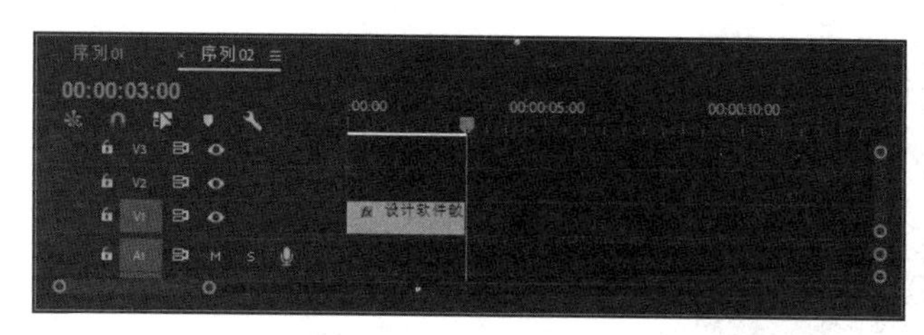

图 9-32　删除 00:00:03:00 之后的文字素材

4）选择 V1 轨道的文字素材，按快捷键〈Ctrl+C〉进行复制。然后按快捷键〈Ctrl+V〉粘贴 3 次，此时“时间线”面板如图 9-33 所示。

图 9-33　“时间线”面板

5）制作只显示第 2 行文字的打字效果。方法：在“时间线”面板中选择 V1 轨道上第 2 段文字素材，如图 9-34 所示。然后在“效果控件”面板中选择第 1 个“裁剪”，将“顶部”的数值设置为 35.0%，“底部”的数值设置为 50.0%，如图 9-35 所示。此时按空格键进行预览，只显示第 2 行文字的打字效果，如图 9-36 所示。

6）制作只显示第 3 行文字的打字效果。方法：在“时间线”面板中选择 V1 轨道上第

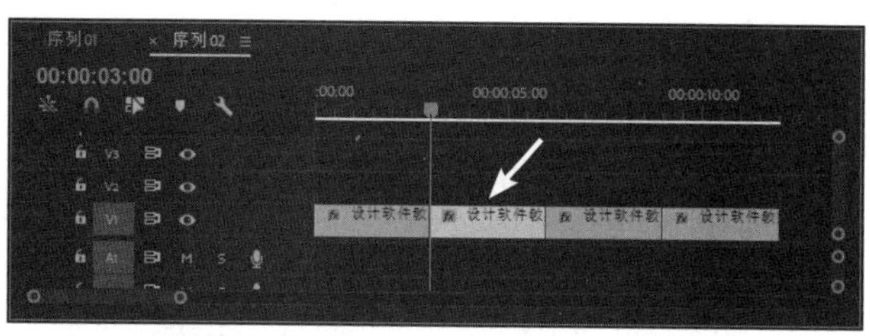

图 9-34　选择 V1 轨道上第 2 段文字素材

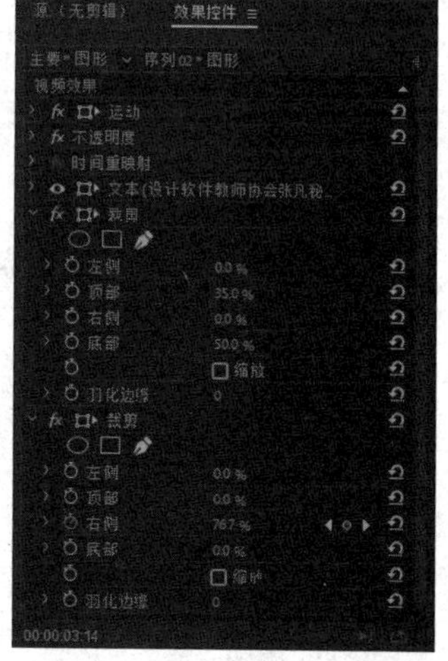

图 9-35　在“效果控件”面板中设置参数

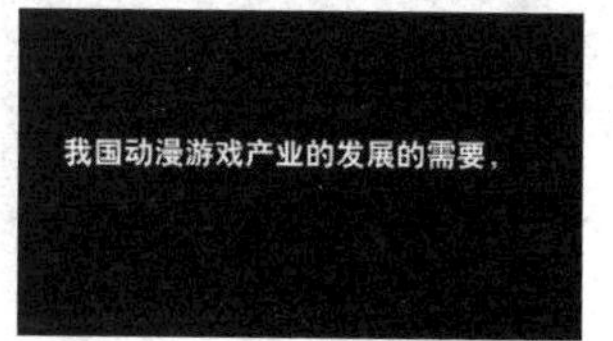

图 9-36　只显示第 2 行文字的打字效果

3 段文字素材。然后在“效果控件”面板中选择第 1 个“裁剪”，将“顶部”的数值设置为 48.0%，“底部”的数值设置为 38.0%，如图 9-37 所示。此时按空格键进行预览，即可看到只显示第 3 行文字的打字效果，如图 9-38 所示。

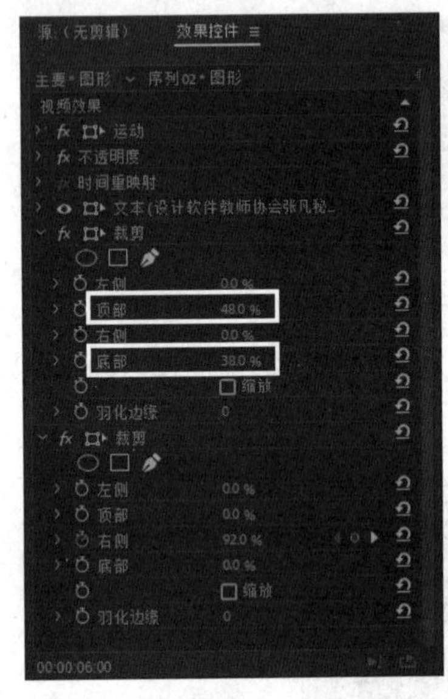

图 9-37　将“顶部”的数值设置为 48.0%，“底部”的数值设置为 38.0%

图 9-38　只显示第 3 行文字的打字效果

7）制作只显示第 4 行文字的打字效果。方法：在“时间线”面板中选择 V1 轨道上第 3 段文字素材。然后在“效果控件”面板中选择第 1 个“裁剪”，将“顶部”的数值设置为 60.0%，“底部”的数值设置为 26.0%，如图 9-39 所示。此时按空格键进行预览，即可看到只显示第 4 行文字的打字效果，如图 9-40 所示。

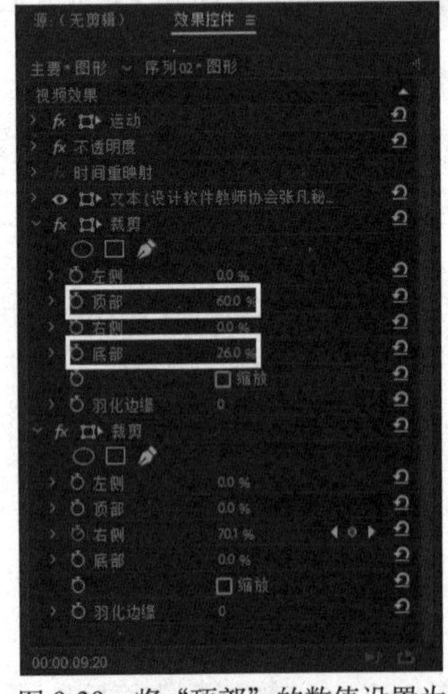

图 9-39　将“顶部”的数值设置为 60.0%，“底部”的数值设置为 26.0%

图 9-40　只显示第 4 行文字的打字效果

8）此时按空格键进行预览，会发现文字换入下一行后，前面的文字便消失了，这是不正常的，接下来解决这个问题。

9）制作打过的文字不消失的效果。方法：在“时间线”面板中选择 V1 轨道的第 1 段文字素材，按快捷键〈Ctrl+C〉进行复制。然后锁定 V1 轨道，再将时间定位在 00:00:03:00 的位置，按快捷键〈Ctrl+V〉进行粘贴。由于文字素材的长度为 3s，此时粘贴文字素材后时间滑块会自动移动到 00:00:06:00 的位置，如图 9-41 所示。接着选中 V2 轨道上粘贴后的素材，在“效果控件”面板中将第 2 个“裁剪”特效进行删除，此时“效果控件”面板如图 9-42 所示。最后按空格键进行预览，即可看到在第 1 行文字不消失的情况下，第 2 行文字逐个出现的效果，如图 9-43 所示。

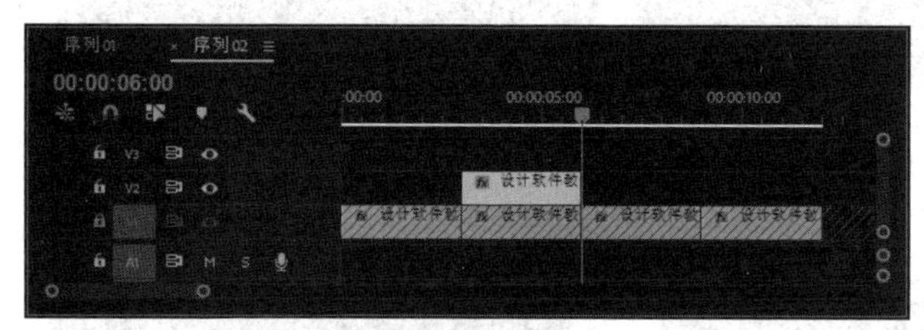

图 9-41　粘贴文字素材

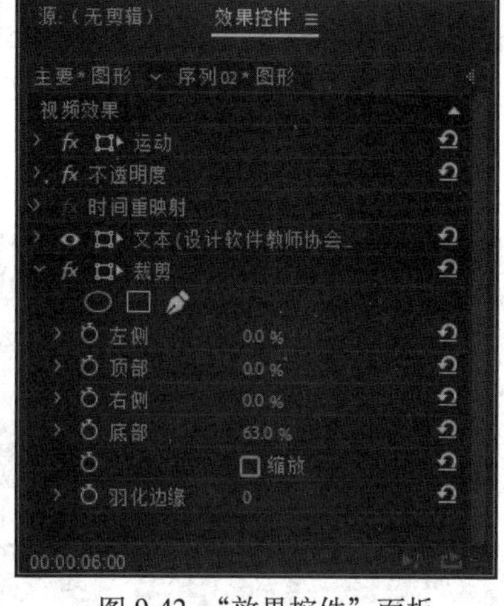

图 9-42　“效果控件”面板

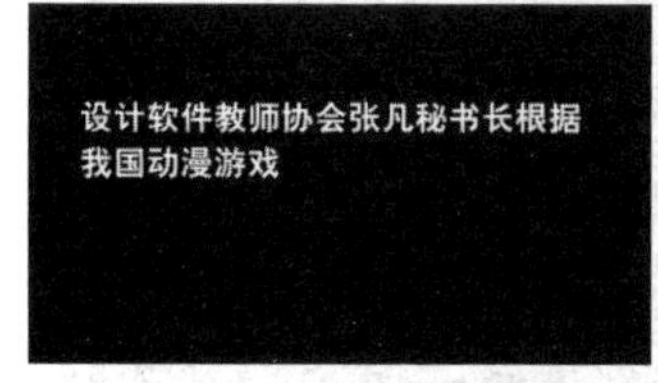

设计软件教师协会张凡秘书长根据
我国动漫游戏产业的发展的需要，

图 9-43　预览效果

10）解锁 V1 轨道，然后选择 V1 轨道上的第 2 段素材，按快捷键〈Ctrl+C〉进行复制，再重新锁定 V1 轨道。接着将时间滑块移动到 00:00:06:00 的位置，按快捷键〈Ctrl+V〉进行粘贴，如图 9-44 所示。最后选中 V2 轨道上粘贴后的素材，在“效果控件”面板中将第 2 个“裁剪”特效删除，并将“裁剪”的“顶部”数值设置为 23.0%，如图 9-45 所示。此时按空格键进行预览，即可看到在第 1、2 行文字不消失的情况下，第 3 行文字逐个出现的效果，如图 9-46 所示。

11）解锁 V1 轨道，然后选择 V1 轨道上的第 3 段素材，按快捷键〈Ctrl+C〉进行复制，再重新锁定 V1 轨道。接着将时间滑块移动到 00:00:09:00 的位置，按快捷键〈Ctrl+V〉进行粘贴，如图 9-47 所示。最后选中 V2 轨道上粘贴后的素材，在“效果控件”面板中将第 2 个“裁剪”特效删除，并将“裁剪”的“顶部”数值设置为 23.0%，如图 9-48 所示。此时按空格键进行预览，即可看到在前 3 行文字不消失的情况下，第 4 行文字逐个出现的效果，如图 9-49 所示。

12）添加打字声音。方法：选择“文件 | 导入”命令，导入网盘中的“素材及结果 \ 第 9 章 综合实例 \9.1 制作伴随着打字声音的打字效果 \ 打字声音 .wav”文件。然后将“项目”面板中的“打字声音 .wav”拖入时间线“A1”轨道上，入点为 00:00:00:00，如图 9-50 所示。

13）按空格键进行预览，即可看到伴随着打字声音的逐行打字的效果了。

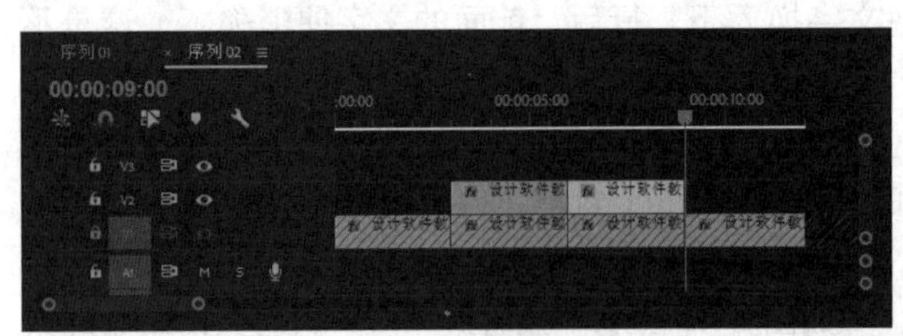

图 9-44　粘贴文字素材

设计软件教师协会张凡秘书长根据
我国动漫游戏产业的发展的需要，
组织业内权威

设计软件教师协会张凡秘书长根据
我国动漫游戏产业的发展的需要，
组织业内权威人士及相关高校教师

图 9-46　预览效果

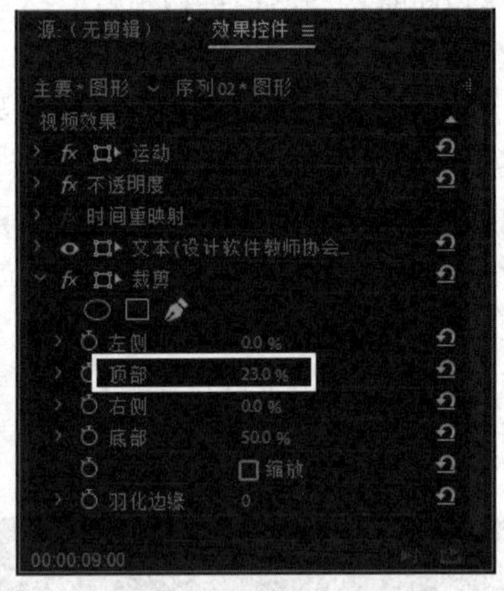

图 9-45　将“裁剪”的“顶部”数值设置为 23.0%

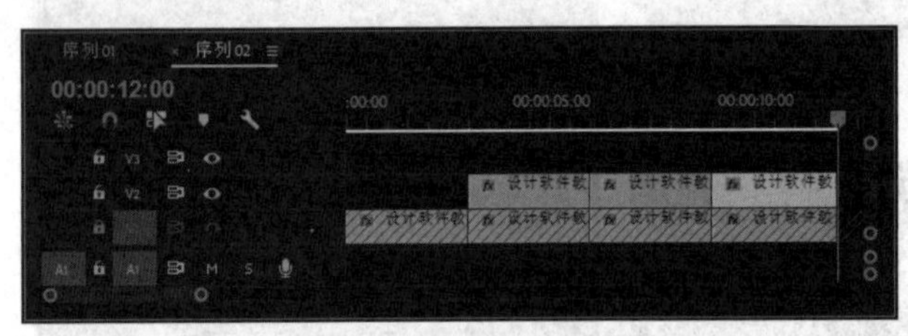

图 9-47　粘贴文字素材

设计软件教师协会张凡秘书长根据
我国动漫游戏产业的发展的需要，
组织业内权威人士及相关高校教师
编写了此套动漫游

设计软件教师协会张凡秘书长根据
我国动漫游戏产业的发展的需要，
组织业内权威人士及相关高校教师
编写了此套动漫游

图 9-49　预览效果

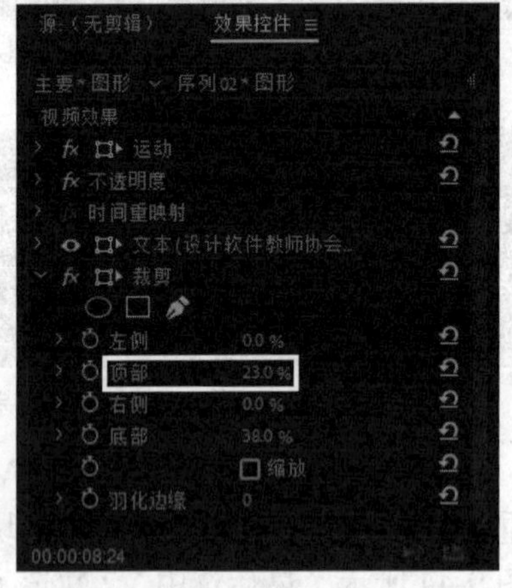

图 9-48　将“裁剪”的“顶部”数值设置为 23.0%

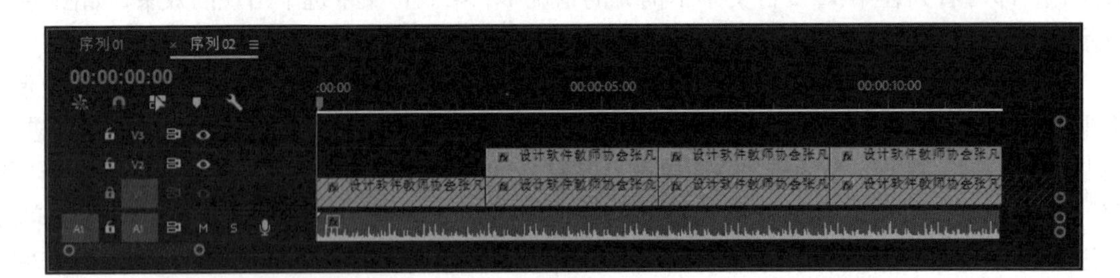

图 9-50　将“打字声音 .wav”拖入时间线“A1”轨道上，入点为 00:00:00:00

14）至此，整个伴随着打字声音的打字效果制作完毕。接下来选择“文件 | 项目管理”命令，将文件打包。然后选择“文件 | 导出 | 媒体”命令，将其输出为“伴随着打字声音的打字效果 2.mp4”文件。

9.2　制作人物分身效果

要点：

本例将制作一个人物分身效果，如图 9-51 所示。通过本例的学习，读者可掌握添加标记、利用（自由绘制贝塞尔曲线）工具绘制蒙版和“添加帧定格”命令的应用。

图 9-51　人物分身效果

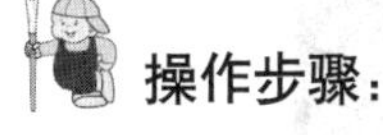

操作步骤：

1）启动 Premiere CC 2018，然后执行菜单中的“文件 | 新建 | 项目”（快捷键是〈Ctrl+Alt+N〉）命令，新建一个名称为“人物分身”的项目文件。接着新建一个预设为“ARRI 1080p 25”的“序列 01”序列文件。

2）导入素材。方法：选择“文件 | 导入”命令，导入网盘中的“源文件 \ 第 9 章 综合实例 \9.2 制作人物分身效果 \ 素材 .mp4”文件。

提示：“素材 .mp4”素材是一个人物从右往左行走的动画。

3）将“项目”面板中的“素材 .mp4”拖入“时间线”面板的 V1 轨道中，入点为 00:00:00:00，然后按键盘上的〈\〉键，将其在时间线中最大化显示。

4）在时间线中拖动时间滑块，然后在人物行走比较清晰的 00:00:02:11 和 00:00:04:03 的位置单击（添加标记）按钮（快捷键是〈M〉），添加标记，如图 9-52 所示。

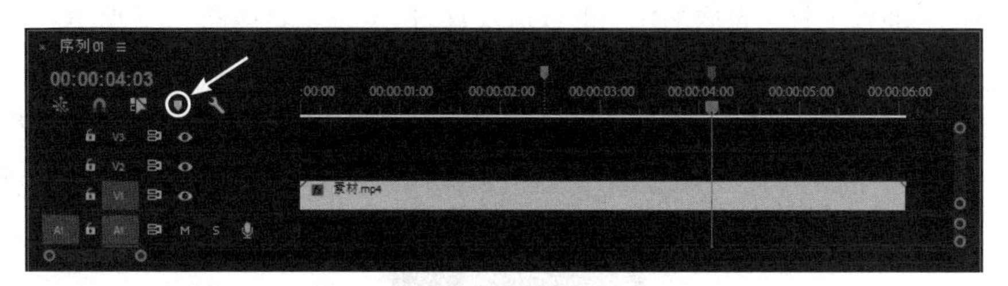

图 9-52　在 00:00:02:11 和 00:00:04:03 的位置添加标记

5）按住键盘上的〈Alt〉键，将 V1 轨道上的素材复制到 V2 轨道，然后将时间定位在 00:00:02:11 的位置，单击右键，从弹出的快捷菜单中选择“添加帧定格”命令，此时 V2 轨道的“素材 .mp4”会在 00:00:02:11 的位置被一分为二，00:00:02:11 后的帧均显示为 00:00:02:11 帧画面（也就是定格在 00:00:02:11 帧画面）。接着选择 V2 轨道上 00:00:02:11 之前的素材，按〈Delete〉键进行删除，如图 9-53 所示。

6）将 V2 轨道上 00:00:02:11 之后的素材往左移动，入点为 00:00:00:00，如图 9-54 所示。

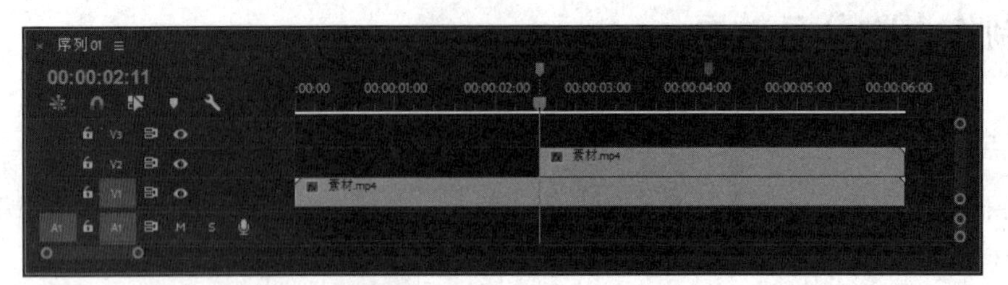

图 9-53　删除 00:00:02:11 之前的素材

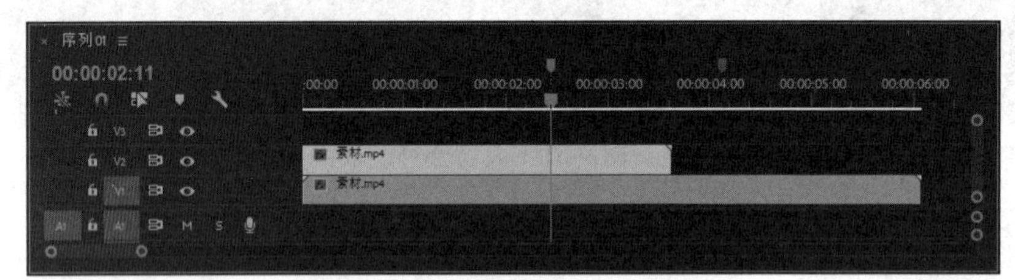

图 9-54　将入点设置为 00:00:00:00

然后将素材的出点设置为 00:00:02:11，如图 9-55 所示。

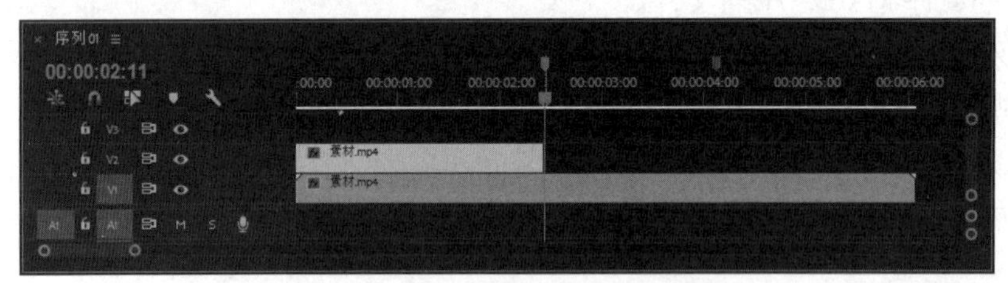

图 9-55　将出点设置为 00:00:02:11

7）在 V2 轨道上选择素材，然后在“效果控件”面板中选择 （自由绘制贝塞尔曲线）工具，再在“节目”监视器中绘制封闭的人物蒙版，如图 9-56 所示。接着为了避免出现白边，在“效果控件”面板中将“蒙版羽化”的数值设置为 2.0 像素，如图 9-57 所示。

提示：在绘制封闭的人物蒙版时要注意在人物左侧和两腿之间绘制时要尽量贴近身体，而在人物右侧只要绘制出大体形状就可以了。当封闭的蒙版绘制完成后，蒙版以内的区域为 V2 轨道上素材的显示区域，蒙版以外的区域为 V2 轨道上素材的隐藏区域。此时可以暂时隐藏 V1 轨道的显示，查看一下效果，如图 9-58 所示。

图 9-56　绘制封闭的人物蒙版

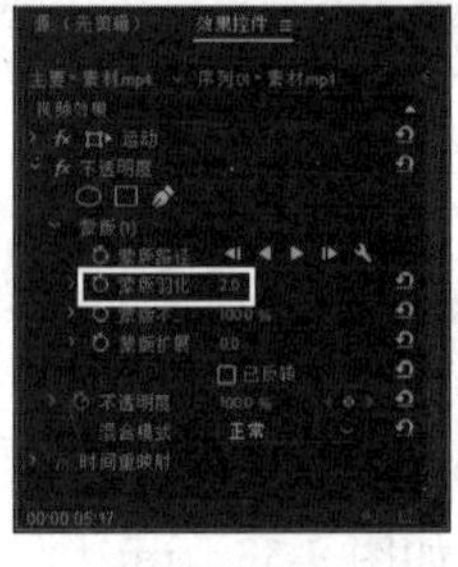

图 9-57　将“蒙版羽化”的数值设置为 2.0 像素

图 9-58　隐藏 V1 轨道的显示

8）按空格键进行预览，就可以看到人物行走到分身时，分身消失的效果，如图 9-59 所示。

图 9-59 人物分身效果

9）同理，按住键盘上的〈Alt〉键，将 V1 轨道上的素材复制到 V3 轨道，然后将时间定位在 00:00:04:03 的位置，单击右键，从弹出的快捷菜单中选择“添加帧定格”命令。接着选择 V2 轨道上 00:00:04:03 之前的素材，按〈Delete〉键进行删除。再将 V3 轨道的 00:00:04:03 之后的素材往前移动，入点设置为 00:00:00:00。最后将素材的出点设置为 00:00:04:03，如图 9-60 所示。

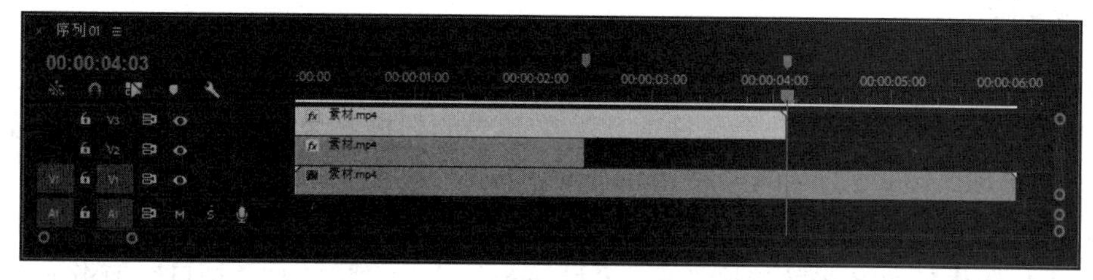

图 9-60 对 V3 轨道的素材进行定格处理，并将入点设置为 00:00:00:00，出点设置为 00:00:04:03

10）在 V3 轨道上选择素材，然后在“效果控件”面板中选择（自由绘制贝塞尔曲线）工具，再在“节目”监视器中绘制封闭的人物蒙版，为了便于观看效果，此时可以暂时隐藏 V1 轨道的显示，如图 9-61 所示。接着为了避免出现白边，在“效果控件”面板中将“蒙版羽化”的数值设置为 2.0 像素，效果如图 9-62 所示。

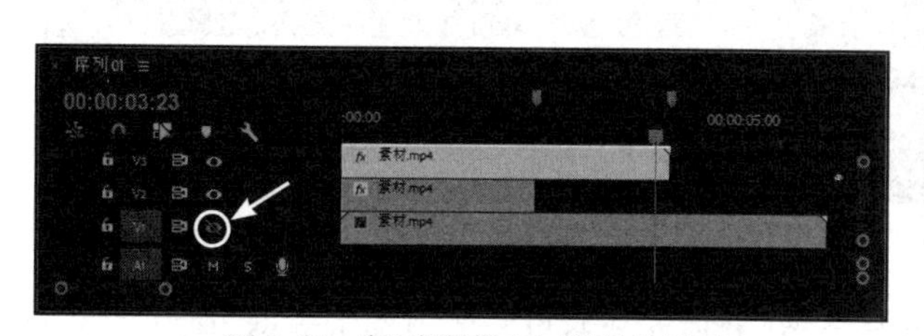

图 9-61 暂时隐藏 V1 轨道的显示

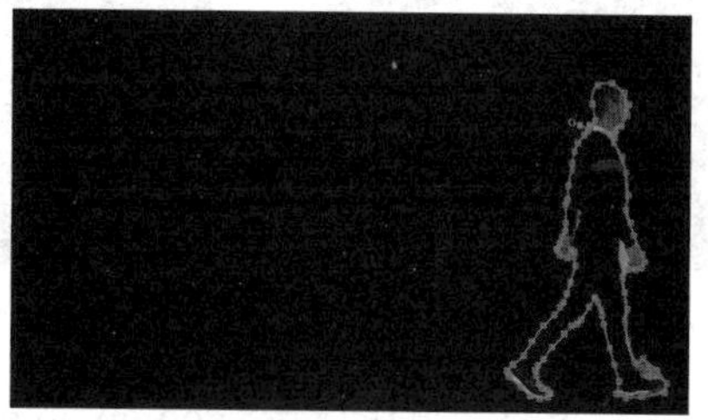

图 9-62 将“蒙版羽化”的数值设置为 2.0 像素的效果

11）在“时间线”面板中单击 V1 轨道单击按钮，切换为状态，从而恢复 V1 轨道的显示。

12）按空格键进行预览。

13）至此，整个人物分身效果制作完毕。接下来选择“文件 | 项目管理”命令，将文件打包。然后选择“文件 | 导出 | 媒体”命令，将其输出为“人物分身效果 .mp4”文件。

9.3 制作手掌 X 光的扫描效果

要点：

本例将制作一个手机扫描的手掌 X 光的效果，如图 9-63 所示。通过本例的学习，读者应掌握 Photoshop 中“操控变形”命令,Premiere 中导出静止帧、“超级键”和“色彩”视频特效的应用。

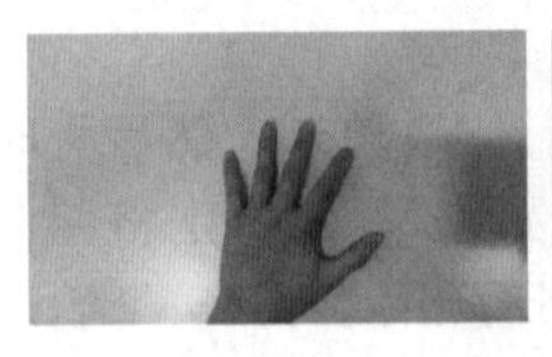

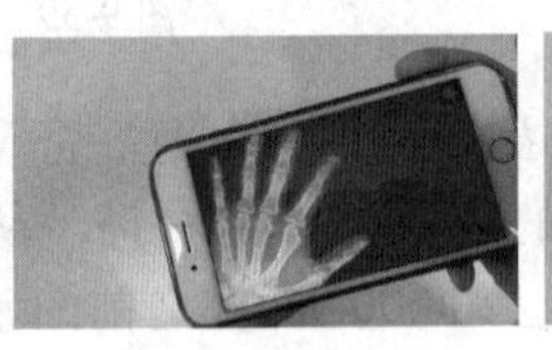
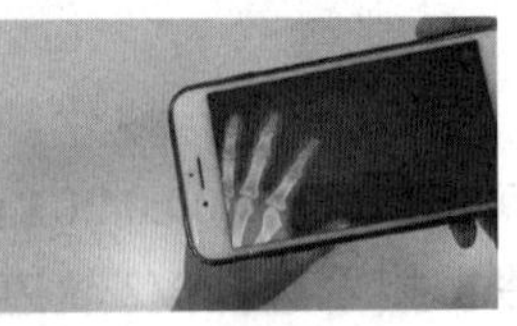

图 9-63 手掌 X 光的扫描效果

操作步骤：

1）启动 Premiere CC 2018，然后执行菜单中的“文件 | 新建 | 项目”（快捷键是〈Ctrl+Alt+N〉）命令，新建一个名称为“手掌 X 光的扫描效果”的项目文件。接着新建一个预设为“ARRI 1080p 25”的“序列 01”序列文件。

2）导入素材。方法：选择“文件 | 导入”命令，导入网盘中的“源文件 \ 第 9 章 综合实例 \9.3 制作手掌 X 光的扫描效果 \ 素材 .mp4”文件，接着在“项目”面板下方单击（图标视图）按钮，将素材以图标视图的方式进行显示，如图 9-64 所示。

3）将“项目”面板中的“素材 .mp4”拖入“时间线”面板的 V2 轨道中，入点为 00:00:00:00，然后按键盘上的〈\〉键，将其在时间线中最大化显示，如图 9-65 所示。

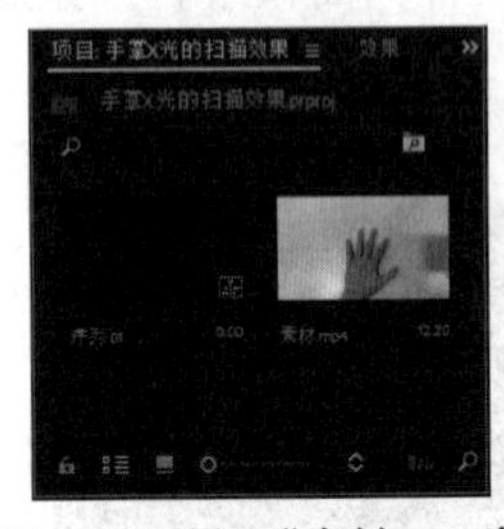

图 9-64 导入“素材 .mp4”

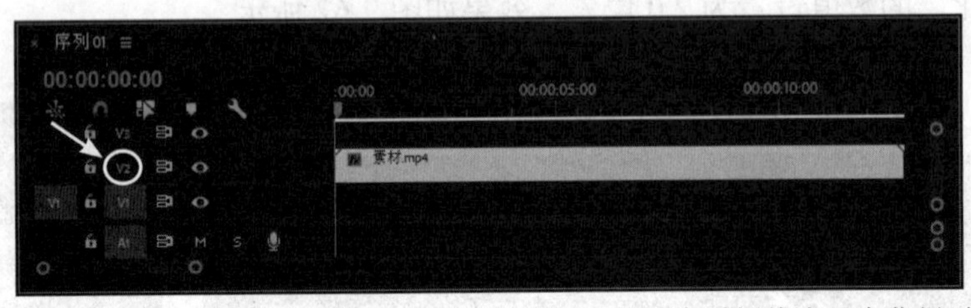

图 9-65 将“素材 .mp4”拖入“时间线”面板并在时间线中最大化显示

4）将时间滑块移动到 00:00:00:00 的位置,然后在“节目”监视器下方单击（导出帧）按钮,如图 9-66 所示,接着在弹出的“导出帧”对话框中将导出帧的“名称”设置为“参考”,“格式”设置为“JPEG”,“路径”设置为“D：”，如图 9-67 所示，单击“确定”按钮。

5）启动 Photoshop CC 2018,然后执行菜单中的“文件 | 打开”命令,打开前面保存的“参考 .jpg”图片,接着执行菜单中的“文件 | 置入嵌入的对象”命令,导入网盘中的“源文件 \ 第 9 章 综合实例 \9.3 制作手掌 X 光的扫描效果 \ 手掌 .jpg”文件,再在“图层”面板中将“不透明度”设置为 50%，效果如图 9-68 所示。最后调整一下置入图片的大小和角度，使之与背景中的手掌大体匹配，如图 9-69 所示，再按〈Enter〉键确认操作 。

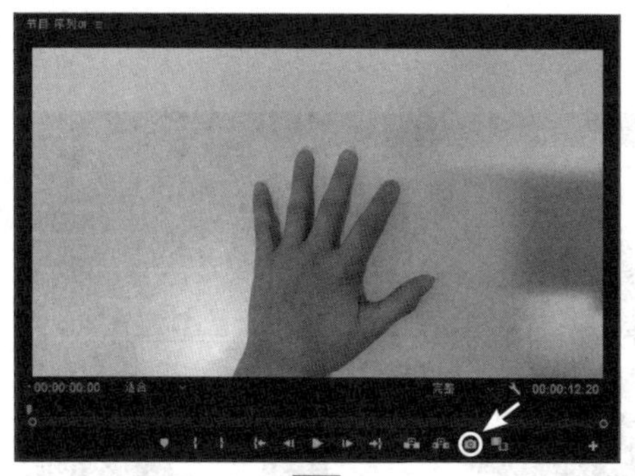

图 9-66　单击（导出帧）按钮

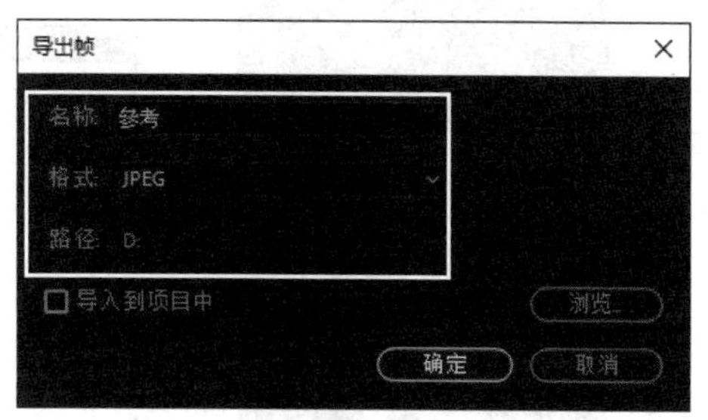

图 9-67　设置“导出帧”参数

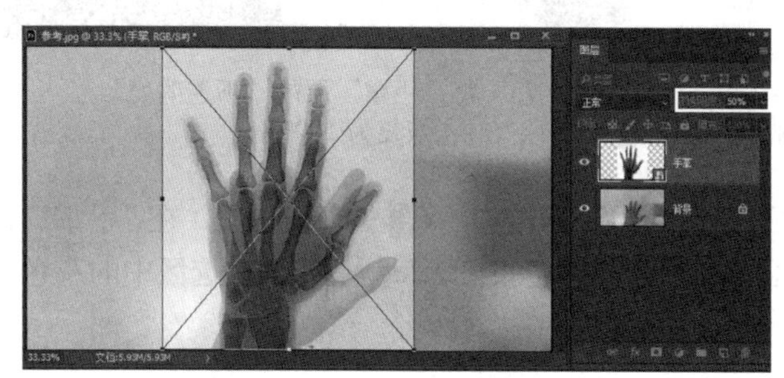

图 9-68　置入图片并将“不透明度”设置为 50%

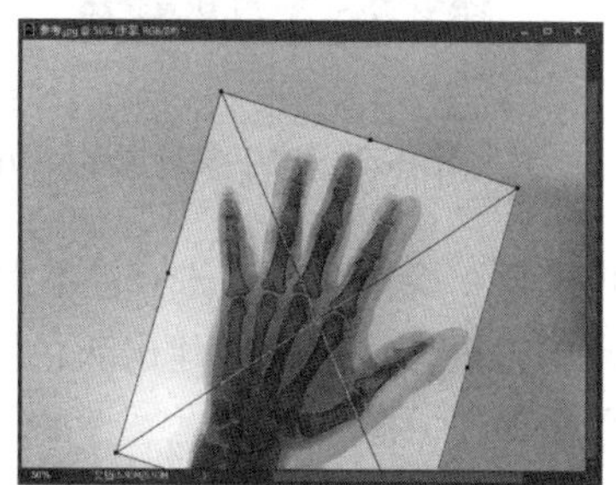

图 9-69　调整图片使之与背景中的手掌大体匹配

6）利用“操控变形”命令将手掌骨骼与手掌进行匹配。方法：执行菜单中的“编辑|操控变形”命令，然后在 5 个手指骨骼的关节处添加图钉，如图 9-70 所示。接着通过调整图钉的位置使手掌的骨骼与手掌尽量匹配，如图 9-71 所示。最后按〈Enter〉键确认操作。

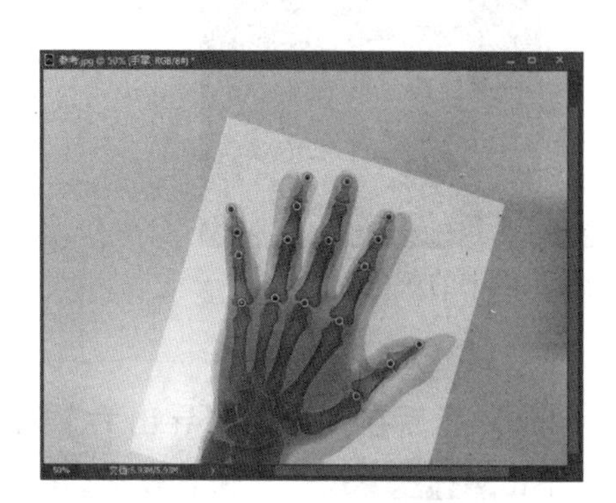

图 9-70　在 5 个手指骨骼的关节处添加图钉

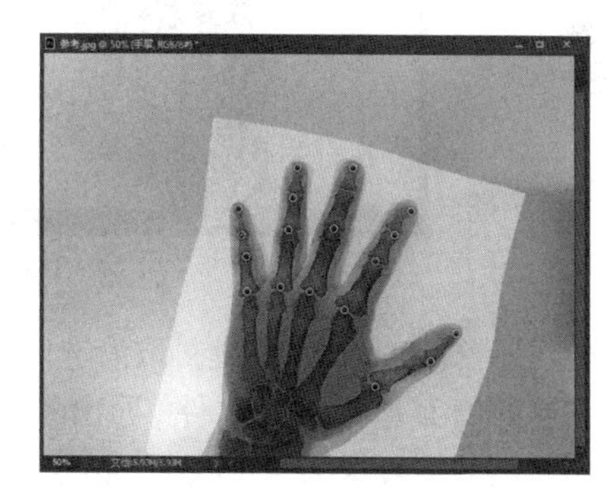

图 9-71　调整图钉的位置使手掌的骨骼与手掌尽量匹配

7）在“图层”面板下方单击（创建新图层）按钮，新建“图层 1”层，然后按〈Ctrl+Delete〉快捷键，用背景色的白色填充图层，接着将其移动到“手掌”层的下方，如图 9-72 所示。最后将“手掌”层的“不透明度”恢复为 100%，此时可以看到手掌四周会出现多余的灰色区域，如图 9-73 所示。

8）去除手掌四周多余的灰色。方法：右键单击“手掌”层，从弹出的快捷菜单中选择“栅

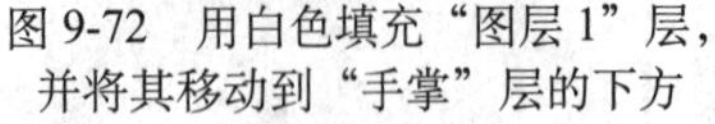

图 9-72　用白色填充“图层 1”层，并将其移动到“手掌”层的下方

图 9-73　将“手掌”层的“不透明度”恢复为 100%

格化图层”命令，然后选择“手掌”层，利用工具箱中的（魔棒工具）在“手掌”的灰色区域单击鼠标，从而创建出灰色区域的选区。接着按〈Delete〉键删除选区中的灰色，效果如图 9-74 所示。

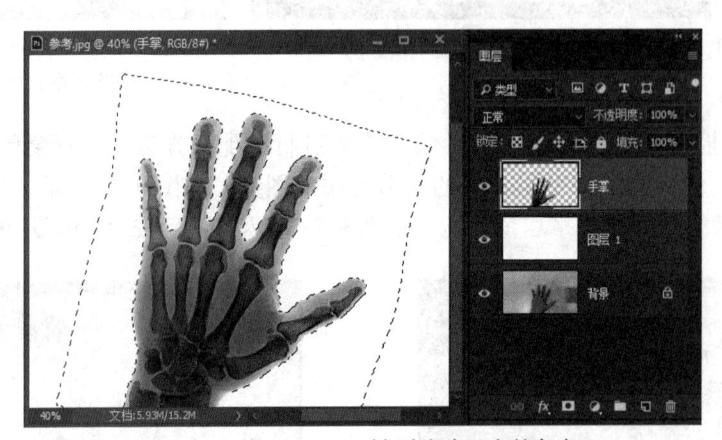

图 9-74　按〈Delete〉键删除选区中的灰色

9）按〈Ctrl+D〉快捷键，取消选区。

10）执行菜单中的“文件 | 导出 | 导出为”命令，然后在弹出的“导出为”对话框中将导出“格式”设置为“JPEG”，如图 9-75 所示，单击全部导出...按钮。接着在弹出的“导出”对话框中将导出的“文件名”设置为“纠正”，如图 9-76 所示，单击保存(S)按钮。

11）回到 Premiere CC 2018，选择“文件 | 导入”命令，导入网盘中的“源文件 \ 第 9 章　综合实例 \9.3　制作手掌 X 光的扫描效果 \ 纠正 .jpg”文件，接着将其拖入“时间线”面板的 V1 轨道中，入点为 00:00:00:00，出点与 V2 轨道的素材等长，如图 9-77 所示。

12）对手机蓝色屏幕进行抠像处理。方法：将时间定位在手机扫描手掌的大体位置（此时时间定位在 00:00:08:10 的位置），如图 9-78 所示，然后在“效果”面板搜索栏中输入“超级键”，如图 9-79 所示。接着将“超级键”视频特效拖到 V2 轨道的“素材 .mp4”上，再在

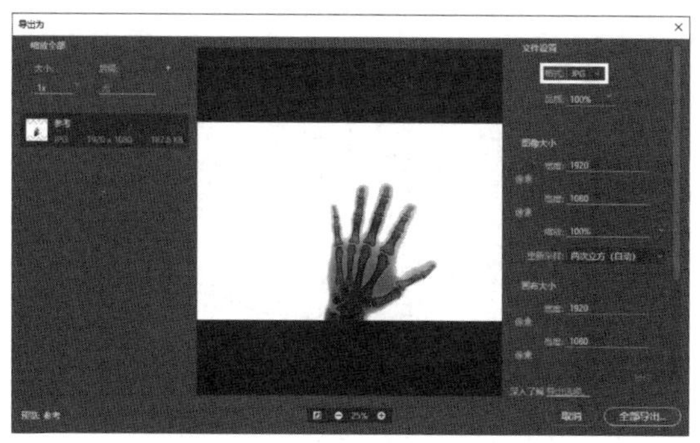

图 9-75　将导出“格式”设置为“JPEG”

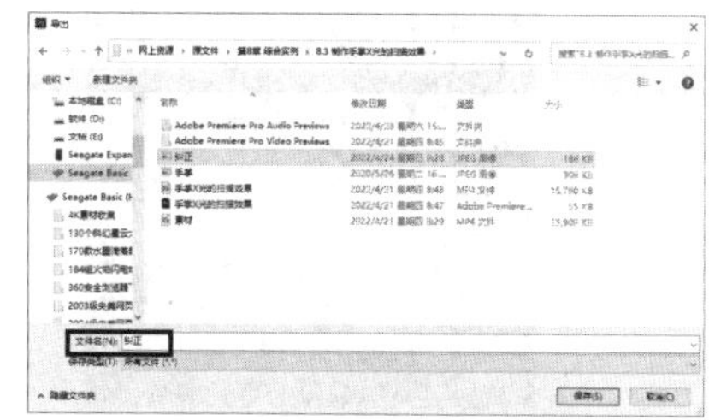

图 9-76　将导出的“文件名”设置为“纠正”

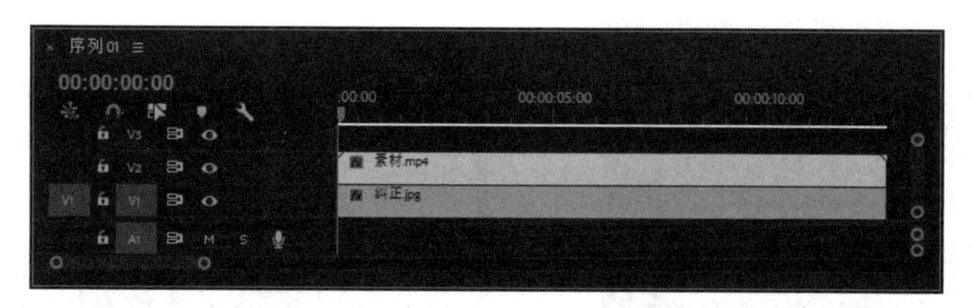

图 9-77　将“纠正.jpg”拖入 V1 轨道并将其设置为与 V2 轨道等长

图 9-78　将时间定位在 00:00:08:10 的位置

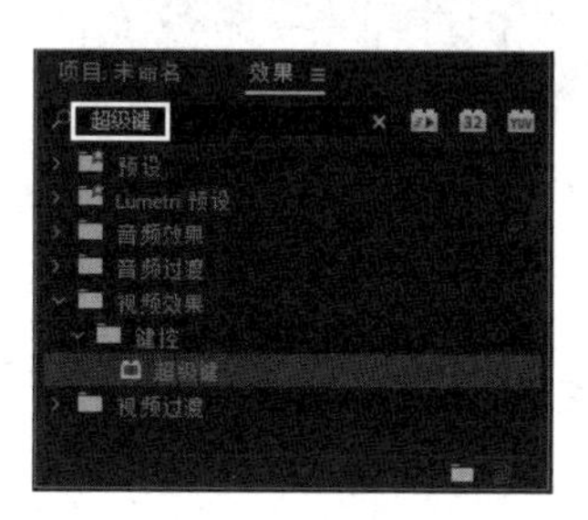

图 9-79　在“效果”面板搜索栏中输入“超级键”

“效果控件”面板“超级键”中单击“主要颜色”后面的工具，如图 9-80 所示，最后在“节目”监视器手机蓝色屏幕的位置单击，即可抠去手机屏幕上的蓝色，从而显示出下方 V1 轨道上的手掌骨骼图片，如图 9-81 所示。

13）制作手掌骨骼呈现出 X 光的扫描效果。方法：在“效果”面板搜索栏中输入“色彩”，然后将“色彩”视频特效拖到 V1 轨道的“纠正.jpg”上，再在“效果控件”面板中将“将黑色映射到”颜色设置为白色，“将白色映射到”颜色设置为一种 X 光的蓝绿色（RGB 的数值为（0，60，80）），如图 9-82 所示，效果如图 9-83 所示。

14）按空格键进行预览。

15）至此，整个手掌 X 光的扫描效果制作完毕。接下来选择“文件 | 项目管理”命令，将文件打包。然后选择“文件 | 导出 | 媒体”命令，将其输出为“手掌 X 光的扫描效果.mp4”文件。

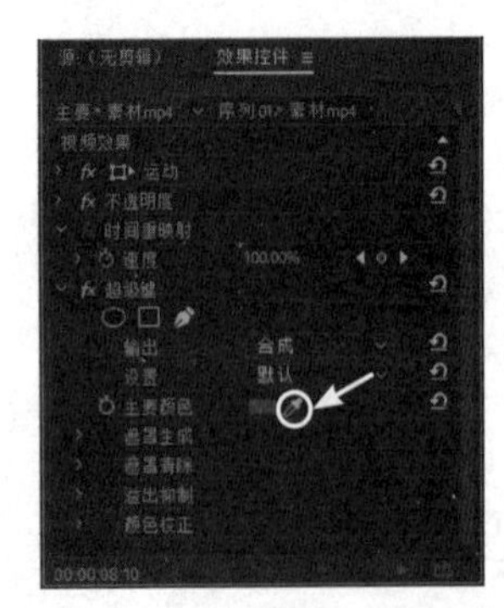

图 9-80　单击“主要颜色”后面的工具

图 9-81　抠去手机屏幕上的蓝色的效果

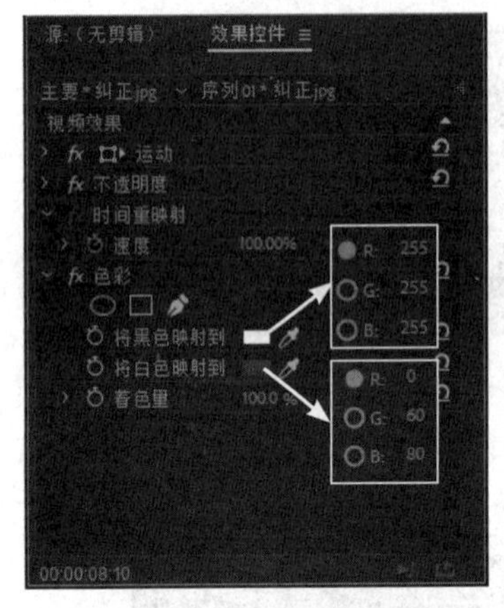

图 9-82　设置“色彩”参数

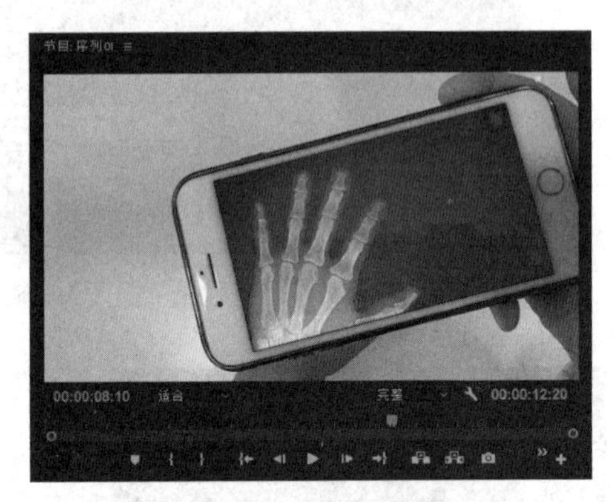

图 9-83　设置“色彩”参数后的效果

9.4　制作残影文字飞入后逐渐消散效果

要点：

本例将制作 3 段残影文字飞入后逐渐消散效果，如图 9-84 所示。通过本例的学习，读者应掌握利用设置“缩放”和“不透明度”关键帧制作残影文字，“紊乱置换”视频特效的应用。

操作步骤：

1. 制作第 1 个残影文字飞入后逐渐消散的效果

1）启动 Premiere CC 2018，然后执行菜单中的“文件 | 新建 | 项目”（快捷键是〈Ctrl+Alt+N〉）命令，新建一个名称为“残影文字飞入后逐渐消散效果”的项目文件。接着新建一个“帧大小”为 1080 × 1920 像素的“序列 01”序列文件。

2）导入素材。方法：选择“文件 | 导入”命令，导入网盘中的“源文件 \ 第 9 章 综合实例 \9.4 制作残影文字飞入后逐渐消散效果 \ 素材 .mp4”，如图 9-85 所示。

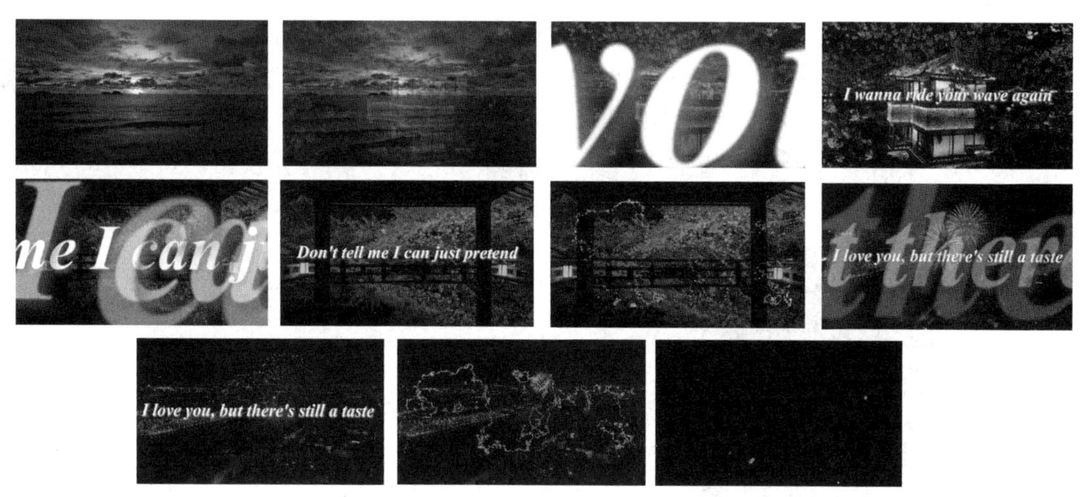

图 9-84　残影文字飞入后逐渐消散效果

3）将“项目”面板中的“背景音乐 8.wav”拖入“时间线”面板的 V1 轨道中，入点为 00:00:00:00，然后按键盘上的〈\〉键，将其在时间线中最大化显示，如图 9-86 所示。

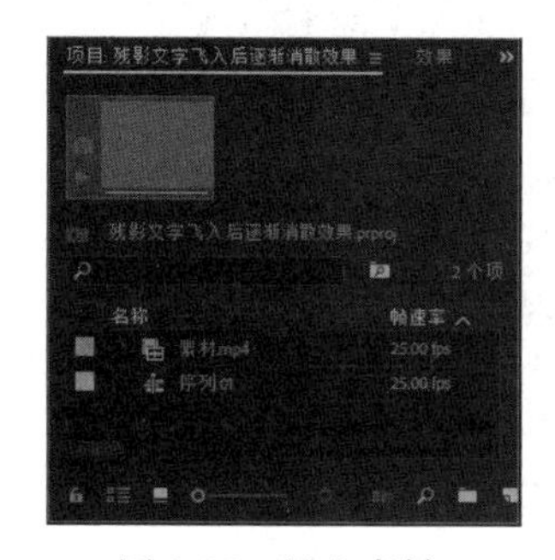

图 9-85　导入素材

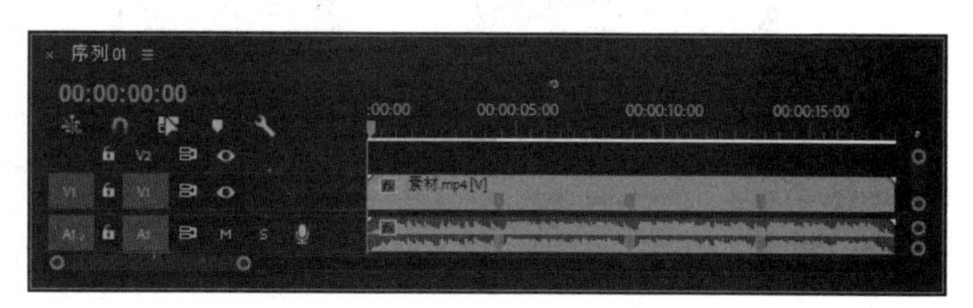

图 9-86　将素材在时间线中最大化显示

4）将时间滑块移动到第 1 个标记所在的 00:00:04:09 的位置，然后打开网盘中的“源文件 \ 第 9 章　综合实例 \9.4　制作残影文字飞入后逐渐消散效果 \ 歌词 .txt”，接着选中第 1 行文字，如图 9-87 所示，按快捷键〈Ctrl+C〉进行复制，最后回到 Premiere CC 2018 中，利用工具箱中的 T（文字工具）在“节目”监视器中单击鼠标，再按快捷键〈Ctrl+V〉粘贴文字，效果如图 9-88 所示。

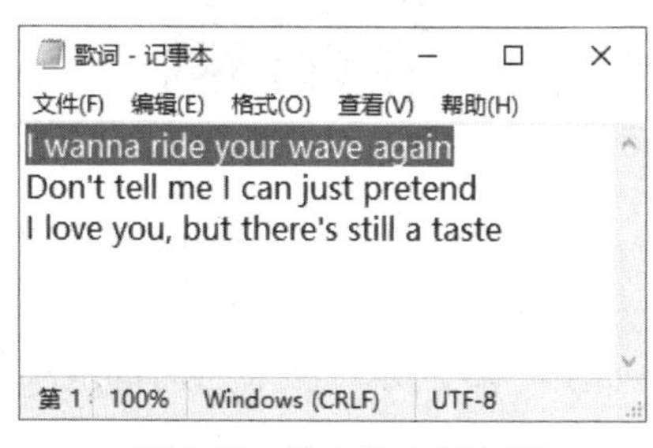

图 9-87　选中第 1 行文字

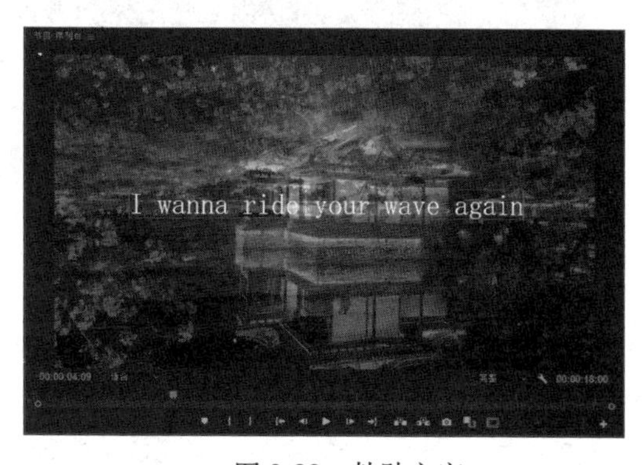

图 9-88　粘贴文字

5）切换到“图形”界面，然后在右侧“基本图形”面板的“编辑”选项卡中将“字体”设置为 Times New Roman，“字体样式”设置为 Bold Italic，“字号”设置为 130，激活 （居中对齐文本）按钮，接着勾选“阴影”复选框，并将阴影颜色设置为紫色（RGB（255，255，255））。最后单击 （垂直居中对齐）和 （水平居中对齐）按钮，如图 9-89 所示，效果如图 9-90 所示。

图 9-89　设置文字属性

图 9-90　设置文字属性后的效果

6）在“时间线”面板的 V2 轨道上，将文字素材的出点设置在第 2 个标记所在的 00:00:08:21 位置，如图 9-91 所示。

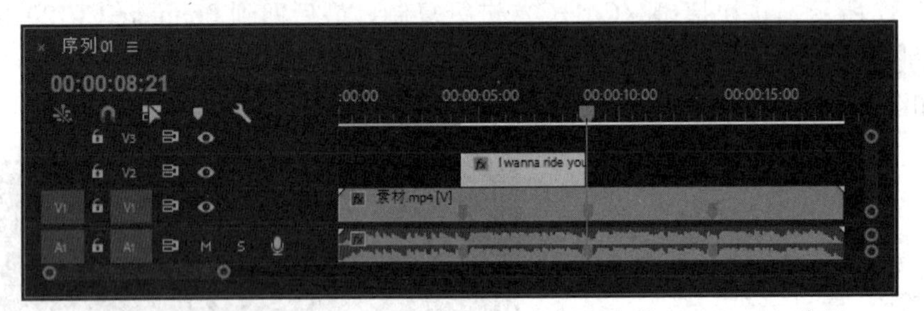

图 9-91　将文字素材的出点设置在第 2 个标记所在的 00:00:08:21 位置

7）制作文字从画面外飞入画面的效果。方法：将时间滑块移动到 00:00:04:09 的位置，然后在“效果控件”面板中将“缩放”的数值设置为 1800.0，并记录一个“缩放”关键帧，如图 9-92 所示，此时“节目”监视器中的显示效果如图 9-93 所示。接着将时间滑块移动到 00:00:04:22 位置，单击“缩放”后的 （重置参数）按钮，将“缩放”数值恢复为 100.0，如图 9-94 所示，此时“节目”监视器中的显示效果如图 9-95 所示。

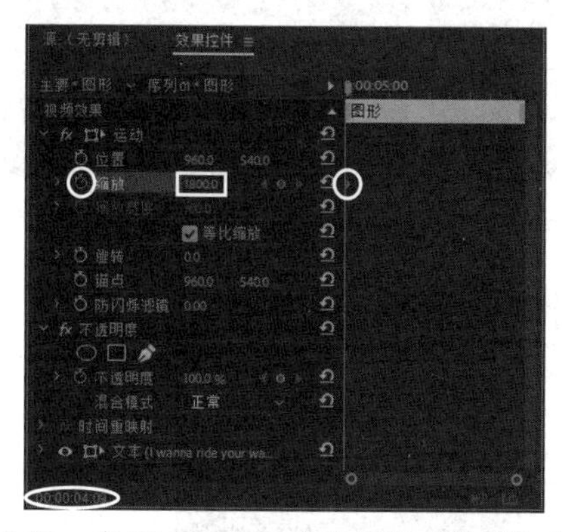

图 9-92　在 00:00:04:09 的位置将“缩放”的数值设置为 1800.0，并记录一个“缩放”关键帧

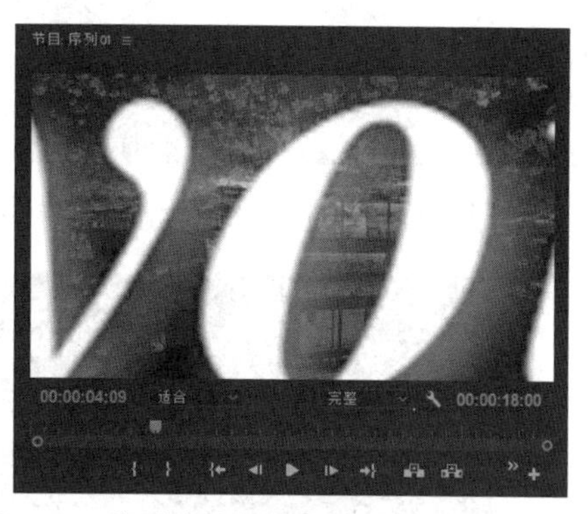

图 9-93　将“缩放”的数值设置为 1800.0 后的效果

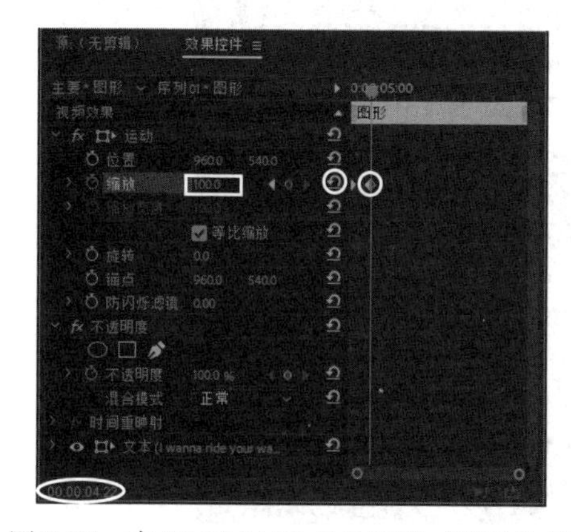

图 9-94　在 00:00:04:22 的位置将“缩放”的数值恢复为 100.0

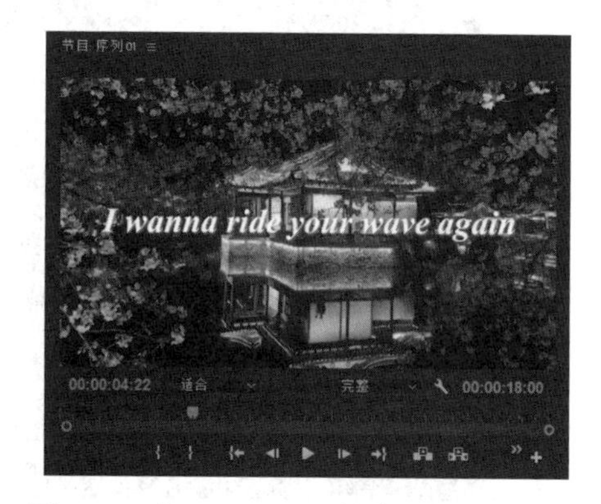

图 9-95　在 00:00:04:22 的位置将“缩放”的数值恢复为 100.0 后的效果

8）在“时间线”面板中激活 A1 轨道的 M 按钮，关闭声音播放。然后按空格键进行预览，就可以看到在 00:00:04:09 ~ 00:00:04:22 之间文字从画面外飞入画面中央的效果了，如图 9-96 所示。

9）制作残影文字的效果。方法：按住〈Alt〉键，将 V2 轨道的文字素材分别复制到 V3 ~ V5 轨道，如图 9-97 所示。然后在“效果控件”面板中分别将复制后的 V3 ~ V5 轨道的文字素材的“不透明度”设置为 50%、30% 和 10%。接着将 V3 ~ V5 轨道依次往后移动 5 帧，如图 9-98 所示。此时按空格键进行预览，就可以看到残影文字效果了，如图 9-99 所示。

10）同时选择 V2 ~ V5 轨道上的文字素材，然后单击右键，从弹出的快捷菜单中选择“嵌套”命令，接着在弹出的“嵌套序列名称”对话框中将“名称”设置为“序列 02”，如图 9-100 所示，单击“确定”按钮。最后利用工具箱中的（剃刀工具）将“嵌套 02”从 00:00:08:21 的位置一分为二，如图 9-101 所示，再按〈Delete〉键，将 00:00:08:21 后的“嵌套 02”素材删除，如图 9-102 所示。

11）制作文字逐渐消散的效果。方法：切换到原来的界面，然后在“效果”面板搜索栏

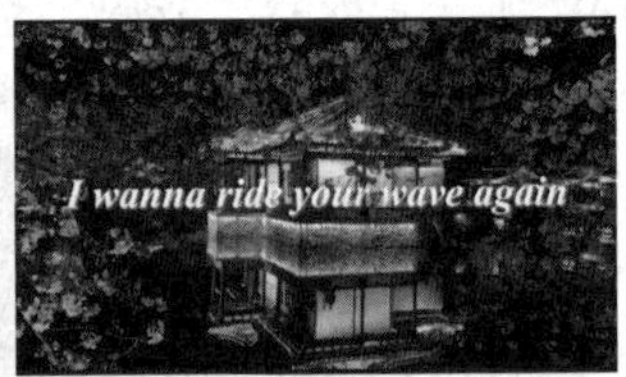

图 9-96　在 00:00:04:09 ~ 00:00:04:22 之间文字从画面外飞入画面中央的效果

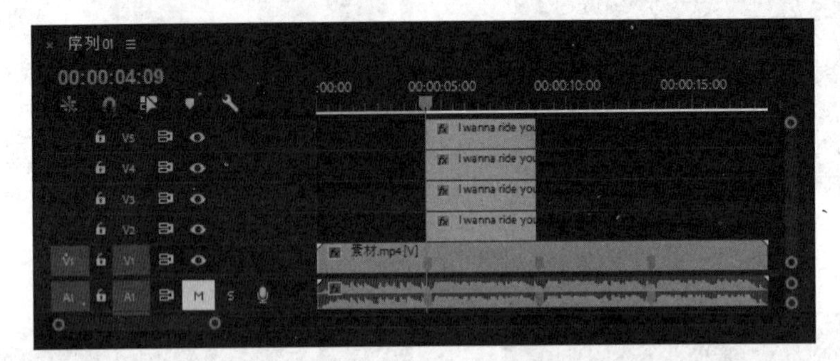

图 9-97　将 V2 轨道的文字素材分别复制到 V3 ~ V5 轨道

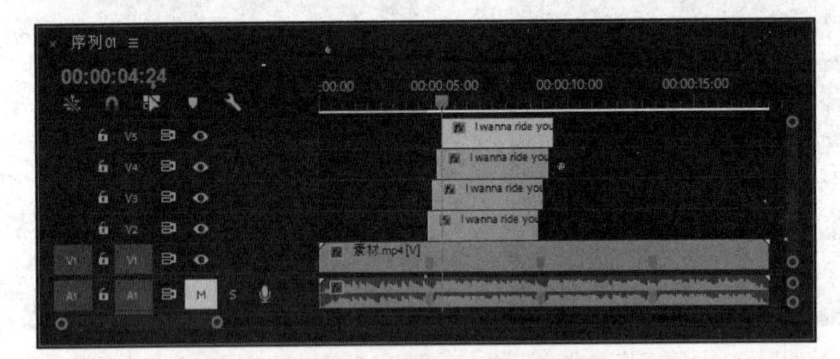

图 9-98　将 V3 ~ V5 轨道依次往后移动 5 帧

图 9-99　残影文字效果

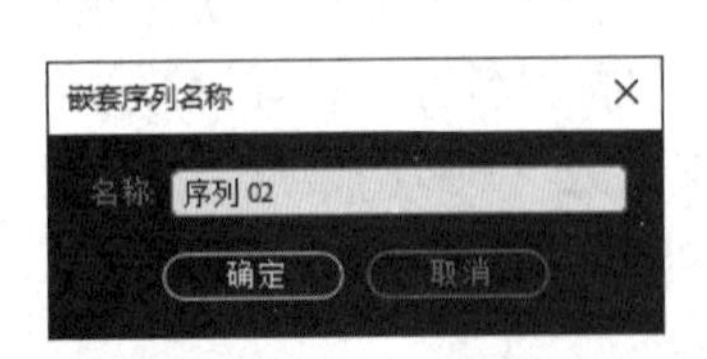

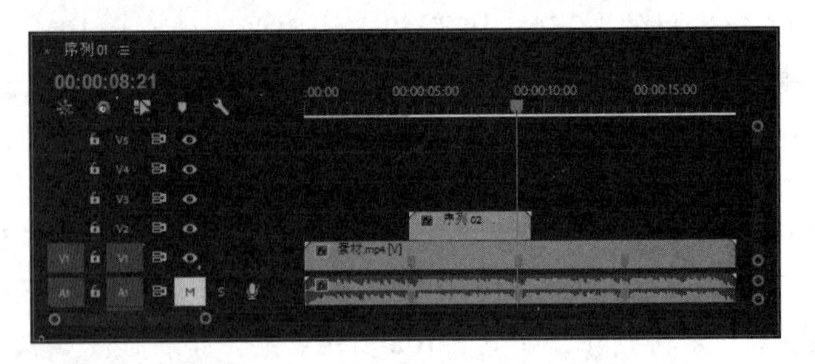

图 9-100　将“名称”设置为“序列 02”　图 9-101　将“嵌套 02”在 00:00:08:21 的位置一分为二

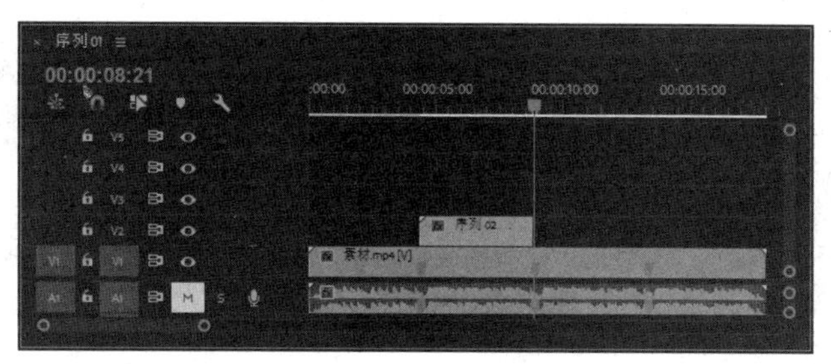

图 9-102　将 00:00:08:21 后的“嵌套 02”素材删除

中输入“紊乱置换”，再将“紊乱置换”视频特效拖给 V2 轨道上的“嵌套 02”素材。接着将时间滑块移动到 00:00:07:10 的位置，在“效果控件”面板“紊乱置换”中将“数量”的数值设置为 0.0，并记录一个关键帧，如图 9-103 所示。再将时间滑块移动到 00:00:08:10 的位置，将“数量”的数值设置为 4500.0，将“大小”设置为 130.0，“复杂度”设置为 10.0，“演化”设置为 50.0°，如图 9-104 所示。此时在 00:00:07:10 ~ 00:00:08:10 之间拖动时间滑块，就可以看到文字逐渐消散的效果了，效果如图 9-105 所示。

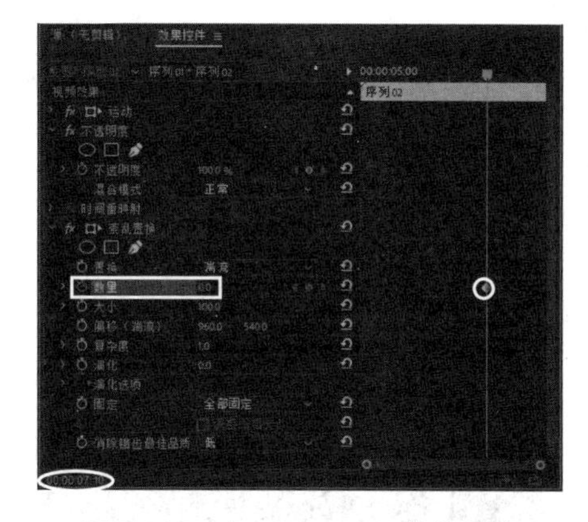

图 9-103　在 00:00:07:10 的位置将“数量”的数值设置为 0.0

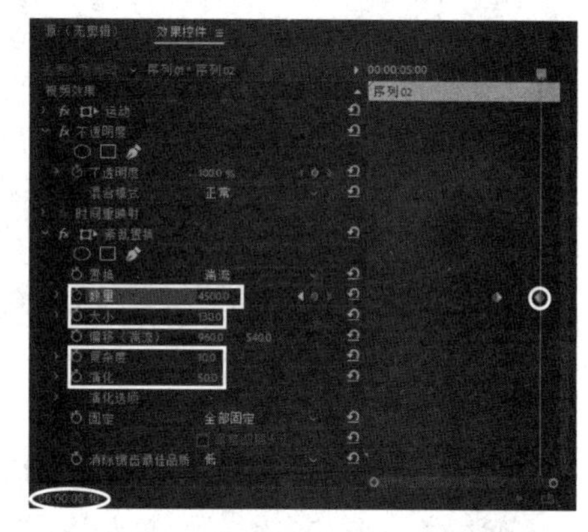

图 9-104　在 00:00:08:10 的位置设置“紊乱置换”的参数

图 9-105　在 00:00:07:10 ~ 00:00:08:10 之间文字逐渐消散的效果

2. 制作第 2 个残影文字飞入后逐渐消散的效果

1）在“时间线”面板的 V2 轨道上双击“序列 02”，从而进入“序列 02”。然后按快捷键〈Ctrl+A〉，选中所有的素材，如图 9-106 所示，按快捷键〈Ctrl+C〉进行复制。

2）在“项目”面板中单击 （新建项）按钮，新建“序列 03”，然后在“时间线”面板的“序列 03”中按快捷键〈Ctrl+V〉进行粘贴，如图 9-107 所示。

图 9-106　选中“序列 02”所有的素材

图 9-107　在“序列 03”中粘贴素材

3）更改“序列 03”中的文字。方法：在“时间线”面板中单击 V2 ~ V4 前后的按钮，切换为状态，从而锁定 V2 ~ V4 轨道，如图 9-108 所示。然后打开网盘中的“源文件 \ 第 9 章　综合实例 \9.4　制作残影文字飞入后逐渐消散效果 \ 歌词 .txt”，再选中第 2 行文字，如图 9-109 所示，按快捷键〈Ctrl+C〉进行复制，接着回到 Premiere CC 2018 中，利用工具箱中的（文字工具）在“节目”监视器中框选文字，如图 9-110 所示，再按快捷键〈Ctrl+V〉粘贴文字，效果如图 9-111 所示。

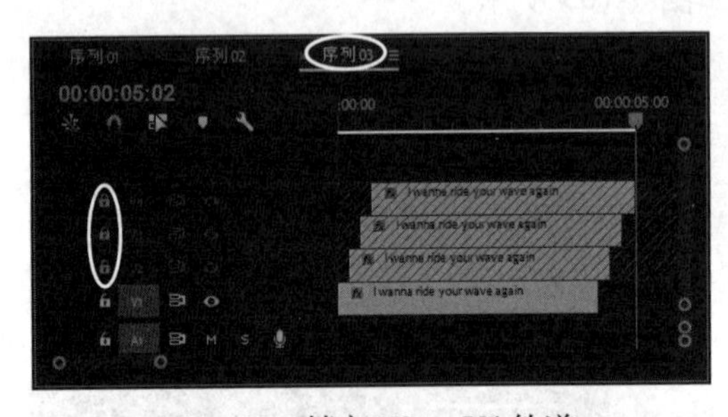

图 9-108　锁定 V2 ~ V4 轨道

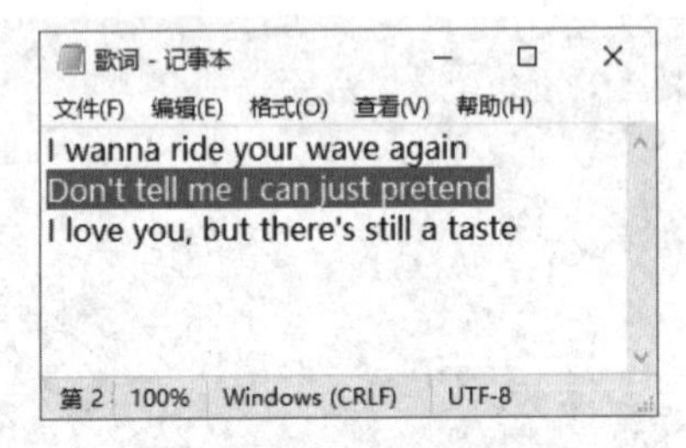

图 9-109　选中第 2 行文字

图 9-110　框选文字

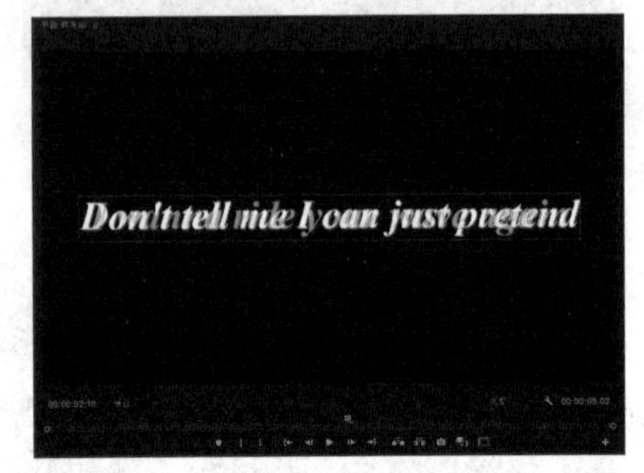

图 9-111　粘贴文字

4）锁定 V1 轨道，解锁 V2 轨道，如图 9-112 所示，然后在“节目”监视器中框选文字，按快捷键〈Ctrl+V〉粘贴文字。

5）同理，分别解锁 V3 和 V4，再锁定其他轨道，然后在“节目”监视器中框选文字，按快捷键〈Ctrl+V〉粘贴文字，效果如图 9-113 所示。

6）切换到“序列 01”，然后将“项目”面板中的“序列 03”拖入“时间线”面板的 V3 轨道，入点为 00:00:08:21，如图 9-114 所示。

图 9-112 锁定 V1 轨道，解锁 V2 轨道

图 9-113 粘贴文字

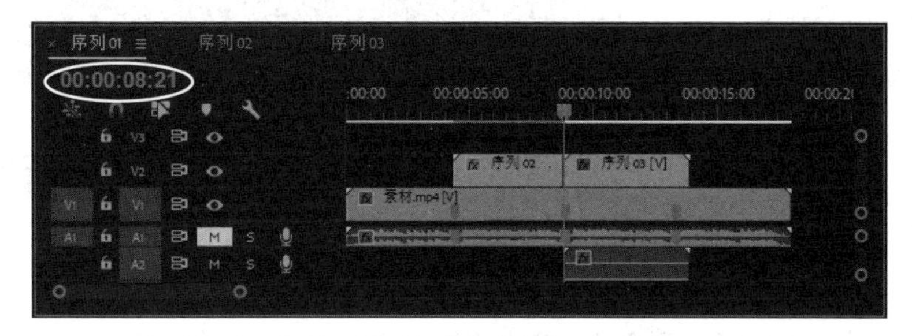

图 9-114 将“序列 03”拖入“时间线”面板的 V3 轨道，入点为 00:00:08:21

7）选择 A2 轨道上的音频，按〈Delete〉键，进行删除。然后将 V2 轨道上的“序列 03”的出点设置为第 3 个标记所在的 00:00:13:07 的位置，如图 9-115 所示。

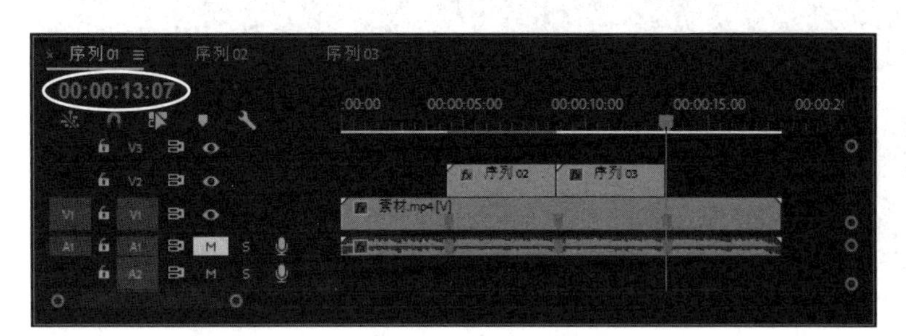

图 9-115 将“序列 03”的出点设置为第 3 个标记所在的 00:00:13:07 的位置

8）将“序列 02”的“紊乱置换”视频特效复制给“序列 03”。方法：在“时间线”面板中选择 V2 轨道的“序列 02”，然后在“效果控件”面板中右键单击“紊乱置换”，从弹出的快捷菜单中选择“复制”命令。接着选择 V2 轨道上的“序列 03”，在“效果控件”面板中单击右键，从弹出的快捷菜单中选择“粘贴”命令，即可将“序列 02”的“紊乱置换”视频特效复制给“序列 03”。此时在 00:00:08:21 ～ 00:00:13:07 之间拖动时间滑块，就可以看到“序列 03”中的残影文字飞入后逐渐消散的效果了，效果如图 9-116 所示。

3. 制作第 3 个残影文字飞入后逐渐消散的效果

1）同理，新建“序列 04”，然后将“序列 02”中的所有素材复制到“序列 04”中。然后将图 9-117 所示的第 3 行文字更换为“序列 04”文字中的文字。接着将“项目”面板中的“序

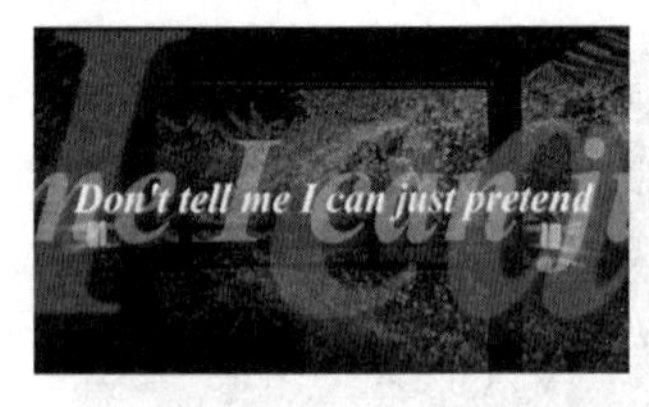

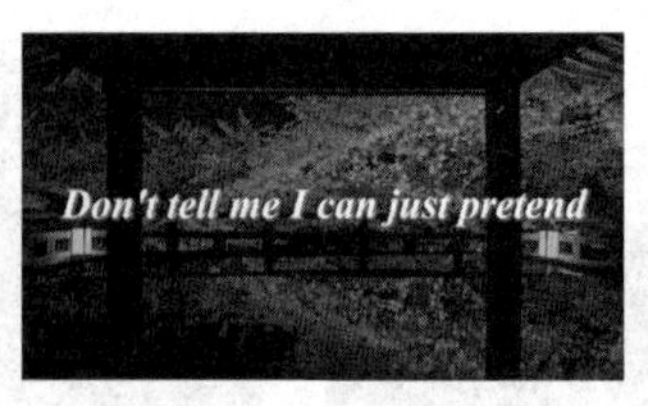

图 9-116 在 00:00:08:21 ~ 00:00:13:07 之间残影文字飞入后逐渐消散的效果

列 04”拖到“序列 01”中，入点为 00:00:13:07，出点与 V1 轨道上的素材等长，如图 9-118 所示。最后将“序列 02”的“紊乱置换”视频特效复制给“序列 04”。

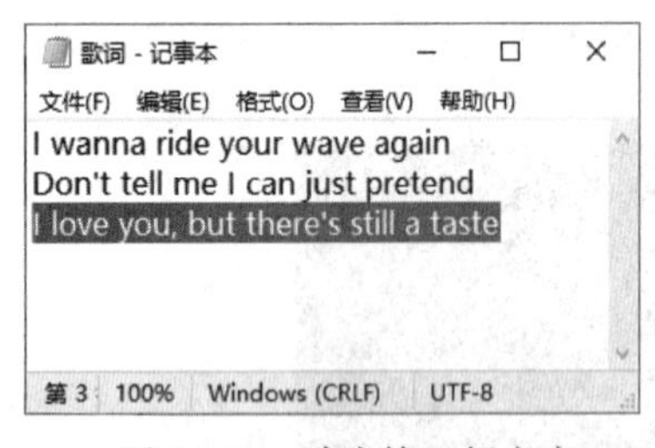

图 9-117 选中第 3 行文字

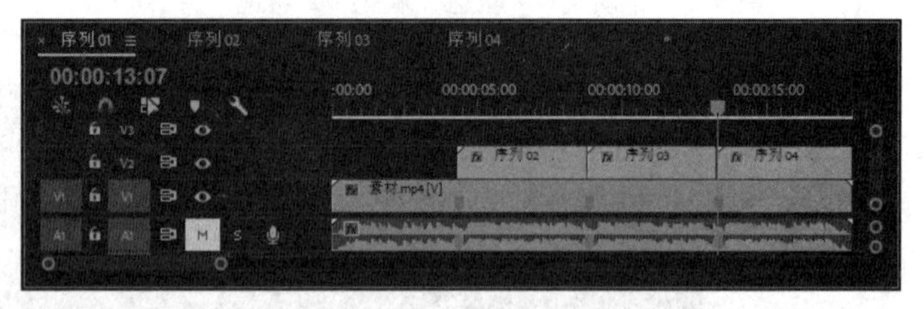

图 9-118 将“序列 04”拖到“序列 01”中，入点为 00:00:13:07，出点与 V1 轨道上的素材等长

2）选择 V4 轨道上的“序列 04”，按快捷键〈Ctrl+D〉，从而在“序列 04”的结束位置添加一个默认的“交叉溶解”视频过渡。然后单击 A1 轨道上的 M 按钮，恢复声音播放，如图 9-119 所示。

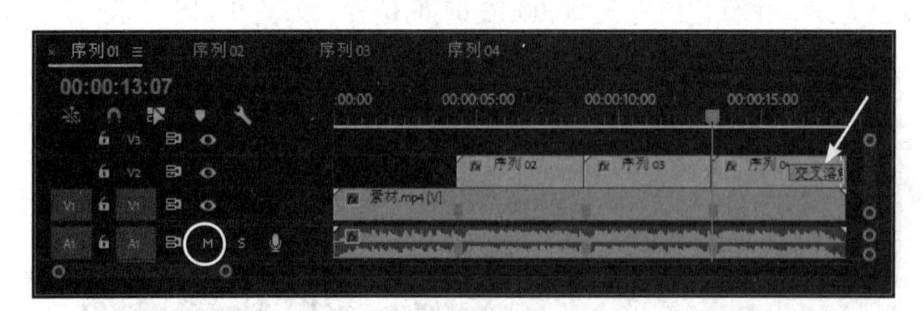

图 9-119 在“序列 04”的结束位置添加一个默认的“交叉溶解”视频过渡，并恢复声音播放

3）执行菜单中的“序列 | 渲染入点到出点的效果”的命令，从而渲染入点到出点，当渲染完成后就可以看到实时播放效果了。

4）至此，整个残影文字飞入后逐渐消散效果制作完毕。接下来选择“文件 | 项目管理”命令，将文件打包。然后选择“文件 | 导出 | 媒体”命令，将其输出为“残影文字飞入后逐渐消散效果 .mp4”文件。

9.5 制作竖向视频卡点效果

要点：

本例将制作带有背景音乐的竖向视频卡点效果，如图 9-120 所示。通过本例的学习，读者应

掌握导入文件夹、快速添加多个锚点，“自动匹配序列”“缩放为帧大小”“嵌套”命令和“高斯模糊”视频特效的应用。

图 9-120 竖向视频卡点效果

操作步骤：

1）启动 Premiere CC 2018，然后执行菜单中的“文件 | 新建 | 项目”（快捷键是〈Ctrl+Alt+N〉）命令，新建一个名称为“卡点视频”的项目文件。接着新建一个“帧大小”为 1080×1920 像素的“序列 01”序列文件。

2）导入素材。方法：选择“文件 | 导入”命令，导入网盘中的“源文件 \ 第 9 章 综合实例 \9.5 制作竖向视频卡点效果 \ 背景音乐 8.wav”和“图片”文件夹，如图 9-121 所示。

3）将“项目”面板中的“背景音乐 8.wav”拖入“时间线”面板的 A1 轨道中，入点为 00:00:00:00，然后按键盘上的〈\〉键，将其在时间线中最大化显示，如图 9-122 所示。

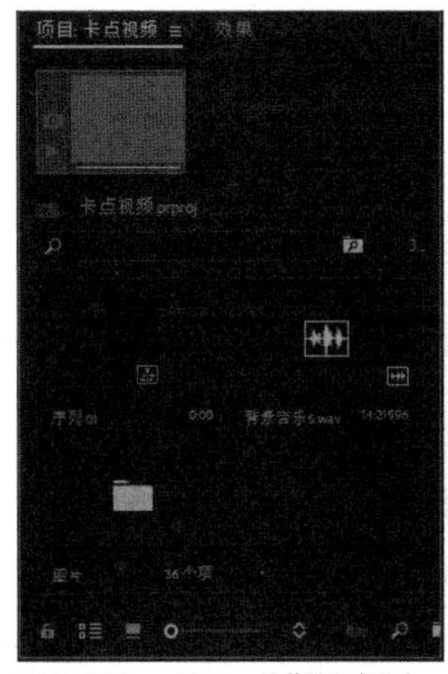

图 9-121 导入“背景音乐 8.wav”和“图片”文件夹

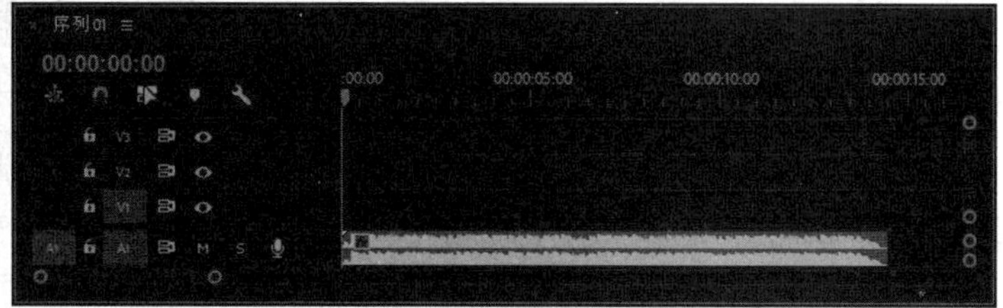

图 9-122 将“背景音乐 8.wav”拖入“时间线”面板并在时间线中最大化显示

4）在时间线上添加标记。方法：在不选择 A1 轨道音频的情况下，按空格键预览声音，并根据音乐的节奏不断按〈M〉键，即可在时间线上方添加多个标记，如图 9-123 所示。

提示：此时一定不要选择 A1 轨道上的音频，否则就不是在时间线上添加标记，而是在音频上添加标记。

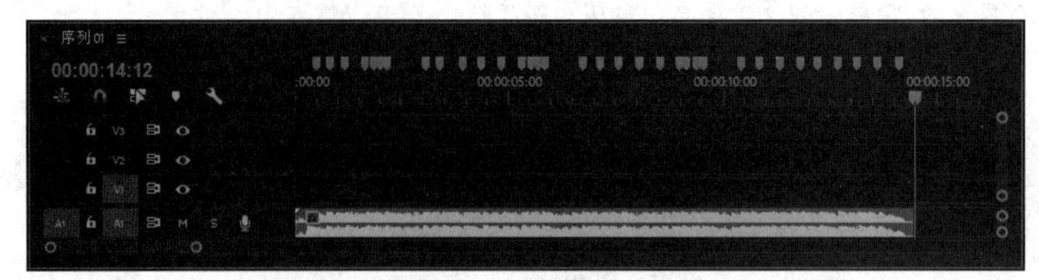

图 9-123　根据音频的节奏在时间线上添加多个标记

5）将时间滑块移动到 00:00:20:00 的位置，然后在“项目”面板中选择“图片”文件夹，单击下方的 （自动匹配序列）按钮，接着在弹出的“序列自动化”对话框中将“顺序”设置为“选择顺序”，“放置”设置为“在未编号标记”，如图 9-124 所示，单击“确定”按钮。此时“图片”文件夹中的图片素材就会自动导入到“时间线”面板的 V1 轨道中，并按添加的标记依次排列，如图 9-125 所示。

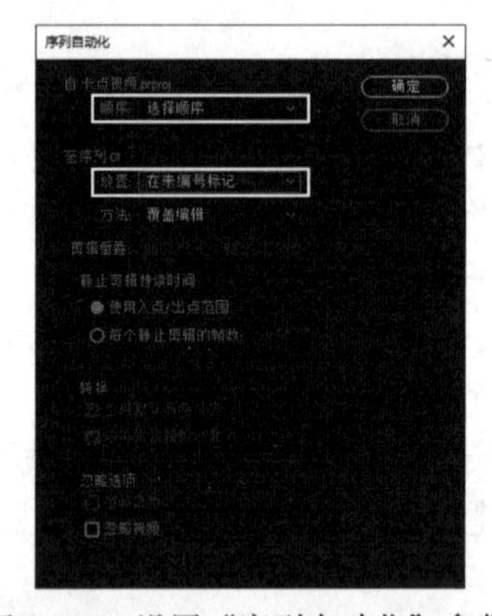

图 9-124　设置“序列自动化”参数

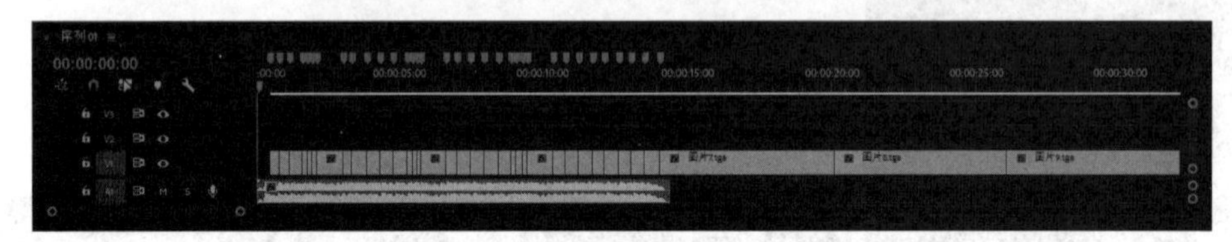

图 9-125　“图片”文件夹中的图片素材按添加的标记依次排列

6）按空格键预览动画。此时图片素材是横向的，而序列帧是竖向的，因此图片素材不能够在序列帧中完全显示，接下来解决这个问题。方法：选择 V1 轨道上的所有素材，然后单击右键，从弹出的快捷菜单中选择“缩放为帧大小”命令，此时 V1 轨道上的所有素材会缩放为帧大小，如图 9-126 所示。

7）此时画面上下是黑色的，接下来填补这些黑色区域。方法：选择 V1 轨道上的所有素材，然后按住〈Alt〉键，将它们复制到 V2 轨道，如图 9-127 所示。接着在 V1 轨道单击右键，从弹出的快捷菜单中选择“嵌套”命令，再在弹出的图 9-128 所示的“嵌套序列名称”对话框中单击“确定”按钮，从而将 V1 轨道上的所有素材嵌套为一个序列，如图 9-129 所示。

图 9-126　将素材缩放为帧大小的效果

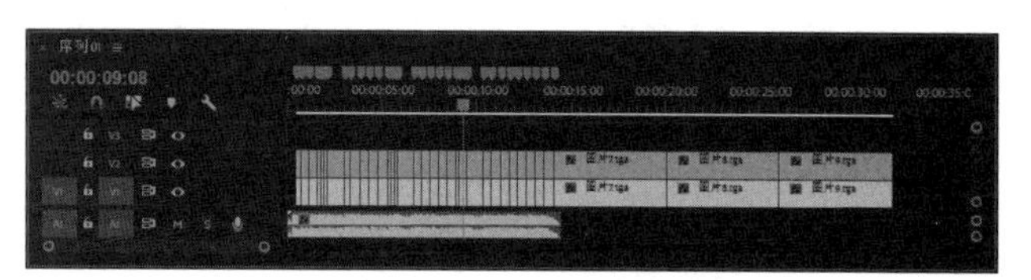

图 9-127　将 V1 轨道上的所有素材复制到 V2 轨道

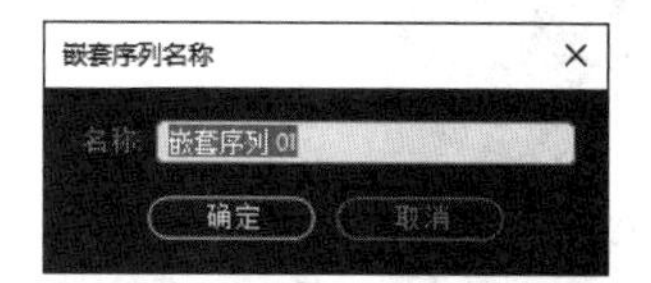

图 9-128　“嵌套序列名称”对话框

图 9-129　将 V1 轨道上的所有素材嵌套为一个序列

8）选择 V1 轨道上的“嵌套序列 01”，然后在“效果控件”面板中将“缩放”的数值加大为 360.0，如图 9-130 所示，使之充满整个画面，如图 9-131 所示。

图 9-130　将 V1 轨道上的“嵌套序列 01”的“缩放”设置为 360.0

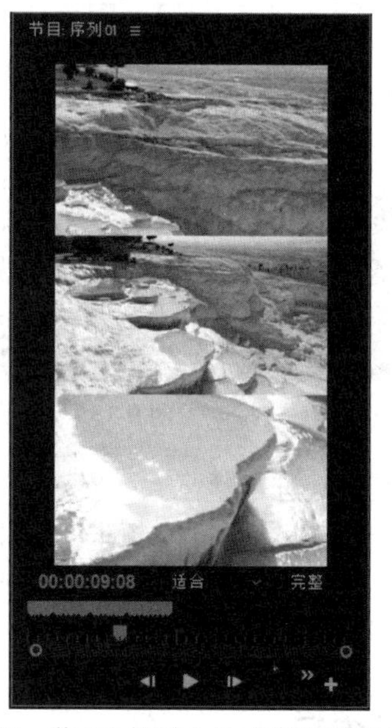

图 9-131　将 V1 轨道上的“嵌套序列 01”的“缩放”设置为 360.0 后的效果

9）对背景图片添加高斯模糊效果。方法：在“效果”面板中选择“高斯模糊”视频效果，如图 9-132 所示，然后将其拖到 V1 轨道的“嵌套序列 01”上，接着在“效果控件”面板中将“高斯模糊”的“模糊度”设置为 150.0,并勾选“重复边缘像素”复选框,如图 9-133 所示，效果如图 9-134 所示。

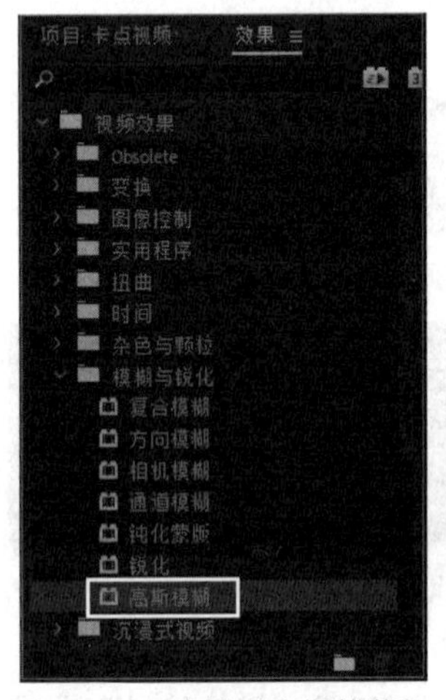

图 9-132　选择“高斯模糊”视频效果

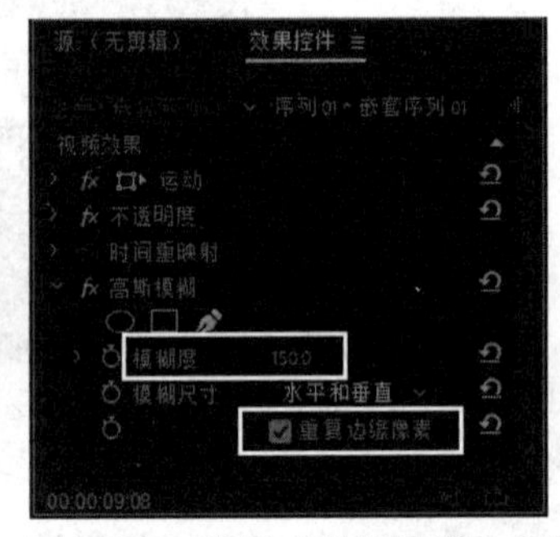

图 9-133　设置“高斯模糊”参数

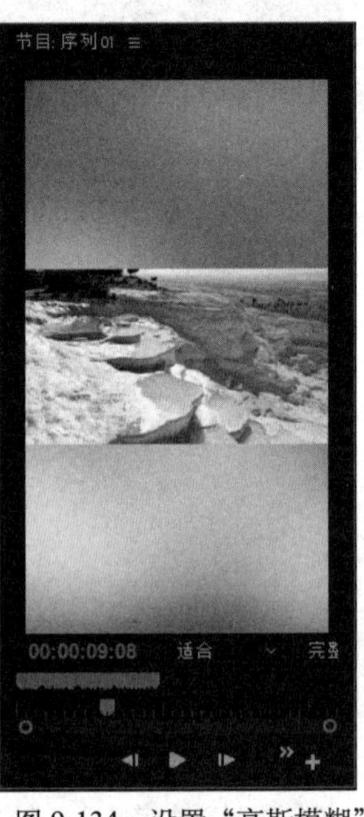

图 9-134　设置“高斯模糊”参数后的效果

10）利用 （剃刀工具），配合〈Shift〉键，将 V1 和 V2 轨道上的素材从 A1 轨道结尾处一分为二，再按〈Delete〉键，删除多余的视频素材，“时间线”面板如图 9-135 所示。

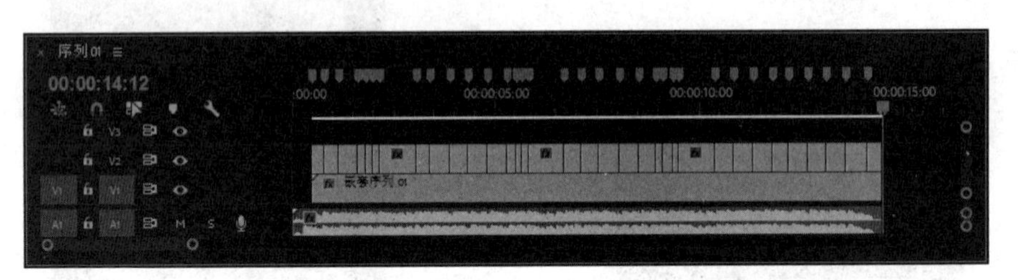

图 9-135　删除多余的视频素材后的“时间线”面板

11）按空格键进行预览。

12）至此，整个竖向视频卡点效果制作完毕。接下来选择“文件 | 项目管理”命令，将文件打包。然后选择“文件 | 导出 | 媒体”命令，将其输出为“竖向视频卡点效果 .mp4”文件。

9.6　课后练习

1）利用网盘中的“源文件 \ 第 9 章 综合实例 \ 课后练习 \ 练习 1\ 素材 .mp4”文件，制作手掌的 X 光扫描效果，如图 9-136 所示。结果可参考网盘中的“素材及结果 \ 第 9 章 综合实例 \ 课后练习 \ 练习 1\ 练习 1.prproj”文件。

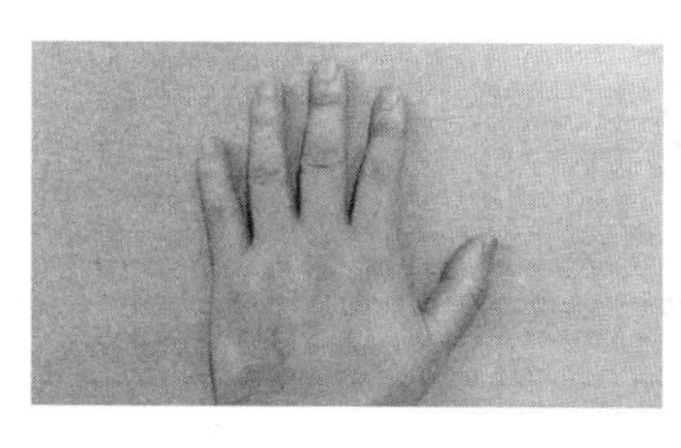
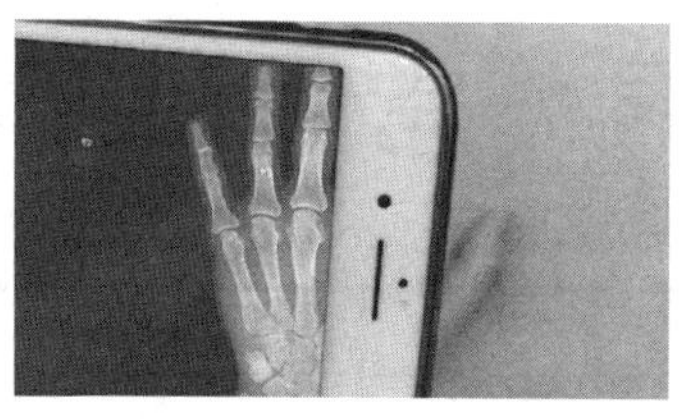
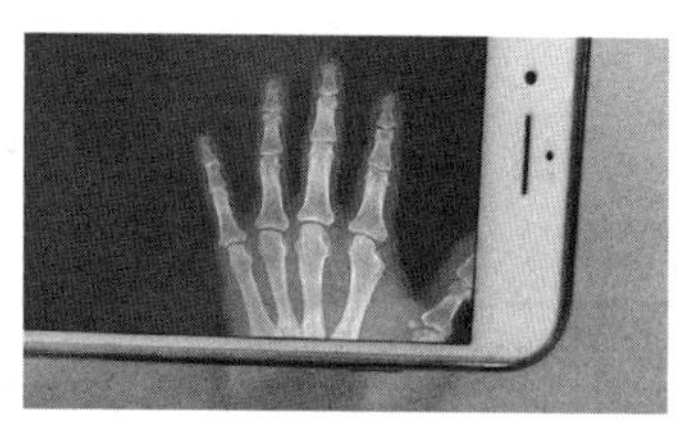

图 9-136　练习 1 的效果

2）利用网盘中的“源文件 \ 第 9 章 综合实例 \ 课后练习 \ 练习 2\ 素材 .mp4”文件，制作影片片尾滚动的字幕效果，如图 9-137 所示。结果可参考网盘中的“素材及结果 \ 第 9 章 综合实例 \ 课后练习 \ 练习 2\ 练习 2.prproj”文件。

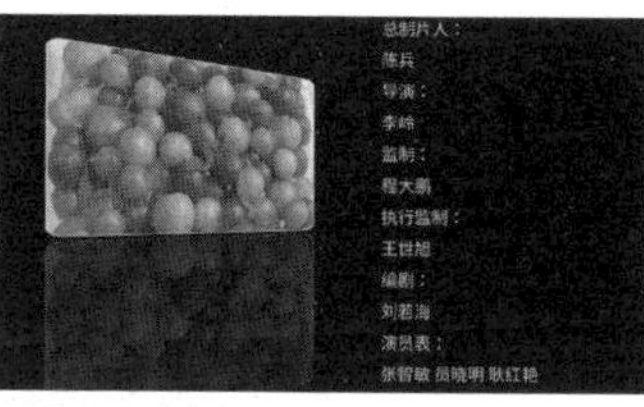

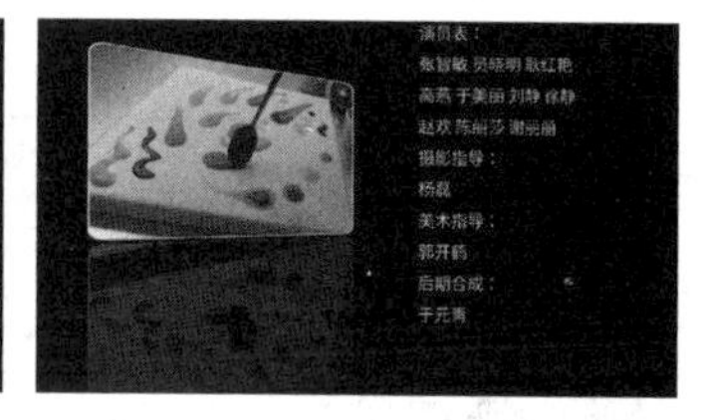

图 9-137　练习 2 的效果

附录　常用快捷键

命令	对应快捷键	命令	对应快捷键
新建项目	Ctrl+Alt+N	打开项目	Ctrl+O
导入文件	Ctrl+I	新建序列	Ctrl+N
将素材在时间线中最大化显示	\	放大时间线的显示	〈+〉
缩小时间线的显示	〈-〉	放大\缩小视频轨道	Ctrl+〈+〉\〈-〉
放大\缩小音频轨道	Alt+〈+〉\〈-〉	同时放大\缩小视音频轨道	Shift+〈+〉\〈-〉
标记入点	I	标记出点	O
转到入点	Shift+I	转到出点	Shift+O
向后移动一帧	〈→〉	向前移动一帧	〈←〉
向后移动5帧	Shift+〈→〉	向前移动5帧	Shift+〈←〉
添加默认的视频过渡	Ctrl+D	添加默认的音频过渡	Ctrl+Shift+D
同时添加默认的视频和音频过渡	Shift+D	在时间线中转到下一个素材的起始位置	〈↓〉
在时间线中转到上一个素材的起始位置	〈↑〉	转到序列第1帧	〈HOME〉
转到序列最后一帧	〈END〉	添加标记	M
删除所选标记	Ctrl+Alt+M	删除所有标记	Ctrl+Alt+Shift+M
选择工具	V	剃刀工具	C
文字工具	T	抓手工具	H
波纹编辑工具	B	比例拉伸工具	R
将选中的面板在窗口中最大化显示	Shift+〈~〉	导出设置	Ctrl+M